普通高等教育"十二五"规划电气信息类系列教材

计算机控制技术

主　编　王书锋　谭建豪
副主编　江卫华　朱永红
　　　　王　冬　曹利刚

华中科技大学出版社
http://press.hust.edu.cn
中国·武汉

内 容 提 要

本书理论联系实际，全面、系统地介绍了计算机控制系统的理论和设计方法。全书共分8章，主要内容有计算机控制系统的组成、分类和发展趋势，输入/输出过程通道与接口技术，计算机控制基础理论，计算机控制系统的常规控制策略，伺服装置与数字控制系统，计算机控制系统的新型控制策略，控制网络技术与现场总线，计算机控制系统的设计与实现。在各章后均给出了相应的思考与练习题，书末附有结合课程重点内容的五个课程设计实例。本教材配有多媒体课件，可供选择该教材的教师在教学时使用，也可供学生课下学习、参阅。

本书可作为高等院校自动化、电气工程、计算机应用和机电一体化等专业的教材，也可供有关教师、科研人员及工程技术人员学习、参考。

图书在版编目(CIP)数据

计算机控制技术/王书锋，谭建豪主编．—武汉：华中科技大学出版社，2011.9
(2025.2 重印)
ISBN 978-7-5609-7183-4

Ⅰ.计… Ⅱ.①王… ②谭… Ⅲ.计算机控制-高等学校-教材 Ⅳ.TP273

中国版本图书馆 CIP 数据核字(2011)第 129340 号

计算机控制技术   王书锋 谭建豪 主编

策划编辑：王红梅	
责任编辑：江　津	
封面设计：刘　卉	
责任校对：刘　竣	
责任监印：朱　玢	

出版发行：华中科技大学出版社(中国·武汉)　　电话：(027)81321913
　　　　　武汉市东湖新技术开发区华工科技园　　邮编：430223
录　排：武汉市洪山区佳年华文印部
印　刷：武汉邮科印务有限公司
开　本：787mm×960mm　1/16
印　张：21
字　数：460千字
版　次：2025年2月第1版第9次印刷
定　价：58.00元

本书若有印装质量问题，请向出版社营销中心调换
全国免费服务热线：400-6679-118　竭诚为您服务
版权所有　侵权必究

前　言

当今,在国民经济及国防的各个领域,采用计算机控制是现代化的重要标志,大到异常庞大复杂的控制系统,小至各种微型的控制设备,计算机控制技术均起着越来越重要的作用。工业控制是计算机的一个重要应用领域,计算机控制主要研究如何将计算机技术、通信技术和自动控制理论应用于工业生产过程,设计出满足需求的计算机控制系统,这就要求自动控制领域的工程技术和研发人员既要掌握自动控制基础理论,还要掌握与计算机控制系统相关的硬件、软件、控制规律、网络通信和现场总线网络技术等方面的专业知识和技术,从而达到设计和实现计算机控制系统的目的。计算机控制技术已成为我国高等学校自动化类专业、电子信息类专业、机械电子类专业的主干专业课程之一。

本书系统地阐述了计算机控制系统的基础理论、过程通道与接口技术、计算机控制系统的分析与设计方法、各类控制策略,以及实际计算机控制系统的设计和应用。全书共分 8 章。第 1 章绪论,介绍计算机控制系统的基本概念,计算机控制系统的组成、分类及计算机控制系统的发展概况;第 2 章是输入/输出过程通道与接口技术,主要介绍包括模拟量输入/输出通道、数字量输入/输出通道,以及人机接口技术;第 3 章介绍了计算机控制的基础理论,主要包括信号变换理论、计算机控制系统的数学描述、连续系统的离散化方法、离散控制系统的特性分析,以及离散控制系统的根轨迹设计法和频域设计法;第 4 章讨论了计算机控制系统的常规控制策略,主要介绍了数字 PID 控制算法、数字控制器的直接设计法,以及纯滞后对象的控制算法;第 5 章讨论了伺服装置与数字控制系统,重点介绍了步进开环驱动装置和交流伺服闭环执行机构,以及数字程序控制技术;第 6 章介绍了计算机控制系统的新型控制策略,主要包括模糊控制、神经控制、遗传控制和专家控制,并给出了相应的控制案例,简要介绍了其他先进控制技术;第 7 章控制网络技术与现场总线,介绍了计算机网络、现场总线技术和工业控制组态软件技术;第 8 章是计算机控制系统的设计与实现,主要包括计算机控制系统的设计原则与步骤、系统的工程设计与实现,以及计算机控制系统的可靠性设计,最后介绍了两个实际工业控制系统设计实例。

本书作者结合多年的教学与科研工作经验,从计算机控制技术的发展和课程教学内容的改革要求考虑,立足于系统性、实用性、先进性和工程性,并以工程技术应用能力培养为目的组织编写内容,叙述简单明了,层次分明,通俗易懂。从基本概念出发,既突出实用性又不失理论性和先进性,力求做到理论分析计算与应用技术并重,书中有大量控制实例供参考。为方便学生理解、消化书中的基本知识和基本概念,每章的结束都有总结并给出大量的思考与练习题,书末还附有五个结合课程重点内容的课程设计实例。本教材配有多媒体课件,可供选择该教材的教师在教学时使用。

全书由郑州大学王书锋统稿,并编写第1、3、4章及课程设计实例2。景德镇陶瓷学院朱永红编写第2章及课程设计实例1。武汉工程大学江卫华编写第5章及课程设计实例3。湖南大学谭建豪编写第6章及课程设计实例4和实例5。景德镇陶瓷学院的王冬编写第7章,曹利刚编写第8章。此外,湖南大学赵削剑参与编写了第6章的部分内容。

本书参考并吸取了大量国内出版的教材、论著及论文的长处,在此表示由衷的感谢!限于编者的水平,书中难免存在缺漏或不妥之处,敬请广大读者和同行批评指正。本书作者邮箱为 shfwang@zzu.edu.cn。

编 者

2011年5月

目 录

1 绪论 (1)
1.1 计算机控制系统概况 (1)
1.1.1 计算机控制系统的一般概念 (2)
1.1.2 计算机控制系统的特点 (3)
1.1.3 计算机控制系统的性能指标 (5)
1.2 计算机控制系统的组成和分类 (6)
1.2.1 计算机控制系统的组成 (6)
1.2.2 计算机控制系统的分类 (8)
1.3 计算机控制系统的发展概况及趋势 (12)
1.3.1 计算机控制系统的发展概况 (12)
1.3.2 计算机控制系统的发展趋势 (12)
本章小结 (15)
思考与练习 (15)

2 输入/输出过程通道与接口技术 (16)
2.1 模拟量输出通道 (16)
2.1.1 模拟量输出通道的结构形式 (16)
2.1.2 D/A 转换器原理及器件 (17)
2.1.3 D/A 转换器接口技术 (20)
2.1.4 D/A 转换模板的标准化设计 (22)
2.2 模拟量输入通道 (27)
2.2.1 模拟量输入通道的结构形式 (27)
2.2.2 A/D 转换器原理及器件 (29)
2.2.3 A/D 转换器接口技术 (34)
2.2.4 A/D 转换模板的标准化设计 (36)
2.3 数字量输入/输出通道 (41)
2.3.1 数字量输入/输出通道的一般结构 (41)
2.3.2 数字量输入通道 (42)
2.3.3 数字量输出通道 (44)
2.4 人机接口技术 (50)
2.4.1 键盘接口技术 (50)
2.4.2 显示器接口技术 (57)

本章小结 ··· (67)
　　思考与练习 ·· (67)

3　计算机控制基础理论 ·· (69)
　3.1　计算机控制系统的信号变换理论 ·· (69)
　　3.1.1　计算机控制系统的信号形式 ·· (69)
　　3.1.2　信号的采样、量化、恢复及保持 ·· (70)
　3.2　计算机控制系统的数学描述 ·· (73)
　　3.2.1　z 变换与 z 反变换 ·· (74)
　　3.2.2　线性定常离散系统的差分方程及其求解 ·································· (79)
　　3.2.3　计算机控制系统的脉冲传递函数 ·· (81)
　　3.2.4　s 平面到 z 平面的映射 ·· (85)
　3.3　连续系统的离散化方法及特点 ·· (86)
　3.4　离散控制系统的特性分析 ·· (90)
　　3.4.1　离散控制系统的稳定性分析 ·· (90)
　　3.4.2　离散控制系统的过渡过程分析 ·· (93)
　　3.4.3　离散控制系统的稳态误差分析 ·· (95)
　　3.4.4　线性定常离散控制系统的可控性、可观性和可达性 ························ (97)
　3.5　离散控制系统的根轨迹设计法和频域设计法 ································ (102)
　　3.5.1　z 平面根轨迹设计法 ·· (102)
　　3.5.2　频域设计法 ·· (104)
　　本章小结 ·· (106)
　　思考与练习 ·· (107)

4　计算机控制系统的常规控制策略 ·· (109)
　4.1　数字 PID 控制算法 ·· (109)
　　4.1.1　PID 控制规律及其调节作用 ·· (110)
　　4.1.2　标准数字 PID 控制算法 ·· (111)
　　4.1.3　数字 PID 控制算法的改进 ·· (112)
　　4.1.4　数字 PID 参数的整定 ·· (118)
　4.2　数字控制器的直接设计方法 ·· (122)
　　4.2.1　最少拍控制系统的设计 ·· (122)
　　4.2.2　最少拍无纹波系统的设计 ·· (127)
　　4.2.3　关于最少拍系统的讨论 ·· (131)
　4.3　纯滞后对象的控制算法 ·· (133)
　　4.3.1　达林算法 ·· (133)
　　4.3.2　Smith 预估算法 ·· (139)
　　本章小结 ·· (142)

思考与练习 ··· (143)

5　伺服装置与数字控制系统 ··· (145)
5.1　步进开环驱动装置 ·· (146)
　　5.1.1　步进电动机的工作原理 ·· (147)
　　5.1.2　步进电动机供电方式 ··· (150)
　　5.1.3　步进电动机数字驱动技术 ······································ (151)
　　5.1.4　步进电动机的一些基本参数及术语 ···························· (155)
5.2　交流伺服闭环执行机构 ··· (156)
　　5.2.1　高性能三相永磁同步伺服电动机 ······························ (157)
　　5.2.2　位置环 ·· (158)
　　5.2.3　光电编码器 ··· (159)
　　5.2.4　矢量控制 ·· (161)
　　5.2.5　多功能微机控制 ·· (162)
5.3　数字程序控制技术 ·· (164)
　　5.3.1　数字程序控制原理 ··· (165)
　　5.3.2　逐点比较法 ··· (166)
　　5.3.3　进给速度的计算和加减速控制 ·································· (172)
　　5.3.4　数字控制系统的应用案例 ······································· (175)
　　本章小结 ··· (178)
　　思考与练习 ··· (179)

6　计算机控制系统的新型控制策略 ······································· (180)
6.1　智能控制研究现状 ·· (180)
6.2　模糊控制 ·· (182)
　　6.2.1　模糊控制理论基础 ··· (182)
　　6.2.2　模糊控制系统的原理与设计过程 ······························· (185)
　　6.2.3　模糊控制在电饭锅中的应用 ···································· (186)
6.3　神经控制 ·· (190)
　　6.3.1　神经网络系统模型 ··· (190)
　　6.3.2　BP 网络 ··· (192)
　　6.3.3　神经网络控制的结构 ·· (195)
　　6.3.4　神经控制在复杂系统中的应用 ·································· (196)
6.4　遗传控制 ·· (199)
　　6.4.1　遗传算法基础理论 ··· (199)
　　6.4.2　遗传算法的改进策略 ·· (202)
　　6.4.3　遗传算法在模糊控制中的应用 ·································· (205)
6.5　专家控制 ·· (207)

　　　　6.5.1　专家系统基本概念 ……………………………………………… (207)
　　　　6.5.2　专家控制器的原理和结构 ………………………………………… (208)
　　　　6.5.3　专家控制系统的设计与应用 ……………………………………… (209)
　　6.6　其他先进控制技术 …………………………………………………………… (212)
　　　　6.6.1　自适应控制 ………………………………………………………… (212)
　　　　6.6.2　鲁棒控制 …………………………………………………………… (214)
　　　　6.6.3　预测控制 …………………………………………………………… (214)
　　　　6.6.4　量子控制 …………………………………………………………… (215)
　　本章小结 ……………………………………………………………………………… (218)
　　思考与练习 …………………………………………………………………………… (218)

7　控制网络技术及现场总线 ……………………………………………………… (220)

　　7.1　控制网络技术概述 …………………………………………………………… (220)
　　　　7.1.1　控制网络与信息网络的区别 ……………………………………… (220)
　　　　7.1.2　企业计算机网络的层次模型 ……………………………………… (221)
　　　　7.1.3　控制网络的类型及其相互关系 …………………………………… (221)
　　7.2　计算机网络 …………………………………………………………………… (222)
　　　　7.2.1　计算机网络的定义 ………………………………………………… (222)
　　　　7.2.2　计算机网络的功能与分类 ………………………………………… (223)
　　　　7.2.3　计算机网络体系结构 ……………………………………………… (226)
　　7.3　现场总线控制系统技术 ……………………………………………………… (227)
　　　　7.3.1　现场总线概述 ……………………………………………………… (227)
　　　　7.3.2　现场总线标准 ……………………………………………………… (233)
　　　　7.3.3　现场总线的体系结构 ……………………………………………… (238)
　　　　7.3.4　典型现场总线简介 ………………………………………………… (239)
　　　　7.3.5　CAN总线 …………………………………………………………… (243)
　　　　7.3.6　现场总线控制系统性能分析 ……………………………………… (255)
　　7.4　计算机控制系统总线简介 …………………………………………………… (256)
　　　　7.4.1　总线的概念及分类 ………………………………………………… (256)
　　　　7.4.2　内部总线 …………………………………………………………… (256)
　　　　7.4.3　外部总线 …………………………………………………………… (260)
　　7.5　工业控制组态软件技术 ……………………………………………………… (262)
　　本章小结 ……………………………………………………………………………… (265)
　　思考与练习 …………………………………………………………………………… (266)

8　计算机控制系统的设计与实现 ………………………………………………… (267)

　　8.1　计算机控制系统的设计原则与步骤 ………………………………………… (267)
　　　　8.1.1　系统设计原则 ……………………………………………………… (267)

8.1.2　系统设计步骤 ……………………………………………… (268)
　8.2　系统的工程设计与实现 ……………………………………………… (271)
　　　8.2.1　系统总体方案设计 …………………………………………… (271)
　　　8.2.2　硬件的工程设计与实现 ……………………………………… (273)
　　　8.2.3　软件的工程设计与实现 ……………………………………… (275)
　　　8.2.4　系统的调试与运行 …………………………………………… (278)
　8.3　计算机控制系统可靠性设计 ………………………………………… (280)
　　　8.3.1　干扰的形成与分类 …………………………………………… (280)
　　　8.3.2　硬件抗干扰技术 ……………………………………………… (281)
　　　8.3.3　软件抗干扰技术 ……………………………………………… (284)
　8.4　计算机控制系统设计实例 …………………………………………… (290)
　　　8.4.1　纸机的转速和纸长计算机控制系统 ………………………… (290)
　　　8.4.2　预加水成球模糊逻辑控制系统 ……………………………… (296)
本章小结 ……………………………………………………………………… (305)
思考与练习 …………………………………………………………………… (305)

附录　课程设计实例 …………………………………………………… (306)
　实例1　烘箱温度计算机控制系统设计 …………………………………… (306)
　实例2　PID控制算法的MATLAB仿真研究 …………………………… (308)
　实例3　微型步进电动机控制系统设计 …………………………………… (311)
　实例4　神经网络用于英文字母的特征识别 ……………………………… (314)
　实例5　遗传算法在函数优化中的应用 …………………………………… (318)

参考文献 ………………………………………………………………… (323)

1

绪论

本章重点内容：本章重点介绍计算机控制系统的一般概念、计算机控制系统的特点、计算机控制系统的组成及分类，简要介绍计算机控制系统的发展概况及趋势。

计算机控制系统利用计算机的硬件和软件代替自动控制系统的控制器，综合了自动控制理论、计算机技术、检测技术、通信与网络技术等，并将这些技术集成起来用于工业生产过程，对生产过程实现检测、控制、优化、调度、管理和决策，以达到提高质量与产量，以及确保安全生产等目的。随着计算机技术、先进控制技术、检测与传感技术、电子技术、现场总线智能仪表及通信与网络技术的发展，控制系统已从简单的单台计算机参与的直接监督控制发展到复杂的多级计算机集散控制系统、计算机集成制造系统及分布式、网络化、智能化的集控制和管理为一体的计算机控制系统，为新型控制策略的实现、生产系统的优化及可靠性的提高等方面提供了有效的技术和理论支持。计算机控制系统广泛应用于工业、国防和民用的各个领域，各类先进的计算机控制设备正在发挥着巨大的作用，计算机控制技术正受到越来越广泛的重视。

本章将介绍计算机控制系统的概况、计算机控制系统的组成与分类，以及计算机控制系统的发展概况和趋势，并为后续章节的学习奠定必要的基础。

1.1 计算机控制系统概况

自动控制系统通常由控制器、被控对象、检测与传感装置、执行机构组成。从模拟控制系统发展到计算机控制系统，控制器已由最初的模拟调节器发展为功能强大的数字控制器——计算机（如单片机、ARM、PLC、PC机、工控机等），来实现对动态系统的调节与控制，以及对被控对象的有效控制。因此，计算机控制系统是指采用数字控制器的自动控制系统，计算机作为控制系统的一个重要组成部分，其控制器结构、控制器的信号形式、系统过程通道的组成、控制量的产生方法等与模拟控制系统相比均有较大变化。

1.1.1 计算机控制系统的一般概念

1. 连续自动控制系统的典型结构

连续自动控制系统归纳起来有两种典型结构,即开环控制系统和闭环控制系统。在图 1-1(a)所示的闭环控制系统中,系统将反馈回来的信号与给定值进行比较产生偏差,控制器对偏差进行分析计算,得到控制信号来驱动执行机构动作,使得被控参数与给定值保持一致。而开环控制系统与闭环控制系统不同的是不需要被控对象的反馈信号,直接根据给定值去控制被控对象工作,如图 1-1(b)所示,它不能消除被控参数与给定值之间的偏差,因此开环控制系统的控制性能比闭环控制系统的要差。

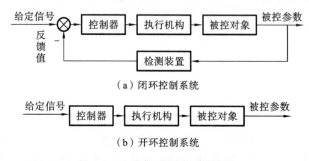

图 1-1 连续自动控制系统结构

2. 计算机控制系统的结构

计算机控制系统是在自动控制技术和计算机技术飞速发展的基础上产生的,计算机技术的发展为新型自动控制技术的实现提供了有效的手段,两者的结合极大地推动了自动控制技术的发展。若将连续控制系统中的比较器和控制器的功能用计算机来实现,就构成了一个典型的计算机控制系统,其基本框架如图 1-2 所示。如果计算机是微型计算机(如单片机),就构成了微型计算机控制系统。

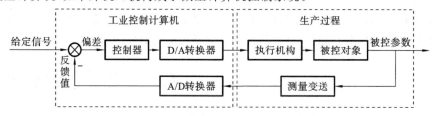

图 1-2 典型的计算机控制系统框架

计算机控制系统包括控制计算机和生产过程两大部分,生产过程包括被控对象、执行机构和测量变送单元。计算机控制系统除了包含数字信号外,还包含连续信号,因为被控对象参数是连续的。计算机的输入和输出信号都是数字信号,而被控对象的被控参数一般都是模拟量,执行器的输入信号也大多是模拟信号。数字信号是指在时间上离散、幅值上量化的信号。因此,计算机控制系统也称数字控制系统。如果忽略幅值上的量化效应,数字信号即为离散信号,此时,计算机控制系统又称为采样控制系统。如果将连续的被控对象连同保持器一起进行离散化,那么采样控制系统即简化为离散控制系统。因此,需要将模拟信号转换为数字信号的 A/D 转换器及将数字信号转换为模拟信号的 D/A 转换器。

如果将图 1-2 所示的具有测量变送的反馈通道断开,则被控对象的输出与系统的设定值之间没有联系,即为计算机开环控制系统。它与闭环控制系统相比,控制结构简单,但性能较差,通常用于控制性能要求不高的场合。

3. 计算机控制系统的控制步骤

从本质上来看,计算机控制系统的控制过程一般可以归结为如下三个步骤。

(1) 实时数据采集。对被控对象的瞬时值进行实时检测并输入计算机。

(2) 实时控制决策。对采集到的表征被控参数的状态变量进行分析,按预定的控制规律计算出当前控制量,实时向执行机构发出控制信号。

(3) 实时控制输出。根据实时计算得到的控制量,适时地通过 D/A 转换器将控制信号作用于执行机构。

上述过程不断重复,使整个系统能够按照一定的动态品质指标进行工作,并且对被控参数和设备本身出现的异常状态及时监督并迅速处理。所谓"实时",是指信号的输入、计算和输出都要在一定的时间内完成,超过了这个时间便失去了控制的时机,也就失去了控制的意义,实时的概念不能脱离具体的过程。

在计算机控制系统中,如果生产过程设备直接与计算机连接,生产过程直接受计算机的控制,则称其为"联机"方式或"在线"方式;如果生产过程设备不直接与计算机连接,其工作不直接受计算机的控制,而是通过中间记录介质,靠人工进行联系并进行相应操作,则称其为"脱机"方式或"离线"方式。一个实时控制系统必定是一个在线系统;反之,一个在线系统未必是一个实时控制系统。

1.1.2 计算机控制系统的特点

相比连续自动控制系统而言,计算机控制系统具有如下特点。

1. 系统结构的特点

计算机控制系统必须包含计算机,它是一个数字式离散控制器。此外由于多数系统的被控对象及执行部件、测量部件是连续模拟式的,因此,还必须加入信号变换装置,如 A/D 转换器及 D/A 转换器。因此,计算机控制系统通常是由模拟部件与数字部件组成的混合系统。

2. 信号形式的特点

在信号形式上,连续系统中的各信号均为连续模拟信号,而计算机控制系统的计算机与被控对象之间需要进行信号的相互转换,是一种混合信号系统。计算机控制系统的信号流程如图1-3所示,从被控对象开始依次有如下四种信号:模拟信号$y(t)$,离散模拟信号$y^*(t)$,数字信号$y(kT)$、$r(kT)$、$e(kT)$和$u(kT)$,以及量化模拟信号$u^*(t)$。

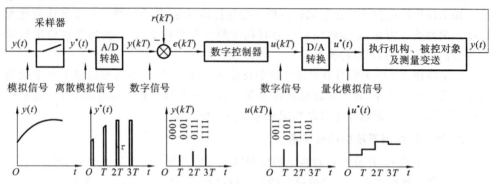

图1-3 计算机控制系统的信号流程

其中,模拟信号是时间上和幅值上都连续的信号,如图1-3中$y(t)$;离散模拟信号是时间上离散而幅值上连续的信号,如图1-3中$y^*(t)$,按一定采样周期T间隔采样的一连串脉冲信号,在每个采样周期内采样开关闭合时间为τ,仅在τ时间内,$y^*(t)$才是连续的;数字信号是时间上离散、幅值上量化为二进制数的信号,如图1-3中$y(kT)$、$u(kT)$;量化模拟信号是时间上连续、幅值上连续量化的信号,如图1-3中$u^*(t)$(详见第3章)。

3. 系统工作方式的特点

在连续控制系统中,控制规律是由模拟电路实现的,一台模拟控制器仅控制一个回路,所以控制规律越复杂,所需要的模拟电路往往越多。如要修改控制规律,则一般要改变原有的电路结构,而在计算机控制系统中,控制规律是由计算机通过程序实现的,修改一个控制规律,只需修改相应的程序,一般不改动硬件电路,因此具有很大的灵活性和适应性。

与连续控制系统相比,计算机控制系统除了能完成常规连续控制系统的功能外,还表现出如下的独特优点。

(1)计算机控制系统具有丰富的指令系统和很强的逻辑判断功能,能够实现模拟电路不能实现的复杂控制规律。其控制算法是由软件实现的,可以通过修改软件程序或执行不同的软件使系统具有不同的性能,因此它的适应性和灵活性很高。

(2)在计算机控制系统中,计算机每隔一定时间向A/D转换器发出启动转换信号,并对连续信号进行采样,经过计算机处理后,产生控制信号通过D/A转换器输出,将离散时间信号转换成连续时间信号,作用于被控对象。因此,计算机控制系统并不是连续控制的,而是离散控制的。在连续控制系统中,一般一个控制器控制一个回路,而在计算机控制系统中,由于计算机具有高速的运算处理能力,一个数字控制器经常可以按分时控制方式同时控制多个回路。

（3）计算机控制系统的性能价格比很高。尽管计算机控制系统最初投资很大，但增加一个控制回路的费用非常少。对于连续系统，模拟硬件的成本几乎和控制规律的复杂程度、控制回路的多少成正比，而计算机控制系统中的一台计算机却可以实现复杂控制规律，并可同时控制多个控制回路。

（4）采用计算机控制系统，如分级计算机控制系统、集散控制系统、计算机网络控制系统等，便于实现控制与管理一体化，使工业企业的自动化程度进一步提高。由于数字控制器的参与，允许系统使用各种数字部件，如使用数字式传感器，使系统对微弱信号的检测更敏感，可提高系统测量灵敏度，同时系统可以利用数字通信来传输信息。

1.1.3 计算机控制系统的性能指标

在离散系统或计算机控制系统里，由于被控对象一般都是连续的，因而输出响应也是连续的。计算机控制系统的性能分析和要求与连续控制系统的相似，描述离散系统的时域特性也与连续系统的类似，可以用系统的动态特性、稳态特性（主要指标是稳态误差）、稳定性、可控性及可观性来表征，衡量系统优劣的指标通常有稳定裕量、动态指标、稳态指标和综合指标等。

下面重点讨论动态特性及相关指标，其他特性将在 3.4 节讨论。

动态指标能够比较直观地反映控制系统的过渡过程特性，主要用系统在单位阶跃输入信号作用下的响应特性来描述，如图 1-4 所示，它反映了控制系统的瞬态过程。常用的时域指标有超调量 $\sigma\%$、上升时间 t_r、峰值时间 t_p、调节时间 t_s 等，它们与连续系统的定义一致。通常用调节时间 t_s 来评价系统的响应速度，用超调量 $\sigma\%$ 来评价系统的阻尼程度。在工程中，也常用频域指标来衡量控制系统动态性能的优劣。常用的频域指标有开环频域指标（相角裕量、幅值裕量、穿越频率等）和闭环频域指标（谐振峰值、谐振频率、系统的带宽等）。

在控制理论中，经常使用综合性能指标来衡量控制系统的性能。积分型指标是主要的综合性能指标之一，它主要以误差 $e(t)$ 对时间的不同积分来表征，其中有误差平方的积分、时间乘误差平方（或乘误差绝对值）的积分、时间平方乘误差平方（或乘误差绝对值）的积分、误差绝对值的积分，以及加权二次型性能指标等。

在设计控制系统时，选择不同的性能指标，设计得到的系统结构和参数是有区别的。因此，在设计时应当根据具体情况和要求，正确选择性能指标，既要考虑到能对系统的性能做出正确评价，又要考虑到数学上便于处理、工程上易于实现。所以，在选择性能指标时，通常要进行一定的试探和比较。

必须指出，在 z 域进行分析时，得到的只是各个采样时刻的值，如图 1-5 所示，在采样间隔内的值并不能被表示出来，图 1-5 中的真实峰值 y_m 与采样得到的峰值 y_m^* 不同，一般情况下，$y_m^* < y_m$。若采样周期 T 较小，则相应的采样值可能更接近连续响应。如果采样周期较大，则两者差别较大。为精确描述采样间隔之间的信息，还可以采用修正 z 变换法进行理论计算（参见后续相关章节，如 4.2 节）。工程中多采用数字仿真方法进行计算。

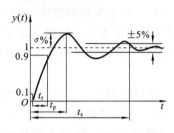

图 1-4 系统阶跃响应特性

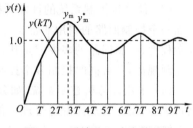

图 1-5 系统阶跃响应的采样

1.2 计算机控制系统的组成和分类

1.2.1 计算机控制系统的组成

计算机控制系统由计算机(主机)、外部设备、操作台、输入/输出过程通道、测量及变送单元、执行机构,以及被控对象组成,如图 1-6 所示。计算机控制系统由硬件和软件组成。

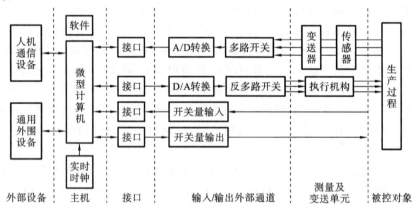

图 1-6 计算机控制系统的组成

1. 计算机控制系统的硬件组成

计算机控制系统的硬件包括计算机、输入/输出过程通道、外部设备、操作台、测量变送单元和执行机构等。

1) 计算机

计算机是计算机控制系统的核心,由中央处理单元(CPU)和内部存储器(RAM、ROM)组成,它可以通过接口向系统的各个部分发出各种命令,同时对被控对象的被控参数进行实时检测及处理。主机的主要功能是控制整个生产过程,其具体功能包括完成程序存储、程序执行、数值计算、逻辑判断、数据处理等工作。

2) 输入/输出过程通道

计算机与被控对象(或生产过程)之间的信息传递和转换是通过输入/输出过程通

道进行的,它在两者之间起到纽带和桥梁的作用。输入过程通道把被控对象(或生产过程)的被控参数转换成计算机可以处理的数字代码;输出过程通道把计算机输出的控制命令和数据转换成可以对被控对象(或生产过程)进行控制的信号。输入过程通道包括模拟量输入通道(AI 通道)和开关量/数字量输入通道(DI 通道),输出过程通道包括模拟量输出通道(AO 通道)和开关量/数字量输出通道(DO 通道)。

3) 外部设备

实现计算机和外界交换信息的设备称为外部设备(简称外设)。常用外部设备按其功能可分为输入设备、输出设备、人机通信设备和外存储器(简称外存)等。输入设备用来输入程序、数据或操作命令,如键盘、光电输入机等。输出设备有打印机、记录仪、纸带穿孔机、显示器(CRT 显示器或 LED、LCD 数码显示器)等,用来向操作人员提供各种反映生产过程工况的信息和数据,以便操作人员及时了解控制过程。外存储器有磁带装置、磁盘装置等,它兼有输入、输出功能,主要用来存储系统程序和数据。

4) 操作台

操作台是计算机控制系统中人机"对话"的联系纽带,操作人员通过操作台可以输入控制程序、修改数据、显示数据、显示表格曲线、指示系统的工作状态,还可以发出各种控制指令。操作台主要包括如下几个部分。

(1) 显示装置,如 CRT 显示器或 LED、LCD 数码显示器,主要用来显示操作人员要求显示的内容或报警信号。通过控制界面,操作人员可通过鼠标、键盘等修改数据和发出控制指令,实现远程控制,进行人机交互。

(2) 一组或几组功能键。通过功能键,可向主机申请中断服务。功能键包括复位键、启动键、打印键、显示键等。

(3) 一组或几组数字键,用来输入某些数据或修改控制系统的某些参数。

5) 测量变送单元

工业过程的参数一般是非电量,必须经过传感器变换为等效的电信号,比如用热电偶把温度信号转换为电压信号,用压力变送器把压力信号转换成电流信号等。这些信号经过变送器转换成统一的标准信号(0~5V 或 4~20mA),再经过 A/D 转换器送入计算机。检测变送单元精度的高低直接影响微型计算机控制系统精度的高低,是计算机控制系统设计人员必须掌握的技术之一。

6) 执行机构

执行机构往往与被控对象连为一体,控制各个参数的变化过程。比如加热炉温度控制系统中,根据温度误差计算出的控制量经过 D/A 转换后,输出给执行机构(调节阀)来控制进入加热炉的煤气量以实现预期温度值;在水位控制系统中,D/A 转换后的控制量通过调节进入容器的水流量来控制水位变化。常用的执行机构有电动、气动、液压等控制方式,也有采用步进电动机、直流电动机或晶闸管进行控制的。

2. 计算机控制系统的软件

计算机控制系统的硬件是完成控制任务的设备基础,而软件是履行控制任务的关键。软件是指能够完成各种功能的计算机控制系统的程序系统,是计算机的操作系统和各种应用程序的总和。软件可分为系统软件和应用软件两大部分。

系统软件是提高计算机使用效率、扩大功能,为用户使用、维护和管理计算机提供方便的程序的总称。

系统软件主要包括操作系统软件(如管理程序、磁盘操作系统程序、监控程序等)、语言加工系统软件(如程序设计语言、编译程序、服务程序、模拟主系统和数据管理系统等)、信息处理软件(如文字处理软件、翻译软件和企业管理软件)和诊断系统软件(如调节程序及故障诊断程序等)。系统软件具有一定的通用性,一般随硬件一起由计算机生产厂家提供。

应用软件是用户根据要解决的实际问题而编写的各种程序,在计算机控制系统中则是指完成系统内各种任务的程序,包括控制程序、数据采集及处理程序、巡回检测及报警程序和数据管理程序等。

1.2.2 计算机控制系统的分类

按照计算机参与控制的方式,根据应用特点、控制方案、控制目的及系统构成,可将计算机控制系统分为以下几种类型。

1. 操作指导控制系统

操作指导控制系统(Operational Information System,OIS)是指计算机的输出不直接控制被控对象,只是每隔一定时间,进行一次数据采集,将系统的一些参数经 A/D 转换器转换后送入计算机进行计算及处理,然后报警、打印和显示的计算机控制系统。操作人员根据这些数据进行必要的操作,系统的结构如图 1-7 所示,它是一种开环控制结构。该系统的优点是结构简单、控制灵活、实用方便安全和效益显著,特别适合于未掌握控制规律的情况,常用于计算机控制系统研制的初级阶段或用于试验新的数学模型和调试新的程序。缺点是需要人工操作,速度受到限制,故不适合于快速过程的控制和多个对象的控制。

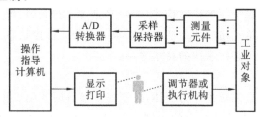

图 1-7 操作指导控制系统的结构

2. 直接数字控制系统

直接数字控制(Direct Digital Control,DDC)是计算机用于工业过程控制最为广泛的一种方式。计算机通过检测元件对一个或多个系统参数进行巡回检测,并经过输入通道将检测数据送入计算机。计算机根据规定的控制规律进行运算,然后发出控制信号分时控制各个执行机构,使被控参数达到预定要求,其结构如图1-8所示。

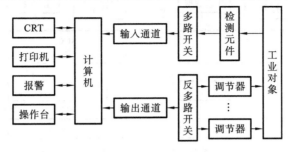

图 1-8　DDC系统的结构

DDC系统的优点是灵活性大、可靠性高、成本低,系统中的计算机参与闭环控制过程,它不仅能取代多个模拟调节器,还能只通过改变程序就能有效地实现较复杂的控制,如前馈控制、非线性控制、自适应控制、最优控制等。其缺点是计算机直接承担所有的数据采集、处理、显示、报警、计算、控制等功能,对计算机的实时性、可靠性、稳定性要求较高,一旦计算机出现故障,整个系统就会瘫痪。需要注意的是,对一些关键的控制回路,往往设计为计算机控制与仪表控制相结合的形式,以提高整个系统的可靠性。

3. 计算机监督控制系统

在计算机监督控制(Supervisory Computer Control,SCC)系统中,计算机根据工艺参数和过程参量检测值,按照所设计的控制算法进行计算,计算出最佳设定值直接传递给常规模拟调节器或DDC计算机,最后由模拟调节器或者DDC计算机控制生产过程,使生产过程始终处于最佳工作状态。

计算机监督控制系统有两种结构形式:一种是SCC+模拟调节器的控制系统;另一种是SCC+DDC的控制系统。

1) SCC+模拟调节器的控制系统

该系统原理如图1-9(a)所示,SCC计算机对系统的被控参数进行巡回检测,并按一定的数学模型对生产状况进行分析,计算出被控对象各个参数的最优给定值送入模拟调节器。将此给定值在模拟调节器中与检测值进行比较,其偏差经模拟调节器计算后输出到执行机构,以达到调节被控参数的目的。当SCC计算机出现故障时,可由模拟调节器独立完成操作。

2) SCC+DDC的控制系统

该系统原理如图1-9(b)所示,SCC和DDC组成了二级控制系统,一级为监督控制级SCC,其作用与SCC+模拟调节器系统中的SCC一样,完成车间或工段等高一级的最优化分析和计算,给出最佳给定值,传递给DDC级计算机直接控制生产过程。SCC级计算机与DDC级计算机之间通过接口进行信息传输,当DDC级计算机出现故障时,可由SCC级计算机代替,因此,大大提高了系统的可靠性。

SCC系统的优点是不仅可以进行复杂控制规律的控制,而且其工作可靠性较高,

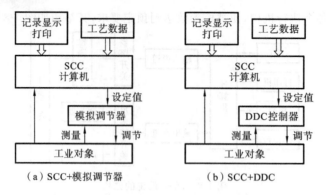

图1-9 计算机监督控制系统的两种控制形式

当SCC系统出故障时,下一级仍可继续执行控制任务。

4. 分布式控制系统

分布式控制系统(Distributed Control System,DCS),又称集散控制系统(Total Distributed Control System,TDCS),国内习惯称DCS。生产过程中既存在控制问题,又存在很多管理问题,设备一般分布在不同区域,其中各工序、各设备并行工作,基本相互独立,整个系统比较复杂。分布式控制系统采用分散控制、集中操作、分级管理、分而自治和综合协调的方法,利用新型控制方法、现场总线智能化仪表、专家系统、局域网等先进技术,把生产过程的自动控制与信息的自动化管理结合在一起,从上到下分为过程控制级、集中操作监控级、综合信息管理级,形成分级分布式控制,实现管控一体化。图1-10所示的分布式控制系统是一个四级系统,各计算机的任务如下。

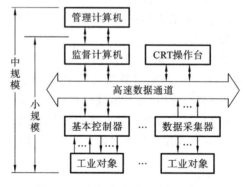

图1-10 分布式控制系统原理框图

1) 装置控制级(DDC级)

对生产过程或单机直接进行控制,如进行PID控制或前馈控制等,使所控制的生产过程在最优工况下工作。

2) 车间监督级(SCC级)

根据厂级下达的命令和通过装置控制级获得的生产过程的数据,进行最优化控制。它还担负着车间各个工段的协调控制,并承担着对 DDC 级的监督。

3) 工厂集中控制级

根据上级下达的任务和本厂的情况,制订生产计划、安排本厂工作、进行人员调配及各车间的协调,并及时将 SCC 级和 DDC 级的情况向上级反映。

4) 企业经营管理级

制订长期发展规划、生产计划和销售计划,发送命令至各工厂,并接受各个工厂发回来的数据,实行全企业的总调度。

5. 现场总线控制系统

现场总线控制系统(Fieldbus Control System,FCS)是新一代分布式控制系统,如图 1-11 所示。DCS 的结构模式为"操作站-控制站-现场仪表"三层结构,系统成本较高,而且厂商的 DCS 有各自标准,不能互联。FCS 与 DCS 不同,它的结构模式为"操作站-现场总线智能仪表"两层结构,FCS 用两层结构完成了 DCS 中三层结构的功能,降低了成本,提高了可靠性,可实现真正的开放式互联系统结构。

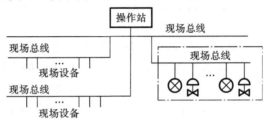

图 1-11 FCS 结构示意图

6. 计算机集成制造系统

计算机集成制造系统(Computer Integrated Manufacturing System,CIMS)是计算机技术、网络技术、自动化技术、信息处理技术、管理技术和系统工程技术等发展的结果,它将企业的生产、经营、管理、计划、产品设计、加工制造、销售及服务等环节和人力、财力、设备等生产要素集成起来,进行统一控制,求得生产活动的最优化方案。CIMS 一般由集成工程设计系统、集成管理信息系统、生产过程实时信息系统、柔性制造工程系统及数据库、通信网络等组成。随着 CIMS 研究的进一步发展,人们将 CIMS 中系统集成的思想应用到了流程工业中,获得了良好的设计效果。而流程工业与离散工业特征的区别,使得流程工业 CIMS 技术主要体现在决策分析、计划调度、生产监控、质量管理、安全控制等,其核心技术难题在于生产监控和质量管理等。由于这些差别,有学者提出将流程工业的 CIMS 单独命名为 CIPS(Computer Integrated Process System,计算机集成过程系统)。

CIMS 采用多任务分层体系结构,经过 20 多年的发展,现在已经形成多种体系结构,如美国国家标准局的自动化制造实验室(AMRF)提出的五层递阶控制体系结构、面向集成平台的 CIMS 体系结构、连续型 CIMS 体系结构及局域网型 CIMS 体系结构等。但不管 CIMS 的体系结构如何变化,其基本控制思想都采用递阶控制。

1.3 计算机控制系统的发展概况及趋势

1.3.1 计算机控制系统的发展概况

计算机控制技术是自动控制理论与计算机技术相结合的产物,因此,计算机控制系统的发展是与自动控制理论、计算机技术的发展密不可分的,回顾其发展过程,大体上经历了三个阶段。

第一阶段是 1965 年以前的试验阶段。1946 年,美国诞生了世界上第一台电子计算机,使得 20 世纪 50 年代初便产生了将计算机用于控制的思想。然而由于当时的计算机体积庞大、功率消耗太大且性能不太可靠,这样的想法在当时尚不能实现。到了 20 世纪 50 年代中期,人们开始研究将计算机用于工业过程控制。由于工业过程控制对计算机的要求相对较低,计算机的体积和功率消耗已不是它在工业过程控制中应用的主要障碍。经过几年的努力,到了 20 世纪 50 年代末,已经有计算机控制系统在工业生产中投入运行。

第二阶段是 1965 年至 1972 年的试用和逐步普及的阶段。20 世纪 60 年代后半期,计算机生产厂家生产出了各种类型的适合工业过程控制的小型计算机,其主要特点是体积更小、速度更快,工作更可靠和价格更便宜,这使得那些较小的工程问题也能利用计算机来控制。但这个阶段仍然主要是集中型计算机控制系统。经验表明,采用集中型计算机控制系统由于控制任务过于集中,一旦某台计算机出现故障,将对整个生产过程和整个系统带来严重影响。虽然采用多机并用的方案,可以提高集中型计算机控制系统的可靠性,但这样就要增加投资。

第三个阶段是从 1972 年开始到现在的发展阶段。1972 年出现了微型计算机,尤其是以单片机为代表的嵌入式控制器出现以后,计算机控制技术进入了崭新的发展阶段。微型计算机最突出的优点是价格便宜、体积小而功能齐备。这就使得不管多小的控制任务均可以采用嵌入式控制器等微型计算机进行控制。现代工业的特点是高度连续化、大型化,装置与装置、设备与设备之间的联系日趋密切。过去,由于计算机价格比较昂贵,一台计算机要完成的任务很多,因而多采用集中型的控制结构。如今,由于计算机价格便宜,并考虑对现代化工业企业进行综合管理和最优控制的需要,已开始采用分散型微处理器控制的分级计算机控制和集散控制系统。CIMS 技术也已从研制、试用的阶段逐步走向成熟,已被成功地应用到某些场所。随着嵌入式应用技术的进一步发展和信息网络技术的兴起,基于网络的控制技术(简称网络控制)已逐渐为人们所关注和接受,并在控制领域掀起了研究和应用的热潮,现已被应用到航天航空、远程遥控机器人等领域。

1.3.2 计算机控制系统的发展趋势

计算机在自动控制领域中的应用,有力地推动了自动控制理论及自动控制技术的发展,而通信网络技术的介入,使大规模计算机控制系统成为控制领域的发展趋势。计算机控制技术已成为自动控制技术、计算机技术、通信网络技术和管理技术在自动控制系统领域的综合应用技术。

随着大规模及超大规模集成电路的发展,计算机的可靠性和性能价格比越来越高,这使得计算机控制系统得到越来越广泛的应用。同时,生产力的发展、生产规模的扩大,又使人们不断对计算机控制系统提出新的要求。目前,计算机控制系统有如下几个发展趋势。

1. 可编程控制器

在制造业的自动化生产线上,各道工序都是按规定的时间和条件顺序执行的,对这种自动化生产线进行控制的装置称为顺序控制器。以往,顺序控制器主要由继电器组成,改变生产工序、执行次序和条件需要改变硬件连线。随着大规模集成电路和微处理器在顺序控制器中的应用,开始采用类似微型计算机的通用结构,把程序存储在存储器中,用软件实现开关量的逻辑运算、延时等过去用继电器完成的功能,形成了可编程逻辑控制器(Programmable Logic Controller,PLC)。

工业用可编程逻辑控制器是采用微型机芯片,根据工业生产的特点而发展起来的一种控制器,它具有可靠性高、编程灵活简单、易于扩展和价格低廉等许多优点。尤其是近年来开发了具有智能的 I/O 模块,使得可编程逻辑控制器除了具有逻辑运算、逻辑判断等功能外,还具有数据处理、故障自诊断、PID 运算及联网等功能,从而极大地扩大了 PLC 的应用范围。可以预料,进一步完善和系列化的 PLC 将作为下一代通用设备,大量地应用在工业生产自动化系统中。

2. 集散控制系统

目前,在过程控制领域,集散控制技术已日趋完善且逐渐成为被广泛使用的主流系统。集散控制系统发展初期以实现分散控制为主,而进入 20 世纪 80 年代以后,集散控制系统的技术重点转向全系统信息的综合管理,因其具有分散控制和综合管理两方面特征,故称为分散型综合控制系统,简称为集散控制系统。集散控制系统的体系特征是功能分层,它充分反映了集散控制系统的分散控制、集中管理的特点。

按照功能分层的方法,集散控制系统可以分为现场控制级、过程装置控制级、车间操作管理级、全厂优化和调度管理级等。信息一方面自下而上逐渐集中,同时,它又自上而下逐渐分散。从系统结构分析,集散控制系统都由三大基本部分组成,即分散过程控制装置部分、集中操作和管理系统部分,以及通信系统部分。

分散过程控制装置部分由多回路控制器、单回路控制器、多功能控制器、可编程逻辑控制器及数据采集装置等组成。它相当于现场控制级和过程控制装置级,实现与生产过程的连接。集中操作和管理部分由操作站、管理机和外部设备等组成。它相当于车间操作管理级和工厂集中控制级,实现人机接口。在每级之间及每级内的计算机或微处理器则由通信系统进行数据通信。在集散控制系统中,用以微处理器为基础的过程控制器对生产过程实现分散控制。一个控制器控制一个回路或若干个回路,这样可避免在采用集中型计算机控制系统时,若计算机出现故障,则对整个生产装置或整个生产系统产生严重影响。集散控制系统中用一台或若干台计算机对全系统进行全面信息管理,这样便于实现生产过程的全局优化。

3. 计算机集成制造系统

20世纪80年代中期以来,CIMS日渐成为制造工业的热点。其原因不仅在于CIMS具有提高生产率、缩短生产周期及提高产品质量等一系列极有吸引力的优点,也不完全在于一些大公司采用CIMS取得了显著的经济效益,最为根本的原因在于CIMS是在新的生产组织原理和理念指导下形成的一种新型生产模式,将在21世纪占主导地位。因而世界上很多国家和企业都把发展CIMS定为本国制造工业或企业的发展战略,制订了很多由政府或工业界支持的计划,用以推动CIMS的开发和应用。1986年,我国不失时机地将CIMS列入国家高技术发展规划,其战略目标是跟踪国际上CIMS高技术的发展,掌握CIMS关键技术,建立既能获得综合效益又能带动全局的示范点。

4. 嵌入式系统

嵌入式系统(Embedded System)以计算机技术为基础,是计算机技术、通信技术、半导体技术、微电子技术、语音图像数据传输技术,甚至传感器技术等先进技术和Internet技术与具体应用对象相结合后的产物。嵌入式系统嵌入的本质是将一个微型计算机嵌入到一个具体应用对象的体系中去。计算机诞生后,在其后很长的一段历史进程中,计算机只是价格昂贵的数值计算设备。20世纪70年代单片机出现后,人们对计算机的使用出现了历史性的变化。这也标志着嵌入式技术被研制、开发和应用的开始。嵌入式系统以其成本低、体积小、功耗低、功能完备、速度快、可靠性好等特点已经逐步渗透人们日常生活、工业生产过程和军事应用等各个领域中,并起着非常重要的作用。作为控制技术应用的载体,嵌入式系统的发展必将极大地推动计算机控制技术在各个领域的应用。

5. 网络控制系统

网络控制(Internet Based Control)系统是以网络为媒介对被控对象实施远程控制、远程操作的一种新兴的计算机控制系统。网络控制系统的发展与网络技术、计算机应用技术、嵌入式应用技术、控制理论及应用技术的发展息息相关。网络控制已经引起了各个方面的广泛关注。其实,在航天领域中,各种卫星、各类航天探测器、月球探测车、火星探测车等,在某种意义上讲,都可以看做是网络控制应用方面的成功典范,因为在这些场合下的控制问题,都具备网络控制的特点,如数据传输的非定常性、非完整性及延时的非确定性等。常规的应用领域中,在一些特殊的场合及人类不易于到达的场所,网络控制也显示出强大的优势,如用于医疗领域的远程病理诊断、专家会诊、远程手术、恶劣、危险环境下的作业等,网络控制系统都有着十分美好的发展前景。在这类系统中,管理决策、资源共享、任务调度、优化控制等上层机构可以方便地与各种现场设备或装置连接在一起,从而实现全系统的整体自动化和性能优化,这必将带来巨大的经济效益和社会效益。随着相关领域技术的发展,网络控制技术作为"综合技术之上的技术"必将被迅速地应用到各个领域中去。

本章小结

　　计算机控制系统的组成与连续模拟控制系统组成的主要区别是计算机控制系统中的控制器使用数字计算机和 A/D 转换器、D/A 转换器来实现。尽管计算机控制系统与常规连续模拟控制系统有许多相似之处,但计算机参与控制使计算机控制系统的理论分析和设计具有许多不同的特点。计算机控制系统与连续模拟控制系统相比具有许多优点。计算机是一种可编程的智能元件,控制算法由软件编程实现,因此计算机控制系统可实现复杂和智能化的算法,构成一种柔性的智能化系统。

　　计算机技术,特别是计算机硬件技术的发展促使计算机控制技术得到了迅速发展。计算机控制系统,伴随着计算机技术的发展从早期的数据采集、监控系统,经过了几个不同的发展阶段,已发展成为今天广泛用于国防、国民经济各个领域中不可替代的各种系统。

思考与练习

1. 简述典型计算机控制系统的基本组成,分析各组成部分的作用。
2. 计算机控制系统的硬件和软件各由哪几部分组成,其主要功能是什么?试用框图表示系统的硬件结构。
3. 计算机控制系统结构有哪些分类?指出这些分类的结构特点和主要的应用场合。
4. 什么叫"联机"方式或"在线"方式?什么叫"脱机"方式或"离线"方式?"实时"的含义是什么?
5. 计算机控制系统主要有哪些性能指标?
6. 简述计算机控制系统有哪些特点?计算机控制系统的发展趋势如何?

2 输入/输出过程通道与接口技术

本章重点内容:本章主要讲解模拟量和数字量输入/输出过程通道的组成和结构形式,并以典型的 D/A 转换器 DAC0832 和 A/D 转换器 ADC0809 为核心元器件讲解了模拟量输入/输出过程通道接口技术。另外还着重讲解了数字量输出功率电路和键盘、显示器接口技术等。

为了建立计算机控制系统以实现对生产过程的控制,需要将生产过程中的各种必要信号(参数)及时检测传送,并转换成计算机能够接受的数据形式。计算机对送入数据进行适当的分析处理后,又以生产过程能够接受的信号形式实现对生产过程的控制。这种在过程信号与计算机数据之间完成变换传递的装置称为输入/输出过程通道。

计算机控制系统的输入/输出过程通道是计算机与生产过程或外部设备之间交换数据的桥梁,也是计算机控制系统的一个重要组成部分。工业过程控制的计算机,必须实时地了解被控对象的情况,并根据现场情况发出各种控制命令控制执行机构动作,如果没有输入/输出过程通道的支持,计算机控制系统就失去了实用的价值。

计算机控制系统的输入/输出过程通道可以分为模拟量输出通道、模拟量输入通道、数字量输入通道和数字量输出通道。下面分别对它们进行讲解。

2.1 模拟量输出通道

模拟量输出通道的任务是把计算机输出的数字量信号转换成模拟量信号(电压或电流),以便驱动相应的执行机构,从而达到控制的目的。模拟量输出通道一般由接口电路、D/A 转换器、电压/电流(V/I)转换器、驱动电路及执行机构等组成。其核心是 D/A 转换器,通常也把模拟量输出通道称为 D/A 通道。

2.1.1 模拟量输出通道的结构形式

模拟量输出通道的结构形式,主要取决于输出保持器的构成方式。输出保持器一一般有数字保持方案和模拟保持方案两种。下面介绍模拟量输出通道的三种结构形式。

1. 多通道 D/A 转换器的结构形式

这种结构形式如图 2-1 所示，微处理器和通路之间通过独立的接口缓冲器传送信息，这是一种数字保持的方案。它的优点是转换速度快、工作可靠，即使某一路 D/A 转换器有故障，也不会影响其他通道的工作，缺点是使用了较多的 D/A 转换器。该结构形式多用于高速系统。

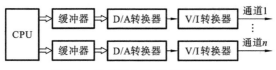

图 2-1　多通道 D/A 转换器的结构

2. 多通道共享一个 D/A 转换器的结构形式

多通道共享一个 D/A 转换器的结构形式如图 2-2 所示。因为共用一个 D/A 转换器，故必须在微处理器控制下分时工作，即依次把 D/A 转换器转换成的模拟电压（或电流），通过多路模拟开关传送给输出保持器。这种结构形式的优点是节省了 D/A 转换器，但由于分时工作，只适用于通路数量多且速度要求不高的场合。这种方案的缺点是可靠性较差。

图 2-2　多通道共享一个 D/A 转换器的结构

3. 多通道系统结构形式

多通道系统结构形式如图 2-3 所示。各通道有独立的缓冲器、输入寄存器及 D/A 转换器。在这种结构中，各通道数字量依次送入相应的缓冲寄存器，然后同时输入各自的输入寄存器，各 D/A 转换器同时进行转换。它用于对系统性能的各项数据描述需要同时给出的场合。

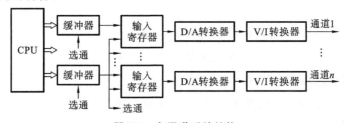

图 2-3　多通道系统结构

2.1.2　D/A 转换器原理及器件

作为系统设计者，应当了解 D/A 转换器的工作原理、性能指标和引脚功能，尤为重要的是掌握芯片的外特性和使用方法。D/A 转换器的输出有多种形式,许多 D/A 转换器输出的模拟信号是以电流形式体现的,也就是以输出电流大小表示输出数字量的大小,如 DAC0832、AD7522 等。而电压输出型 D/A 转换器又有单极性输出和双极性输出两种形式。根据输入的二进制位数来分,有 8 位、10 位、12 位、16 位等几种 D/A 转换器。另外,还有其他形式的 D/A 转换器,如串口 D/A 转换器(DA80),它能接收二进制数的串行输入。在实际应用中,应根据设计需要选取 D/A 转换器的位数与输出形式。

1. D/A 转换器的主要性能指标

1) 分辨率

分辨率反映了 D/A 转换器对输入的微小变化产生响应的能力,通常用输入数字量位数表示,或用式 $\Delta=1/(2^n-1)$、$\Delta=1/2^n$ 表示。

例如,8 位二进制 D/A 转换器,其分辨率为 8 位或 $\Delta=1/255=0.392\%$。显然,位数越多,分辨率越高。

2) 稳定时间

稳定时间是当输入二进制数满量程变化时,输出模拟量达到相应数值范围内(通常为 $\frac{1}{2}$FS,FS 表示满量程)所用的时间。显然稳定时间越长,转换速率越低。对于输出是电流的 D/A 转换器来说,稳定时间只有几微秒;而输出是电压的 D/A 转换器,其稳定时间主要取决于运算放大器的响应时间。

3) 精度

精度有绝对精度和相对精度两种表示方法,对应的概念有绝对误差和相对误差两种。

绝对误差是指对应一个数字量的实际输出值和理想的模拟输出值之差。

相对误差一般用绝对误差相对于满量程输出的百分比来表示,有时也用最低有效位(LSB)的分数表示。通常,相对精度比绝对精度更有实用性。

4) 输出电平

输出电平是指当 D/A 转换器所有位数由 0 变化到 1 时稳定输出的电压值 V_{OUT}。一般地,单极性输出电压 V_{OUT} 为

$$V_{OUT}=V_{REF}(1-2^{-n}) \tag{2-1}$$

双极性输出电压(即量程)为

$$V_{OUT}=V_{REF}(2-2^{-n}) \tag{2-2}$$

2. D/A 转换器的工作原理

D/A 转换器原理框图如图 2-4 所示,它主要由四部分组成:基准电压 V_{REF},R-2R T 形电阻网络,位切换开关 $BS_i(i=0,1,\cdots,n-1)$ 和运算放大器 A。D/A 转换器输入的二进制数从低位到高位($D_0\sim D_{n-1}$)分别控制对应的位切换开关($BS_0\sim BS_{n-1}$),并通过 R-2R T 形电阻网络,在各 2R 支路上产生与二进制数各位的权成比例的电流,再与运算放大器 A 相加,并按比例转换成模拟电压 V_{OUT} 输出。

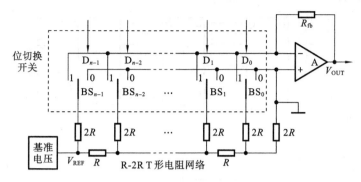

图 2-4 D/A 转换器原理框图

具体分析如下。当 $D_i=1$，BS_i 切换到左端（虚地），$D_i=0$，BS_i 切换到右端（地），不论切换到哪一端，切换电压不变，切换的仅仅是电流。不过，只有 BS_i 切换到左端，才能给运算放大器输入端提供电流，因此，电阻网络中各 $2R$ 支路上端的电位相同（为零），下端各节点向右的分支电阻均为 $2R$，则各节点电压依次按 $1/2$ 系数进行分配，相应各支路的电流也按 $1/2$ 系数进行分配。当满量程输入一个 n 位二进制数，并考虑到二进制数 $D_i=1$ 或 $0(i=0,1,\cdots,n-1)$ 时，则有如下关系式。

流入运算放大器的电流为

$$I = \frac{V_{REF}}{2R}D_{n-1} + \frac{V_{REF}}{4R}D_{n-2} + \cdots + \frac{V_{REF}}{2^n R}D_0$$

$$= \frac{V_{REF}}{R}\left(\frac{1}{2}D_{n-1} + \frac{1}{2^2}D_{n-2} + \cdots + \frac{1}{2^n}D_0\right) \tag{2-3}$$

当 $R_{fb}=R$ 时，相应的输出电压为

$$V_{OUT} = -IR = -\frac{V_{REF}}{2^n}(D_{n-1}2^{n-1} + D_{n-2}2^{n-2} + \cdots + D_0 2^0) = -\frac{V_{REF}}{2^n}\cdot D \tag{2-4}$$

式中：$D=D_{n-1}2^{n-1}+D_{n-2}2^{n-2}+\cdots+D_0 2^0$。

由式(2-4)可见，输出电压除了与输入的二进制数有关外，还与运算放大器的反馈电阻 R_{fb}、基准电压 V_{REF} 有关。

D/A 转换器的品种很多，下面以常用的 8 位 D/A 转换器芯片 DAC0832 为例来讲解 D/A 转换器及其与 CPU 的接口技术。

3. DAC0832 芯片介绍

DAC0832 的内部结构如图 2-5 所示，它主要由 8 位输入寄存器、8 位 DAC 寄存器、采用 R-2R T 形电阻网络的 8 位 D/A 转换器和输入控制电路组成。DAC0832 的分辨率为 8 位，电流输出，稳定时间为 1 μs，采用 20 脚双立直插式封装。

DAC0832 引脚功能说明如下。

$DI_0 \sim DI_7$：数据输入线。其中 DI_0 为最低有效位(LSB)，DI_7 为最高有效位(MSB)。

$\overline{CS}$：片选信号，输入线，低电平有效。

$\overline{WR_1}$：写信号 1，输入线，低电平有效。

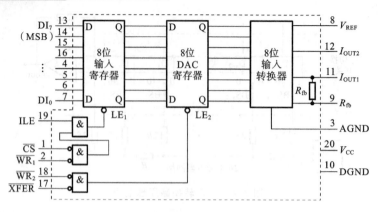

图 2-5 DAC0832 的内部结构

ILE:输入允许锁存信号,输入线,高电平有效。
$\overline{WR_2}$:写信号 2,输入线,低电平有效。
$\overline{XFER}$:传送控制信号,输入线,低电平有效。
I_{OUT1}:DAC 电流输出端 1,此输出信号一般作为运算放大器差动输入信号之一。
I_{OUT2}:DAC 电流输出端 2,此输出信号一般作为运算放大器另一差动输入信号。
R_{fb}:该电阻可用做外部运算放大器的反馈电阻,接于运算放大器的输出端。
V_{REF}:基准电压,输入线,$-10 \sim +10$ V DC。
V_{CC}:工作电压,输入线,$+5 \sim +15$ V DC。
AGND:模拟地。
DGND:数字地。

(1) 当 ILE、$\overline{CS}$ 和 $\overline{WR_1}$ 同时有效时,8 位输入寄存器 LE_1 端为高电平"1",此时寄存器的输出端 O 跟随输入端 D 的电平变化;反之,当 LE_1 为低电平"0"时,原 D 端输入数据被锁存到 O 端,而且在此期间 D 端电平的变化不影响 Q 端。

(2) 当 $\overline{WR_2}$ 和 $\overline{XFER}$ 同时有效时,8 位 DAC 寄存器 LE_2 端为高电平"1",此时将第一级 8 位输入寄存器 D 端的状态锁存到第二级 8 位 DAC 寄存器中,以便进行 D/A 转换。

2.1.3 D/A 转换器接口技术

这里以 DAC0832 为例来讨论 D/A 转换器的接口技术及其工作方式。首先介绍 DAC0832 的工作方式。

1. DAC0832 的工作方式

DAC0832 芯片有三种工作方式,取决于 ILE、$\overline{CS}$、$\overline{WR_1}$、$\overline{WR_2}$、$\overline{XFER}$ 这五条控制线的逻辑组合。换言之,不同的硬件连接形式具有不同的工作方式。

1) 双缓冲工作方式

DAC0832 芯片内有两个数据寄存器,在双缓冲方式下,CPU 要对 DAC 芯片进行两次写操作:将数据写入输入寄存器;将输入寄存器中的内容写入 DAC 寄存器。其连接方式为:把 ILE 固定为高电平,$\overline{WR_1}$、$\overline{WR_2}$ 均接到 CPU 的 $\overline{IOW}$,而 $\overline{CS}$ 和 $\overline{XFER}$ 分别接到两个端口的地址译码信号。

双缓存方式的优点是 DAC0832 的数据接收和启动转换可异步进行。可以在 D/A 转换的同时,进行下一个数据的接收,以提高输出通道的转换速率,实现多个输出通道同时进行 D/A 转换。

2) 单缓冲工作方式

此方式是使两个寄存器中任意一个处于直通状态,另一个工作于受控锁存器状态。一般是使 DAC 寄存器处于直通状态,即把 $\overline{WR_2}$ 和 $\overline{XFER}$ 端都接到数字地。此时,数据只要一写入 DAC 芯片,就立刻进行 D/A 转换。单缓冲工作方式可减少一条输出指令,在不要求多个模拟通道同时刷新模拟输出时,可采用此种方式。

3) 直通工作方式

将 $\overline{CS}$、$\overline{WR_1}$、$\overline{WR_2}$ 和 $\overline{XFER}$ 引脚都直接接数字地,ILE 引脚为高电平,芯片即处于直通状态。此时,8 位数字量一旦到达 $DI_0 \sim DI_7$ 输入端,就立即进行 D/A 转换而输出。但在这种方式下,DAC0832 不能直接与 CPU 的数据总线相连,故很少采用。

2. 单极性与双极性电压输出电路

在实际应用中,通常采用 D/A 转换器外加运算放大器的方法,把 D/A 转换器的电流输出转换为电压输出。图 2-6 所示为 D/A 转换器的单极性与双极性输出电路。V_{OUT1} 为单极性输出,若 D 为输入数字量,V_{REF} 为基准参考电压,且该 D/A 转换器为 n 位 D/A 转换器,则有

$$V_{OUT1} = -V_{REF} \cdot D/2^n \tag{2-5}$$

V_{OUT2} 为双极性输出,且可经过推导得到

$$V_{OUT2} = -\left(\frac{R_3}{R_1}V_{REF} + \frac{R_3}{R_2}V_{OUT1}\right) = V_{REF}\left(\frac{D}{2^{n-1}} - 1\right) \tag{2-6}$$

式(2-6)表明当输入数字量 D 在 $0 \sim (2^n - 1)$ 之间变化时,V_{OUT2} 在正负之间变化,所以图 2-6 为双极性电压输出电路。

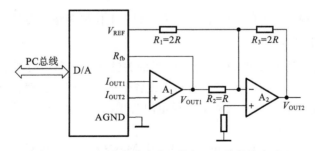

图 2-6 D/A 转换器的单极性与双极性输出电路

3. DAC0832 输出接口与控制程序

图 2-7 所示为 DAC0832 单极性输出的接口原理图。在图 2-7 中,DAC0832 的数

据输入端与计算机系统的总线相连。$\overline{\text{XFER}}$、$\overline{\text{WR}_2}$ 控制信号均接地,ILE 接高电平。当计算机执行指令

$$\text{OUT} \quad \text{DX}, \quad \text{AL}$$

时,$\overline{\text{CS}}$ 和 $\overline{\text{WR}_1}$ 两信号均为低电平,寄存器 AL 的内容出现在数据总线 $D_0 \sim D_7$ 上,这样,DAC0832 打开第一级输入锁存器,将输入数据锁存,即可完成 D/A 转换。

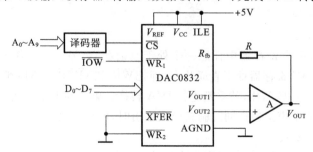

图 2-7　DAC0832 单极性输出的接口原理图

根据图 2-7 所示的原理,控制 DAC0832 进行 D/A 转换的程序非常简单。假设对应 DAC0832 的端口地址为 201H,则利用 DAC0832 输出锯齿波的程序如下。

```
          ...
          MOV   AL,00H
          MOV   DX,201H      ;端口地址送 DX
NEXT:     OUT   DX,AL        ;送数字量并启动 D/A 转换
          INC   AL           ;调整输出数字量
          CALL  DELAY        ;调用延时子程序
          JMP   NEXT         ;
```

如果要改变输出锯齿波的周期,只要根据要求改变延时子程序 DELAY 的延时时间即可。

2.1.4　D/A 转换模板的标准化设计

在给出模拟输出通道标准设计之前,先介绍一下模拟多路开关和 V/I 转换电路。

1. 模拟多路开关

模拟多路开关是用来切换模拟电压信号的关键元件。利用模拟多路开关可将各个输入信号或输出信号连接到 A/D 转换器或各个输出通道上。理想模拟多路开关的开路电阻阻值为无穷大,它接通时的导通电阻为零,此外,我们还希望它切换速度快、噪声小、寿命长、工作可靠。

常用的模拟多路开关有 CD4051、AD7501、Max308 等。这里只介绍 CD4051,其他型号的模拟多路开关可参见其他书籍。CD4051 的原理图如图 2-8 所示。它是单端的 8 通道开关,它有三根二进制的控制输入端和一根禁止输入端 INH(高电平禁止)。片上有二进制译码器,可由 A、B、C 三个二进制信号在 8 个通道中选择一个,使输入和输

出接通。而当 INH 为高电平时,不论 A、B、C 为何值,8 个通道均不通。CD4051 的真值表如表 2-1 所示。

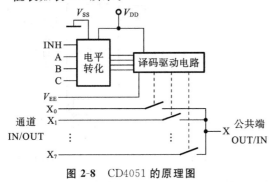

图 2-8 CD4051 的原理图

表 2-1 CD4051 真值表

INH	A	B	C	X_i 接通
0	0	0	0	X_0
0	0	0	1	X_1
⋮	⋮	⋮	⋮	⋮
0	1	1	1	X_7
1	×	×	×	全不通

CD4051 是双向模拟多路开关,有较宽的数字和模拟信号电平,数字信号为 3~15 V,模拟信号峰-峰值为 $15V_{P-P}$。当 $V_{DD}-V_{EE}=15$ V,输入幅值 $15V_{P-P}$ 时,其导通电阻为 80 Ω;当 $V_{DD}-V_{EE}=10$ V 时,其断开时的电流为 ±10 pA,静态功率为 1 μW。

2. V/I 转换电路

在实现 0~5 V、0~10 V、1~5 V 直流电压信号向 0~10 mA、4~20 mA 转换时,可直接采用集成 V/I 转换电路来完成。下面以高精度 V/I 转换器 ZF2B20 为例来分析 V/I 转换电路的使用方法。

ZF2B20 是通过 V/I 转换的方式产生一个与输入电压成比例的输出电流。它的输入电压范围为 0~10 V,输出电流范围为 4~20 mA(加接地负载),采用单正电源供电,电源电压范围为 10~32 V。ZF2B20 的特点是低漂移,在工作温度为 -25~85 ℃ 范围内,最大漂移为 0.005%/℃。ZF2B20 可用于控制和遥测系统,作为子系统之间信息传递和连接的工具。

图 2-9 所示为 ZF2B20 的引脚图。ZF2B20 的输入电阻为 10 kΩ,动态响应时间小于 20 μs,非线性特性小于 ±0.025%。利用 ZF2B20 实现 V/I 转换极为方便,图 2-10 所示电路是一种带初始校准的 0~10 V 向 4~20 mA 转换电路;图 2-11 则是一种带初始校准的 0~10 V 向 0~10 mA 转换电路。

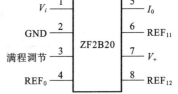

图 2-9 ZF2B20 引脚图

3. D/A 转换模板的标准化设计

1) D/A 转换模板的通用性

为了便于系统设计者的使用,D/A 转换模板应具有通用性,主要体现在以下三个方面:符合总线标准、接口地址可选及输出方式可选。

(1) 符合总线标准 这里的总线是指计算机内部的总线结构,D/A 转换模板及其他所有电路模块都应符合统一的总线标准,以便设计者在组合计算机控制系统的

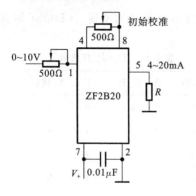 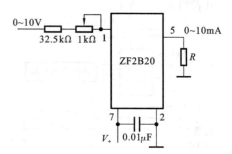

图 2-10　0～10 V/4～20 mA 转换电路　　　图 2-11　0～10 V/0～10 mA 转换电路

硬件时,只需往总线插槽上插上所选用的功能模板而无须连线,十分方便、灵活。例如,STD 总线标准规定模板尺寸为 165 mm×114 mm,模板总线引脚为 56 根,并详细规定了每只引脚的功能。

(2) 接口地址可选　一套控制系统往往需配置多块功能模块,或者同一种功能模块可能被组合在不同的系统中。因此,每块模块应具有接口地址的可选性。一般而言,接口地址由基址(或称板址)和片址(或称口址)组成,如图 2-12 所示。

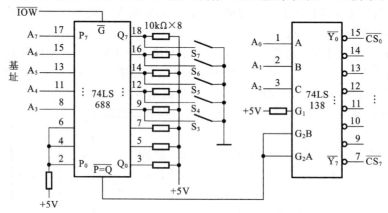

图 2-12　接口地址可选的译码电路

图 2-12 中,基址(A_3～A_7)可用置位开关 S_3～S_7 来选择,74LS688 是 8 位置值比较器,用于对地址和设定值进行比较,两边输入端 $P_i = Q_i (i = 0, 1, 2, \cdots, 7)$ 时,它的输出端 $\overline{P=Q}$ 为有效低电位,该信号接 3-8 译码器(74LS138)的选通端 G_2B 和 G_2A。而片址(A_0～A_2)由 3-8 译码器(74LS138)译码后,输出接口地址信号 $\overline{CS_0}$～$\overline{CS_7}$,可分别作为 D/A 结构中 8 个 D/A 转换器(如 DAC0832)的片选信号($\overline{CS}$)和写入信号($\overline{WR_1}$)。如果 S_4 和 S_6 闭合,S_3、S_5 和 S_7 断开,则该板的 8 个接口(即 8 个通道)地址 A8H～AFH 分别对应 $\overline{CS_0}$～$\overline{CS_7}$,即基址 A8H 加片址 00H～07H。

(3) 输出方式可选　D/A 转换器输出方式有电流输出和电压输出两类,而每一类又有多种情形。在过程控制中,各自动化装置之间通常用 0~10 mA DC 或 4~20 mA DC 的标准电流信号进行联系。

因此,D/A 转换器最常用的是这两种信号范围可选的电流输出方式,如图 2-13 所示。DAC0832 输出电流经运算放大器 A_1 和 A_2 变换成输出电压 V_2,再经 VT_1 和 VT_2 变换成输出电流 I_{OUT}。当短接柱 KA 的 1 和 2 短接时,通过调零点电位器 RP_1 和量程电位器 RP_2 为外接负载 R_L 提供 0~10 mA DC 电流;当 KA 的 1 和 3 短接时,通过调节 RP_1 和 RP_2 为 R_L 提供 4~20 mA DC 电流。也有要求 D/A 转换器为电压输出的情形,这又有单极性和双极性两种输出形式,如图 2-14 所示。当短接柱 KB 的 1 和 2 短接时,则为单极性电压(0~10 V DC)输出;KB 的 1 和 4 及 2 和 3 短接时,则为双极性电压(-10~+10 V DC)输出。

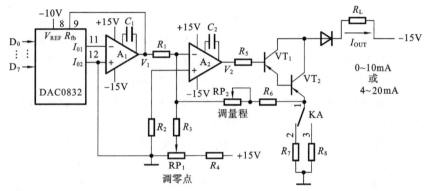

图 2-13 D/A 转换的电流输出电路图

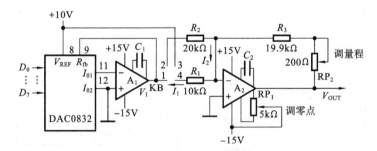

图 2-14 D/A 转换的单/双极性电压输出电路

现把双极性电压输出的工作原理简要说明如下。当 KB 的 1 和 4 及 2 和 3 短接时,运算放大器 A_2 的输入端不仅接收被转换的电压 V_1 通过 R_1 的电流 I_1,还同时接收基准电压 V_{REF} 加在 R_2 上的偏流 I_2。此 I_2 方向与 I_1 相反,大小为 I_{1max} 的一半 ($R_2=2R_1, V_{REF}=V_{1max}$),通过调整 RP_1 和 RP_2,即可获得 -10~+10 V DC 的双极性电压。

2) D/A 转换模板的标准化设计

前面讨论了典型的 D/A 转换器、接口电路及通用性等问题,这就为 D/A 转换模板的设计打下了基础。一般而言,硬件设计中并不需要复杂的电路参数设计,但需要查阅集成电路手册,掌握各类芯片的外特性及其功能,以及与 D/A 转换模板连接的 CPU 或计算机总线的功能及其特点。在硬件设计的同时还必须考虑软件的设计。

D/A 转换模板的设计原则主要考虑以下几点。

(1) 安全可靠　尽量选用性能好的元器件,并采用光电隔离技术。

(2) 性能价格比高　既要在性能上达到预定的技术指标,又要在技术线路、芯片元件上降低成本。比如,在选择集成电路芯片时,应综合考虑其转换速度、精度、工作环境温度和经济性等诸因素。

(3) 通用性　D/A 转换模板应符合总线标准,其接口地址及输出方式应具备可选性。D/A 转换模板的设计步骤为:首先确定性能指标,其次设计电路原理图,然后设计和制造印制电路板,最后焊接和调试电路板。其中,数字电路和模拟电路采用排列走线,尽量避免交叉,且连线应尽量短。模拟地(AGND)和数字地(DGND)分别走线,通常在总线引脚附近接地。光电隔离前后的电源线和地线要相互独立。调试时,一般先调试数字电路部分,再调试模拟电路部分,并按性能指标逐项考核。

图 2-15 给出了 8 通道共享一个 D/A 转换器模板电路图。该电路采用 DAC0832 作为 8 位 D/A 转换器,通过多路开关 CD4051,可由程序控制,将转换结果从 8 通道中的某一通道送出,送出的结果以电流形式输出。它的工作过程是:工业控制机 PC 总线送出的数据,通过 OUT 指令,由 DAC0832 进行转换;然后再用 OUT 指令,通过 D_0、D_1、D_2 位打开多路开关的某一通道而送出,其输出端所接的保持器是为了保持 D/A 转换器输出稳定,起到电压保持作用,由 V/I 转换器来输出 4～20 mA 的电流信号。该电路使用两个口址,它由译码器译出,假设 300H 为 DAC0832 的端口地址,301H 为 CD4051 的端口地址。

若 8 个输出数据存放在数据段 BUF0～BUF7 这 8 个连续单元中,主过程已填装

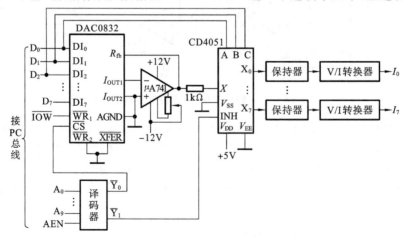

图 2-15　8 通道共享一个 D/A 转换器模板电路图

DS,则输出子程序如下。

```
        DOUT    PROC    NEAR
                MOV     DX,300H
                MOV     CX,8
                MOV     AH,0
                MOV     BX,OFFSET BUF
        NEXT:   MOV     AL,BX
                OUT     DX,AL
                INC     DX
                MOV     AX,AL
                OUT     DX,AL
                CALL    DELAY
                INC     AH
                DEC     DX
                INC     BX
                LOOP    NEXT
                RET
        DOUT    ENDP
```

其中,过程 DELAY 是一段延时程序。

2.2 模拟量输入通道

模拟量输入通道的任务是把被控对象的模拟量信号(如温度、压力、流量和成分等)转换成计算机可以接收的数字量信号。模拟量输入通道一般由模拟多路开关、前置放大器、采样保持器、A/D 转换器、接口和控制电路等组成。其核心是 A/D 转换器,通常,也把模拟量输入通道简称为 A/D 通道。

2.2.1 模拟量输入通道的结构形式

1. 不带采样保持器的单通道 A/D 转换形式

对于直流或低频信号,通常可以不用采样保持器(S/H),这时模拟输入电压的最大变化率与转换器的转换速率有如下关系:

$$\left.\frac{dV}{dt}\right|_{max} = 2^{-n} V_{FS} / T_{CONV} \tag{2-7}$$

式中:T_{CONV} 为转换时间;V_{FS} 为转换器的满刻度值;n 为分辨率(位数)。

2. 带采样保持的单通道 A/D 转换形式

模拟输入信号变化率较大的通道需要用采样保持器,这时,输入模拟信号最大变化率取决于采样保持器的孔径时间 T_{AP},其输入模拟信号的最大变化率为

$$\left.\frac{dV}{dt}\right|_{\max} = 2^{-n}V_{FS}/T_{AP} \qquad (2\text{-}8)$$

如果将保持命令提前发出,提前的时间与孔径时间相等,则输入模拟信号的最大变化率仅取决于孔径时间的不稳定性 t_{ap}(即 ΔT_{AP}),并有如下关系:

$$\left.\frac{dV}{dt}\right|_{\max} = 2^{-n}V_{FS}/t_{ap} \qquad (2\text{-}9)$$

式中:t_{ap} 为孔径时间的不稳定性。

3. 多路 A/D 通道形式

每个通道有独自的采样保持器和 A/D 转换器,如图 2-16 所示,这种形式通常用于高速系统,如需要同时给出描述系统性能的各项数据,则各通道可以同时进行转换。

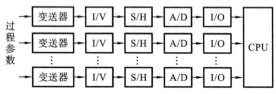

图 2-16　多路 A/D 通道结构

4. 多路共享 A/D 转换器通道形式

多路共享 A/D 转换器较多路 A/D 通道转换器速度慢,因为每路转换是以串行方式进行的,由于采用多个采样保持器(S/H),故捕捉时间可以忽略不计。图 2-17 所示为多路共享 A/D 转换器的通道结构。

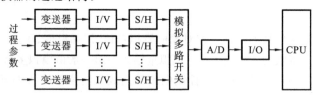

图 2-17　多路共享 A/D 转换器通道结构

5. 多通道共享采样保持器和 A/D 转换器形式

这种电路与以上两种多通道形式相比,其速度较慢,但节省硬件。由于采用了共用的采样保持器,因此在启动 A/D 转换电路前,必须考虑采样保持器的捕捉时间。只有当保持电容充、放电的过渡过程结束后才允许启动 A/D 转换电路,如图 2-18 所示。

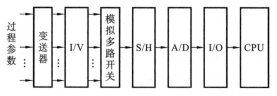

图 2-18　多通道共享采样保持器和 A/D 转换器通道结构

2.2.2 A/D 转换器原理及器件

A/D 转换器的种类很多。按位数可分为 8 位、10 位、12 位和 16 位等。位数越多,分辨率越高,其价格也越贵。按结构可分为单一的 A/D 转换器、内含多路开关的 A/D 转换器、多功能 A/D 转换器(内含多路开关、放大器和采样保持器)等。按转换方式可分为逐次逼近型转换器、双积分型转换器和 V/F 转换器等。

1. A/D 转换器的主要性能指标

1) 分辨率

通常用数字量的位数 n(字长)来表示,如 8 位、12 位、16 位等。分辨率为 n 表示它能对满量程输入的 $1/2^n$ 的增量做出反应,即数字量的最低有效位(LSB)对应于满量程输入的 $1/2^n$。若 $n=8$,满量程输入为 5.12 V,则 LSB 对应于模拟电压 $5.12 \text{ V}/2^8 = 20 \text{ mV}$。

2) 转换时间

转换时间是完成一次 A/D 转换所需的时间,即由发出启动转换命令信号到转换结束命令信号开始有效的时间间隔。例如,逐次逼近式 A/D 转换器的转换时间为 μs 级,双积分式 A/D 转换器的转换时间为 ms 级。

3) 线性误差

理想转换特性(量化特性)应该是线性的,但实际转换特征并非如此。在满量程输入范围内,偏离理想转换特性的最大误差被定义为线性误差。线性误差常用 LSB 表示,如 $\frac{1}{2}$ LSB 或 ± 1 LSB。

4) 量程

量程就是指所能转换的输入电压范围,如 $-5 \sim +5$ V,$0 \sim 10$ V,$0 \sim 5$ V 等。

5) 对基准电源的要求

基准电源的精度对整个系统的精度产生很大影响。故在设计时,应考虑是否要外接精密基准电源。

2. A/D 转换器的工作原理

下面以逐次逼近式 A/D 转换器为例,说明 A/D 转换器的工作原理。

如图 2-19 所示,n 位 A/D 转换器由 n 位逐位逼近寄存器(Successive Approximation Register,SAR)、n 位 D/A 转换器、比较器、控制时序和逻辑电路、数字量输出锁存

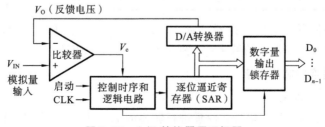

图 2-19 A/D 转换器原理框图

器等五部分组成。其工作过程如下。

当启动信号作用后,控制逻辑电路首先使 SAR 中最高位 $D_{n-1}=1$,其余为 0,此数字量经 D/A 转换器转换成模拟电压 V_O,送到比较器输入端与被转换的模拟量 V_{IN} 进行比较,控制逻辑电路根据比较器的输出进行判断。若 $V_{IN} \geqslant V_O$,则保留 $D_{n-1}=1$;若 $V_{IN} < V_O$,则使 $D_{n-1}=0$。D_{n-1} 位比较完后,再对下一位 D_{n-2} 进行比较,同样先使 $D_{n-2}=1$,与 D_{n-1} 位一起进入 D/A 转换器,转换后再与比较器的 V_{IN} 比较、判断,以决定 $D_{n-2}=1$ 或 0,以此类推,一位一位地继续下去,直到最后一位 D_0 比较完毕为止。此时,n 位 SAR 寄存器中的数字量存入输出锁存器中等待输出。

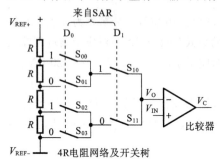

图 2-20 2 位 A/D 转换器示意图

A/D 转换器的核心部分是 SAR 和 D/A 转换器。现以理想的 2 位 A/D 转换器为例,说明其工作原理,如图 2-20 所示。图 2-20 中 D/A 转换器的输出电压 V_O 大小取决于正、负基准电压源(V_{REF+},V_{REF-})和开关树中各位权开关 S_{ij} 的状态,权开关的通、断又取决于 SAR 各位的状态。其中 D_1 位用来控制权开关 S_{10} 和 S_{11},当 $D_1=1$ 时,S_{10} 闭合而 S_{11} 断开;当 $D_1=0$ 时,则通断情况相反。而 D_0 位控制权开关 $S_{00} \sim S_{03}$,当 $D_0=1$ 时,S_{00} 和 S_{02} 闭合而 S_{01} 和 S_{03} 断开;当 $D_0=0$ 时,则通断情况相反。

据此,可以列出此 2 位 A/D 转换器输出的二进制数字量 D 与输入模拟电压 V_{IN}、正基准电压 V_{REF+}、负基准电压 V_{REF-} 的关系,如表 2-2 所示,即 $V_{IN} - V_{REF-} = D \cdot 2^{-2}(V_{REF+} - V_{REF-})$,进而推导出 n 位 A/D 转换器有

$$D = \frac{V_{IN} - V_{REF-}}{V_{REF+} - V_{REF-}} \cdot 2^n \tag{2-10}$$

表 2-2 2 位 A/D 转换器输出数字量与输入模拟电压 V_{IN} 的关系

$D=D_1$	D_0	$V_{IN} - V_{REF-} = V_O - V_{REF-}$
0	0	$0 \cdot 2^{-2}(V_{REF+} - V_{REF-})$
0	1	$1 \cdot 2^{-2}(V_{REF+} - V_{REF-})$
1	0	$2 \cdot 2^{-2}(V_{REF+} - V_{REF-})$
1	1	$3 \cdot 2^{-2}(V_{REF+} - V_{REF-})$

设 A/D 转换器为 8 位转换器,$V_{REF+}=5.02$ V,$V_{REF-}=0$ V,那么当 V_{IN} 分别为 0 V、2.5 V、5 V 时,所对应的数字量分别为 00H、80H、FFH。

3. A/D 转换器芯片介绍

1) ADC0809 芯片

ADC0809 是采用逐次逼近式原理进行转换的 A/D 转换芯片,其原理框图与引脚如图 2-21 所示。它在图 2-19 所示原理框图的基础上,增加了 8 路模拟开关和开关选

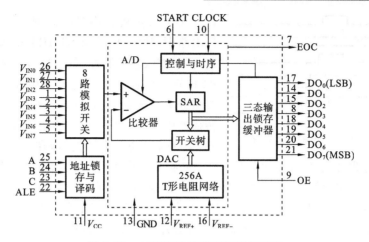

图 2-21 ADC0809 的原理框图与引脚

择电路。它的分辨率为 8 位,转换时间为 100 μs,采用 28 脚双立直插式封装。

ADC0809 各引脚功能如下。

$V_{IN0} \sim V_{IN7}$:8 路 0~5 V DC 模拟量输入端。

A、B、C:3 位地址线,地址译码与对应输入通道关系如表 2-3 所示。

ALE:地址锁存允许信号(输入,高电平有效),要求信号宽度为 100~200ns,上升沿锁存 3 位地址。

CLOCK:输入时钟脉冲端,标准频率为 640 kHz。

START:启动信号(输入,高电平有效),要求信号宽度为 100~200ns,上升沿将 SAR 清零,下降沿开始 A/D 转换。

EOC:转换结束信号(输出,高电平有效),在 A/D 转换期间 EOC 为低电平,一旦转换结束就变为高电平。EOC 可用做向 CPU 申请中断的信号,或供 CPU 查询 A/D 转换是否结束的信号。

表 2-3 ADC0809 输入真值表

地址线			选择输入
C	B	A	
0	0	0	V_{IN0}
0	0	1	V_{IN1}
0	1	0	V_{IN2}
0	1	1	V_{IN3}
1	0	0	V_{IN4}
1	0	1	V_{IN5}
1	1	0	V_{IN6}
1	1	1	V_{IN7}

$DO_0 \sim DO_7$:8 位输出数据线,三态输出锁存,可与 CPU 数据线直接相连。

OE:输出允许信号(输入,高电平有效)。在 A/D 转换过程中 $DO_0 \sim DO_7$ 呈高阻状态。当 A/D 转换完毕,如果 OE 为高电平,则输出 $DO_0 \sim DO_7$ 状态。

V_{REF+},V_{REF-}:基准电压源正、负端,取决于被转换的模拟电压范围,$V_{REF+} = +5$ V DC,$V_{REF-} = 0$ V DC。

V_{CC}:工作电源端,$V_{CC} = +5$ V DC。

GND:电源地端。

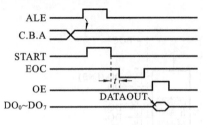

图 2-22 ADC0809 的转换时序

ADC0809 的转换时序如图 2-22 所示。接口电路中,常使 ALE 与 START 引脚并接在一起,同时接收启动脉冲,其转换过程如下:首先,ALE 的上升沿将地址代码锁存、译码后,选通模拟开关中的某一路,使该路模拟量进入 A/D 转换器中;同时,START 的上升沿将 SAR 清零,下降沿启动 A/D 转换,即在时钟的作用下,逐次逼近过程开始,转换结束信号 EOC 变为低电平,直到转换结束,EOC 才恢复高电平;此时,如果对输出允许 OE 输入一高电平命令,则可读出数据。

上述过程说明,判断 A/D 转换器是否完成一次转换,既可以根据转换结束信号 EOC 电平的高低,又可以预先确知某一种芯片的转换时间,这样,在 A/D 转换器与 CPU 之间的数据传送上就存在着多种方法,常用的有程序查询、CPU 等待、定时采样和中断等四种方法。

另外,ADC0809 芯片的输出端具有可控的三态输出门,易于直接与 CPU 连接;还有一类芯片内部没有三态输出门或三态输出门无法锁存,因而不能直接与 CPU 连接。这样,在 A/D 转换器与 CPU 之间的连接方式上也出现了可以直接连接、通过 8255 或锁存器等间接连接的几种情形。

在 2.2.3 小节将给出这几种连接的接口电路。

2) AD574A 芯片

AD574A 是一种高性能的逐次逼近式 A/D 转换器,其分辨率为 12 位,转换时间为 25 μs,单路单极性或双极性电压输入,采用 28 引脚双立直插式封装,如图 2-23 所示。AD574A 由 12 位 A/D 转换器、控制逻辑、三态输出锁存缓冲器和 10 V 基准电压源等四部分组成。

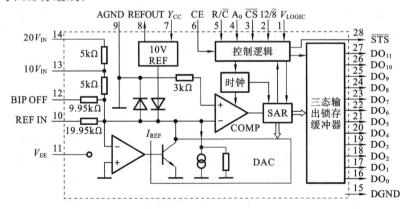

图 2-23 AD574A 原理框图及引脚

各引脚功能如下。

$10V_{IN}$,$20V_{IN}$,BIP OFF:模拟信号输入端。单极性应用时,将 BIP OFF 接 0 V;

双极性应用时,将 BIP OFF 接 10 V。量程可以是 10 V,也可以是 20 V。输入信号在 10 V 范围内变化时,将输入信号接至 $10V_{IN}$;在 20 V 范围内变化时,将输入信号接至 $20V_{IN}$。上述几种接法如表 2-4 所示。

表 2-4 模拟输入信号的几种接法

引 脚	单 极 性	双 极 性
BIP OFF	0 V	10 V
$10V_{IN}$	0~10 V	−5~+5 V
$20V_{IN}$	0~20 V	−10~+10 V

V_{CC}:工作电源正端,+12 V DC 或+15 V DC。

V_{EE}:工作电源负端,−12 V DC 或−15 V DC。

V_{LOGIN}:逻辑电源端,+5 V DC。虽然使用的工作电源为±12 V DC 或±15 V DC,但数字量输出及控制信号的逻辑电平仍可直接与 TTL 兼容。

DGND,AGND:数字地,模拟地。

REF OUT:基准电压源输出端,芯片内部基准电压源为+10.00(1±1‰) V。

REF IN:基准电压源输入端。如果 REF OUT 通过电阻接至 REF IN,则可用来调量程。

$\overline{STS}$:转换结束信号(输出,低电平有效),高电平表示正在转换,低电平表示已转换完毕。

$DO_0 \sim DO_{11}$:12 位输出数据线,三态输出锁存,可与 CPU 数据线直接相连。

CE:片能用信号(输入,高电平有效)。

$\overline{CS}$:片选信号(输入,低电平有效)。

$R/\overline{C}$:读/转换信号(输入),高电平为读 A/D 转换数据,低电平为启动 A/D 转换。

$12/\overline{8}$:数据输出方式选择信号(输入),高电平时输出 12 位,低电平时与 A_0 信号配合输出高 8 位或低 4 位数据。这里,$12/\overline{8}$ 不能用 TTL 电平控制,必须直接接至+5 V(引脚 1)或数字地(引脚 15)。

A_0:字节信号(输入)。在转换状态,A_0 为低电平可使 AD574A 产生 12 位转换,A_0 为高电平可使 AD574 A 产生 8 位转换。在读数状态,如果 $12/\overline{8}$ 为低电平,当 A_0 为低电平时,则输出高 8 位数,而当 A_0 为高电平时,则输出低 4 位数;如果 $12/\overline{8}$ 为高电平,则 A_0 的状态不起作用。

上述 CE、$\overline{CS}$、$R/\overline{C}$、$12/\overline{8}$、A_0 各控制信号的组合作用列于表 2-5 中。

图 2-24 所示的是 AD574A 的单、双极性应用时的连接方法,以及零点和满度调整方法。

表 2-5　ADC574A 控制信号的作用

CE	$\overline{CS}$	R/$\overline{C}$	12/$\overline{8}$	A_0	操作功能
0	×	×	×	×	无操作
×	1	×	×	×	无操作
1	0	0	×	0	启动 12 位转换
1	0	0	×	1	启动 8 位转换
1	0	1	+5 V	×	输出 12 位数字
1	0	1	接地	0	输出高 8 位数字
1	0	1	接地	1	输出低 4 位数字

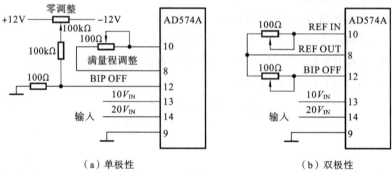

图 2-24　AD574A 的输入信号连接方法

2.2.3　A/D 转换器接口技术

当 A/D 转换器带有输出锁存器时,可直接与 CPU 相连。现以程序查询方法与定时采样方法为例说明其接口电路及接口程序。

1) 查询法读 A/D 转换数

图 2-25 所示为采用程序查询方式的 8 路 8 位 A/D 转换接口电路,启动转换的板址为 PA,每一路的口址分别为 0~7,故 8 路转换地址为 PA~PA+7,查询地址为 PB。启动转换过程如下。首先,CPU 执行一条启动转换第一路的输出指令,产生脉冲信号 ALE 和 START,选通输入 V_{IN0}~V_{IN7} 中的第一路,并启动 A/D 转换,这时,寄存器 AL 预先存放什么内容无关紧要。然后,CPU 查询转换结束信号 EOC 的状态,即执行输入指令,读 EOC 并判断它的状态:如果 EOC 为"0",表示 A/D 转换正在进行;如果 EOC 为"1",则表示 A/D 转换结束。一旦 A/D 转换结束,CPU 便执行一条输入指令,于是产生输出允许信号 OE,读取该路的 A/D 转换数据(DO_0~DO_7)。然后依次启动、查询、读取下一路,直至第八路完成。

2) 定时法读 A/D 转换数

如果预先精确地知道完成一次 A/D 转换所需的时间,那么启动 A/D 转换后,只需等待这段时间,就可定时读取 A/D 转换数。如图 2-26 所示,若 ADC0809 的输入时钟(CLOCK)频率为 500 kHz,则转换时间为 $8×8$ 个时钟周期,相当于 128 μs。这样,当 CPU 用输出指令启动 A/D 转换后,再利用程序延时至少 128 μs,就可用输入指令读 A/D 转换数。该接口电路比查询法简单,而且不必读 EOC 状态。接口程序与查询法相似,只是把查询部分换成调用定时子程序即可。

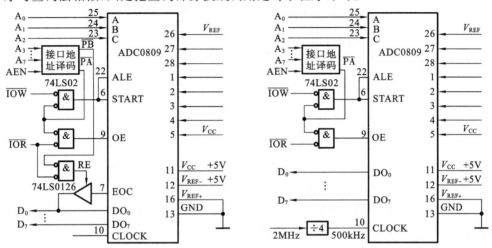

图 2-25 查询法读 A/D 转换数　　　　图 2-26 定时法读 A/D 转换数

除查询法和定时法之外,还有一种更为简单的接口电路及读取方法,即等待法。

3) 等待法读 A/D 转换数

该方法利用 8088CPU 的 READY 引脚功能,当 READY 处于低电平时,CPU 处于等待状态,只有当 READY 为高电平时,才能从 I/O 口读入(或输出)数据。据此可以把转换结束信号(如 EOC)直接连到 CPU READY 端,在 A/D 转换期间,READY 随 EOC 为低电平,CPU 自动进行延时等待,直到转换结束变成高电平时方可读入数据。

上述三种方法的 A/D 接口均比较简单,但它们在转换期间独占了 CPU,致使 CPU 运行效率降低。为了充分发挥 CPU 的效率,还可以采用中断法读 A/D 转换数。

4) 中断法读 A/D 转换数

图 2-27 所示为单路 A/D 转换器 ADC0801 通过接口芯片 8255 与 CPU 间接相连的电路。

其工作过程如下。CPU 执行输出命令启动 ADC0801 转换后,就转而执行其他程序(如主程序)。一旦 A/D 转换完毕,数据存到锁存器的同时,由转换器引脚 $\overline{INTR}$ 发出低电平结束信号,与之相连的 8255 $\overline{STBA}$ 引脚即可在脉冲下降沿时把转换数据送到 8255A 口数据寄存器中,上升沿时申请中断,CPU 通过 8259 中断控制器的 IR_3 响应中断后就转到中断服务程序读取 A/D 转换数。这样,在整个系统中,

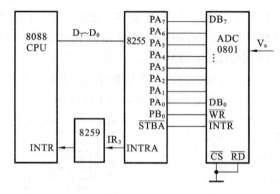

图 2-27 中断法读 A/D 的接口

CPU 与 A/D 转换器是并行工作的，从而提高了 CPU 的运行效率。

值得注意的是，尽管中断法的优点突出，但只适用于转换时间比较长的 A/D 转换器，如双积分式 A/D 转换器。如果中断服务程序的保存和恢复断点的时间与 A/D 转换时间相当，甚至超过 A/D 转换时间，则这种方法就会得不偿失。例如，逐位逼近式 A/D 转换器的转换时间一般为几十微秒，选用定时法比较合适，而且接口电路也简单。因此，在设计数据采集系统时，究竟采用何种方法读 A/D 转换数应根据具体情形而定。

2.2.4 A/D 转换模板的标准化设计

A/D 转换模拟量输入通道结构形式已在 2.2.1 节中介绍，本节将讨论 2.2.1 节中介绍的第五种模拟量输入通道结构形式 A/D 转换器模块的标准化设计问题。

由图 2-18 可以看出，它主要由 I/V、模拟多路开关、采样保持（S/H）、A/D 转换及 I/O 接口组成。A/D 转换模板也同 D/A 转换模板一样，应具有通用性，如符合总线标准、接口地址可选、输入方式可选（单端输入或双端输入）。前两点在 2.2.3 小节中已有说明，下面将先给出输入方式可选的电路结构形式、I/V 变换电路和采样保持器电路，然后介绍 A/D 转换器模板的标准化设计问题。

1. A/D 转换输入方式可选

在控制系统中，被测信号既可单端输入又可双端输入，因此常常要求 A/D 转换模板具有输入方式的可选性。图 2-28 提供了单端 32 路/双端 16 路可选的输入方式。四片 CD4051 的控制输入端 A、B、C 和禁止端 $\overline{INH}$ 分别通过寄存器 74LS273 接入到数据线上，其中控制字 D_0、D_1、D_2 位分别与 A、B、C 相连，$D_3 \sim D_6$ 位分别与 $U_1 \sim U_4$ 的 $\overline{INH}$ 相连。如果选择单端输入，可把短接线柱 KA 的 1 和 2、3 和 4 短接，再把短接线柱 KB 的 2 和 3、5 和 6 短接，则可提供 32 路单端输入信号的通路（$CH_0 \sim CH_{31}$）。

如果选择双端输入，即每个信号占两个端子开关，其中 $CH_0 \sim CH_{15}$ 为信号正

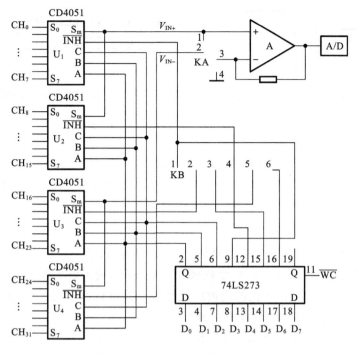

图 2-28 单端/双端可选输入方式

端 V_{IN+}，$CH_{16} \sim CH_{31}$ 为信号负端 V_{IN-}。为此，可把短接线柱 KA 的 2 和 3 短接，再把短接线柱 KB 的 1 和 2、4 和 5 短接。此时，控制字的 D_3 位作为 U_1 和 U_3 的控制信号 $\overline{INH}$，而 D_4 位作为 U_2 和 U_4 的控制信号 $\overline{INH}$。这样，就提供了 16 位双端输入信号的通路。

2. I/V 变换

变送器输出的信号为 0～10 mA 或 4～20 mA 的统一信号，需要经过 I/V 变换变成电压信号后才能处理。对于电动单元组合仪表，DDZ-Ⅱ型的输出信号标准为 0～10 mA，而 DDZ-Ⅲ型和 DDZ-S 型系列的输出信号标准为 4～20 mA，因此，针对以上情况我们来讨论 I/V 变换的实现方法。

1) 无源 I/V 变换

无源 I/V 变换主要利用无源器件电阻来实现，并加滤波和输出限幅等保护措施，如图 2-29 所示。对于 0～10 mA 输入信号，可取 $R_1 = 100\ \Omega$，$R_2 = 500\ \Omega$，且 R_2 为精密电阻，这样当输入的 I 为 0～10 mA 电流时，输出的 V 为 0～5 V；对于 4～20 mA 输入信号，可取 $R_1 = 100\ \Omega$，$R_2 = 250\ \Omega$，且 R_2 为精密电阻，这样当输入的 I 为 4～20 mA 时，电路输出的 V 为 1～5 V。

2) 有源 I/V 变换

有源 I/V 变换主要利用有源器件运算放大器、电阻组成，如图 2-30 所示。

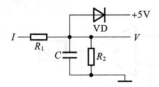
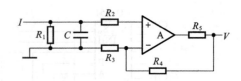

图 2-29　无源 I/V 变换电路　　　　图 2-30　有源 I/V 变换电路

利用同相放大电路,把电阻 R_1 上产生的输入电压变成标准的输出电压。该同相放大电路的放大倍数为 $A=1+R_4/R_3$。

若取 $R_3=100\ \mathrm{k}\Omega$, $R_4=150\ \mathrm{k}\Omega$, $R_1=200\ \Omega$, 则 $0\sim 10\ \mathrm{mA}$ 输入对应 $0\sim 5\ \mathrm{V}$ 的电压输出;若取 $R_3=100\ \mathrm{k}\Omega$, $R_4=25\ \mathrm{k}\Omega$, $R_1=200\ \Omega$, 则 $4\sim 20\ \mathrm{mA}$ 输入对应 $1\sim 5\ \mathrm{V}$ 的电压输出。

3. 采样保持器

A/D 转换过程(即采样信号的量化过程)需要时间,这个时间称为 A/D 转换时间。在 A/D 转换期间,输入信号变化较快,就会引起较大的转换误差。此种情况下,采样信号在送至 A/D 转换器之前应先经保持器进行信号的保持,保持器把 $t=kT$ 时刻的采样值一直保持到 A/D 转换结束。

采样保持器的基本组成电路与工作波形如图 2-31 所示,由输入/输出缓冲放大器 A_1、A_2 和采样开关 S、保持电容 C_H 等组成。在采样期间,开关 S 闭合,V_{IN} 通过 A_1 对 C_H 充电,V_{OUT} 跟随 V_{IN};在保持期间,开关 S 断开,由于 A_2 的输入阻抗很高,理想情况下电容 C_H 将保持电压 V_C 不变,因而输出电压 $V_{OUT}=V_C$ 也保持恒定。在保持器采样期间,不启动 A/D 转换器,一旦进入保持期间,立即启动 A/D 转换器,从而保证 A/D 转换的模拟输入电压恒定,提高了 A/D 转换的精度。

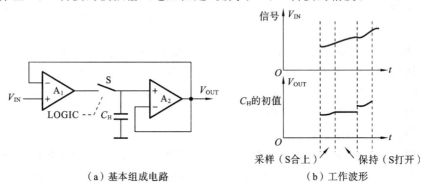

(a) 基本组成电路　　　　(b) 工作波形

图 2-31　采样保持器

显然,保持电容 C_H 的作用十分重要。实际上,保持期间的电容保持电压 V_C 在不断下降,这是保持电容的漏电流所致。保持电压 V_C 的变化率为

$$\frac{dV_C}{dt}=\frac{I_D}{C_H} \tag{2-11}$$

式中：I_D 为保持期间保持电容的总泄露电流，它包括放大器的输入电流、开关截止时的漏电流、电容内部的漏电流等。因此，增大电容 C_H 值可以减少电压变化率，但同时会增加充电时间，即保持电容的容量大小与转换精度成正比、与采样频率成反比。保持电容 C_H 是外接的，一般选用聚苯乙烯、聚四氟乙烯等高质量的电容器，容量为 510～1000 pF。

常用的集成采样保持器有 AD582、LF198/298/398 等，其内部结构和引脚如图 2-32 所示。这里，用 TTL 逻辑电平控制采样和保持状态，如 LF198 的采样电平为 "1"，保持电平为 "0"，而 AD582 则相反。

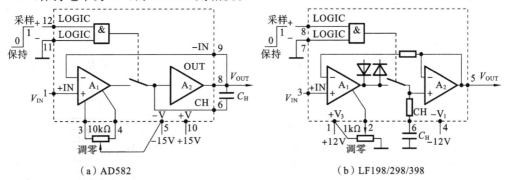

(a) AD582　　　　　　　　(b) LF198/298/398

图 2-32　集成采样保持器

在 A/D 通道中，采样保持器的采样或保持电平应与后级的 A/D 转换相配合，该电平信号既可以由其他控制电路产生，也可以由 A/D 转换器直接提供。从图 2-33 可以看出，保持器 LF398 和 12 位 A/D 转换器 AD574A 连线配合，AD574A 的转换结束信号 STS 经一反相器后作为 LF398 采样保持信号。这是因为 STS 低电平表

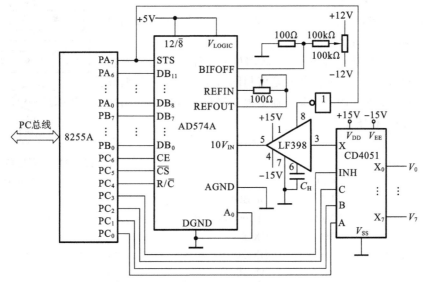

图 2-33　8 通道模拟量输入电路原理图

示转换完毕,高电平表示正在转换,恰好满足 LF398 的采样和保持电平的要求。

4. A/D 转换器模板标准化设计

利用 12 位 A/D 转换器 AD574A、采样保持器 LF389、多路开关 CD4051、8255A 并行接口,我们能够设计出 PC 总线工业控制机的模拟量输入通道电路模板。

该电路模板的主要技术指标为:

- 8 通道模拟量输入;
- 12 位分辨率;
- 输入量程为单极性 0~10 V;
- A/D 转换时间为 25 μs;
- 应答方式为查询。

图 2-33 给出了该模拟量输入通道的详细电路原理图,该模板采集一个数据的过程如下所述。

1) 通道选择

将模拟量输入的通道号写入 8255A 的端口 C 低 4 位($PC_0 \sim PC_3$),LF398 的工作状态受 AD574A 的 STS 控制,AD574A 未转换期间 STS=0,LF398 处于采样状态。

2) 启动 AD574 进行 A/D 转换

通过 8255A 的端口 C 的 $PC_4 \sim PC_6$ 输出控制信号启动 AD574A。AD574A 转换期间,STS=1,LF398 处于保持状态。

3) 查询 AD574 是否转换结束

读 8255A 的端口 A,了解 STS 是否已由高电平变为低电平。

4) 读取转换结果

若查询到 STS 由 1 变为 0,则读 8255A 的端口 A 和端口 B,便可得到转化结果。

设 8255A 的地址为 2C0H~2C3H,主过程已对 8255A 初始化,且已装填 DS、ES(两者段基值相同),采样值存入数据段中的采样值缓冲区 BUF。其 8 通道数据采集的程序流程图如图 2-34 所示,程序如下。

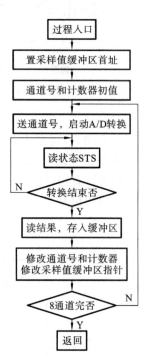

图 2-34 8 通道数据采集程序流程图

```
            PROC    NEAR
AD574A：
            CLD
            LEA     DI,BUF
            MOV     BL,00000000B    ;CE=0,CS=0,R/C=0
            MOV     CX,8
ADC：       MOV     DX,2C2H         ;8255A 端口 C 地址
            MOV     AL,BL
            OUT     DX,AL           ;选通多路开关,并开始采样
```

```
            NOP
            NOP
            OR      AL,01000000B    ;CE=1,启动 A/D 转换
            OUT     DX,AL
            AND     AL,10111111B    ;CE=0
            OUT     DX,AL
            MOV     DX,2C0H         ;8255A 端口 A 地址
 PULLING:   IN      AL,DX           ;测试 STS
            TEST    AL,80H
            JNZ     POLLING
            MOV     AL,BL
            OR      AL,00010000B    ;R/C̄=1
            MOV     DX,2C2H
            OUT     DX,AL
            OR      AL,01000000H    ;CE=1
            OUT     DX,AL
            MOV     DX,2C0H         ;读高 4 位
            IN      AL,DX
            AND     AL,0FH
            MOV     AH,AL
            INC     DX              ;读低 8 位
            IN      AL,DX
            STOSW                   ;存入内存
            INC     BL
            LOOP    ADC
            MOV     AL,00111000B    ;CE=0,C̄S̄=R/C̄=1
            MOV     DX,2C2H
            OUT     DX,AL
            RET
 AD574A:    ENDP
```

2.3 数字量输入/输出通道

计算机控制系统中的数字量又称开关量,数字量输入/输出通道的作用就是把生产过程中双值逻辑的开关量转换成计算机能够接收的数字量,或把计算机输出的数字量转换成生产现场使用的双值逻辑开关量,同时要完成数字量和开关量之间不同电平的转换。数字量输入/输出信号分三类,即编码数字、开关量和脉冲序列。

2.3.1 数字量输入/输出通道的一般结构

当输入信号为数字信号时,输入通道的任务就是将不同电平或频率的信号调整为计

算机 CPU 可以接收的电平,因此要进行电平转换和放大整形,有时也需要光电隔离。当输出信号为数字信号时,输出通道的任务通常是将计算机输出的电平变换为开关器件所要求的电平,一般需要光电隔离。数字量输入/输出通道的一般结构如图 2-35 所示。

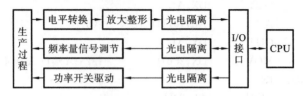

图 2-35　数字量输入/输出通道的一般结构

2.3.2　数字量输入通道

在计算机控制系统中,二进制数的每一位都可以代表被控对象的状态。例如,继电器的接通与断开、电动机的启动与停止、行程开关的通断,以及阀门的打开与关闭等。这些状态都要被转换成二进制数送往计算机作为控制时的依据。因此,计算机控制系统中应设立数字量输入通道。

1. 光电隔离与输入调理电路

为了隔断外界电信号对计算机控制系统的干扰,通常借助光电隔离技术以阻断外界信号对电路的干扰。为了将外部开关量信号输入到计算机,必须将现场输入的状态信号经转换、保护、滤波、隔离等措施转换成计算机能够接收的逻辑信号,这些功能称为信号调理。下面首先介绍光电隔离技术,然后针对不同情况分别介绍相应的输入调理技术。

1) 光电隔离技术

光电隔离器的种类很多,常见的有发光二极管/光敏三极管、发光二极管/光敏复合晶体管、二极管/光敏电阻及发光二极管/光触发可控硅等。光电隔离器的原理图如图 2-36 所示。

图 2-36　光电隔离器的原理图

图 2-36 所示的光电隔离器由 GaAs 红外发光二极管和光敏三极管组成。当发光二极管有正向电流流过时,产生红外光,其光谱范围为 700～1000 nm。光敏三极管接收到发光二极管产生的红外光后便导通。而当撤去发光二极管上的电流时,发光二极管熄灭,于是三极管便截止。由于这种特性,开关信号可通过它传送。该器件是通过电—光—电转换来实现开关量的传送的,器件两端之间的电路没有电气连接,因而起到隔离作用。隔离电压范围与光电隔离器的结构形式有关,双列直插式塑料封装形式一般为 2500 V 左右,陶瓷封装形式一般为 5000～10000 V。不同型号的光电隔离器件,要求输入的电流也不同,一般为 10 mA 左右,其输出电流的大小与普通的小功率三极管相当。

2) 输入调理电路

(1) 小功率输入调理电路。

在计算机控制系统中,从现场送来的许多开关量都是通过触点输入电路输入的。图 2-37 所示为从开关、继电器等接点输入开关信号的硬件连线图。在图 2-37 中,各种开关信号通过接口电路被转换成计算机所能接收的 TTL 信号,由于机械触点在接触时有抖动,会引起电路振荡,因此,在电路中加入了具有较大时间常数的电路来消除这种振荡。图 2-37(a)所示为采用积分电路消除开关抖动的方法。图 2-37(b)所示为采用 R-S 触发器消除开关多次反跳的方法。

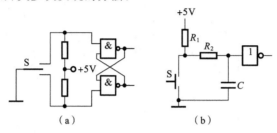

图 2-37 小功率输入调理电路

(2) 大功率输入调理电路。

大功率的开关电路一般采用电压较高的直流电源,在输入开关状态信号时,可能对计算机控制系统带来干扰和破坏,因此,这种类型的开关信号应经光电隔离后才能与计算机相连,如图 2-38 所示。

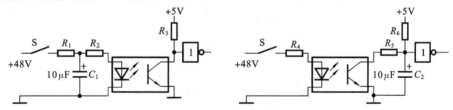

图 2-38 大功率输入调理电路

2. 多路数字量信号输入接口

在计算机控制系统中,当需要检测的开关量信号路数很多时,就需要扩充输入接口,以便能将所有的开关信号输入到计算机中。扩充输入接口的方法有多种,可以采用可编程芯片 8255 扩充输入接口。每片 8255 有三个 8 位的 I/O 接口,通过编程将其全部初始化为输入工作方式,最多可以输入 24 路开关信号,因此,根据输入开关信号的路数就可以计算出所需 8255 芯片的数量。例如,某计算机控制系统有 64 路开关信号要输入,根据计算,需要三片 8255 芯片。图 2-39 所示为采用 8255 扩充 64 路输入接口的原理图。

当输入开关量路数不是很多时,也可以采用普通逻辑器件进行输入接口的扩充。图 2-40 所示为采用三片 74LS244 扩充 24 路输入接口的方法。图中,74LS138 的译码输出作为芯片 74LS244 的输入选通信号,它们的地址分别为 100H、101H 和 102H。

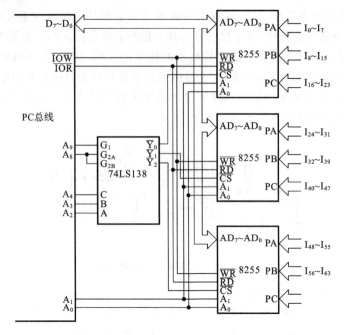

图 2-39 采用 8255 扩充 64 路输入接口的原理图

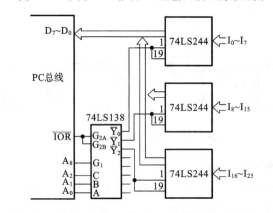

图 2-40 采用 74LS244 扩充 24 路输入接口的原理图

2.3.3 数字量输出通道

在计算机控制系统中，通过对被检测现场的参数采样、计算处理，一方面将测量结果输出显示，另一方面为了达到自动控制的目的，还需要输出控制信息，以控制现场设备的动作。例如，根据测量结果控制电动调节阀的开度、控制电磁阀的开关、控制电动机的启停等。电动调节阀通常由 D/A 转换器输出控制，而电磁阀的开关和电动机的启停一般采用继电器或可控硅控制。前者属于模拟量输出控制，后两者属于数字量（或称开关量）输出控制。

由于这类数字量的输出控制通常需要较大的功率,而计算机控制系统输出的数字量大多为 TTL(或 CMOS)电平,输出功率较小,一般不能直接用来驱动这些外部设备启动或停止。另外,许多外部设备,如大功率直流电动机、接触器等,在开关过程中会产生很强的电磁干扰,影响整个系统的工作。针对这种情况,在计算机控制系统中,需要对这一类开关量的输出采取一些必要的措施。

1. 光电隔离输出接口

在计算机控制系统中,输出开关量大部分都是 TTL 或 CMOS 电平,输出电流较小,一般不能直接驱动发光二极管,所以通常会加入驱动电路,如 7406、7407,或者加入一级驱动三极管。为了保证输入端与输出端在电气上是隔离的,两端的电源也必须是独立的,如图 2-41 所示。

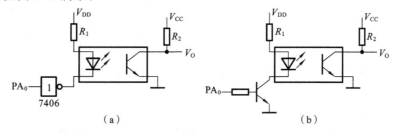

图 2-41 带光电隔离的输出接口

在图 2-41 中,当数字量输出端 PA_0 输出为高电平时,经反相驱动电路后变为低电平,使发光二极管有电流通过并发光,光线使光敏三极管导通,从而在集电极上产生输出电压 V_O,此电压便可用来控制外部电路。

2. 继电器输出接口

1) 触点式继电器输出接口

触点式继电器是电气控制中常用的控制器件。触点式继电器由线圈和触点(动合或动断)构成。当线圈通电时,由于磁场的作用,开关触点闭合(或断开);当线圈不通电时,开关触点断开(或闭合)。触点式继电器的线圈通常可以用直流低压控制,如直流 9 V、12 V、24 V 等,而触点输出部分可以直接与市电(交流 220 V)相连接。虽然继电器的控制线圈与开关触点在电路上不相连,具有一定的隔离作用,但在计算机的输出接口相连时,通常还是采用光电隔离器进行隔离,常用的接口电路如图 2-42 所示。

当数字量输出端 PA_0 输出为高电平时,经反相驱动器 7406 变为低电平,使发光二极管发光,从而光敏三极管导通,同时三极管 VT 导通,因而使继电器 K 的线圈通电,继电器触点闭合,使交流 220 V 电源接通。反之,当数字量输出端 PA_0 输出为低电平时,继电器触点断开。在图 2-42 中,电阻 R_L 代表负载,二极管 VD 的作用是保护三极管 VT。当继电器 K 吸合时,二极管 VD 截止,不影响电路的正常工作。当继电器释放时,由于继电器线圈电感的存在,因而储存有电能,这时三极管 VT 已经截

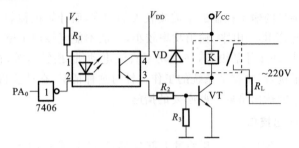

图 2-42 继电器接口电路

止,所以会在线圈两端产生较高的感应电压。此电压的极性为上负下正,正端加在三极管 VT 的集电极上。当感应电压与 V_{CC} 之和大于三极管 VT 的集电极反向电压时,三极管 VT 就会被击穿而遭损坏。加入二极管 VD 后,继电器线圈产生的感应电流由二极管 VD 流过,钳制住了三极管 VT 集电极端的电压,因而使三极管 VT 得到保护。

继电器的种类繁多,不同的继电器,其线圈所需的驱动电流的大小,以及带动负载的能力不同,实际选用时应参考相关技术文献。

2) 固态继电器输出接口

使用触点式继电器控制时,由于采用电磁吸合方式,在开关瞬间,触点容易产生电火花,从而引起干扰。在大功率、高电压等场合,触点还容易氧化,因而影响整个系统的可靠性。固态继电器就能较好地克服这方面的问题。

固态继电器(Solid State Relay,SSR)是用三极管或可控硅代替常规继电器的触点开关,再把光电隔离器作为前级构成一个整体。因此,固态继电器实际上是一种带光电隔离器的无触点开关。固态继电器有直流型和交流型之分。

由于固态继电器输入控制电流小,输出无触点,所以与电磁触点式继电器相比,具有体积小、重量轻、无机械噪声、无抖动和回跳、开关速度快、工作可靠等优点,因此,在计算机控制系统中得到了广泛的应用。

(1) 直流型固态继电器。

图 2-43 所示为直流型 SSR 的电路原理图。

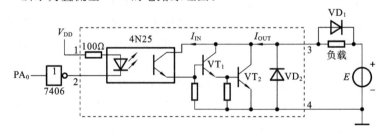

图 2-43 直流型 SSR 的电路原理图

从图 2-43 中可以看出,直流型 SSR 的输入级是一个光电隔离器,其输入驱动方法同光电隔离器一样。它的输出级为大功率晶体管,其输出工作电压可达 30～180 V

(5 V开始工作)。直流型 SSR 主要用于带动直流负载的场合,如直流电动机控制、直流步进电动机控制和电磁阀的开启与关闭等。图 2-44 所示为采用直流型 SSR 控制三相步进电动机的电路原理图。

在图 2-44 中,步进电机的 A、B、C 三相,每相由一个直流型 SSR 控制,可分别由 8255 的端口 $PA_0 \sim PA_2$ 来控制。

(2) 交流型固态继电器。

图 2-45 所示为交流型 SSR 电路原理图。

从图 2-45 中可以看出,交流型 SSR 的输入级是一个光电隔离器,其输入驱动方法同

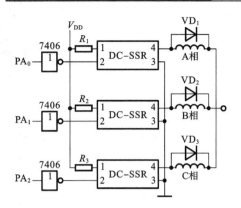

图 2-44 直流型 SSR 控制三相步进电动机的电路原理图

直流型 SSR 一样。它的输出为大功率双向可控硅,中间环节为触发电路,R_1、C_1 组成防止电压浪涌的吸收回路。交流型 SSR 主要用于带动交流负载的场合,如白炽灯、交流电磁阀、交流电动机等。图 2-46 所示为采用交流型 SSR 控制的三相交流负载控制电路。SSR 输出端的负载可以并联,也可以串联。

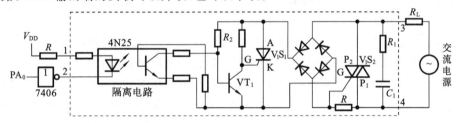

图 2-45 交流型 SSR 的电路原理图

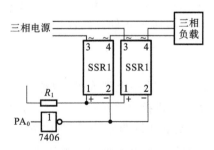

图 2-46 三相交流负载控制电路

当三相负载换成三相交流电动机时,即为三相交流电动机的开关控制电路。从图 2-46 可以看出,三相负载工作是通过 8255 端口 PA_0 来控制的。

3) 大功率场效应管输出接口

在数字量输出控制中,除固态继电器之外,还可以用大功率场效应管作为数字量输出控制元件。由于场效应管输入阻抗高,关断漏电流小,响应速度快,而且与同功率继电器相比,价格便宜,体积较小,所以常作开关元件使用。

场效应管的种类很多,电流可从几毫安至几十毫安,耐压可从几十伏到几百伏,适用于任何场合。

大功率场效应管的图形符号和大功率场效应管控制步进电动机的原理电路

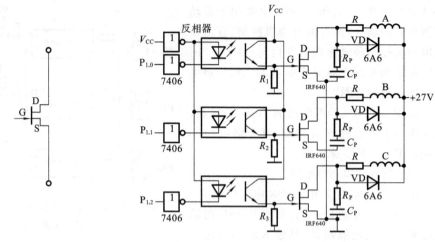

(a) 大功率场效应管的图形符号　　(b) 大功率场效应管控制步进电动机的原理电路

图 2-47　场效应管和应用电路图

分别如图 2-47(a) 和图 2-47(b) 所示。在图 2-47(a) 中，G 为控制栅极，D 为漏极，S 为源极。对于 NPN 型场效应管来讲，当 G 为高电平时，源极与漏极导通，允许电流通过，否则关断。

需要注意的是，大功率场效应管本身无隔离作用，因此在使用时通常在它的前边加一级光电隔离器，如 4N25、TTL113 等，防止高电压对系统的干扰。

在图 2-47(b) 中，当某一控制输出端（如 $P_{1.0}$）输出高电平时，经 7406 反相器转换为低电平，使光电隔离器通电并导通，从而使电阻 R_1（R_2 或 R_3）输出为高电平，控制场效应管 IRF640 导通，使 A 相（B 相和 C 相）通电；反之，当 $P_{1.0}$ 输出低电平，则 IRF640 截止，A 相无电流通过。改变步进电动机 A、B、C 三相的通电顺序，便可实现对步进电动机的控制，图中的 R_P、C_P、VD 均为保护元件。其作用与前述相同。

4) 可控硅输出接口

可控硅 (Silicon Controlled Rectifier，SCR) 是一种大功率电器元件，也称晶闸管。它具有体积小、效率高、寿命长等优点。在微型计算机控制系统中，它可作为大功率驱动器件，以实现用小功率控制大功率。在交直流电动机调速系统、调功系统，以及随动系统中都得到了广泛的应用。可控硅有单向可控硅和双向可控硅两种。

(1) 单向可控硅。

单向可控硅的表示符号如图 2-48(a) 所示。它有三个引脚，其中 A 为阳极，K 为阴极，G 为控制极。它由四层半导体材料组成，可等效于 P1N1P2 和 N1P2N2 两个三极管，如图 2-48(b) 所示。

从图 2-48(a) 中看出，它的符号基本上与前述的大功率场效应管开关相同，但它们的工作原理不尽相同。当阳极电位高于阴极电位且控制极电流增大到一定值（触

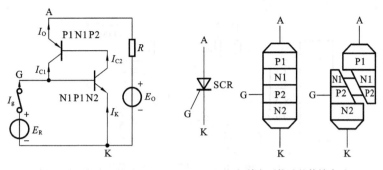

(a) 单向可控硅的表示符号　　　　(b) 单向可控硅的等效表示

图 2-48　单向可控硅和等效电路图

发电流)时,可控硅由截止转为导通。一旦导通后,I_g 即刻为零,可控硅仍保持导通状态,直到阳极电位小于等于阴极电位时为止。即阳极电流小于维持电流时,可控硅才由导通变为截止。单向可控硅的单向导通功能,多用于直流大电流场合。在交流系统中常用于大功率整流回路。

（2）双向可控硅。

双向可控硅也称三端双向可控硅,简称 TRIAC。双向可控硅功能相当于两个单向可控硅反向连接,如图 2-49 所示。这种可控硅具有双向导通功能,其通断状态由控制极 G 决定。在控制极 G 上加正脉冲(或负脉冲)可使其正向(或反向)导通。这种装置的优点是控制电路简单,没有反向耐压问题,因此特别适合于作为交流无触点开关使用。和大功率场效应管一样,可控硅在与微型计算机接口相连时也需要加光电隔离器,触发脉冲电压应大于 4 V,脉冲宽度应大于 20 μs。在单片机控制系统中,常用 I/O 接口和某一位产生触发脉冲,为了提高效率,要求触发脉冲与交流同步,通常采用检测交流电过零点来实现。图 2-50 所示为某电炉温度控制系统可控硅控制部分电路原理图。

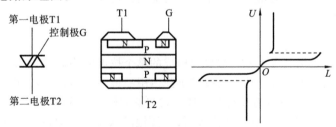

图 2-49　双向可控硅符号和结构

为了提高热效率,要求在交流电的每半个周期都需要输出一个触发脉冲。为此,把交流电经全波整流后通过三极管变成过零脉冲,再反相后加到 8031 的中断控制端作为同步基准脉冲。在中断服务程序中,触发脉冲通过光电隔离器控制双向可控硅,以便对电炉丝加热。

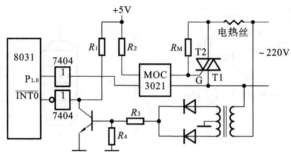

图 2-50 可控硅加热炉控制原理图

2.4 人机接口技术

在计算机控制系统中,除了与生产过程进行信息传递的输入/输出过程设备以外,还有与操作人员进行信息交换的常规输入设备和输出设备。这种人机联系的设备简称为人机接口,其作用为输入程序或数据,完成各种操作控制,显示生产过程的工艺状况与运行结果。这种人机接口的典型装置是一个操作显示台或操作显示面板。

操作显示台一般由数字键、功能键、开关、显示器件,以及各种 I/O 设备(如液晶显示器、CRT、打印机、绘图机)等组成。其中,必不可少的是键盘与显示器(如 LED 显示器、LCD 显示器、CRT 等)。本节主要讨论键盘接口技术、LED 显示器接口技术,以及 LCD 显示器接口技术。

2.4.1 键盘接口技术

键盘为一组按键的集合,是一种常用的输入设备,键盘接口的关键是如何把键盘上的按键动作转换成相应代码(如二进制码或 ASCII 码)送给计算机。键盘分为非编码键盘和编码键盘两类。前者按键的判断与识别靠键处理程序实现;后者按键的判断与识别则通过硬件编码电路自动产生唯一对应的按键代码实现。

1. 非编码键盘

1) 独立连接式键盘

独立式按键是指直接用输入端口线构成的单个按键电路,常用于需要少量几个按键的计算机控制系统。每个独立式按键单独占用一根输入端口线,各键的工作状态不会互相影响。图 2-51 所示为具有 8 个独立式按键的硬件连线图。

设 8255 的端口 PA 初始化为输入,每个按键的状态可以通过 8255 的端口 PA 读入。当无键按下时,$PA_0 \sim PA_7$ 输入状态均为 1(高电平);当有键按下时,则按键对应的端口线输入为 0(低电平)。例如,S_0 键按下,则对应的端口线 PA_0 输入为 0。由此可知,只要系统程序定时读取端口 PA 的状态,便可以知道有无键按下,并能判断出是哪个键按下,这样就可以做出相应的按键处理。

2) 矩阵连接式键盘

矩阵式键盘或称行列式键盘,常应用在按键数量比较多的系统之中。这种键盘由

2 输入/输出过程通道与接口技术

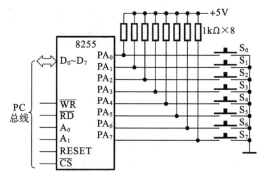

图 2-51 具有 8 个独立式按键的硬件连线图

行线和列线组成,按键设置在行、列结构的交叉点上,行、列线分别连在按键开关的两端。行线通过上拉电阻接至正电源,以便无键按下时行线处于高电平状态。

矩阵式键盘与计算机的连接多采用 I/O 接口芯片,如 8155、8255 等来实现。有时为了简便起见,也采用锁存器,如 74LS273、74LS244、74LS373 等来实现。键盘处理程序的关键是如何识别按键键值,通常,计算机通过程序控制对键盘扫描,从而获取键值。根据计算机进行扫描的方法可分为定时扫描法和中断扫描法两种。

(1) 定时扫描法。

图 2-52 所示为采用 8255 端口构成的 4×8 矩阵键盘。图 2-52 中,8255 的 PA 端口初始化为输出工作方式作为列线使用,PC 端口初始化为输入工作方式作为行线使用。在每一个行线与列线的交叉点处接一个按键,再给每个按键设定一个编号(键值)。可以根据需要,将一部分按键定义为功能键,另一部分按键定义为数字键。定时扫描法的工作过程如下。

① 定时扫描键盘,判断是否有键按下。其方法是使列输出线均为低电平,再定时

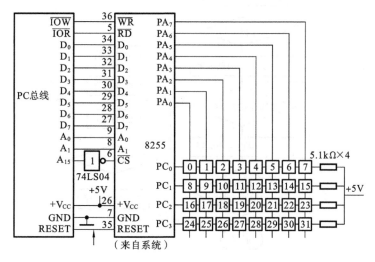

图 2-52 采用 8255 端口构成的 4×8 矩阵键盘

从 PC 端口读入行值,监视有无键按下。如果读入 PC 端口(行值)的低 4 位值为 0FH,则说明没有键按下;如果读入值不为 0FH,则说明有键按下。

② 消除按键抖动。如果有键按下,则延时 10~20 ms 后,再次从 PC 端口读入行值,如果此时仍有键按下,则确认键盘有键按下。

③ 求按键键值。方法是对键盘逐列扫描,也就是逐列输出低电平。首先令 $PA_0=0$,然后读入行值,看其是否等于 0FH,若等于 0FH,则说明该列无键按下。再令 $PA_1=0$,如果行值不等于 0FH,则说明该列有键按下,求按键键值。例如,如果列输出值为 0FDH(也就是 $PA_1=0$),行输入值为 0EH,则所按键键值为 1;如果列输出值为 0FBH(也就是 $PA_2=0$),行输入值为 0DH,则所按键的键值为 10。

④ 等待按键释放。为保证按键每闭合一次计算机只进行一次处理,程序需等待按键释放后,才进行下一按键的处理。

设 8255 的控制端口、PC 端口、PB 端口、PA 端口的地址分别为 803H、802H、801H、800H,PC 端口已初始化为输入,PA 端口已初始化为输出,则键盘扫描程序流程如图 2-53 所示。

每一个按键都有一段处理程序与之对应。如果按下的是数字键,则程序记录下数

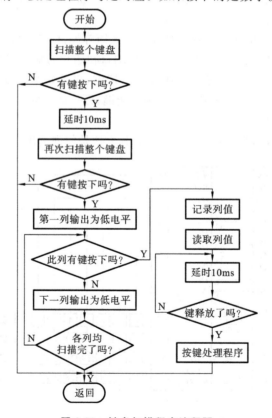

图 2-53 键盘扫描程序流程图

字值;如果按下的是功能键,则程序根据该键设定的功能,完成相对的功能操作。

(2) 中断扫描法。

前述的定时扫描法,无论有无按键,都必须定时调用键盘扫描程序,这样将占去大量的 CPU 时间。在 CPU 任务很重的情况下,为了节省 CPU 时间,键盘处理可以采用中断扫描法来完成。图 2-54 所示为中断扫描法硬件原理图。所有的列线输出均为低电平,当没有键按下时,所有的行线均为高电平,经 4 输入与非门输出为低电平,再送到中断申请端 IRQ_2,这时不会产生中断。当有任意一键按下时,对应该键的行线变为低电平,使得 4 输入与非门的输出变为高电平,这时 IRQ_2 产生正跳变,向 CPU 申请中断。CPU 响应中断后,再调用前述定时扫描法的键盘程序 KEY,就可以找到所按的键,并进行相应的处理。

中断扫描法与定时扫描法的不同之处在于,没有按键时,键盘程序不用执行,这样就节省了 CPU 的时间。当然。这是以增加硬件资源(4 输入与非门)和占用中断资源(IRQ_2)为前提的。

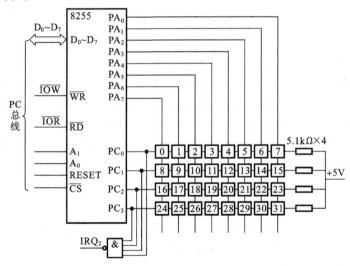

图 2-54 中断扫描法硬件原理图

3) 软键盘与触摸屏接口

所谓软键盘,就是以图形显示方式形成的键盘图案,而非物理键盘。在计算机中,可以用鼠标操作软键盘。典型的软键盘有 Windows 操作系统"附件"中计算机的键盘等。利用触摸屏和 LCD(液晶显示)屏组合在一起可构成各种各样的软键盘,用于各种功能的选择和字符的输入,其组态灵活,操作方便。这种类型的软键盘常用于各种数控设备、智能化测控仪表、手持设备、PDA(个人数字助理)中。通过触摸屏对软键盘进行操作,可以使操作简单、直观。而触摸屏有红外线触摸屏、表面声波触摸屏、电容式触摸屏和电阻式触摸屏等多种类型。电阻式触摸屏是目前应用较多的类型之一。下面介绍电阻式触摸屏的接口电路及软键盘的操作方法。

(1) 电阻式触摸屏的接口电路与坐标值。

电阻式触摸屏有 4 线、5 线等多种类型,它们的工作原理基本相同。图 2-55 所示为 4 线电阻式触摸屏与 ADS7846 的接口原理图。

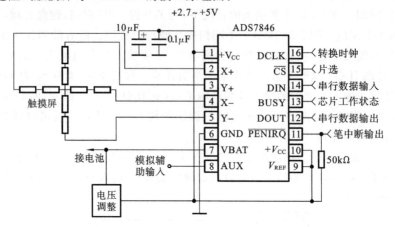

图 2-55　4 线电阻式触摸屏与 ADS7846 的接口原理图

ADS7846 芯片内含模拟电子开关和逐次逼近式 A/D 转换器。通过片内模拟电子开关的切换,将 X+(或 Y+)端接正电源(V_{CC}),X-(或 Y-)端接地(GND),将 Y+(或 X+)端和 Y-(或 X-)端以差动形式接到 A/D 转换器的输入端。用笔接触触摸屏的不同位置,则由 Y+(或 X+)端输入到片内 A/D 转换器的电压值不同,输入电压经片内 A/D 转换后就得到笔触点的 Y(或 X)输出值,而该输出值与笔触点位置成近似线性关系。因此,ADS7846 的输出数值 X 和 Y(即坐标值)便能描述笔触点在触摸屏上的位置。从上述原理可知,所得坐标值的精度将受几个因素的影响:触摸屏本身电阻材料的均匀性,ADS7846 模拟电子开关的内阻和 A/D 转换器自身的转换精度,A/D 转换时 X+(Y+)端所接正电源及 X-(Y-)端所接地的干扰。前两者所带来的误差是固有误差,而第三种情况产生的干扰误差是随机的。

(2) 干扰误差的消除方法。

为了尽可能减小干扰误差对点触精度的影响,必须对 ADS7846 的电源和接地采取一些抗干扰措施。一般来说,电池供电的便携式产品机内组件的功耗较低,其电源和地都比较干净,但机内往往存在几组电源,有时也用外接电源供电,因此应该仔细处理电源旁路和接地方法的问题。ADS7846 内的逐次逼近式 A/D 转换器对电源、参考电源、接地处的扰动及数字写入非常敏感,因此应在距离 ADS7846 电源引脚尽可能近的地方放置一个 0.1 μF 的旁路电容,在 ADS7846 的电源与机内其他更高电压的电源之间放置一个 1~10 μF 的电容。A/D 转换器的参考电源输入端(V_{REF})也应加上一个 0.1 μF 的旁路电容。ADS7846 的地可当做模拟地来处理,因此,要求接地处干净。或者可将 ADS7846 的地单独布一条线直接接到电源的输出地。电阻式触摸屏与 ADS7846 之间的连线应尽可能短且粗。

除了采取上述的硬件处理方法之外,还应该采取软件方法克服随机干扰。由于 ADS7846 的 A/D 转换时间最短可到 8 μs,因此可对笔触点位置进行多次采样,再求采样值的算术平均值。在触摸屏上书写时,笔是运动的,笔在每一点上经过的时间较短,因此对每点的采样次数应限制在一定范围内(如 10~20 次),这样才能取得较好的效果。

(3) 坐标定位与坐标变换。

触摸屏常和点阵式 LCD 屏叠加在一起配套使用。触摸屏的坐标原点、标度和 LCD 屏的坐标原点、标度不一样,且电阻式触摸屏的坐标原点通常不在有效点触区内,因此,在 ADS7846 片内 A/D 转换器获得笔在触摸屏上的触点坐标后,还需经过坐标变换,才能得到笔触点在 LCD 屏上的位置坐标。由于电阻式触摸屏的电阻分布并不是理想的线性关系,经坐标变换计算所得 LCD 屏上的坐标会与笔触点实际位置存在一些偏差,偏差较大时就会出现"点不准"问题。而采用 4 点定位方法得到的坐标变换公式,可以最大限度地克服上述问题。

图 2-56 所示为电阻式触摸屏与点阵式 LCD 屏重叠放置的 4 点定位图。设 LCD 屏的大小为 M(宽)$\times N$(高),在 LCD 屏上,A、B、C、D 这四点都显示"+",设 LCD 屏的左下角为坐标原点,这四点的坐标分别为 $(M/4, 3N/4)$、$(3M/4, 3N/4)$、$(M/4, N/4)$、$(3M/4, N/4)$。用笔分别接触这四点,获得触摸屏对应 A、B、C、D 四点坐标值分别为 (X_A, Y_A)、(X_B, Y_B)、(X_C, Y_C)、(X_D, Y_D),则可以计算出触摸屏的中心点坐标 (X_0, Y_0) 为

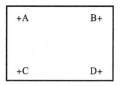

图 2-56 4 点定位图

$$X_0 = (X_A + X_B + X_C + X_D)/4$$
$$Y_0 = (Y_A + Y_B + Y_C + Y_D)/4$$

设 $\Delta X = (X_B - X_A + X_D - X_C)$,$\Delta Y = (Y_A - Y_C + Y_B - Y_D)$,设笔接触的任一点在触摸屏上的坐标为 (X_T, Y_T),其所对应的显示屏上的坐标为 (X, Y),则有

$$X = (X_T - X_0) \cdot M/\Delta X + M/2 \qquad (2\text{-}12)$$
$$Y = (Y_T - Y_0) \cdot N/\Delta Y + N/2 \qquad (2\text{-}13)$$

由式(2-12)和式(2-13)就可以将笔在触摸屏上任一触点的坐标变换为相对应的 LCD 屏上的坐标,从而达到用笔点选 LCD 屏上所显示键的目的。

2. 编码键盘

上面所述的非编码键盘都是通过软件方法来实现键盘扫描、键值处理和消除抖动干扰的。显然,这将占用较多的 CPU 时间。在一个较大的控制系统中,不可能允许 CPU 主要用于执行键盘程序。下面以二进制编码键盘为例,介绍一种用硬件方法来识别键盘和解决抖动干扰的键盘编码器及其键盘接口电路。

具有优先级的 8 位编码器 CD4532B 的真值表如表 2-6 所示。表示芯片优先级的输入允许端 E_{in} 为"0"时,无论编码器的信号输入 $I_7 \sim I_0$ 为何状态,编码器输出全为"0"(即编码器处于屏蔽状态);当输入允许端 E_{in} 为"1"时,而编码器的信号输入 $I_7 \sim I_0$ 全为"0"时,编码输出也为"0",但输出允许端 E_{out} 为"1",表明此编码器输入端无键按下,却允

许优先级低的相邻编码器处于编码状态。这两种情形下的工作状态端GS均为"0"。

表 2-6 8位编码器 CD4532B 的真值表

E_{in}	I_7	I_6	I_5	I_4	I_3	I_2	I_1	I_0	GS	O_2	O_1	O_0	E_{out}
0	×	×	×	×	×	×	×	×	0	0	0	0	0
1	0	0	0	0	0	0	0	0	0	0	0	0	1
1	×	×	×	×	×	×	×	1	1	0	0	0	0
1	×	×	×	×	×	×	1	0	1	0	0	1	0
1	×	×	×	×	×	1	0	0	1	0	1	0	0
1	×	×	×	×	1	0	0	0	1	0	1	1	0
1	×	×	×	1	0	0	0	0	1	1	0	0	0
1	×	×	1	0	0	0	0	0	1	1	0	1	0
1	×	1	0	0	0	0	0	0	1	1	1	0	0
1	1	0	0	0	0	0	0	0	1	1	1	1	0

同一芯片中,I_0 的优先级最高,I_7 的优先级最低。当有多个键按下时,优先级高的被选中。比如处于正常编码状态即 E_{in} 为"1"时,当 I_0 端为"1"(即 K_0 键按下),其余输入端无论为"1"或"0"(即无论其余键是否按下),编码输出均为00H,同时GS端为"1",E_{out} 端为"0"。以此类推,输入端的键值号与二进制编码输出一一对应。

图 2-57 所示为一种采用两片 CD4532B 构成的 16 个按键的二进制编码接口电路。

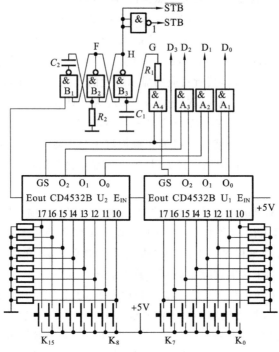

图 2-57 二进制编码键盘接口电路

其中,由于 U_1 的 E_{out} 作为 U_2 的 E_{in},所以按键 K_0 的优先级最高,K_{15} 的优先级最低。U_1 和 U_2 的输出 $O_0 \sim O_2$ 经或门 $A_1 \sim A_3$ 输出,以便形成低三位编码 $D_0 \sim D_2$。而最高位 D_3 则由 U_2 的 GS 产生,当按键 $K_8 \sim K_{15}$ 中有一个闭合时,其输出为"1"。从而,K_0 至 K_{15} 中任意一个键被按下,由编码位 $D_3 \sim D_0$ 均可输出相应的 4 位二进制码。

为了消除键盘按下时产生的抖动干扰,该接口电路还设置了单稳电路(B_1、B_2、R_2 和 C_2)与延时电路(A_4、R_1 和 C_1),电路中 E、F、G 和 H 这四点的波形如图 2-58 所示。由于 U_1 和 U_2 的 GS 接或门 A_4 的输入端,所以当按下某键时,A_4 为高电平,其输出经 R_1 和 C_1 延时后使 G 点也为高电位,作为与非门 B_3 的输入之一。同时,U_2 的输出信号 E_{out} 触发单稳(B_1 和 B_2),在单稳态持续时间 ΔT 内,其输出 F 点为低电位,也作为

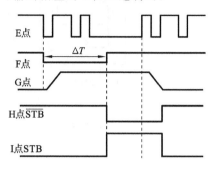

图 2-58 消抖电路波形图

与非门 B_3 的输入之一。由于单稳态(ΔT)E 点电位的变化(即按键的抖动)对其输出 F 点电位无影响,所以此时不论 G 点电位如何,与非门 B_3 输出(H 点)均为高电位。当单稳延时结束时,F 点变为高电位,而 G 点仍为高电位(即按键仍闭合),使得 H 点变为低电位,并保持到 G 点变为低电平为止(即按键断开)。也就是说,按下 $K_0 \sim K_{15}$ 中的任意一个按键,就会在单稳态期间 ΔT 之后(恰好避开抖动时间)产生选通脉冲 $\overline{STB}$(H 点)或 STB(I 点),作为向 CPU 申请中断的信号,以便通知 CPU 读取稳定的按键编码 $D_0 \sim D_3$。

2.4.2 显示器接口技术

在专用的计算机控制系统中,特别是小型控制装置和数字化仪器仪表中,往往只要几个简单的数字或字符报警功能便可满足现场的需求,通常使用 LED、LCD 等几种显示器。本小节讨论 LED 显示器和 LCD 显示器及其接口技术。

1. LED 显示器接口技术

1) LED 显示器工作原理

LED(Light Emitting Diode,发光二极管)是利用 PN 结把电能转换成光能的固体发光器件,根据制造材料的不同可以发出红、黄、绿、白等不同色彩的可见光来。LED 的伏安特性类似于普通二极管,正向压降约为 2 V,工作电流一般在 $10 \sim 20$ mA 之间较为适宜。

LED 显示器有多种结构形式,单段的圆形或方形 LED 常用来显示设备的运行状态,点矩阵 LED 能够显示普通汉字,被大量应用在公共场所的大屏幕显示上,7 段、16 段 LED 可以显示各种数字和字符,尤其是 7 段 LED 在控制系统中应用最为广泛,其接口电路也具有普遍借鉴性。因此,下面重点介绍 7 段 LED 显示器。

7 段 LED 由 7 条发光线段(即发光管)组成,呈"日"字形,各段依次记为 a、b、c、d、

e、f、g,有的还附带一个小数点 dp,所以也可称为 8 段显示器,如图 2-59 所示。

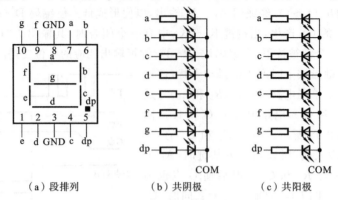

(a) 段排列　　　　(b) 共阴极　　　　(c) 共阳极

图 2-59　7 段 LED 显示器的结构

7 段 LED 显示器有共阴极和共阳极两种结构。共阴极 LED 的所有发光二极管的阴极并接成公共端 COM,当 COM 端接地,某个发光二极管的阳极加上高电平时,该段被点亮;共阳极 LED 的所有发光二极管的阳极并接成公共端 COM,当 COM 端接高电平,某个二极管的阴极加上低电平时,该段被点亮。

通过 7 段发光管点亮时的不同段组合,可以显示数字 0~9 和字符 A~F 等,从而实现十六进制数的显示。显然,在与 CPU 的接口电路中,将一个 8 位并行端口(数据位)与 LED 显示器的 8 段引脚相连且连接次序确定之后,字符段的显示就与数据位一一对应,通过并行口输出不同的字节数据即可获得不同的数字或字符。通常将控制 LED 发光显示字符的这个 8 位字节数据称为段选码或字符译码、字模。表 2-7 给出了一种最常用的 7 段 LED 显示器的段选码,它是基于段引脚 dp~a 与数据位 D_7~D_0 对应相连这一模式的。

表 2-7　7 段 LED 显示器的段选码

显示字符	共阴极段选码	共阳极段选码	显示字符	共阴极段选码	共阳极段选码
0	3FH	C0H	8	7FH	80H
1	06H	F9H	9	6FH	90H
2	5BH	A4H	A	77H	88H
3	4FH	B0H	b	7CH	83H
4	66H	99H	C	39H	C6H
5	6DH	92H	d	5EH	A1H
6	7DH	82H	E	79H	86H
7	07H	F8H	F	71H	8EH

2) LED 显示器显示方式

在计算机控制系统中,常常利用 N 个 LED 构成 N 位的数字显示装置。通常把点亮 LED 某一段的控制称为段选(线),而把点亮 LED 某一位的控制称为位选(线)或片选(线)。根据 LED 显示器的段选线、位选线与控制端口的连接方式不同,LED 显示器有静态显示与动态显示两种方式,下面以 8 位 LED 为例进行说明。

(1) LED 静态显示方式。

所谓静态显示,就是当显示器件显示某个字符时,相应的显示段(发光二极管)恒定地导通或截止,直到显示另一个字符为止。

LED 静态显示电路如图 2-60 所示。8 位 LED 显示器的所有 COM 端连接在一起(共阴极接地而共阳极接+5 V),每位 LED 的段选线 a~dp 都各自与一个 8 位并行 I/O 口相连。因此,CPU 通过某 I/O 口(具有锁存功能)对某位 LED 输出一次段选码之后,该位 LED 就能一直保持显示结果直到下次送入新的段选码为止。

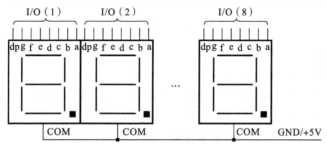

图 2-60　LED 静态显示方式

这种静态显示的效果是每一位独立显示,同一时间里每一位都能同时稳定地显示各自不同的字符。其缺点是电路中占用 I/O 资源多,如 8 位 LED 显示器需要有 8×8 条 I/O 口线,即 8 个 8 位并行口芯片,因而线路复杂、硬件成本高,又因为同时显示,所以功耗大,8 位 LED 最大功耗为 8×8×10 mA 电流。其优点是占用 CPU 机时少,显示稳定、可靠。因而在规模较大的实时控制系统中常用这种静态显示方式。

(2) LED 动态显示方式。

LED 动态显示电路如图 2-61 所示,8 位 LED 显示器所有位的段选线对应并连接在一起,由一个 8 位 I/O 口统一进行段选控制,而各位的 COM 端则由另一个 I/O 口进行位选控制(共阴极送低电平而共阳极送高电平)。因此,要显示不同的字符,只能由 CPU 通过两个 I/O 口依次轮流输出段选码与位选码,循环扫描 LED,使其分时显示。

这种动态显示利用了人的视觉惯性,虽然同一时间里只能显示一位(需保持延时几毫秒),但不断地分时轮流显示,只要刷新时间不超过 20~30 ms,就可获得视觉稳定的显示效果。这种显示方式的优点是占用 I/O 资源少,如 8 位 LED 显示器只需 8+8 条 I/O 口线,即 2 个 8 位并行口芯片,因而线路简单、硬件成本低,又因为分时显示,所以功耗低,最大功耗不过是 8×10 mA 电流。但其缺点是需用软件不断地循环扫描定时刷新,因而占用了 CPU 的大多数机时。因此,动态显示方式只适用于小型测控系统,特别是专用于状态显示的数字仪器仪表中。

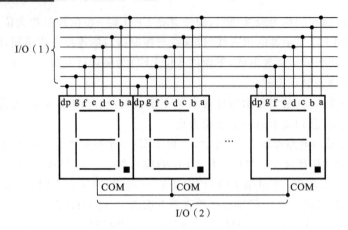

图 2-61 LED 动态显示方式

3) LED 显示器接口技术

(1) LED 静态显示接口技术。

图 2-62 为 6 位静态显示电路原理图。图中，74LS244 为总线驱动器，6 位数字显示共用一组总线，每个 LED 显示器均与一个锁存器(74LS273)相连，用来锁存待显示数据的显示代码。被显示数据的显示代码从数据总线经 74LS244 传送到各锁存器的输入端，再由地址译码器 74LS138 选通指定的锁存器锁存。总线驱动器 74LS244 由 $\overline{IOW}$ 和 A_9 控制，当执行输出指令使 $\overline{IOW}$ 和 A_9 同时为低电平时，74LS244 打开，将数据总线上的数据传送到各个显示器对应的锁存器(74LS273)上。在图 2-62 所示的电路中，从左到右各显示位的地址依次为 100H、101H、102H、103H、104H、105H。据此，可

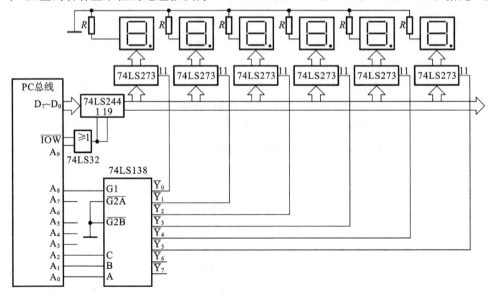

图 2-62 6 位静态显示电路原理图

以编写出静态显示的子程序如下。
...

DISPLAY2	PROC	NEAR	;静态显示子程序
	MOV	BX,OFFSET DISBUF	;设定数据显示缓冲区地址指针
	MOV	SI,OFFSET SEGTAB	;设定显示代码存放区地址指针
	PUSH	DX	
	MOV	DI,SI	
	MOV	CH,6	;送显示位数
	MOV	DX,100H	;左边第一位锁存器地址
	MOV	AH,0	
DISP1:	MOV	AL,[BX]	;取要显示的数
	ADD	SI,AX	;取对应的显示代码
	MOV	AL,[SI]	
	OUT	DX,AL	;送显示代码
	INC	DX	
	INC	BX	
	MOV	SI,DI	
	DEC	CH	
	JNZ	DISP1	
	PUSH	DX	
	RET		
DISPLAY2:	ENDP		

(2) LED动态显示接口技术。

图 2-63 所示为一种典型的 6 位动态显示电路。

在图 2-63 中,8255 的 PA 端口输出显示码,PB 端口输出位选码。设显示缓冲区

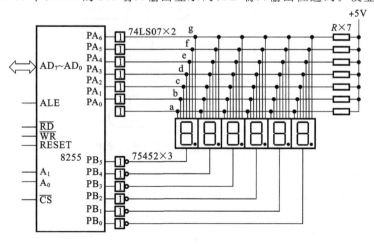

图 2-63 6 位动态显示电路

为 DISBUF，则完成对 8255 初始化后取出一位要显示的数（十六进制），利用软件译码的方法求出待显示数对应的 7 段控制显示代码，然后由 PA 端口输出，并经过 74LS07 驱动器放大后送到各显示器的数据总线上。到底哪一位数码管显示，主要取决于位选码。只有位选信号 PB 端口对应的线经驱动器后变为低电平时，对应的位才会发光显示。若将各位从左至右依次进行显示，每个数码管连续显示一段时间（如 1 ms），显示完最后一位数后，再重复上述过程，这样，人眼看到的就是 6 位数"同时"显示。

图 2-63 中的 74LS07 为 6 位驱动器，它为 LED 提供一定的驱动电流。由于一片 74LS07 只有 6 个驱动器，故 7 段数码管需要两片 74LS07 进行驱动。8255 的 PB 端口经 75452 缓冲器/驱动器反相后，作为位选信号。一个 75452 内部包括两个缓冲器/驱动器，每个缓冲器/驱动器有两个输入端。驱动 6 位数码管显示就需要三片 75452。

由图 2-63 可写出动态扫描显示子程序。设 8255 端口 PA、PB 的地址分别为 800H、801H，并且 PA、PB 已初始化为输出方式，则子程序的流程图如图 2-64 所示。

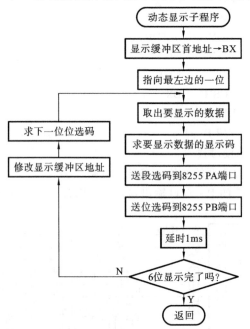

图 2-64 动态扫描显示子程序流程图

```
DATA      SEGMENT
SEGTAB    DB      3FH, 06H, 5BH, 4FH, 66H    ;数字 0~9 的共阴极控制
          DB      6DH, 7DH, 07H, 7FH, 6FH    ;显示代码
DISBUF    DB      9, 8, 7, 6, 5, 4           ;要显示的数
          ...
```

```
        DATA     ENDS
        DISPLAY1 PROC     NEAR                    ;动态显示子程序
                 MOV      BX, OFFSET DISBUF       ;设定数据显示缓冲区地址指针
                 MOV      CH, 20H                 ;从左边第一位开始显示
                 MOV      SI, OFFSET SEGTAB       ;设定显示代码存放区地址指针
                 PUSH     DX
        DIS1:    PUSH     SI
                 MOV      AH, 0
                 MOV      AL, [BX]                ;取要显示的数
                 ADD      SI, AX
                 MOV      AL, [SI]                ;取对应的显示代码
                 MOV      D, 800H                 ;从 8255 的 PA 端口输出字符显示代码
                 OUT      D, AL
                 MOV      DX, 801H                ;从 8255 的端口输出位显代码
                 MOV      AL, CH
                 OUT      DX, AL
                 CALL     DIY1MS                  ;延时
                 AND      AL, 01H
                 JZ       DIS2
                 POP      SI
                 POP      DX
                 RET
        DIS2:    INC      BX
                 SHR      CH
                 POP      SI
                 JMP      DIS1
        DISPLAY1 ENDP
        DLY1MS   PROC     NEAR                    ;延时 1ms 子程序
                 ...
                 RET
        DLY1MS   ENDP
                 ...
```

2. LCD 显示器接口技术

LCD(Liquid Crystal Display)显示器是一种利用液晶材料,根据在加电压与不加电压两种情况下的不同光学特性制成的显示器。LCD 显示器具有功耗极低、抗干扰能力强、体积小等特点。LCD 显示器具有单色、彩色等多种形式,因此,它在各种各样的设备、仪表、计算机中得到了广泛的应用。

1) LCD 显示器的工作原理

LCD 本身并不发光,如果没有外界光源,将看不到 LCD 显示器所显示的内容。因

此，在许多的 LCD 显示装置上，都有背光光源。LCD 显示器的基本结构如图 2-65 所示。

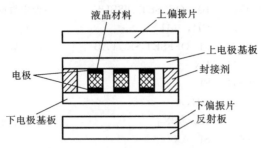

图 2-65 LCD 显示器的基本结构

液晶材料被封装在上、下两片导电玻璃电极基板间的两个列有细槽的平面之间，这两个平面上的细槽互相垂直。由于晶体的四壁效应，使其分子彼此正交，并呈水平方向排列于上、下电极之上，而两平面之间的分子被强迫进入一种 90°扭转的状态，从而使光的偏振方向产生 90°旋转。外部入射光线通过上偏振片后形成偏振光，该偏振光透过液晶材料后，便会旋转 90°，正好与下偏振片的方向一致，因此，能穿过下偏振片到达反射板，再由反射板反射按原路返回，从而使显示器件呈透明状态。若在上、下电极之间加上一定的电压后，在电场的作用下，电极部分的液晶分子转成垂直排列，因而失去旋光性，这时从上偏振片接收的偏振光可以直接通过，而被下偏振片吸收（无法到达反射面），液晶显示呈黑色。当去掉电压后，液晶分子又恢复其扭转结构。可将电极做成各种形状，用于显示各种文字、符号和图形。

2）LCD 器件的显示方式

因为 LCD 器件的两个电极间不允许加恒定的直流电压，所以其驱动电路比较复杂。LCD 显示器的驱动方式一般分为两种：静态驱动方式和时分隔驱动方式。

(1) 静态驱动方式。

采用静态驱动方式的 LCD 显示驱动电路中，显示器件只有一个背极，但每个字符都有独立的引脚，采用异或门进行驱动，通过对异或门输入端电平的控制，使字符段显示或消隐。图 2-66(a) 所示为一位 LCD 数码显示电路图。

由图 2-66(a) 可知，当某字段上两个电极的电压相位相同时，两极间的相对电压为 0，该字段不显示。当字段上两个电极的电压相位相反时，两个电极的相对电压为两倍幅值电压，字段呈黑色显示。a 字段驱动波形如图 2-66(b) 所示。可见，LCD 的驱动与 LED 的驱动存在着较大的差异。对于 LED，只要在其两端加上恒定的电压，便可控制其亮、暗状态。而 LCD 必须采用交流驱动方式，以避免液晶材料在直流电压长时间的作用下产生电解，影响其使用寿命。常用的做法是在其公共电极（亦称为背极）上加频率固定的方波信号，通过控制前极的电压来获得两极间所需的亮、暗电压差。静态驱动电路简单，且驱动电压幅值可变动范围较大，允许的工作温度范围较宽，因此，常用

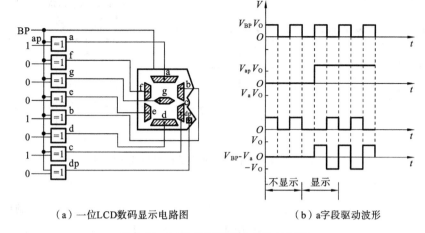

(a) 一位LCD数码显示电路图　　　　(b) a字段驱动波形

图 2-66　LCD 数码显示电路和波形图

于显示字符不太多的场合。

(2) 时分隔驱动方式。

由于在静态驱动方式下,如果 LCD 显示器需要 N 个字符段,则需要 $N+1$ 条引线,其驱动电路也要相应地具有 $N+1$ 条引线,因此,当显示字符较多时,驱动电路将会变得非常复杂。在这种情况下,一般采用时分隔驱动方式。

时分隔驱动方式通常采用电压平均化的方法,其占空比有 1/2、1/8、1/11、1/16、1/32、1/64 等几种,偏比有 1/2、1/3、1/4、1/5、1/7、1/9 等几种。

采用时分隔驱动方式时,字符段的消隐并不是把该段所对应电极间的电压降为零,而只是将电压的有效值降至导致液晶分子改变排列规则的门限电压之下,这就是偏压的概念。加大选通电压与非选通电压之间的差距,可提高 LCD 显示器的清晰度。恰当地设计各段组与公共极间的驱动电压波形,可控制各段的显示与熄灭,并且保证段与极之间以交流电压进行驱动,以确保 LCD 显示器的正常显示。

此外,交流驱动电压的频率也应考虑。频率太低,会造成显示字符闪烁;但如果频率太高,则会引起显示字符反差不匀,且增大 LCD 的功耗。

图 2-67 为多位数码 LCD 显示器在时分隔驱动方式下的电极引线方式图。三个公共电极 COM_1、COM_2、COM_3 分别与每位数码 LCD 显示器的 e、f 段,a、d、g 段,b、c、dp 段电极相连,S_1、S_2、S_3 是每位数码 LCD 显示器的单独电极,分别与 a、b、f 段,c、e、g 段,d、dp 段的另一个电极相连。

常用的显示驱动电路有 ICM7211 系列芯片,这类型芯片将锁存、译码、驱动功能集中在一起,能接收 BCD 码控制 4 位 7 段的 LCD 显示,详细的应用请参考相关的芯片资料。

3) 点阵式 LCD 显示器接口技术

点阵式 LCD 显示器与数码位段式 LCD 显示器的显示原理基本相同。当数码位

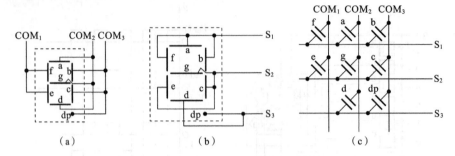

图 2-67 在时分隔驱动方式下的电极引线方式图

段式显示器的位段缩变为一个点,许多的点按一定的规则均匀地排列在一起时,便构成了点阵式 LCD 显示器。点阵式 LCD 显示器通常会把锁存、译码、驱动控制电路与 LCD 点阵集成在一起。现在,点阵式 LCD 显示器的应用越来越多,价格也越来越便宜。点阵式 LCD 显示器不但可以显示字符,而且可以显示各种图形及汉字。点阵式 LCD 显示器从显示上分有单色和彩色两种。而其显示大小(如点数)规格种类很多。已经具有锁存、译码、驱动等控制电路的 LCD 显示器,可以方便地与专用的 LCD 控制器或微处理器接口。下面以工业上常用的规格为 320×240 点阵的单色 LCD 显示器为例,介绍点阵式 LCD 显示器的接口方法。

图 2-68 为采用 MCS-51 系列单片机 8051 的接口原理图。芯片 SED1335 为点阵式 LCD 显示控制器,它能控制多达 640×256 点阵的 LCD 显示器进行图形和字符显示,能寻址 64KB 显示缓冲区。

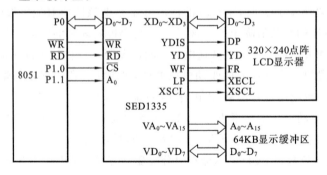

图 2-68 采用 MCS-51 系列单片机 8051 的接口原理图

在图 2-68 中,LCD 显示器各端口的功能如下:

- $D_0 \sim D_3$ 为显示数据端口;
- DP 为无显示电源关闭控制信号;
- YD 为 Y(列)驱动数据输出有效信号;
- FR 为帧控制信号;
- XECL 为 X(行)驱动数据输出有效信号;
- XSCL 为数据端口数据锁存信号。

本章小结

本章内容主要有模拟量输出通道、模拟量输入通道、数字量输入/输出通道和键盘显示器接口技术。

模拟量输出通道主要由计算机输出接口、D/A 转换器、多路转换开关、保持器和 V/I 变换电路等组成,其核心是数/模转换器,简称 D/A 转换器或 DAC。模拟量输入通道主要由模拟多路开关、前置放大器、I/V 变换电路、采样保持器、A/D 转换器,接口和控制电路等组成,其核心是模/数转换器,简称 A/D 转换器或 ADC。本章介绍了五种模拟输入通道结构和三种模拟输出通道结构,以典型的 DAC0832 和 ADC0809 转换器为核心器件讲解了模拟量输入/输出通道接口技术、工作原理及编程方法。D/A 转换模块的标准化设计应体现在三个方面:符合总线标准、可选接口地址,以及可选输出方式。

数字量输入通道主要由电平转换电路、放大整形电路、光电隔离电路,以及 I/O 接口电路组成。数字量输出通道主要由 I/O 接口电路、光电隔离电路、功率驱动电路或频率量信号调节电路等组成。数字输出驱动电路主要有触电式继电器接口电路、固态继电器接口电路、大功率管接口电路和可控硅接口电路等。输入调理电路主要有小功率调理电路和大功率调理电路。

键盘是输入通道输入信息的重要设备。键盘有非编码键盘和编码键盘两种。非编码键盘主要包括独立式键盘、矩阵式键盘和软键盘等,编码键盘主要是指用硬件方法来识别键盘输入的键盘。在专用的计算机控制系统中,往往只要几个简单的数字或字符报警功能便可满足现场的需求,通常使用 LED、LCD 等几种显示器。LED 有静态工作方式和动态工作方式等两种,LCD 显示器一般采用静态驱动方式和时分隔驱动方式。

思考与练习

1. 什么是输入/输出通道?它们是由哪些部分组成的?
2. 模拟量输入/输出通道与数字量输入/输出通道各有什么特点?
3. 采用 74LS138、DAC0832、运算放大器和 CD4051 等设计 D/A 转换接口电路,设定 DAC0832 的端口地址为 200H,CD4051 的端口地址为 201H,要求:(1) 画出 D/A 转换接口电路;(2) 编写 D/A 转换程序。
4. 请分别画出 D/A 转换器的单极性和双极性电压输出电路,并分别推导输出电压与输入数字量之间的关系式。
5. 用 8 位 A/D 转换器 ADC0809 通过 8255 与 PC 总线工业控制机接口,实现 8 路模拟采集。请画出接口电路原理图,并编写 8 路模拟量 A/D 转换程序。

6. 用 12 位 A/D 转换器 AD574A 通过 8255 与 PC 总线工业控制机接口,实现模拟量采集。请画出接口电路原理图,并设计 A/D 转换程序。

7. 请分别画出一路有源 I/V 变换电路和一路无源 I/V 变换电路图,并分别说明各元器件的作用。

8. CPU 读取 A/D 转换数据常用方法有哪几种,各有何优缺点?

9. 简述 A/D、D/A 转换模板的通用性。

10. DAC0832 有哪几种工作方式?说明在各种方式下 DAC0832 是如何工作的?

11. 试分析图 2-15 中 8 通道 D/A 转换模板的工作原理。

12. 试分析图 2-33 中 8 通道 A/D 转换模板的工作原理。

13. 采用 8255、共阳极 LED 数码管、7407、电阻等元器件与 PC 总线工业控制机接口,设计出 8 位的动态显示电路。要求:(1) 画出接口电路原理图;(2) 设各数码管从左到右显示 1、2、3、4、5、6、7、8,请编写显示程序。

14. 显示器有哪几种?简述动态 LED 显示与静态 LED 显示的工作原理,并说明它们各有何特点。

15. 键盘有哪几种?简述各种键盘各有何特点。

16. 什么是软键盘?用笔点触触摸屏是如何点中所选功能的?它与普通键盘的主要差别是什么?

17. 采用 8255 A 端口和 C 端口与 PC 总线工业控制机接口,设计 6×4 矩阵键盘。要求:(1) 画出接口电路原理图;(2) 采用 8086 汇编语言编写键盘扫描与键盘读取程序。

18. 设某一个 8 位 A/D 转换器的输入电压为 +5 V,求当输入模拟电压为下列电压值时,相对应的数字量:(1) 1 V;(2) 2 V;(3) 2.5 V;(4) 5 V。

19. 在计算机控制系统中,为什么大功率输入接口需要加光电隔离器?而光电隔离器的输入端与输出端电源为何要独立?

3 计算机控制基础理论

本章重点内容：介绍计算机控制系统的信号变换理论，分析信号的采样、量化、恢复与保持；介绍 z 变换与 z 反变换、线性定常离散系统的差分方程及求解，以及计算机控制系统的脉冲传递函数；介绍6种常用的连续系统的离散化方法、特点及适用范围；分析了离散控制系统的稳定性、过渡过程特性和稳态误差等特性，解析了线性定常离散控制系统的可控性、可观性和可达性；最后简介离散控制系统的 z 域根轨迹设计法和频域设计法两种离散化设计方法。

计算机控制系统的理论基础是自动控制技术，本章首先从计算机控制系统的信号变换理论出发，简要介绍计算机控制系统的基础理论。计算机控制系统的基础理论主要包括计算机控制系统的信号变换理论、系统的数学描述、连续系统离散化方法，以及离散控制系统的诸多特性分析。此外本章还简要介绍了离散控制系统的根轨迹设计法和频域设计法。

3.1 计算机控制系统的信号变换理论

计算机控制系统的固有特点是其中既含有连续信号又含有离散信号，属于离散系统。由执行机构、被控对象和测试仪表组成的广义被控对象中，其输入信号和输出信号均为连续的模拟信号，而系统中的计算机只能接收、处理并输出数字量信号。计算机必须按一定的采样间隔对连续模拟信号进行采样，再经 A/D 转换、量化及编码变换为时间上断续的数字量信号，送给计算机处理；同时，计算机输出的离散数字量信号还必须经过 D/A 转换器和保持器变换为连续的模拟信号，通过执行机构对被控对象进行控制。

3.1.1 计算机控制系统的信号形式

在连续控制系统的分析与设计中，系统中的各个信号（或变量），如输入信号、输出信号、误差信号和控制信号等都是连续时间信号,这些信号是以时间为变量的函数,在时间变量的连续区间上取值,拉普拉斯变换是研究这类信号的有效工具。

在计算机控制系统中存在的另一类信号是断续的数字量信号,即离散时间信号。与连续时间信号不同的是,离散时间信号作为以时间为自变量的函数,只在时间轴的孤立点上取值,即离散时间信号的定义域是孤立点集。通常,时间轴上的孤立点是等距离的,设其距离为 T,则离散时间信号的定义域可表示为集合$\{0,T,2T,\cdots\}$。离散时间信号 $x^*(t)$ 可以表示成$\{x(0),x(T),x(2T),\cdots\}$ 或 $\{x_0,x_1,x_2,\cdots\}$。

典型的计算机控制系统如图 3-1 所示。图中,系统的输入信号 $r(t)$、输出信号 $y(t)$ 等为连续时间信号;计算机的输入信号 $e^*(t)$ 与输出信号 $u^*(t)$ 均为离散时间信号,并且是特殊的离散时间信号——数字信号。连续时间信号变换成数字信号是通过 A/D 转换器完成的;数字信号变换为连续时间信号则是通过 D/A 转换器完成的。

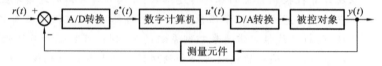

图 3-1 典型的计算机控制系统结构

鉴于计算机控制系统中存在上述两类性质完全不同的信号,其分析与设计方法也有两种。一种方法是将计算机控制系统视为连续系统,用连续系统的分析及设计方法进行研究。图 3-1 中,如果把误差信号到控制信号的传递过程,看成是把一个连续时间信号传递变换为另一个连续时间信号的过程,传递变换关系用传递函数 $D(s)$ 表示,则此时系统变为连续系统,可用连续系统的设计方法设计。这种方法称为连续化设计方法,其基本思想是:当采样频率足够高时,采样系统近似于连续变化的模拟系统,此时忽略采样开关和保持器,用 s 域的设计方法先设计满足性能指标要求的连续控制器,再用 s 域到 z 域的离散化方法(连续系统的离散化方法将在本章 3.3 节讨论)求得脉冲传递函数 $D(z)$,最后需验证闭环系统的动态特性是否满足性能指标,如不满足还需重新设计。

另一种方法称为离散化设计方法,其基本思想是:直接在 z 域中用 z 域根轨迹法或频域设计法进行分析,设计出数字控制器 $D(z)$,系统控制器的设计和性能指标的计算都是依据离散控制理论并针对离散时间信号进行的(本章 3.4.5 小节将介绍根轨迹设计法和频域设计法)。

3.1.2 信号的采样、量化、恢复及保持

1. 信号的采样

信号的采样过程如图 3-2 所示。在计算机控制系统中,按一定的时间间隔 T,把时间和幅值上连续的模拟信号变成在 $0,T,2T,\cdots,kT$ 时刻的一连串脉冲输出信号 $f(kT)$ 的集合 $f^*(t)$ 的过程称为采样过程。实现采样动作的装置称为采样开关或采样器,如图 3-2(a)所示。

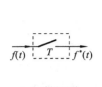 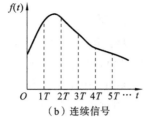 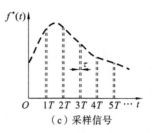

(a) 采样开关　　　　(b) 连续信号　　　　(c) 采样信号

图 3-2　信号的采样过程

利用定时器控制的采样开关每隔一个采样周期的时间,使开关闭合 τ 时间而完成一次采样。τ 称为采样宽度,而开关重复闭合的时间间隔 T 称为采样周期。采样开关输入的原信号 $f(t)$ 为连续信号,输出的采样信号 $f^*(t)$ 是离散的模拟信号。当采样开关的闭合时间 $\tau \ll T$ 时,采样信号 $f^*(t)$ 就可认为是原信号 $f(t)$ 在开关闭合瞬间的值。采样信号 $f^*(t)$ 的每个采样值 $f(kT)$ 可以看做是一个权重为 $f(kT)$ 的脉冲函数,即 $f(kT)\delta(t-kT)$。整个采样信号可看做是一个加权脉冲序列,用理想脉冲 δ 函数将采样后的脉冲序列 $f^*(t)$ 表示成

$$f^*(t) = f(0)\delta(t) + f(T)\delta(t-T) + f(2T)\delta(t-2T) + \cdots$$
$$= \sum_{k=0}^{\infty} f(kT)\delta(t-kT) \tag{3-1}$$

对于实际系统,当 $t<0$ 时,$f(t)=0$,根据 δ 函数的性质,有

$$f^*(t) = f(t)\sum_{k=-\infty}^{\infty} \delta(t-kT) = f(t)\delta_T(t) \tag{3-2}$$

式中:$\delta_T(t)$ 为理想采样开关的数学模型

$$\delta_T(t) = \sum_{k=-\infty}^{\infty} \delta(t-kT), \quad t=kT$$

可以把采样开关看做是脉冲调制器,把采样过程看做是脉冲调制过程,连续信号 $f(t)$ 是调制信号,单位脉冲序列 $\delta_T(t)$ 为载波信号,理想采样开关就是单位脉冲发生器,每瞬时接通一次,采样信号 $f^*(t)$ 由理想脉冲序列所组成,其幅值由 $f(t)$ 在 $t=kT$ 时刻的值确定。

从信号的采样过程可知,信号的采样不是取全部时间上的信号值,而是取某些时刻的值,因而存在下列问题:① 采样信号能否完全反映连续信号的变化规律,或者说采样信号能否包含连续信号中的所有信息? ② 采样信号的信息丢失和采样周期有何关系?

下面不加证明地直接给出香农(Shannon)采样定理。

香农采样定理指出:对一个具有有限频谱 $|\omega|<\omega_{\max}$ 的连续信号 $f(t)$ 进行采样时,采样信号 $f^*(t)$ 唯一地复现原信号 $f(t)$ 所需的最低采样角频率 ω_s 必须满足 $\omega_s \geqslant 2\omega_{\max}$(或 $T \leqslant \pi/\omega_{\max}$)的条件。其中,$\omega_{\max}$ 是原信号频率的最高角频率,ω_s 是采样角频率,它与采样频率 f_s、采样周期 T 的关系为

$$\omega_s = 2\pi f_s = \frac{2\pi}{T}$$

需要特别说明的是:采样定理唯一精确恢复原信号 $f(t)$ 必须满足的三个条件(原信号有限带宽、采样频率 $\omega_s \geqslant 2\omega_{max}$,以及要通过低通滤波器进行滤波)都无法在工程上精确实现,只能近似地实现。所以在工程上,由采样信号 $f^*(t)$ 恢复原信号 $f(t)$ 总存在一定的波形失真,但只要采样角频率相对于信号实际带宽足够高,采样过程的信息损失在工程上是可以容许的。

在计算机控制系统中,采样周期的选择要折中考虑许多因素。在实际中,采样频率通常取 $f_s \geqslant (5 \sim 10)f_{max}$,或者更高。对于工业过程的采样周期,实践已总结出如表 3-1 所示的经验数据以供参考。

表 3-1 工业过程采样周期选择参考值

被控对象	采样周期/s
温度	10～20
流量	1～5
压力	3～10
液面	6～8
成分	15～20

2. 信号的量化

将时间上离散、幅值上变化的离散模拟信号 $f^*(t)$ 用一组二进制数码逼近的过程称为信号的量化。执行量化的装置是 A/D 转换器,把在 $A_{min} \sim A_{max}$ 范围内变化的采样信号 $f^*(t)$ 通过字长为 n 的 A/D 转换器,变换成 $0 \sim (2^n - 1)$ 范围内的某个数字量,量化单位定义为

$$q = \frac{A_{max} - A_{min}}{2^n - 1}$$

q 是二进制数的最低有效位对应的整量单位。量化过程是一个小数归整过程,所以量化误差大小为 $\pm q/2$。

3. 信号的恢复过程与采样保持器

信号的恢复过程是从离散信号到连续信号的过程,它是采样过程的逆过程。由于采样信号仅在采样时刻才有输出值,而在两个采样点之间输出为零,为了使两个采样点之间的信号恢复为连续模拟信号,以前一时刻的采样值为参考基值作外推,使得两个采样点之间的值不为零来近似采样信号,这样的过程称为信号的恢复过程。将数字信号序列恢复成连续信号的装置称为采样保持器。

根据现在或过去时刻的采样值,用常数、线性函数和抛物线函数去逼近两个采样时刻之间的原函数,相应的保持器可分别称为零阶保持器、一阶保持器和二阶保持器。下面分析较为常见的零阶保持器的特性。零阶保持器的工作过程如图 3-3 所示,是将

前一采样时刻 kT 的采样值 $f(kT)$ 恒定地保持到下一采样时刻 $(k+1)T$ 出现之前,即在区间 $[kT,(k+1)T]$ 内,零阶保持器的输出为常数,即

$$f_h(kT+t) = f(kT), \quad 0 \leqslant t < T, \quad k=0, \pm 1, \pm 2, \cdots$$

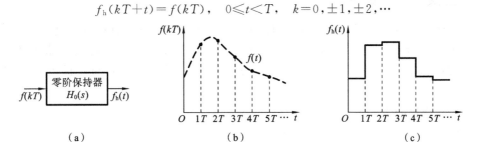

图 3-3 零阶保持器的工作过程

零阶保持器的传递函数为

$$H_0(s) = \frac{1-\mathrm{e}^{-Ts}}{s}$$

其频率特性为

$$H_0(\mathrm{j}\omega) = \frac{1-\mathrm{e}^{-\mathrm{j}T\omega}}{\mathrm{j}\omega} = T\frac{\sin\left(\frac{\omega T}{2}\right)}{\frac{\omega T}{2}}\mathrm{e}^{-\mathrm{j}\frac{T\omega}{2}}$$

则幅频特性为

$$|H_0(\mathrm{j}\omega)| = \left|\frac{T\sin\frac{\pi\omega}{\omega_s}}{\frac{\pi\omega}{\omega_s}}\right|$$

相频特性为

$$\angle H_0(\mathrm{j}\omega) = -\frac{T\omega}{2} + k\pi$$

式中:$k = \mathrm{int}(\omega/\omega_s)$,$\mathrm{int}(\ )$ 表示取整。

零阶保持器的幅频特性及相频特性如图 3-4 所示。从幅频特性可看出,零阶保持器具有低通滤波特性,但不是理想的低通滤波器,由零阶保持器恢复的信号与原信号相比有一定的畸变。此外,零阶保持器会带来大小为 $\frac{T\omega}{2}$ 的附加相移,即相位滞后,它的引入不利于闭环系统的稳定。不过,由零阶保持器引入的相位滞后量相比一阶保持器和二阶保持器都要小,且其结构简单,易于实现,因而在控制系统中广泛采用零阶保持器。

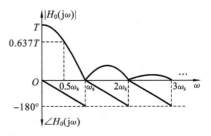

图 3-4 零阶保持器的幅频特性及相频特性

3.2 计算机控制系统的数学描述

计算机控制系统在本质上属于闭环离散控制系统,本节扼要阐明线性定常离散控

制系统的数学描述方法。

3.2.1 z 变换与 z 反变换

类似于线性连续系统的分析设计中常用拉普拉斯变换(简称拉氏变换)这种数学工具来分析系统的动态性能和稳态性能,z 变换是分析与设计离散系统的一个有力的数学工具。z 变换是从拉氏变换直接引申得到的,它与拉氏变换密切相关。

1. z 变换的定义

设一连续函数 $f(t)$,经采样后其采样信号为

$$f^*(t) = \sum_{k=0}^{\infty} f(kT)\delta(t-kT) \tag{3-3}$$

对采样信号 $f^*(t)$ 进行拉氏变换,得

$$F^*(s) = L[f^*(t)] = \int_{-\infty}^{+\infty} f^*(t)e^{-Ts}dt$$

$$= \sum_{k=0}^{\infty} f(kT)\left[\int_{-\infty}^{+\infty} \delta(t-kT)e^{-Ts}dt\right] = \sum_{k=0}^{\infty} f(kT)e^{-kTs} \tag{3-4}$$

式中:$L[\cdot]$ 表示拉氏变换。

为便于计算,将采样信号 $f^*(t)$ 的拉氏变换 $F^*(s)$ 中包含的超越函数 e^{Ts} 定义为一个新的复变量 z,即 $z = e^{Ts}$,则有 $s = \frac{1}{T}\ln z$,其中 T 为采样周期。将 $F^*(s)$ 记为 $F(z)$,得到离散函数 $f^*(t)$ 的 z 变换为

$$F(z) \triangleq Z[f^*(t)] = \sum_{k=0}^{\infty} f(kT)z^{-k} \tag{3-5}$$

称 $F(z)$ 为离散函数 $f^*(t)$ 的 z 变换,也称离散拉氏变换或采样拉氏变换。式(3-5)中,$Z[\cdot]$ 表示 z 变换。

式(3-5)中求取 z 变换的方法称为单边 z 变换(当 $t < 0$ 时,$f^*(t) = 0$),而称 $F(z) = Z[f^*(t)] = \sum_{k=-\infty}^{\infty} f(kT)z^{-k}$ 为双边 z 变换。在实际的控制系统中,通常只研究单边 z 变换。式(3-5)中,任意项 $f(kT)z^{-k}$ 具有明确的物理意义:$f(kT)$ 表示幅值,z 的幂次表示该采样脉冲出现的时刻。

如果两个不同的连续时间函数 $f_1(t)$ 和 $f_2(t)$,$f_1(t) \neq f_2(t)$,但其采样值完全重复,即 $f_1^*(t) = f_2^*(t)$,则 $F_1(z) = F_2(z)$,说明 z 变换 $F(z)$ 与 $f(kT)$ 或离散函数 $f^*(t)$ 是一一对应的,但是 $F(z)$ 与 $f(t)$ 之间的对应关系却不唯一。连续时间函数 $f(t)$ 与相应的离散时间函数 $f^*(t)$ 具有相同的 z 变换,即

$$F(z) = Z[f^*(t)] = Z[f(kT)] = Z[f(t)] = \sum_{k=0}^{+\infty} f(kT)z^{-k}$$

2. z 变换的求法

求取离散时间函数 $f^*(t)$ 的 z 变换有多种方法,这里仅介绍常用的三种。

1) 级数求和法

按照 z 变换的定义,将离散时间函数 $f^*(t)$ 展开为

$$f^*(t) = \sum_{k=0}^{\infty} f(kT)\delta(t-kT)$$
$$= f(0)\delta(t) + f(T)\delta(t-T) + f(2T)\delta(t-2T) + \cdots + f(kT)\delta(t-kT) + \cdots$$

对上式取拉氏变换,得

$$F^*(s) = f(0) + f(T)e^{-Ts} + f(2T)e^{-2Ts} + \cdots + f(kT)e^{-kTs} + \cdots$$

可得 $F(z) = Z[F^*(s)] = f(0) + f(T)z^{-1} + f(2T)z^{-2} + \cdots + f(kT)z^{-k} + \cdots$

根据无穷级数求和公式 $a + aq + aq^2 + \cdots = \dfrac{a}{1-q}$,其中 $|q|<1$,即可求出函数 $f^*(t)$ 的 z 变换。

2) 部分分式展开法

设连续时间函数 $f(t)$ 的拉氏变换 $F(s)$ 已知,且为有理函数,将 $F(s)$ 分解成简单部分分式之和,通过查 z 变换表求出相应的 z 变换。下面分两种情况讨论。

设 $F(s)$ 具有非重极点,则部分分式的形式为 $F(s) = \sum_{i=1}^{n} \dfrac{A_i}{s+p_i}$,其中 p_i 为 $F(s)$ 的非重极点,A_i 为常数,$A_i = \lim\limits_{s \to -p_i}(s+p_i)F(s)$。因此连续函数 $f(t)$ 的 z 变换为

$$F(z) = \sum_{i=1}^{n} \dfrac{A_i z}{z - e^{-p_i T}}$$

设 $F(s)$ 具有重极点,p_1 为 $F(s)$ 的 m 重极点,则

$$F(s) = \dfrac{B_1}{s+p_1} + \dfrac{B_2}{(s+p_1)^2} + \cdots + \dfrac{B_m}{(s+p_1)^m}$$

式中,系数 $B_1 \sim B_m$ 按下式求取:

$$B_m = \lim_{s \to -p_1}(s+p_1)^m F(s)$$
$$B_{m-1} = \lim_{s \to -p_1} \dfrac{d}{ds}[(s+p_1)^m F(s)]$$
$$\vdots$$
$$B_1 = \dfrac{1}{(m-1)!} \lim_{s \to -p_1} \dfrac{d^{m-1}}{ds^{m-1}}[(s+p_1)^m F(s)]$$

则 $F(s)$ 的 z 变换为

$$F(z) = \sum_{j=1}^{m} Z\left[\dfrac{B_j}{(s+p_1)^j}\right]$$

【例 3-1】 已知函数 $F(s) = \dfrac{2}{s(s+2)}$,求 $F(z)$。

解 $F(s)$ 有两个单极点 $p_1=0$、$p_2=-2$,则 $A_1=1$、$A_2=-1$,展开为部分分式之和,有 $F(s) = \dfrac{2}{s(s+2)} = \dfrac{1}{s} - \dfrac{1}{s+2}$,所以

$$F(z) = \dfrac{z}{z-1} - \dfrac{z}{z-e^{-2T}} = \dfrac{(1-e^{-2T})z^{-1}}{1-(1+e^{-2T})z^{-1}+e^{-2T}z^{-2}}$$

3) 留数法

如果函数 $F(s)$ 为严格的真有理分式,其全部极点为 $p_i(i=1,2,\cdots,n)$,其中有 m 个非重极点和 $n-m$ 个重极点,r_i 为重极点的重数,则 $F(s)$ 的 z 变换 $F(z)$ 为

$$F(z) = Z[F(s)] = \sum_{i=1}^{n} \text{Res}\left[F(p)\frac{1}{1-e^{pT}z^{-1}}\right]_{p=p_i}$$

$$= \sum_{i=1}^{m}\left[(p-p_i)F(p)\frac{1}{1-e^{pT}z^{-1}}\right]_{p=p_i}$$

$$+ \sum_{i=m+1}^{n}\frac{1}{(r_i-1)!}\frac{d^{r_i-1}}{dp^{r_i-1}}\left[(p-p_i)^{r_i}F(p)\frac{1}{1-e^{pT}z^{-1}}\right]_{p=p_i}$$

3. z 反变换

根据 z 变换表达式 $F(z)$ 求相应的离散序列 $f(kT)$ 或 $f^*(t)$ 的过程称为 z 反变换,记为

$$f(kT) = Z^{-1}[F(z)]$$

式中:$Z^{-1}[\cdot]$ 表示 z 反变换。求取 z 反变换的方法很多,常用的有长除法、部分分式法和留数法。这里仅介绍长除法和部分分式法。

1) 长除法

设 $F(z)$ 是 z^{-1} 或 z 的有理函数,即

$$F(z) = \frac{N(z)}{D(z)} = \frac{b_0 + b_1 z^{-1} + \cdots + b_m z^{-m}}{a_0 + a_1 z^{-1} + \cdots + a_n z^{-n}} \quad (n \geqslant m)$$

用长除法展开成按 z^{-1} 升幂排列的幂级数

$$F(z) = f_0 + f_1 z^{-1} + \cdots f_k z^{-k} + \cdots$$

由 z 变换的定义得

$$F(z) = f(0) + f(T)z^{-1} + \cdots f(kT)z^{-k} + \cdots$$

比较两式得

$$f_k = f(kT) \quad (k=0,1,2,\cdots)$$

所以

$$f^*(t) = f_0 + f_1\delta(t-T) + f_2\delta(t-2T) + \cdots + f_k\delta(t-kT) + \cdots$$

2) 部分分式展开法

将 $F(z)$ 通过部分分式展开为低阶的分式之和,再利用查表法分别求各项的 z 反变换,然后整理得到 $f(kT)$。

设 $F(z)$ 无重极点,且 $m<n$,求出 $F(z)$ 的极点 $p_1,p_2,\cdots,p_n$,再将 $F(z)$ 展开为分式之和

$$F(z) = \sum_{i=1}^{n}\frac{a_i z}{z-p_i} \quad (i=1,2,3,\cdots,n)$$

然后逐项查表得到

$$f_i(kT) = Z^{-1}\left[\frac{a_i z}{z-p_i}\right] = a_i p_i^{k-1} \quad (k>0, i=1,2,\cdots,n)$$

最后写出对应的采样函数

$$f^*(t) = \sum_{k=0}^{\infty} \sum_{i=1}^{n} f_i(kT)\delta(t-kT)$$

如果 $F(z)$ 存在重极点或共轭极点,可根据部分分式具体形式查表得到 z 反变换结果。

【例 3-2】 求 $F(z) = \dfrac{z}{(z-2)(z-3)}$ 的 z 反变换 $f(kT)$。

解 采用部分分式展开,得

$$F(z) = \frac{-z}{z-2} + \frac{z}{z-3}$$

查 z 变换表,得到

$$Z^{-1}\left[\frac{-z}{z-2}\right] = -2^k, \quad Z^{-1}\left[\frac{z}{z-3}\right] = 3^k$$

所以

$$f(kT) = -2^k + 3^k$$

即

$$f^*(t) = \delta(t-T) + 5\delta(t-2T) + 19\delta(t-3T) + 65\delta(t-4T) + \cdots$$

应当注意,$F(z)$ 经 z 反变换得到的 $f^*(t)$ 只是在采样时刻 kT 与 $f(t)$ 在该时刻的值 $f(kT)$ 相等,而 $f(t)$ 在其他时刻的值可以任意。表 3-2 给出了常用函数的 z 变换。

表 3-2 常用函数的 z 变换

拉氏变换 $F(s)$	时间函数 $f(t), t>0$	z 变换 $F(z)$
1	$\delta(t)$	1
$\dfrac{1}{s}$	$1(t)$	$\dfrac{z}{z-1}$
$\dfrac{1}{s^2}$	t	$\dfrac{Tz}{(z-1)^2}$
$\dfrac{1}{s^3}$	$\dfrac{1}{2}t^2$	$\dfrac{T^2 z(z+1)}{2(z-1)^3}$
e^{-kTs}	$\delta(t-kT)$	z^{-k}
$\dfrac{T}{Ts-\ln a}$	$a^{t/T}$	$\dfrac{z}{z-a}$
$\dfrac{1}{s+a}$	e^{-at}	$\dfrac{z}{z-e^{-aT}}$
$\dfrac{b-a}{(s+a)(s+b)}$	$(e^{-at} - e^{-bt})$	$\dfrac{z}{z-e^{-aT}} - \dfrac{z}{z-e^{-bT}}$
$\dfrac{1}{(s+a)^2}$	te^{-at}	$\dfrac{Tze^{-aT}}{(z-e^{-aT})^2}$

续表

拉氏变换 $F(s)$	时间函数 $f(t), t>0$	z 变换 $F(z)$
$\dfrac{a}{s(s+a)}$	$1-e^{-at}$	$\dfrac{(1-e^{-aT})z}{(z-1)(z-e^{-aT})}$
$\dfrac{a}{s^2(s+a)}$	$t-\dfrac{1-e^{-at}}{a}$	$\dfrac{Tz}{(z-1)^2}-\dfrac{(1-e^{-aT})z}{a(z-1)(z-e^{-aT})}$
$\dfrac{\omega}{s^2+\omega^2}$	$\sin(\omega t)$	$\dfrac{z\sin(\omega T)}{z^2-2z\cos(\omega T)+1}$
$\dfrac{s}{s^2+\omega^2}$	$\cos(\omega t)$	$\dfrac{z[z-\cos(\omega T)]}{z^2-2z\cos(\omega T)+1}$
$\dfrac{s+a}{(s+a)^2+b^2}$	$e^{-at}\cos(bt)$	$\dfrac{z^2-ze^{-aT}\cos(bT)}{z^2-2ze^{-aT}\cos(bT)+e^{-2aT}}$
$\dfrac{b}{(s+a)^2+b^2}$	$e^{-at}\sin(bt)$	$\dfrac{ze^{-aT}\sin(bT)}{z^2-2ze^{-aT}\cos(bT)+e^{-2aT}}$

4. z 变换的基本定理

利用 z 变换的基本定理可以简化 z 变换的计算与离散控制系统的分析。

1) 线性定理

设 a_1、a_2 为任意常数,连续时间函数 $f_1(t)$ 和 $f_2(t)$ 的 z 变换分别为 $F_1(z)$ 及 $F_2(z)$,则

$$Z[a_1 f_1(t)+a_2 f_2(t)]=a_1 F_1(z)+a_2 F_2(z)$$

说明函数线性相加的 z 变换等于各函数 z 变换的线性相加。

2) 位移滞后定理

设连续时间函数在 $t<0$ 时,$f(t)=0$,且 $Z[f(t)]=F(z)$,则滞后 k 个采样周期的函数 $f(t-kT)$ 的 z 变换为

$$Z[f(t-kT)]=z^{-k}F(z) \quad (k\geqslant 0)$$

3) 位移超前定理

设连续时间函数在 $t<0$ 时,$f(t)=0$,且 $Z[f(t)]=F(z)$,则超前 k 个采样周期的函数 $f(t+kT)$ 的 z 变换为 $Z[f(t+kT)]=z^k F(z)-\sum_{m=0}^{k-1}f(mT)z^{k-m}(k\geqslant 0)$,当 $f(0)=f(T)=\cdots=f[(k-1)T]=0$ 时,有 $Z[f(t+kT)]=z^k F(z)$。定理证明从略。

4) 初值定理

设 $Z[f(t)]=F(z)$,且极限 $\lim\limits_{z\to +\infty}F(z)$ 存在,则有

$$f(0)=\lim_{k\to 0}f(kT)=\lim_{z\to +\infty}F(z)$$

5) 终值定理

设 $Z[f(t)]=F(z)$,且 $\lim\limits_{z\to 1}(1-z^{-1})F(z)$ 存在,$(1-z^{-1})F(z)$ 在单位圆上及单位圆外无极点,则有 $f(\infty)=\lim\limits_{z\to 1}(z-1)F(z)=\lim\limits_{z\to 1}(1-z^{-1})F(z)$。定理证明从略。

6) 时域离散卷积定理

设 $Z[f(t)] = F(z), Z[g(t)] = G(z)$,且当 $t<0$ 时,$g(t) = f(t) = 0$,若定义

$$g(kT) * f(kT) \triangleq \sum_{i=0}^{k} g(iT) f(kT - iT) = \sum_{i=0}^{k} g(kT - iT) f(iT)$$

则卷积的 z 变换为

$$Z[g(kT) * f(kT)] = G(z) F(z)$$

该定理表明如果两个时间序列在时间域是卷积关系,则在 z 域中是乘积关系。

7) 复位移定理

设 a 为任意常数,$Z[f(t)] = F(z)$,则有

$$Z[f(t) e^{\mp at}] = F(z e^{\pm aT})$$

8) 复域微分定理

设 $Z[f(t)] = F(z)$,则有

$$Z[t f(t)] = -Tz \frac{dF(z)}{dz}$$

9) 复域积分定理

设 $Z[f(t)] = F(z)$,且极限 $\lim_{t \to 0} \frac{f(t)}{t}$ 存在,则有

$$Z\left[\frac{f(t)}{t}\right] = \int_{z}^{\infty} \frac{F(\lambda)}{T\lambda} d\lambda + \lim_{k \to 0} \frac{f(kT)}{kT}$$

3.2.2 线性定常离散系统的差分方程及其求解

线性定常离散系统是指系统的输入信号到输出信号之间的变换既满足比例叠加定理,同时其变换关系又不随时间的变化而变化的系统。

1. 差分的定义

与线性定常连续时间系统用常系数线性微分方程或传递函数来描述相类似,线性定常离散系统可以通过常系数线性差分方程或脉冲传递函数来描述。

设连续函数 $f(t)$ 的采样信号 $f^*(t)$ 在 kT 时刻的采样值为 $f(kT)$,为简便表示,通常写作 $f(k)$。计算差分的方法有前向差分和后向差分两种。前向差分方程多用于描述非零初始值的系统,而后向差分方程多用于描述零初始值系统,实际中常用后向差分方程。

一阶前向差分定义为

$$\Delta f(k) = f(k+1) - f(k), \quad f'(t) = \frac{f(k+1) - f(k)}{T}$$

n 阶前向差分定义为

$$\Delta^n f(k) = \Delta^{n-1} f(k+1) - \Delta^{n-1} f(k)$$

同理,一阶后向差分定义为

$$\nabla f(k) = f(k) - f(k-1)$$

n 阶后向差分定义为

$$\nabla^n f(k) = \nabla^{n-1} f(k) - \nabla^{n-1} f(k-1)$$

2. 线性定常离散系统的差分方程

设单输入单输出线性定常离散系统在某一时刻输入为 $r(k)$，输出为 $y(k)$，则描述线性定常离散系统动态过程的 n 阶非奇次后向差分方程的一般形式为

$$y(k) + a_1 y(k-1) + \cdots + a_{n-1} y(k+1-n) + a_n y(k-n)$$
$$= b_0 r(k) + b_1 r(k-1) + \cdots + b_{m-1} r(k+1-m) + b_m r(k-m)$$

式中：$a_n, a_{n-1}, \cdots, a_1; b_m, b_{m-1}, \cdots, b_0$ 均为常系数，且 $n \geq m$。差分方程的阶次是由最高阶差分的阶次决定的，其数值等于方程中自变量的最大值和最小值之差。

3. 差分方程的求解

用 z 变换求解常系数线性差分方程和用拉氏变换求解常系数线性微分方程类似。先利用初始条件，将差分方程转换成以 z 为变量的代数方程，再求 z 反变换。

【例 3-3】 已知连续系统微分方程为 $6\ddot{e}(t) + 7\dot{e}(t) + 2e = r(t) = 1(t)$，$e(0) = 0$，将之离散化，再求对应的前向差分方程及其解（$T = 1s$）。

解 用各阶前向差分方程代替原方程中的各阶导数（$T = 1s$ 时可以如此近似处理），得

$$6\Delta^2 e(k) + 7\Delta e(k) + 2e(k) = 1(k)$$

根据差分定义，有

$$6e(k+2) - 12e(k+1) + 6e(k) + 7[e(k+1) - e(k)] + 2e(k) = 1(k)$$

所以，离散系统的差分方程为

$$\begin{cases} 6e(k+2) - 5e(k+1) + e(k) = 1(k) \\ e(k) = 0 \quad (k \leq 0) \end{cases}$$

对差分方程，可以通过递推求解，利用计算机编程可以很方便地实现

$$e(1) = \frac{1}{6}[5e(0) - e(-1) + 1(-1)] = 0$$

$$e(2) = \frac{1}{6}[5e(1) - e(0) + 1(0)] = 1/6$$

$$e(3) = \frac{1}{6}[5e(2) - 1e(1) + 1(1)] = 11/36$$

$$\vdots$$

根据位移超前定理，对差分方程通过 z 变换的方式求解过程如下：

$$6z^2[E(z) - e(0) - z^{-1}e(1)] - 5z[E(z) - e(0)] + E(z) = 1(z) = \frac{z}{z-1}$$

代入初始条件 $e(0) = 0, e(1) = 0$，得到

$$E(z) = \frac{z}{6\left(z - \frac{1}{3}\right)\left(z - \frac{1}{2}\right)(z-1)}$$

查表，z 反变换为

$$e(k) = \frac{1}{2} - \frac{1}{2^{k-1}} + \frac{1}{2}\frac{1}{3^{k-1}}, \quad k=0,1,2,\cdots$$

所以有

$$e^*(t) = \sum_{k=0}^{\infty} \left(\frac{1}{2} - \frac{1}{2^{k-1}} + \frac{1}{2}\frac{1}{3^{k-1}} \right) \delta(t-kT)$$

3.2.3 计算机控制系统的脉冲传递函数

1. 脉冲传递函数的定义

如同用传递函数描述线性连续控制系统的输入、输出之间的动态特性一样,线性离散控制系统的特性要由脉冲传递函数(又称 Z 传递函数)来描述。

首先回顾连续系统中传递函数的定义。在线性连续系统中,当初始条件为零时,定义系统输出信号的拉氏变换与输入信号的拉氏变换之比为系统的传递函数。对图 3-5 所示的离散系统过程,其脉冲传递函数定义为离散

图 3-5 离散系统过程

控制系统在零初始条件下,系统输出序列的 z 变换 $Y(z)$ 与输入序列的 z 变换 $R(z)$ 之比,即

$$G(z) = \frac{Y(z)}{R(z)}$$

图 3-5 所示的离散系统过程如果是通过后向差分方程表示的 n 阶线性定常离散系统,即

$$y(k) + a_1 y(k-1) + \cdots + a_{n-1} y(k+1-n) + a_n y(k-n)$$
$$= b_0 r(k) + b_1 r(k-1) + \cdots + b_{m-1} r(k+1-m) + b_m r(k-m)$$

则在零初始条件下,脉冲传递函数可以通过对差分方程求 z 变换得到,即

$$G(z) = \frac{Y(z)}{R(z)} = \frac{b_0 + b_1 z^{-1} + \cdots + b_m z^{-m}}{1 + a_1 z^{-1} + \cdots + a_n z^{-n}}$$

从上式可以看出,脉冲传递函数是复变量 z^{-1} 的有理分式形式。此外,通过离散系统的单位脉冲响应序列的 z 变换也可求得脉冲传递函数,即

$$G(z) = \sum_{k=0}^{\infty} g(kT) z^{-k}$$

式中:$g(kT)$ 是单位脉冲响应函数 $g(t)$ 的离散表示形式。

此外,若已知系统的脉冲传递函数 $G(z)$ 及输入信号的 z 变换 $R(z)$,则输出信号就可求得,即

$$y^*(t) = Z^{-1}[Y(z)] = Z^{-1}[G(z)R(z)]$$

2. 脉冲传递函数的代数运算规则

首先分析开环串联运算。

当两个环节间有采样开关时,环节串联的等效脉冲传递函数为两个环节的脉冲传

递函数的乘积,如图 3-6(a)所示。

$$G(z) = \frac{Y(z)}{R(z)} = G_1(z)G_2(z)$$

同理,设 n 个环节串联,且所有环节之间均有采样开关隔开,则等效的脉冲传递函数为所有环节的脉冲传递函数的乘积,即

$$G(z) = G_1(z)G_2(z)\cdots G_n(z)$$

当两个环节间没有采样开关隔开时,需要将这两个环节串联后看成是一个整体 $G_1(s)G_2(s)$,再求出 $G_1(s)G_2(s)$ 经采样后的 z 变换,如图 3-6(b)所示。

$$G(z) = \frac{Y(z)}{R(z)} = Z[G_1(s)G_2(s)] = G_1G_2(z)$$

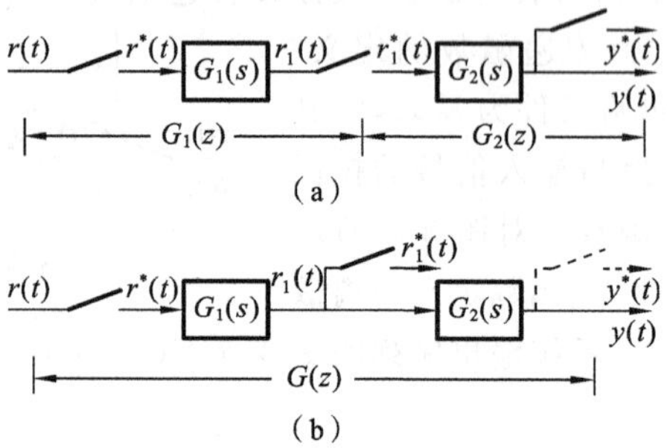

图 3-6 环节串联的开环系统

注意, $\quad Z[G_1(s)G_2(s)] = G_1G_2(z) \neq G_1(z)G_2(z)$

同理,此结论也适用于多个环节串联而无采样开关隔开的情况,即

$$G(z) = Z[G_1(s)G_2(s)\cdots G_n(s)] = G_1G_2\cdots G_n(z)$$

下面讨论图 3-7 所示的并联环节的脉冲传递函数。显然有

$$Y(s) = U^*(s)[G_1(s) \pm G_2(s)]$$
$$Y^*(s) = U^*(s)[G_1(s) \pm G_2(s)]$$
$$Y(z) = U(z)G_1(z) \pm U(z)G_2(z)$$

即
$$G(z) = \frac{Y(z)}{U(z)} = G_1(z) \pm G_2(z)$$

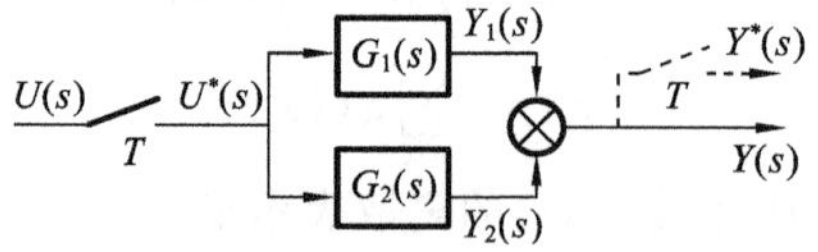

图 3-7 并联环节方框图

下面讨论典型计算机控制系统的闭环脉冲传递函数。系统的等效传递函数框图如图 3-8 所示,反馈通道中连续环节 $H(s)$ 为测量变送装置的传递函数,对于控制器 $D(s)$,其输入为 $E^*(s)$,输出为 $U^*(s)$,于是有

$$Y(s) = G(s)D^*(s)E^*(s)$$
$$E(s) = R(s) - H(s)G(s)D^*(s)E^*(s)$$

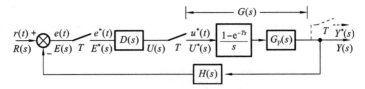

图 3-8 典型计算机控制系统传递函数框图

经采样后的偏差信号

$$E^*(s) = R^*(s) - HG^*(s)D^*(s)E^*(s)$$

所以

$$E^*(s) = \frac{R^*(s)}{1 + HG^*(s)D^*(s)}$$

将上式代入输出 $Y(s)$ 的离散信号 $Y^*(s) = G^*(s)D^*(s)E^*(s)$ 中,得到

$$Y^*(s) = \frac{G^*(s)D^*(s)}{1 + HG^*(s)D^*(s)} R^*(s)$$

取 z 变换,得到

$$Y(z) = \frac{G(z)D(z)}{1 + HG(z)D(z)} R(z)$$

由此得到闭环系统的脉冲传递函数为

$$\Phi(z) = \frac{Y(z)}{R(z)} = \frac{G(z)D(z)}{1 + HG(z)D(z)}$$

式中:$G(z) = Z\left[\dfrac{1-e^{-Ts}}{s}G_P(s)\right]$ 称为广义对象的脉冲传递函数;$HG(z) = Z[H(s)G(s)]$,$D(z) = D^*(s)|_{z=e^{Ts}}$ 为计算机执行的数字控制器的脉冲传递函数。表 3-3 列出了部分离散系统结构图及其脉冲传递函数。

表 3-3 部分离散系统结构图及其脉冲传递函数

序号	系统结构图	$Y(z)$
1		$Y(z) = \dfrac{G(z)U(z)}{1 + G(z)H(z)}$
2		$Y(z) = \dfrac{G(z)U(z)}{1 + G(z)H(z)}$
3		$Y(z) = \dfrac{G(z)U(z)}{1 + GH(z)}$
4		$Y(z) = \dfrac{G_2(z)G_1U(z)}{1 + G_1G_2H(z)}$

续表

序号	系统结构图	Y(z)
5		$Y(z) = \dfrac{G_1(z)G_2(z)U(z)}{1+G_1(z)G_2H(z)}$
6		$Y(z) = \dfrac{G(z)U(z)}{1+G(z)H(z)}$
7		$Y(z) = \dfrac{G_2(z)G_3(z)G_1U(z)}{1+G_2(z)G_1G_3H(z)}$
8		$Y(z) = \dfrac{G_2(z)G_1U(z)}{1+G_2(z)G_1H(z)}$

3. 离散状态空间方程

把连续系统中状态变量、状态方程及系统的输入/输出模型和状态方程模型之间的转换等概念应用到离散系统的分析中,那么线性离散定常系统的状态空间模型可以描述为

$$\begin{cases} \boldsymbol{x}(k+1) = \boldsymbol{A}\boldsymbol{x}(k) + \boldsymbol{B}\boldsymbol{u}(k) \\ \boldsymbol{y}(k) = \boldsymbol{C}\boldsymbol{x}(k) + \boldsymbol{D}\boldsymbol{u}(k) \end{cases} \tag{3-6}$$

式中:$\boldsymbol{x}(k)$为n维状态向量;$\boldsymbol{u}(k)$为r维控制向量;$\boldsymbol{y}(k)$为m维输出向量;$\boldsymbol{A}$为$n \times n$的系统状态矩阵;$\boldsymbol{B}$为$n \times r$的输入矩阵;$\boldsymbol{C}$为$m \times n$的输出矩阵;$\boldsymbol{D}$为$m \times r$的前馈矩阵(或称直接传输矩阵)。

若已知系统的离散状态方程,可以通过z变换求出系统的脉冲传递函数矩阵。具体做法是:对式(3-6)两边取z变换,得到

$$\begin{cases} z\boldsymbol{X}(z) - z\boldsymbol{X}(0) = \boldsymbol{A}\boldsymbol{X}(z) + \boldsymbol{B}\boldsymbol{U}(z) \\ \boldsymbol{Y}(z) = \boldsymbol{C}\boldsymbol{X}(z) + \boldsymbol{D}\boldsymbol{U}(z) \end{cases}$$

上式第一个方程可写为

$$\boldsymbol{X}(z) = (z\boldsymbol{I} - \boldsymbol{A})^{-1} z\boldsymbol{X}(0) + (z\boldsymbol{I} - \boldsymbol{A})^{-1} \boldsymbol{B}\boldsymbol{U}(z)$$

代入第二个方程可得

$$\boldsymbol{Y}(z) = \boldsymbol{C}(z\boldsymbol{I} - \boldsymbol{A})^{-1} z\boldsymbol{X}(0) + \boldsymbol{C}(z\boldsymbol{I} - \boldsymbol{A})^{-1} \boldsymbol{B}\boldsymbol{U}(z) + \boldsymbol{D}\boldsymbol{U}(z)$$

假设初始条件为零,可整理得到

$$G(z) = \frac{Y(z)}{U(z)} = C(zI-A)^{-1}B + D$$

即为描述离散输入、输出关系的脉冲传递函数矩阵。

3.2.4 s平面到z平面的映射

复变量s与复变量z之间的关系为$z=e^{Ts}$,由此决定了s平面与z平面的映射关系,设$s=\sigma+j\omega$,则有

$$\begin{cases} z = e^{Ts} = e^{T\sigma} \cdot e^{jT\omega} = e^{T\sigma} \angle T\omega \\ |z| = e^{T\sigma} \\ \angle z = T\omega \end{cases}$$

在z平面上,当σ为某个定值时,由于$e^{j\omega T} = \cos(\omega T) + j\sin(\omega T)$是$2\pi$的周期函数,所以,$z=e^{Ts}$随$\omega$由$-\infty$变到$+\infty$的轨迹是一个圆,圆心位于原点,半径为$e^{T\sigma}$,而圆心角是随$\omega$线性增大的。$s$平面到$z$平面的映射关系如图3-9所示。

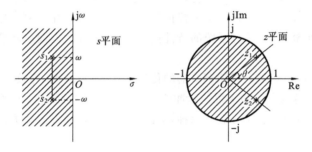

图3-9 s平面与z平面的映射关系

1. s平面虚轴的映射

s平面上的虚轴($s=j\omega$)映射到z平面上是以原点为圆心的单位圆,即$|z|=1$。s平面上的原点对应于z平面上正实轴上的$(+1, j0)$点。当ω从$-\frac{1}{2}\omega_s \sim +\frac{1}{2}\omega_s$(称为主频带),在$z$平面上辐角由$-\pi$经0变化到$+\pi$,相应的点在$z$平面上逆时针画出一个以原点为圆心、半径为1的单位圆。除主频带外,当ω每变化一个ω_s(如$\frac{1}{2}\omega_s \sim \frac{3}{2}\omega_s$,或$-\frac{3}{2}\omega_s \sim -\frac{1}{2}\omega_s$),即$s$平面上的点沿虚轴每移动一个$\omega_s$的距离,相应的点便在$z$平面上逆时针重复画出一个单位圆,出现频率混叠的现象。

2. s平面左半平面的映射

s平面的左半平面($\sigma<0$)映射到z平面上是以原点为圆心的单位圆内部,即$|z|<1$。其中负实轴映射到z平面的单位圆内的正实轴。s平面左半部分每一条宽度为ω_s的带状区域映射到z平面上,都是单位圆内区域。由于实际采样系统正常工作频率比

较低,远低于采样频率 ω_s,所以实际系统的工作频率一般都位于从 $-\frac{\omega_s}{2}$ 到 $+\frac{\omega_s}{2}$ 的主频带区域内。

3. s 平面右半平面的映射

s 平面的右半平面($\sigma>0$)映射到 z 平面上是以原点为圆心的单位圆的外部,即 $|z|>1$。应当明确的是,复变量 z 实际上是 s 的周期性函数,即 $z=e^{Ts}=e^{T(s\pm jn\omega_s)}=e^{T(s\pm jn\frac{2\pi}{T})}=e^{Ts}$,即 z 平面上的一点,在 s 平面上有无穷多个点与它对应。每个频带映射到 z 平面上与之对应的是整个 z 平面,其中位于 s 平面虚轴左边部分都与 z 平面单位圆内部区域对应,而虚轴右边部分都与 z 平面单位圆外部的区域对应,每个频带内的一段虚轴都与 z 平面的单位圆圆周相对应。

3.3 连续系统的离散化方法及特点

如前述,连续化设计法是一种离散系统的等效设计方法。假设系统为一个连续系统,且没有采样开关,则先设计一个模拟控制器,再经过离散化得到数字控制器。实际上,当采样频率足够高时,采样系统的特性接近于连续系统,因而可将整个系统近似成一个连续系统。

离散化法的目的就是由模拟调节器的传递函数 $D(s)$ 求得"等效"的脉冲传递函数 $D(z)$。"等效"是指两个传递函数的脉冲响应特性、阶跃响应特性、频率特性、稳态增益等特性相似。常用的离散化方法有六种,下面简单介绍各种离散化方法及其特性和适用范围。

1. 差分变换法

差分变换法也称为差分反演法。其变换方法是:把原连续传递函数 $D(s)$ 转换成微分方程,再利用差分方程近似该微分方程。

1) 后向差分变换法

一阶后向差分离散化方法为

$$D(z)=D(s)\big|_{s=\frac{1-z^{-1}}{T}}$$

式中:T 为采样周期。

若 $D(s)=\dfrac{U(s)}{E(s)}=\dfrac{1}{s}$,则其对应的微分方程为

$$du(t)/dt = e(t), \quad u(t) = \int_0^t e(t)dt \tag{3-7}$$

如果用前述一阶后向差分代替式(3-7)中的微分,则得到

$$du(t)/dt = \{u(kT) - u[(k-1)T]\}/T \tag{3-8}$$

由式(3-7)和式(3-8)得到 $u(kT)=u[(k-1)T]+Te(kT)$,对该式两端进行 z 变换得到 $D(z)=U(z)/E(z)=T/(1-z^{-1})$,与 $D(s)=\dfrac{1}{s}$ 比较得到

$$s=\frac{1-z^{-1}}{T} \quad 或 \quad z=\frac{1}{1-sT}$$

后向差分法的 s 平面与 z 平面的映射关系如图 3-10 所示。s 平面的虚轴映射为 z 平面上半径为 0.5 的圆周,s 左半平面映射到该圆内部,说明 $D(s)$ 稳定,经后向差分变换后 $D(z)$ 也是稳定的。其次,后向差分变换在 ω 从 $0 \to +\infty$ 时,唯一映射到半径为 0.5 的单位圆上,没有出现频率混叠现象,但频率被严重压缩了,因此,不能保证频率特性不变。因其变换精度较低,工程应用上受限制,但它的优点是简单易用。

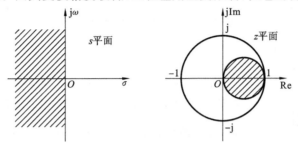

图 3-10 后向差分法的映射关系

2) 前向差分变换法

一阶前向差分离散化方法为

$$D(z)=D(s)\Big|_{s=\frac{z-1}{T}}$$

式中:T 为采样周期。

如果用前述一阶前向差分代替式(3-7)中的微分,可以得到

$$du(t)/dt=\{u[(k+1)T]-u(kT)\}/T \qquad (3-9)$$

把式(3-9)代入式(3-7)并对 $e(t)$ 取离散值,则有 $u[(k+1)T]-u(kT)=Te(kT)$,对该式两端进行 z 变换得到 $D(z)=U(z)/E(z)=T/(z-1)$,与 $D(s)=\dfrac{1}{s}$ 比较得到

$$s=\frac{z-1}{T}$$

前向差分法的 s 平面与 z 平面的映射关系如图 3-11 所示。如果令 $s=\sigma+j\omega$,则 $|z|=\sqrt{(1+\sigma T)^2+(\omega T)^2}$,要使 $|z|<1$,除 $\sigma<0$ 外,还要 ωT 较小才行,可见这种变换会产生不稳定的 $D(z)$,若要稳定,则应减小采样周期,且不能保证有相同的脉冲响应和频率响应。该方法的优点是简单易用,但应保证 $D(z)$ 稳定。

2. 双线性变换法

双线性变换又称图斯汀变换,其离散化方法为

$$D(z)=D(s)\Big|_{s=\frac{2}{T}\frac{z-1}{z+1}}$$

式中:T 为采样周期。这种方法是通过数学中梯形面积公式逼近积分运算得到的。

设连续传递函数为 $D(s)=U(s)/E(s)=1/s$,即定积分

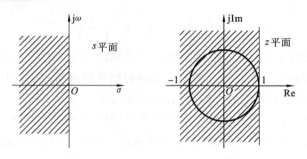

图 3-11 前向差分法的映射关系

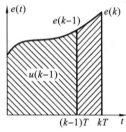

图 3-12 梯形积分法

$$u(t) = \int_0^t e(t)\mathrm{d}t$$

$u(t)$ 相当于面积积分,用近似梯形面积之和代替,如图 3-12 所示。每个梯形的宽度为 T,上底与下底分别为 $e(k-1)$ 和 $e(k)$,故面积 $u(k) = u(k-1) + \dfrac{T}{2}[e(k) + e(k-1)]$,求 z 变换得到 $D(z) = \dfrac{U(z)}{E(z)} = \dfrac{1}{\dfrac{2}{T}\dfrac{z-1}{z+1}}$,与 $D(s) = \dfrac{U(s)}{E(s)} = \dfrac{1}{s}$ 比较得到

$$s = \frac{2}{T}\frac{z-1}{z+1}$$

经过双线性变换,s 平面的虚轴唯一映射到 z 平面的单位圆上,而整个左半 s 平面映射到 z 平面的单位圆内部。因此,如果 $D(s)$ 稳定,经过双线性变换后的 $D(z)$ 也是稳定的,并且不会出现频率混叠现象,但会产生频率畸变。这种变换方法较为适合工程应用,其缺点是高频特性的频率失真较严重,因此不宜用于高通环节的离散化。

3. 频率预畸变的双线性变换法

双线性变换将 s 平面的虚轴变换到 z 平面的单位圆周上,未出现频率混叠现象。但它的缺点是不能保持原模拟控制器的频率响应,使得模拟频率和离散频率之间存在非线性关系。

设连续系统的模拟频率为 Ω,离散系统的频率为 ω,连续系统的频率响应为 $D(\mathrm{j}\Omega)$,离散系统的频率响应为 $D(\mathrm{j}\omega)$,从 $\mathrm{j}\Omega = \dfrac{2}{T}\dfrac{1-\mathrm{e}^{-\mathrm{j}\omega T}}{1+\mathrm{e}^{-\mathrm{j}\omega T}}$ 推导得到 $\Omega = \dfrac{2}{T}\tan\dfrac{\omega T}{2}$,双线性变换将模拟频率 $\Omega(0 < \Omega < +\infty)$ 压缩到离散域的 $0 < \omega < \pi/T$ 区间内,如图 3-13 所示。

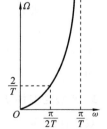

图 3-13 模拟频率 Ω 与离散频率 ω 之间的非线性关系

在设计校正装置时,往往希望在指定的转折频率处,两种频率特性能够等效。为此,把原始的 $D(s)$ 预先扭曲,

经过双线性变换后再将上述扭曲消除,就是频率预畸变的基本思想:在 $D(s)$ 未变成 $D(z)$ 之前,将 $D(s)$ 的断点频率进行预畸变,使得预畸变后的 $D(s)$ 变成 $D(z)$ 时正好达到所要求的断点频率。具体实施步骤如下。

步骤一:在期望零点或极点中,用 a' 代替 a 作预畸变,$s+a \Rightarrow s+a'|_{a'=(2/T)\tan(\omega T/2)}$,得到 $D(s,a')$。

步骤二:将 $D(s,a')$ 转换成 $D(z,a)$,令 $D(z,a)=KD(s,a')|_{s=2(z-1)/T(z+1)}$,考虑变换前后直流增益保持不变,放大系数 K 可通过 $\lim\limits_{z \to 1} D(z) = 1$ 求出。

频率预畸变的双线性变换本质上仍为双线性变换,但由于进行了频率预先修正,只能保证断点处频率特性在变换前后不变,其他频率处仍存在频率畸变。频率预畸变的双线性变换法主要应用在要求在某些特征频率处离散前后频率特性保持不变的场合。

4. 脉冲响应不变法

所谓脉冲响应不变,是指变换后的 $D(z)$,其单位脉冲响应与变换前 $D(s)$ 的单位脉冲响应的采样值相等。按照这一原则来实现把 $D(s)$ 离散成 $D(z)$ 的方法,就是脉冲响应不变法,假如连续控制器的传递函数为 $D(s) = \sum\limits_{i=1}^{n} \dfrac{A_i}{s+a_i}$,则其单位脉冲响应的离散时间值为 $h(kT_s) = \sum\limits_{i=1}^{n} A_i e^{-a_i kT_s}$,对此式求 z 变换得到

$$D(z) = \sum_{i=1}^{n} A_i \sum_{k=0}^{\infty} e^{-a_i kT_s} z^{-k}$$

$D(z)$ 的反变换就是脉冲响应,符合单位脉冲响应不变的条件。

离散控制器 $D(z)$ 与连续控制器 $D(s)$ 的脉冲响应相同。若 $D(s)$ 稳定,则 $D(z)$ 也稳定,但 $D(z)$ 不能保持 $D(s)$ 的频率响应。$D(z)$ 将模拟频率整数倍的频率变换到 z 平面上同一个点的频率,因而出现了频率混叠现象。脉冲响应不变法主要应用于 $D(s)$ 能较容易分解为并联结构,且具有陡衰减特性、信号为有限带宽的场合。这时只要采样频率足够高,就可减弱频率混叠现象。

5. 零阶保持器的脉冲响应不变法

假如环节前具有采样开关和保持器,如图 3-14 所示,则可以通过 z 变换求其脉冲传递函数。采用零阶保持器,则

$$G(z) = Z\left[\dfrac{1-e^{-sT_s}}{s}G(s)\right] = (1-z^{-1})Z\left[\dfrac{G(s)}{s}\right]$$

这种方法本质上仍然是 z 变换法,若 $D(s)$ 稳定,则 $D(z)$ 也稳定;零阶保持器的低通特性,会使信号最大频率降低,因此频率混叠现象比单纯采用脉冲响应不变法有所改善;此外,由于加入零阶保持器而引入的相位滞后会造成稳定

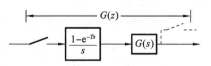

图 3-14 加零阶保持器的环节

裕度较差。

6. 零点极点匹配法

零点极点匹配法又称为根匹配法。零点极点匹配法是将 s 平面的零点或极点用 $z=e^{Ts}$ 关系映射到 z 平面上，对实数零极点，其变换关系为

$$D(z) \Rightarrow D(s)|_{s+a=1-z^{-1}e^{-aT}}$$

而对于复数极点或零点，则有

$$(s+a+jb)(s+a-jb) \Rightarrow 1-2z^{-1}e^{-aT}\cos(bT)+e^{-2aT}z^{-2}$$

在变换过程中，同一个 $D(s)$，用零极点匹配法和脉冲响应不变法变换后的 $D(z)$，其极点相同而零点不同；$D(s)$ 的零点数通常少于极点数，根据 $z=e^{Ts}$ 的映射关系，对于具有低通滤波特性的 $D(s)$，把无穷远处的零点映射到 $z=-1$；因为是直接进行零极点对应，并没有顾及增益关系，所以应使 $D(s)$ 和 $D(z)$ 在某一临界频率处具有相同增益。对于具有低通滤波特性的 $D(s)$，要保证直流增益不变，应使 $D(z)|_{z=1}=D(s)|_{s=0}$。

综上所述，在六种离散化方法中，除了前向差分法外，只要原有的连续系统是稳定的，则变换之后得到的离散系统也是稳定的。采样频率对设计结果有影响，当采样频率远远高于系统的截止频率（100 倍以上）时，用任何一种设计方法所构成的系统特性与连续系统相差不大；随着采样频率的降低，各种方法显现出差别。按实际结果的优劣进行排序，双线性变换最佳，即使在采样频率较低时，得到的结果也还是稳定的，其次是零极点匹配法和后向差分法，再次是脉冲响应不变法。

上述六种方法都有各自的特点，脉冲响应不变法可以保证离散系统的响应与连续系统相同；零点极点匹配法能保证变换前后直流增益相同；双线性变换法可以保证变换前后特征频率不变。以上各种设计方法在实际工程中都有应用，可以根据需要选择使用。

3.4 离散控制系统的特性分析

3.4.1 离散控制系统的稳定性分析

1. 离散系统的稳定性概念和稳定条件

稳定性是计算机控制系统正常工作的前提，计算机控制系统的稳定性分析实质上就是离散系统的稳定性分析。所谓稳定性，与线性定常连续系统一样，对于线性定常离散系统也是指在有界输入作用下，系统的输出也是有界的。

如果一个线性定常系统是稳定的，那么它的微分方程的解必须是收敛的和有界的，系统稳定的充要条件是在 s 平面的极点的实部 $\sigma<0$，即极点都要分布于 s 平面的左半部，如果有极点出现在 s 平面的右半部，则系统就是不稳定的。所以，s 平面

的虚轴是连续系统稳定与否的分界线,而线性定常离散系统稳定的条件是 $r<1$,即所有的闭环 z 传递函数的极点均应分布于 z 平面的单位圆内。只要有一个极点在单位圆外,系统就不稳定;有一个极点在单位圆上时,系统处于稳定边界,临界稳定在工程上也认为是不稳定的。表 3-4 给出了 s 平面和 z 平面的映射关系,图 3-15 给出了稳定域从 s 域到 z 域的映射关系。

表 3-4　z 平面与 s 平面的映射关系对应表

s 平面	z 平面	稳定性讨论
$\sigma=0$,虚轴	$r=1$,单位圆上	稳定边界
$\sigma<0$,左半部分	$r<1$,单位圆内	稳定
$\sigma<0$ 且为常数,虚轴的平行线	r 为常数,同心圆	稳定
$\sigma>0$,右半部分	$r>1$,单位圆外	不稳定
$\omega=0$,实轴	正实轴	不稳定
ω 为常数,实轴的平行线	端点为原点的射线	不稳定

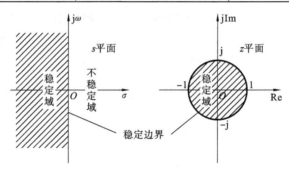

图 3-15　连续系统与离散系统的极点分布稳定域

应当注意的是,计算机控制系统的稳定性在很大程度上与采样周期的选择有关,通常,增大采样周期不利于系统的稳定;但是缩短采样周期就意味着增加计算机的运算时间,且当采样周期减小到一定程度后,对改善动态性能并无多大意义,所以应该适当选取采样周期。此外,计算机控制系统的稳定性只是针对被控对象的采样输出而言的,而输出信号在采样点之间有可能是发散振荡的。

2. 离散系统稳定性的判定方法

对于简单系统,可以通过直接求取特征方程的根进行判别,但对于三阶以上系统的特征方程的求解比较困难。离散系统稳定性判别方法有很多种,这里仅介绍劳斯稳定判别法。

劳斯稳定判据用于判定线性定常连续系统中闭环系统的根是否全在左半 s 平面,从而确定系统的稳定性。然而离散系统的稳定边界为单位圆,不能直接使用劳斯稳定判据。我们引入双线性变换(又称 ω 变换),使得 z 平面的单位圆映射到 ω 平面的左半平面,就可以直接应用劳斯稳定判据了。

双线性变换定义为

$$z = \frac{w+1}{w-1} \quad (\text{或 } z = \frac{1+w}{1-w})$$

则同时有

$$w = \frac{z+1}{z-1} \quad (\text{或 } w = \frac{z-1}{z+1})$$

式中:z、w 均为复变量。设 $z = x+jy$,$w = u+jv$,即构成 w 变换,如图 3-16 所示。

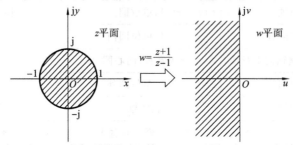

图 3-16 z 平面与 w 平面的映射关系

$$w = u+jv = \frac{x+jy+1}{x+jy-1} = \frac{[(x+1)+jy][(x-1)-jy]}{(x-1)^2+y^2}$$

$$= \frac{x^2+y^2-1-2jy}{(x-1)^2+y^2} = \frac{x^2+y^2-1}{(x-1)^2+y^2} - j\frac{2y}{(x-1)^2+y^2}$$

ω 平面的实部为

$$u = \frac{x^2+y^2-1}{(x-1)^2+y^2}$$

ω 平面的虚轴对应于 $u=0$,则有

$$x^2+y^2-1=0$$

即 $x^2+y^2=1$ 为 z 平面中的单位圆方程。若极点在 z 平面的单位圆内,则有 $x^2+y^2<1$,对应于 ω 平面中的 $u<0$,即虚轴以左部分;若 $x^2+y^2>1$,则为 z 平面的单位圆外,对应于 ω 平面中的 $u>0$,即虚轴以右部分。

利用上述变换,可以将 z 特征方程变成 w 特征方程,然后即可直接应用连续系统中的劳斯稳定判据来判别离散系统的稳定性。

【例 3-4】 设系统的特征方程为 $D(z)=45z^3-117z^2+119z-39=0$,试用 ω 平面的劳斯判据判别稳定性。

解 将 $z = \frac{w+1}{w-1}$ 代入特征方程,得

$$45\left(\frac{w+1}{w-1}\right)^3 - 117\left(\frac{w+1}{w-1}\right)^2 + 119\left(\frac{w+1}{w-1}\right) - 39 = 0$$

上式两边同乘 $(w-1)^3$,化简后得

$$D(w) = w^3 + 2w^2 + 2w + 40 = 0$$

由表 3-5 可知,第一列元素有两次符号改变,所以系统不稳定。劳斯判据还可以判断出有多少个根在右半平面。本例有两次符号改变,既有两个根在 ω 右半平面,也有两个根在 z 平面的单位圆外。这是劳斯判据的优点之一。

表 3-5 劳斯表

w^3	1	2	0
w^2	2	40	0
w^1	-18	0	
w^0	40		

3.4.2 离散控制系统的过渡过程分析

计算机控制系统的过渡过程是指系统在外部信号作用下从原有稳定状态变化到新的稳定状态的整个动态过程。计算机控制系统的动态特性通常是指系统在单位阶跃参考输入信号作用下所产生的过渡过程的形态特性。

同连续系统一样,计算机控制系统的过渡过程的形态特征也是由系统本身的结构和参数决定的,与闭环系统的极点在 z 平面上的分布有关。如果计算机控制系统的闭环脉冲传递函数可以写成两个多项式之比的形式,即

$$W(z) = \frac{Y(z)}{R(z)} = \frac{K \prod_{j=1}^{m}(z-z_j)}{\prod_{i=1}^{n}(z-z_i)} = \frac{P(z)}{D(z)}$$

式中:z_i 与 z_j 分别为系统的闭环极点与闭环零点,z_i 和 z_j 可以是实数或复数;K 为系统稳态放大系数。对于实际系统来说,有 $n \geqslant m$。为简化讨论,假定 $W(z)$ 无重极点,则系统在单位阶跃输入信号作用下,输出的 z 变换为

$$Y(z) = W(z)R(z) = K \frac{P(z)}{D(z)} \cdot \frac{z}{z-1}$$

取 $Y(z)$ 的 z 反变换,即可求得系统输出在采样时刻的离散值的一般式为

$$y(kT) = K\frac{P(1)}{D(1)} + \sum_{i=1}^{n_1} \frac{KP(z_{ri})}{(z_{ri}-1)\dot{D}(z_{ri})} z_{ri}^k$$

$$+ \sum_{i=1}^{n_2} \frac{KP(z_{ci})}{(z_{ci}-1)\dot{D}(z_{ci})} |z_{ci}|^k \cos(k\theta_i + \phi_i) \quad (k \geqslant n-m)$$

式中:z_{ri} 为实极点;n_1 为实极点个数;$z_{ci} = \alpha_i + \beta_i$ 为复极点;n_2 为复极点对数;$\theta_i = \arctan(\beta_i/\alpha_i)$;$r_i = \sqrt{\alpha_i^2 + \beta_i^2}$;$\dot{D}(z_{ri}) = \frac{dD(z)}{dz}\Big|_{z=z_{ri}}$;$\dot{D}(z_{ci}) = \frac{dD(z)}{dz}\Big|_{z=z_{ci}}$。

第一项为 $y(kT)$ 的稳态分量;第二项为闭环系统各个实极点暂态分量之和,第三项为 $y(kT)$ 的各复极点暂态分量之和。其中,各分量的形式取决于闭环极点的性质及其在 z 平面上的位置。

按照极点在 z 平面实轴上的不同分布,共有六种不同的形式,如图 3-17 所示。

现分别讨论如下。

(1) $z_i > 1$，极点在单位圆外的正实轴上，对应的响应分量为单调发散序列，系统是不稳定的。

(2) $z_i = 1$，极点在单位圆与正实轴的交点上，对应的响应分量为等幅序列，系统是临界稳定的。

(3) $0 < z_i < 1$，极点在单位圆内的正实轴上，对应的响应分量为单调衰减序列，且极点越靠近原点，其值越小且衰减越快，这时系统是稳定的。

(4) $-1 < z_i < 0$，极点在单位圆内的负实轴上，对应的响应分量是以 $2T$ 为周期的正负交替的衰减振荡序列，这时系统是稳定的。

(5) $z_i = -1$，极点在单位圆与负实轴的交点上，对应的响应分量是以 $2T$ 为周期的正负交替的等幅振荡序列，系统是临界稳定的。

(6) $z_i < -1$，极点在单位圆外的负实轴上，对应的响应分量是以 $2T$ 为周期的正负交替的发散振荡序列，这时系统是不稳定的。

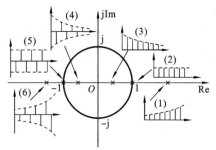

图 3-17 实数极点对应的暂态响应分量

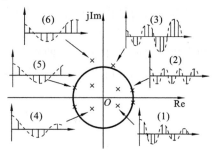

图 3-18 复数极点对应的暂态响应分量

按照复极点在 z 平面上的不同分布，共有三种不同的形式，如图 3-18 所示。现分别讨论如下：共轭复数 z_i、$z_{i+1} = |z_i| e^{\pm j\theta_i}$ 对应的暂态响应分量为余弦振荡形式，振荡角频率与共扼复数极点的辐角 θ_i 有关，θ_i 越大，振荡角频率越高。分以下三种情况分别讨论。

(1) $|z_{ci}| < 1$，极点在单位圆内，对应的响应分量为衰减振荡序列，系统稳定。复极点越靠近原点，相应的暂态响应分量衰减也越快，如图 3-18 中的情况(1)和(4)所示。

(2) $|z_{ci}| = 1$，极点在单位圆上，对应的响应分量为等幅振荡序列，系统临界稳定，如图 3-18 中的情况(2)和(5)所示。

(3) $|z_{ci}| > 1$，极点在单位圆外，对应的响应分量为发散振荡序列，系统不稳定，如图 3-18 中的情况(3)和(6)所示。

从图 3-18 中可以看出，位于左半 z 平面单位圆外、单位圆上和单位圆内的复极点，其暂态响应分量同位于右半 z 平面单位圆外、单位圆上和单位圆内相应复数极点的暂态响应情况类似，不同的是其振荡频率要高于右半 z 平面复极点暂态响应分量的振荡频率。通过以上分析可知,闭环极点最好配置在 z 平面右半部的单位圆内,而且是越靠近原点的地方。这样,系统的过渡过程振荡小且衰减快。

3.4.3 离散控制系统的稳态误差分析

所谓稳态误差是指计算机控制系统从过渡过程结束到达到稳态以后,系统的输出采样值与输入采样值的偏差。它是衡量系统准确性的一项重要指标。

在典型输入信号作用下,计算机控制系统在采样时刻的稳态误差可由图 3-19 所示的典型计算机控制系统结构图求出。图中,$G(s)$ 是系统连续部分的传递函数,$e(t)$ 为连续误差信号,$e^*(t)$ 为采样误差信号。

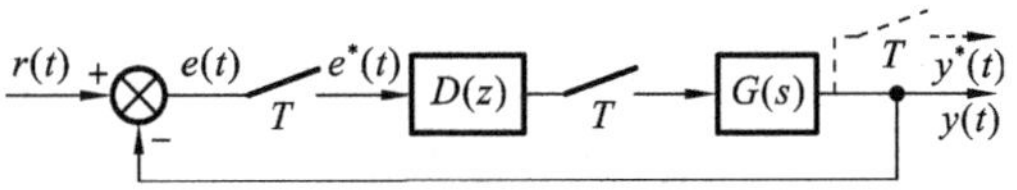

图 3-19 典型计算机控制系统结构图

系统的开环脉冲传递函数为

$$\Phi_o(z) = G(z)D(z)$$

式中:$D(z)$ 为控制器的脉冲传递函数;$G(z)$ 为广义对象的脉冲传递函数;系统误差的脉冲传递函数为

$$\Phi_e(z) = \frac{E(z)}{R(z)} = \frac{1}{1+G(z)D(z)} = \frac{1}{1+\Phi_o(z)} \quad (3-10)$$

误差信号的 z 变换为

$$E(z) = \Phi_e(z)R(z) = \frac{1}{1+\Phi_o(z)}R(z) \quad (3-11)$$

假定系统是稳定的,即全部闭环极点均在 z 平面的单位圆内,则可用终值定理求出采样时刻的稳态误差为

$$e_{ss} = e(\infty) = \lim_{t \to \infty} e^*(t) = \lim_{z \to 1}(z-1)E(z) = \lim_{z \to 1}(z-1)\frac{1}{1+\Phi_o(z)}R(z) \quad (3-12)$$

下面分别讨论三种典型输入信号作用下系统的稳态误差。

1. 单位阶跃输入信号作用下的稳态误差

由单位阶跃输入信号 $r(t) = 1(t)$,有

$$R(z) = \frac{z}{z-1}$$

将上式代入式(3-12),得稳态误差为

$$e_{ss} = \lim_{z \to 1}(z-1)\frac{1}{1+\Phi_o(z)} \cdot \frac{z}{z-1} = \lim_{z \to 1}\frac{z}{1+\Phi_o(z)} = \frac{1}{K_P} \quad (3-13)$$

定义 $K_P = \lim_{z \to 1}[1+\Phi_o(z)]$ 为静态位置误差系数,则稳态误差为

$$e_{ss} = \frac{1}{K_P}$$

设控制系统的开环脉冲传递函数形式为 $\Phi_o = \dfrac{W_d(z)}{(1-z^{-1})^q}$，其中，分子部分 $W_d(z)$ 不含 $(1-z^{-1})$ 的因子，这样可根据系统中积分环节的阶次 q 来定义系统的类型：把 $q=0$ 的系统称为 0 型系统，把 $q=1$ 的系统称为 Ⅰ 型系统，把 $q=2$ 的系统称为 Ⅱ 型系统。

从 K_P 定义式中可以看出，对于 Ⅰ 型或 Ⅰ 型以上系统，$K_P = \infty$，则稳态误差 $e_{ss} = 0$；对于 0 型系统，$e_{ss} \neq 0$。可见，在单位阶跃输入信号作用下，系统无差的条件是 $\Phi_o(z)$ 中至少要有一个 $z=1$ 的极点。

2. 单位速度输入信号作用下的稳态误差

由单位速度输入信号 $r(t) = t$，有

$$R(z) = \frac{Tz}{(z-1)^2}$$

将上式代入式(3-12)，得稳态误差为

$$e_{ss} = \lim_{z \to 1}(z-1)\frac{1}{1+\Phi_o(z)} \cdot \frac{Tz}{(z-1)^2} = \lim_{z \to 1}\frac{Tz}{(z-1)[1+\Phi_o(z)]} = \lim_{z \to 1}\frac{T}{(z-1)\Phi_o(z)} \tag{3-14}$$

定义 $K_V = \lim\limits_{z \to 1}(z-1)\Phi_o(z)$ 为静态速度误差系数，则稳态误差为 $e_{ss} = \dfrac{T}{K_V}$。

从 K_V 定义式可以看出，对于 Ⅱ 型或者 Ⅱ 型以上系统，$K_V = \infty$，则稳态误差为零。也就是说，在单位速度输入信号作用下，系统无差的条件是 $\Phi_o(z)$ 中至少要有两个 $z=1$ 的极点。

3. 单位加速度输入信号作用下的稳态误差

由单位加速度输入信号 $r(t) = \dfrac{1}{2}t^2$，有

$$R(z) = \frac{T^2 z(z+1)}{2(z-1)^3}$$

将上式代入式(3-12)，得稳态误差为

$$e_{ss} = \lim_{z \to 1}(z-1)\frac{1}{1+\Phi_o(z)}\frac{T^2 z(z+1)}{2(z-1)^3} = \lim_{z \to 1}\frac{T^2}{(z-1)^2 \Phi_o(z)} \tag{3-15}$$

定义 $K_a = \lim\limits_{z \to 1}(z-1)^2 \Phi_o(z)$ 为静态加速度误差系数，则稳态误差为 $e_{ss} = \dfrac{T^2}{K_a}$。

从 K_a 的定义式可以看出，对于 Ⅲ 型或者 Ⅲ 型以上系统，$K_a = \infty$，则稳态误差为零。也就是说，在单位加速度输入信号作用下，系统无差的条件是 $\Phi_o(z)$ 中至少要有三个 $z=1$ 的极点。

总结上述分析结果，采样系统采样时刻处的稳态误差与输入信号的形式及开环脉冲传递函数 $\Phi_o(z)$ 中 $z=1$ 的极点数目有关。表 3-6 给出三种类型系统在采样时刻的稳态误差。

表 3-6 采样时刻的稳态误差

系统类型	$u(t)=1(t)$ 时	$u(t)=t$ 时	$u(t)=\frac{1}{2}t^2$ 时
0	$1/K_P$	∞	∞
I	0	T/K_V	∞
II	0	0	T^2/K_a

【例 3-5】 已知计算机控制系统的开环脉冲传递函数为 $\Phi_o(z)=\dfrac{0.368(z+0.718)}{(z-1)(z-0.368)}$,采样周期 $T=1$ s,试确定系统分别在单位阶跃、单位速度和单位加速度输入信号作用下的稳态误差。

解 按照系统稳态误差的定义,有

$$K_P = 1 + \lim_{z \to 1}[1+\Phi_o(z)] = 1 + \lim_{z \to 1}\left[1+\frac{0.368(z+0.718)}{(z-1)(z-0.368)}\right]=\infty$$

$$K_V = \lim_{z \to 1}[(z-1)\Phi_o(z)] = \lim_{z \to 1}(z-1)\frac{0.368(z+0.718)}{(z-1)(z-0.368)}=1$$

$$K_a = \lim_{z \to 1}[(z-1)^2\Phi_o(z)] = \lim_{z \to 1}\left[(z-1)^2\frac{0.368(z+0.718)}{(z-1)(z-0.368)}\right]=0$$

单位阶跃输入信号作用下 $e_{ss}=1/K_P=0$

单位速度输入信号作用下 $e_{ss}=T/K_V=1/1=1$

单位加速度输入信号作用下 $e_{ss}=T^2/K_a=\infty$

该系统为 I 型系统,能够准确复现单位阶跃输入信号。而对于单位速度信号,存在恒定稳态误差,在单位加速度输入信号作用下,其稳态误差为无穷大,所以 I 型系统不能跟踪单位加速度输入信号。

3.4.4 线性定常离散控制系统的可控性、可观性和可达性

1. 线性定常离散控制系统的状态空间描述

经典控制理论中,描述系统输入输出关系的传递函数是一种不完全描述;基于状态空间描述的现代控制理论提出用状态变量表征系统的内部结构特性,对系统的描述是一种完全描述。在对线性系统的状态空间分析法中,用状态方程和输出方程描述系统的方法称为状态空间描述法。状态方程和输出方程又称为动态方程。

对于线性定常连续系统,其动态方程可表示为

$$\begin{cases} \dot{\boldsymbol{x}}(t) = \boldsymbol{A}_C \boldsymbol{x}(t) + \boldsymbol{B}_C \boldsymbol{u}(t), \boldsymbol{x}(t_0) \\ \boldsymbol{y}(t) = \boldsymbol{C}_C \boldsymbol{x}(t) + \boldsymbol{D}_C \boldsymbol{u}(t) \end{cases} \quad (3-16)$$

对于线性定常离散系统,其动态方程可表示为

$$\begin{cases} \boldsymbol{x}(k+1) = \boldsymbol{A}\boldsymbol{x}(k) + \boldsymbol{B}\boldsymbol{u}(k), \boldsymbol{x}(0) \\ \boldsymbol{y}(k) = \boldsymbol{C}\boldsymbol{x}(k) + \boldsymbol{D}\boldsymbol{u}(k) \end{cases} \quad (3-17)$$

式中:A_C 和 A 分别为 $n\times n$ 状态矩阵;B_C 和 B 分别为 $n\times r$ 输入矩阵;C_C 和 C 分别为 $m\times n$ 输出矩阵;D_C 和 D 分别为 $m\times r$ 直接传输矩阵;$x(k)$ 为 n 维状态向量;$y(k)$ 为 m 维输出向量;$u(k)$ 为 r 维控制向量;$x(t_0)$ 和 $x(0)$ 分别是系统的初始状态。

  线性定常离散系统的动态方程可由线性定常连续系统经过采样进行离散化后得到。若使用零阶保持器进行离散化,则式(3-16)和式(3-17)中各系数间存在如下关系:

$$A = e^{A_C T}, \quad B = \left(\int_0^T e^{A_C t} dt\right) B_C, \quad C = C_C, \quad D = D_C \tag{3-18}$$

式中:T 为采样周期。

  下面讨论线性定常离散系统状态空间模型的建立。在计算机控制系统中,利用基于状态空间描述的方法设计数字控制器时,首先需要得到系统的数字化模型——离散动态方程,以便进行控制系统性能分析和算法设计。有两种方法可以得到线性定常离散系统的动态方程。其中一种便是利用系统的差分方程建立动态方程。设单输入单输出线性定常离散系统的差分方程为

$$y(k+n) + a_{n-1} y(k+n-1) + \cdots + a_1 y(k+1) + a_0 y(k) = b_0 u(k) \tag{3-19}$$

式中:T 为采样周期;k 表示 kT 时刻;$y(k)$、$u(k)$ 分别为 kT 时刻系统的输出量和输入量;$a_i(i=0,1,2,\cdots,n-1)$ 和 b_0 为表征系统特性的常系数。如果选取状态变量

$$x_1(k) = y(k), x_2(k) = y(k+1), \cdots, x_n(k) = y(k+n-1)$$

那么,可以得到系统的动态方程为

$$x_1(k+1) = x_2(k)$$
$$x_2(k+1) = x_3(k)$$
$$\vdots$$
$$x_{n-1}(k+1) = x_n(k)$$
$$x_n(k+1) = -a_0 x_1(k) - a_1 x_2(k) - \cdots - a_{n-1} x_n(k) + b_0 u(k)$$
$$y(k) = x_1(k)$$

上述动态方程表述为向量—矩阵的形式为

$$\begin{bmatrix} x_1(k+1) \\ x_2(k+1) \\ \vdots \\ x_{n-1}(k+1) \\ x_n(k+1) \end{bmatrix} = \begin{bmatrix} 0 & 1 & 0 & \cdots & 0 \\ 0 & 0 & 1 & \cdots & 0 \\ \vdots & \vdots & \vdots & & \vdots \\ 0 & 0 & 0 & \cdots & 1 \\ -a_0 & -a_1 & -a_2 & \cdots & -a_{n-1} \end{bmatrix} \begin{bmatrix} x_1(k) \\ x_2(k) \\ \vdots \\ x_{n-1}(k) \\ x_n(k) \end{bmatrix} + \begin{bmatrix} 0 \\ 0 \\ \vdots \\ 0 \\ b_0 \end{bmatrix} u(k)$$

$$y(k) = \begin{bmatrix} 1 & 0 & \cdots & 0 \end{bmatrix} \begin{bmatrix} x_1(k) \\ x_2(k) \\ \vdots \\ x_{n-1}(k) \\ x_n(k) \end{bmatrix} \tag{3-20}$$

式(3-20)可记为

$$x(k+1) = Ax(k) + Bu(k), x(0)$$
$$y(k) = Cx(k) + Du(k) \tag{3-21}$$

式中：A、B 为能控标准型；D 为零矩阵。

将式(3-19)用差分方程表示的线性定常离散系统扩展为一般形式

$$y(k+n) + a_{n-1}y(k+n-1) + \cdots + a_1 y(k+1) + a_0 y(k)$$
$$= b_n u(k+n) + b_{n-1} u(k+n-1) + \cdots + b_1 u(k+1) + b_0 u(k) \tag{3-22}$$

可以通过引入中间变量将式(3-22)转换成

$$x(k+1) = Ax(k) + Bu(k), x(0)$$
$$y(k) = Cx(k) + Du(k) \tag{3-23}$$

式中：A、B 仍为能控标准型。D 表示输入对输出的直接传递作用的强弱，不影响系统状态和动态响应特性。如果在状态空间描述中，不考虑 D 的影响，系统的状态空间描述可表示为

$$x(k+1) = Ax(k) + Bu(k), x(0)$$
$$y(k) = Cx(k) \tag{3-24}$$

离散动态方程的求解有两种方法：z 变换法和递推法。

下面仅介绍递推法，令式(3-23)中的 k 等于 $0, 1, 2, \cdots, k-1$，可得到 T、$2T$、$3T$ 等时刻的状态，即

$$x(1) = Ax(0) + Bu(0)$$
$$x(2) = Ax(1) + Bu(1) = A^2 x(0) + ABu(0) + Bu(1)$$
$$\vdots \tag{3-25}$$
$$x(k) = A^k x(0) + \sum_{j=0}^{k-1} A^{k-j-1} Bu(j)$$

式(3-25)即为线性定常离散状态方程的解，又称离散状态转移方程。如果记 $\Phi(k) = A^k$，则 $\Phi(k)$ 为状态转移矩阵，且满足 $\Phi(k+1) = A\Phi(k)$，$\Phi(0) = I$。因此，式(3-25)又可表示为

$$x(k) = \Phi(k)x(0) + \sum_{j=0}^{k-1} \Phi(k-j-1) Bu(j) \tag{3-26}$$

将式(3-25)和式(3-26)分别代入输出表达式得

$$y(k) = CA^k x(0) + C\sum_{j=0}^{k-1} A^{k-j-1} Bu(j) + Du(k)$$

$$y(k) = C\Phi(k)x(0) + C\sum_{j=0}^{k-1} \Phi(k-j-1) Bu(j) + Du(k)$$

即为线性定常离散动态方程的解。

下面分析离散动态方程与脉冲传递函数的关系。

一个脉冲传递函数可由不同形式的状态方程和输出方程表示；反之，可以从系统的状态方程和输出方程导出系统的脉冲传递函数矩阵或脉冲传递函数。

对式(3-23)表示的线性定常离散系统的动态方程进行 z 变换得到

$$X(z) = (zI-A)^{-1}zx(0) + (zI-A)^{-1}BU(z)$$
$$Y(z) = CX(z) + DU(z)$$
(3-27)

在零初始条件下,得到
$$Y(z) = C(zI-A)^{-1}BU(z) + DU(z)$$

因此系统的脉冲传递函数矩阵为
$$G(z) = C(zI-A)^{-1}B + D$$

$G(z)$ 的逆 z 变换称为系统的脉冲响应矩阵(对于单入单出系统则称为脉冲响应阵列)
$$y(k) = Z^{-1}[G(z)] = Z^{-1}[C(zI-A)^{-1}B + D] = Z^{-1}[C(zI-A)^{-1}zBz^{-1} + D]$$
(3-28)

由状态方程 $X(z) = (zI-A)^{-1}zx(0) + (zI-A)^{-1}BU(z)$ 的逆 z 变换得到
$$x(k) = Z^{-1}[(zI-A)^{-1}z]x(0) + Z^{-1}[(zI-A)^{-1}]Bu(k) \quad (3\text{-}29)$$

比较式(3-29)与式(3-26),有
$$\Phi(k) = Z^{-1}[(zI-A)^{-1}z] \quad (3\text{-}30)$$

根据 z 变换位移定理,式(3-28)可以表示为
$$y(k) = C\Phi(k-1)B + D\delta \quad (3\text{-}31)$$

式中:δ 表示 $k=0$ 时刻的单位脉冲传递函数。

当 $k < 1$ 时,$\Phi(k-1) = 0$,因此,式(3-31)又可以写为
$$\begin{cases} y(0) = D \\ y(k) = C\Phi(k-1)B \end{cases}$$

2. 线性定常离散控制系统的可控性、可观性分析

线性系统的能控性和能观性是现代控制理论中两个极为重要的概念,是卡尔曼(Kalman)在20世纪60年代初提出的。

能控性是指系统所有状态能否被输入向量控制,能观性是指系统所有状态能否由输出向量的观测值所反映,也分别称可控性和可观性问题。如果系统所有状态的运动都受输入的影响和控制,能由任意的初态到达原点,就称系统是状态能控的,否则称系统不完全能控或不能控;类似地,如果系统所有状态的运动都能由输出反映出来,就称系统是能观的或状态能观的,反之就称系统不完全能观或不能观。状态方程描述的是系统的输入对系统状态的控制能力,输出方程描述的是系统的输出对系统状态的反应能力。

【定义 3-1】 设 n 阶线性定常离散系统的状态空间表达式为
$$\begin{aligned} x(k+1) &= Ax(k) + Bu(k); x(0) = x_0 \\ y(k) &= Cx(k) + Du(k) \end{aligned} \quad (3\text{-}32)$$

若存在有限个输入向量序列 $u(k), k=0,1,2,\cdots,n-1$,能在有限时间 NT 内驱动系统从任意初始状态 $x(0)$ 转移到期望状态 $x(N)=0$,则称该系统是状态完全可控的(简称可控)。若系统可以通过有限次的测量值 $y(k), k=0,1,2,\cdots n-1$,能唯一确定系统的初始状态 $x(0)$,则称系统是完全能观的(简称能观)。

【定义 3-2】 对于线性定常离散系统,如果存在着一组无约束的控制序列 $u(k)$, $k=0,1,2,\cdots,N-1$,能把任意的初始输出值 $y(0)$,在有限时间 NT 内转移到任意的终值输出值 $y(N)$,则称该系统是输出完全能控的。

【定理 3-1】 由式(3-32)描述的线性定常离散系统,其状态完全能控的充要条件是能控性矩阵 $W_c=[B\ AB\ \cdots\ A^{n-1}B]$ 的秩为 n(即满秩)。

【定理 3-2】 由式(3-32)描述的线性定常离散系统,其输出完全能控的充要条件是

$$\text{rank}[CB\ CAB\ \cdots\ CA^{n-1}B]=m$$

【定理 3-3】 由式(3-32)描述的线性定常离散系统,其状态完全能观的充要条件是能观性矩阵 $W_g=[C\ CB\ \cdots\ C^{n-1}B]$ 的秩为 n(即满秩)。

【例 3-6】 设线性离散控制系统的动态方程为

$$\begin{bmatrix}x_1(k+1)\\x_2(k+1)\end{bmatrix}=\begin{bmatrix}-4&5\\1&0\end{bmatrix}\begin{bmatrix}x_1(k)\\x_2(k)\end{bmatrix}+\begin{bmatrix}-5\\1\end{bmatrix}u(k)$$

$$y(k)=\begin{bmatrix}1&-1\end{bmatrix}\begin{bmatrix}x_1(k)\\x_2(k)\end{bmatrix}+u(k)$$

试确定该系统是否输出完全可控。

解 这是个单输出系统,$m=1$。

$$\text{rank}[CB\ CAB\ \cdots\ CA^{n-1}B]=\text{rank}[-6\ \ 30\ \ 1]=1=m$$

因此,该系统是输出完全可控的。由于

$$\text{rank}W_c=\text{rank}[B\ AB\ \cdots\ A^{n-1}B]=\text{rank}\begin{bmatrix}-5&25\\1&-5\end{bmatrix}=1\neq n$$

所以,该系统是状态不完全可控的。

由此可知,系统的输出可控性和状态可控性不是完全等价的。

【例 3-7】 已知某系统离散状态空间表达式为

$$\begin{bmatrix}x_1(k+1)\\x_2(k+1)\end{bmatrix}=\begin{bmatrix}1.1&-0.3\\1&0\end{bmatrix}\begin{bmatrix}x_1(k)\\x_2(k)\end{bmatrix}+\begin{bmatrix}-0.5\\1\end{bmatrix}u(k)$$

$$y(k)=\begin{bmatrix}1&0\end{bmatrix}\begin{bmatrix}x_1(k)\\x_2(k)\end{bmatrix}$$

试分析系统的能观性。

解 由状态矩阵 A 得到 $n=2$,系统的能观性矩阵

$$\text{rank}W_g=\text{rank}[C\ CB\ \cdots\ C^{n-1}B]=\begin{bmatrix}0&1\\1&0\end{bmatrix}=2=n$$

所以,该系统状态完全能观。

3. 线性定常离散控制系统的可达性分析

【定义 3-3】 对于式(3-32),如果可以找到控制序列 $u(k)$,能在有限时间 NT 内驱动系统从任意初始状态 $x(0)$ 到达任意期望状态 $x(N)$,则称该系统是状态完全可达的。

应当指出,可控性并不等于可达性,可控性是可达性的特殊情况。如果系统可达则一定可控,反之,如果系统状态可控则不能保证一定可达。这里不加证明地直接给出可达性的充要条件如下。

(1) 对于任何的 n 维系统,为使系统从 $x(0)$ 到达 $x(N)$,必须经过 n 步控制,$N=n$。

(2) 该方程系数矩阵必须满足下列条件:$\mathrm{rank} W_R = \mathrm{rank}[A^{N-1}B\ A^{N-2}B\ \cdots\ B] = n$,即 $W_R = [A^{N-1}B\ A^{N-2}B\ \cdots\ B]$ 为非奇异矩阵,W_R 称为可达性矩阵。

离散系统可达的充要条件是 $\mathrm{rank} W_R = n$。离散系统的可达性与连续系统的可控性是一致的。

3.5 离散控制系统的根轨迹设计法和频域设计法

3.5.1 z 平面根轨迹设计法

正如在连续系统中已知控制系统开环零极点分布的情况下,用根轨迹法可分析系统在某个参数变化时对控制系统闭环传递函数极点分布的影响,进而据此设计校正网络的经典方法一样,同样可以采用 z 平面的根轨迹法来设计数字控制器。

图 3-20 计算机控制系统结构图

计算机控制系统结构图如图 3-20 所示。

图中,$D(z)$ 为数字控制器,$G(z)$ 为被控对象的脉冲传递函数(亦称为广义对象,$G(z) = Z\left[\dfrac{1-\mathrm{e}^{-sT}}{s}G_P(s)\right]$)。该系统的闭环脉冲传递函数为

$$\Phi(z) = \frac{C(z)}{R(z)} = \frac{KD(z)G(z)}{1+KD(z)G(z)} \tag{3-33}$$

闭环系统的特征方程为

$$1 + KD(z)G(z) = 0 \tag{3-34}$$

式(3-34)与连续系统的闭环特征方程形式完全一样,连续系统的根轨迹定义与绘制法在 z 域完全适用。z 平面上的根轨迹是控制系统开环 z 传递函数中的某一参数(如放大系数)连续变化时,闭环脉冲传递函数的极点连续变化的轨迹。

设开环脉冲传递函数有 n 个极点、m 个零点,将系统的开环传递函数写成零极点形式为 $KD(z)G(z) = \dfrac{K\prod\limits_{i=1}^{m}(z-z_i)}{\prod\limits_{i=1}^{n}(z-p_i)}$,根轨迹方程为 $KD(z)G(z) = -1$,将其分解为两个方程,即

$$K = \frac{\prod\limits_{i=1}^{m}|(z-z_i)|}{\prod\limits_{i=1}^{n}|(z-p_i)|}$$

$$\sum_{i=1}^{m} \angle(z-z_i) - \sum_{i=1}^{n} \angle(z-p_i) = (2k+1)\pi, \quad k = 0, \pm 1, \pm 2, \cdots$$

1. 绘制根轨迹的几条基本规则

(1) 根轨迹关于实轴对称。

(2) 根轨迹有 n 条分支(设 $n>m$),每条分支始于各个极点,而其中有 m 条终止于 m 个零点,其他 $n-m$ 条趋向无穷远处。

(3) 无穷远分支的渐近线角度为 $\theta = \dfrac{(2k+1)\pi}{n-m}$,渐近线与实轴的交点为 $\sigma = \dfrac{\sum p_i - \sum z_i}{n-m}$。

(4) 位于实轴上的根轨迹,其右边实轴上的极点数与零点数之和为奇数。

(5) 实轴上的分离点和会合点满足下列方程:$\sum \dfrac{1}{\sigma-z_i} = \sum \dfrac{1}{\sigma-p_i}$。

(6) 根轨迹与单位圆的交点由式 $1+kG(e^{\theta})=0$ 给出。

2. z 平面根轨迹特点

(1) z 平面极点的密集度高,z 平面上相距很近的两个极点其特性相差很多。因此要求 z 平面的根轨迹绘制精度很高,可以利用计算机软件绘制出很精确的根轨迹。

(2) z 平面的临界放大系数是由根轨迹与单位圆的交点求得的。

(3) 离散系统脉冲传递函数的零点数多于连续系统传递函数的零点数,因此还需考虑零点对动态响应的影响。

(4) z 平面上的角频率可以是负值。

【例 3-8】 考虑图 3-20 所示系统,若设 $D(z)=1$,广义对象脉冲传递函数为 $G(z) = \dfrac{T^2}{2}\dfrac{(z+1)}{(z-1)^2}$,试绘制系统的根轨迹。

解 广义对象脉冲传递函数为 $G(z) = \dfrac{T^2}{2}\dfrac{(z+1)}{(z-1)^2}$,于是开环脉冲传递函数为

$$KD(z)G(z) = \dfrac{T^2}{2}\dfrac{K(z+1)}{(z-1)^2}$$

为方便绘制数字系统根轨迹,取 $T=\sqrt{2}$,于是有闭环脉冲传递函数特征方程为

$$1+KG(z)=1+\dfrac{K(z+1)}{(z-1)^2}=0 \quad (3-35)$$

在 z 平面上,开环 z 传递函数有两个极点和一个零点,如图 3-21 所示。为确定根轨迹的分离点和会合点,令 $z=\sigma$ 代入式(3-35)可得 $K = -\dfrac{(\sigma-1)^2}{(\sigma+1)} = F(\sigma)$,解方程 $\mathrm{d}F(\sigma)/\mathrm{d}\sigma = 0$,可得 $\sigma_1 = -3, \sigma_2 = 1$。绘制根轨迹如图 3-21 所示,它在

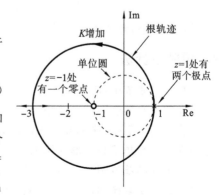

图 3-21 例 3-8 的根轨迹图

$\sigma_2=1$ 处与实轴分离,又在 $\sigma_1=-3$ 处会合。图中虚线标明了单位圆,可以看出系统闭环特征根总是在单位圆外,因此,当 $K>0$ 时,系统总是不稳定的。

如果考虑用根轨迹法设计数字控制器 $D(z)$,则使系统达到预期响应。在下面的例子中,将控制器取为

$$D(z)=\frac{z-a}{z-b} \tag{3-36}$$

用 $z-a$ 来抵消 $G(z)$ 在正实轴上的一个极点。在此基础上,只要合理选择 b 的取值,就可以使校正后的根轨迹按照预期方式与单位圆相交,从而保证系统具有预期的特征根。

【例 3-9】 数字校正器设计。

重新考虑图 3-20 所示的系统,要求设计一个合适的数字校正器 $D(z)$,使系统变成一个稳定系统。取 $D(z)=\frac{z-a}{z-b}$,于是有

$$KG(z)D(z)=\frac{K(z+1)(z-a)}{(z-1)^2(z-b)} \tag{3-37}$$

若取 $a=1,b=0.2$,于是可得

$$KG(z)D(z)=\frac{K(z+1)}{(z-1)(z-0.2)} \tag{3-38}$$

求出根轨迹与实轴的分离点和会合点,分别为 $z_1=0.55, z_2=-2.56$,图 3-22 绘制了系统的根轨迹,当 $k=0.8$ 时,根轨迹与单位圆相交。因此,当 $k<0.8$ 时,系统是稳定的。若取 $k=0.25$,计算得到系统阶跃响应的超调量为 20%,调节时间为 $8.5\mathrm{s}$ (2%准则)。

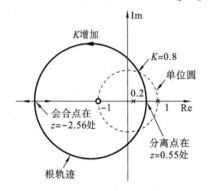

图 3-22 系统的根轨迹

如果对系统性能指标仍不满意,可将参数改为 $a=1, b=-0.98$,以修正系统的根轨迹。此时有

$$KG(z)D(z)=\frac{K(z+1)}{(z-1)(z+0.98)} \approx \frac{K}{(z-1)}$$

于是,根轨迹将近似落在实轴上。

3.5.2 频域设计法

在连续系统中,能用简单的方法近似绘制对数频率特性曲线(即伯德图)。这里仅简要介绍 z 平面的频域设计法。

将 $s=\mathrm{j}\omega$ 代入 s 平面和 z 平面的对应关系 $z=\mathrm{e}^{sT}$ 中,得到 $z=\mathrm{e}^{\mathrm{j}\omega T}$,可看出 z 域的频率特性是以超越函数的形式体现的,z 变换把左半 s 平面的主频带和无数辅频带都映射到 z 平面的单位圆内。为了利用频域设计法分析离散系统,必须对 z 平面进行某种变换。将 z 域变换到 ω 域,即可利用伯德图的优点进行系统设计。

1. 双线性变换和 ω 平面

双线性变换有两种形式

$$z=\frac{1+\omega}{1-\omega} \left(或\ \omega=\frac{z-1}{z+1}\right) \quad 和 \quad z=\frac{1+\frac{T}{2}\omega}{1-\frac{T}{2}\omega} \left(或\ \omega=\frac{2}{T}\frac{z-1}{z+1}\right) \quad (3-39)$$

2. 双线性变换的特性

从 s 域到 ω 域的映射分两步:首先,将 s 域的左半平面的主频带和辅频带都映射到 z 域的单位圆内;然后,再从 z 域映射到 ω 域,令 $\omega=\sigma+\mathrm{j}\upsilon$ 得到

$$|z|=\frac{\left(1+\frac{T}{2}\sigma\right)^2+\left(\frac{\upsilon T}{2}\right)^2}{\left(1-\frac{T}{2}\sigma\right)^2-\left(\frac{\upsilon T}{2}\right)^2}$$

双线性变换把 z 平面的单位圆一一对应地映射到 ω 平面的整个左半平面,而 s 平面的主频带映射为整个 ω 平面,所以 s 域到 ω 域的映射存在频率混叠。但有一点好处是又得到了以虚轴为分界线的 ω 平面,如图 3-23 所示。

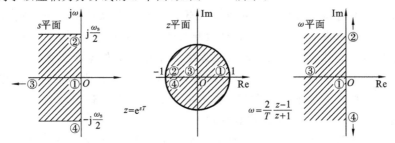

图 3-23 从 s 平面到 z 平面再到 ω 平面

图 3-23 中, s 平面经过上述两步映射又得到了以虚轴为稳定界限的 ω 平面。

s 域与 ω 域频率对应关系:将 $\omega=\mathrm{j}\upsilon, z=\mathrm{e}^{\mathrm{j}\omega T_s}$ 代入 $\omega=\frac{2}{T}\frac{z-1}{z+1}$ 得到 $\upsilon=\frac{2}{T}\tan\frac{\omega T}{2}$,可以看出 υ 与 ω 之间的非线性关系,即 z 平面的频率特性映射到 ω 平面后频率轴被拓展了。当系统工作在低频段时,近似有 $\upsilon\approx\omega$, s 域内真实频率与 ω 域内的虚拟频率在低频段近似相等的关系是有相当意义的。在系统定性设计阶段,可将 ω 域频率看做真实频率,但当频率较高时,必须按 $\upsilon=\frac{2}{T}\tan\frac{\omega T}{2}$ 进行非线性换算。

3. ω 域频率设计步骤

ω 域频率设计法分六个步骤,具体如下。

(1) 已知连续被控对象 $G(s)$,求带零阶保持器的广义对象脉冲传递函数,得到 $G(z)=Z\left[\frac{1-\mathrm{e}^{-sT}}{s}G_\mathrm{P}(s)\right]$。

(2) 由式(3-39)给出的双线性变换公式,将 $G(z)$ 变换成传递函数 $G(\omega)$,得到

$G(\omega) = G(z)|_{z=(1+\frac{T}{2}\omega)/(1-\frac{T}{2}\omega)}$,可以按照采样频率是闭环系统带宽 10 倍的经验选择合适的采样周期 T。

(3) 在 ω 平面,将 $\omega = jv$ 代入 $G(\omega)$ 中,画出 $G(\omega)$ 的伯德图,设计控制器 $D(\omega)$。

(4) 通过反双线性变换 $\omega = \frac{2}{T}\frac{z-1}{z+1}$,得到 $D(z) = D(\omega)|_{\omega=\frac{2}{T}\frac{z-1}{z+1}}$。

(5) 验证 z 域闭环系统的品质,如果不满足要求,转步骤(3)重新设计。

(6) 用计算机算法实现数字控制器 $D(z)$ 的控制算法。

本章小结

计算机控制系统属于离散控制系统,计算机控制系统中的离散信号与连续信号有着本质区别,信号转换是计算机与模拟电信号之间的纽带和桥梁。采样定理只是给出了采样频率的下限,对采样定理的理解与应用必须与具体的工程实践相结合,采样周期的选取还受到许多工程实际因素的影响,应加以综合考虑;对于离散系统的脉冲传递函数,由于系统中出现了采样器,系统的闭环脉冲传递函数的求取不像连续系统那样有着简单的规律。分析和设计计算机控制系统必须以它的数学模型和 z 变换分析法为基础,并根据计算机控制系统的特点进行具体分析与处理。

本章介绍了 6 种连续系统的离散化方法。每种方法都各有其自己的特点,这 6 种方法在实际工程中都有广泛应用,可以根据需要选择。脉冲响应不变法可以保证离散系统的响应与连续系统的相同;零点极点匹配法能保证变换前后直流增益相同;双线性变换法可以保证变换前后特征频率不变。

计算机控制系统的正常工作首先要满足稳定性条件,其次要满足动态性能指标和稳态性能指标。从对离散控制系统的过渡过程分析中可以看出,闭环极点在单位圆内其阶跃响应是衰减的,并且越靠近原点其暂态分量衰减越快;反之,越靠近单位圆则衰减越慢。当极点在单位圆外时,暂态分量为发散的序列,系统是不稳定的;当极点在单位圆上时,暂态分量为等幅序列,处于临界稳定,临界稳定在工程上也被认为是不稳定的。

在现代控制理论中,主要针对状态的控制,必须回答两个基本问题:第一,控制作用是否必然可使系统在有限时间内从初始状态指向期望的状态;第二,是否能通过观测有限时间内输出的观测值来识别系统的状态。要回答这些问题,必须对线性定常离散控制系统的可控性、可观性及可达性进行研究。

离散控制系统的数字化设计法中,z 域设计是依据给定的性能指标,直接在离散域设计数字控制器。本章的最后讨论了应用 z 平面根轨迹法进行数字控制器设计的有关问题,设计时需要明确:s 域根轨迹和 z 域根轨迹是有差别的,不仅需要考虑闭环极点位置对系统动态性能的影响,还需要考虑零点对动态响应的影响;在进行 z 平面的频域设计时,应重点了解和掌握双线性变换的具体方法和主要特性。

思考与练习

1. 求下列函数的 z 变换。
   (1) $f(t)=1-e^{-at}$；
   (2) $f(t)=a^k, k \geqslant 0$；
   (3) $f(t)=e^{-at}\sin(\omega t), a>0, t \geqslant 0$；
   (4) $f(t)=t^2$。

2. 求下列拉氏变换式的 z 变换。
   (1) $F(s)=\dfrac{1}{s^2}$；
   (2) $F(s)=\dfrac{s+2}{(s+1)(s+4)}$；
   (3) $F(s)=\dfrac{Ke^{-Ts}}{s(s+a)}$；
   (4) $F(s)=\dfrac{1-e^{-Ts}}{s}\dfrac{K}{T_1 s+1}$。

3. 求下列函数的初值和终值。
   (1) $F(z)=\dfrac{z^2}{(z-0.8)(z-0.15)}$；
   (2) $F(z)=\dfrac{z}{z^2-1.5z+0.5}$；
   (3) $F(z)=\dfrac{z+2}{z^2+4z+3}$；
   (4) $F(z)=\dfrac{z^2}{(z-0.5)(z-1)}$。

4. 求下列各函数的 z 反变换。
   (1) $F(z)=\dfrac{10z}{(z-1)(z-2)}$；
   (2) $F(z)=\dfrac{2z(z^2-1)}{(z^2+1)^2}$；
   (3) $F(z)=\dfrac{0.5z^2}{(z-1)(z-0.5)}$；
   (4) $F(z)=\dfrac{3z}{(z+1)^2(z-1)^2}$。

5. 用 z 变换方法求解下列差分方程。
   (1) $y(k+2)+2y(k+1)+y(k)=u(k)$，设输入 $u(k)=k, k=0,1,2,\cdots, f(0)=0, f(1)=0$；
   (2) $y(k)-0.4y(k-1)=u(k)$，设输入 $u(t)=1(t)$，当 $k<0$ 时，$y(k)=0$。

6. 已知系统方块图如习题 6 图所示。

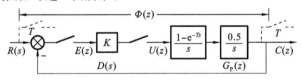

习题 6 图

   (1) 试写出系统闭环脉冲传递函数 $\Phi(z)$；
   (2) 若 $K=2$，试求使系统稳定的 T 的取值范围。

7. 已知系统结构如习题 7 图所示，$T=1$ s。
   (1) 当 $K=8$ 时，分析系统的稳定性；
   (2) 求 K 的临界稳定值。

8. 已知系统结构如习题 7 图所示，其中 $K=1, T=0.1$ s，输入为 $u(t)=t$，试用静态误差系数法求取稳态误差。

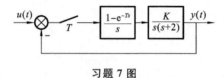

习题 7 图

9. 已知线性定常离散系统的动态方程为

$$\begin{bmatrix} x_1(k+1) \\ x_2(k+1) \end{bmatrix} = \begin{bmatrix} 0 & 1 \\ -0.16 & -1 \end{bmatrix} \begin{bmatrix} x_1(k) \\ x_2(k) \end{bmatrix} + \begin{bmatrix} 0 \\ 1 \end{bmatrix} u(k)$$

$$\mathbf{y}(k) = \begin{bmatrix} 1 & 0 \end{bmatrix} \begin{bmatrix} x_1(k) \\ x_2(k) \end{bmatrix}$$

写出相应的脉冲传递函数和脉冲响应序列。

10. 给定线性定常离散系统为

$$\begin{bmatrix} x_1(k+1) \\ x_2(k+1) \end{bmatrix} = \begin{bmatrix} a & b \\ c & d \end{bmatrix} \begin{bmatrix} x_1(k) \\ x_2(k) \end{bmatrix} + \begin{bmatrix} 1 \\ 1 \end{bmatrix} \mathbf{u}(k)$$

$$\mathbf{y}(k) = \begin{bmatrix} 1 & 0 \end{bmatrix} \begin{bmatrix} x_1(k) \\ x_2(k) \end{bmatrix}$$

确定 a、b、c、d 在什么情况下,系统是状态完全能控和完全能观的。

11. 计算机控制系统如图 3-8 所示,采样周期 $T=0.2$ s,其中 $G_P(s)=\dfrac{10}{s(0.2s+1)}$,试采用根轨迹法设计系统的数字控制器 $D(z)$,使系统在阶跃输入作用下满足性能指标:超调量 $\sigma\%\leqslant 15\%$,上升时间 $t_r\leqslant 0.55$ s,调节时间 $t_s\leqslant 1$ s。

4 计算机控制系统的常规控制策略

本章重点内容：本章介绍计算机控制系统的常规控制策略，包括 PID 控制算法及其改进措施、PID 参数整定方法，以及数字控制器的两类直接设计方法，即最少拍控制算法和纯滞后对象的控制算法。

典型计算机控制系统如图 4-1 所示。其控制过程是：系统的给定值 $r(t)$ 与系统的输出 $y(t)$ 比较后得到偏差 $e(t)$，偏差 $e(t)$ 经采样保持器及 A/D 转换器转换成数字量 $e(kT)$ 输入计算机，计算机通过数字控制器实现控制算法，得到离散控制量 $u(kT)$，再经 D/A 转换器及保持器转换为连续控制量 $u(t)$，作用于连续的控制对象上以控制对象输出 $y(t)$。

计算机控制系统设计的核心是设计控制器，使得图 4-1 所示的闭环控制系统既要满足系统的期望指标，又要满足实时控制的要求。控制策略是决定一个计算机控制系统工作性能的关键，设计一个可靠、实用、结构简单并易于实现的数字控制器是计算机控制系统的主要设计任务之一。数字控制器的设计方法有经典法和状态空间设计法，其中，经典法又分为间接设计法(或称连续化设计法)和直接设计法(或称离散化设计法)。本章主要讨论直接设计法。

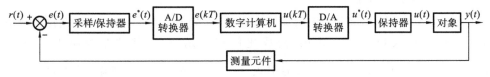

图 4-1 典型计算机控制系统

4.1 数字 PID 控制算法

PID 控制算法是一个广泛应用于计算机控制的基本算法，而 PID 控制的数字化属于控制算法设计中的连续化设计方法,它是由连续系统的 PID 控制发展而来的,具有原理简单、易于实现、稳定性强和适用面广等优点。因为它在大多数的工业生产过程控制中效果较好,因此被长期广泛地使用。不过用计算机实现 PID 控制,不是简单地把 PID 控制数字化,而是进一步与计算机的计算与逻辑控制功能结合起来,使之发展与改进,变得更加灵活多样,更能满足生产过程控制提出的各种要求。

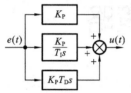

图 4-2 模拟 PID 控制

模拟 PID 控制器按闭环系统误差的比例、积分和微分进行控制,其控制结构如图 4-2 所示,其微分方程为

$$u(t) = K_P \left[e(t) + \frac{1}{T_I} \int_0^t e(t) dt + T_D \frac{de(t)}{dt} \right] \quad (4-1)$$

式中:$u(t)$ 为控制量(控制器的输出);$e(t)$ 为系统误差,其大小为给定值与系统输出的差值,即 $e(t) = r(t) - y(t)$;K_P 为比例系数;T_I 为积分时间常数;T_D 为微分时间常数。将式(4-1)写成连续时间系统传递函数的形式为

$$D(s) = \frac{U(s)}{E(s)} = K_P \left[1 + \frac{1}{T_I s} + T_D s \right] = K_P + \frac{K_I}{s} + K_D s \quad (4-2)$$

式中:$K_I = \frac{K_P}{T_I}$ 称为积分系数;$K_D = K_P T_D$ 称为微分系数。

4.1.1 PID 控制规律及其调节作用

在实际工业应用系统中,可根据被控对象的特性和控制要求,灵活地改变其结构,如比例(P)调节、比例积分(PI)调节和比例微分(PD)调节等。

1. 比例调节器

比例调节对系统误差是即时反应的,根据误差进行调节,使系统输出沿着减小误差的方向变化,其控制规律为 $u(t) = K_P e(t)$。控制作用的强弱取决于比例系数 K_P 和误差的大小,误差越大则控制作用也越大。比例调节器一般不能消除稳态误差。增大 K_P 可以加快系统的响应速度及减少稳态误差,但过大的 K_P,有可能加大系统超调,引起振荡,甚至导致系统不稳定。

2. 比例积分调节器

仅采用比例调节的系统存在残余稳态误差,即静差。为消除静差,可在比例调节器的基础上加入积分调节作用,构成比例积分调节器,其控制规律为 $u(t) = K_P \left[e(t) + \frac{1}{T_I} \int_0^t e(t) dt \right]$,积分调节的引入,可以不断减少(直到消除)系统的稳态误差。但是积分的引入,有可能使系统的响应变慢,也可能使系统不稳定。增加 T_I,那么积分作用变弱,有利于增加系统的稳定性并减小超调,但系统静差的消除也随之变缓。引入积分调节的代价是降低系统的快速性。T_I 必须根据对象特性来选定,对于管道压力、流量等滞后不大的对象,可选得小一些,对温度等滞后较大的对象,可选得大一些。

3. 比例积分微分调节器

为加快控制过程,有必要在误差出现或变化的瞬间,根据误差的变化趋势进行控制,使偏差尽快消除在萌芽状态,这就是微分调节作用。因此,在比例积分调节器的基础上加入微分调节,就构成了比例积分微分调节器,其控制规律为 $u(t) = K_P \left[e(t) + \dfrac{1}{T_I} \int_0^t e(t) \mathrm{d}t + T_D \dfrac{\mathrm{d}e(t)}{\mathrm{d}t} \right]$。

微分环节的加入,有助于减少超调、克服震荡,使系统趋于稳定。微分时间常数 T_D 增加,微分作用就增大,有助于加速系统的动态响应,使系统减少超调趋于稳定,但微分作用有可能放大系统的噪声,降低系统的抗干扰能力。不过,理想的微分器是不能物理实现的,必须采用适当的方法进行近似。

4.1.2 标准数字 PID 控制算法

1. 模拟 PID 算式的离散化

为了实现利用计算机控制生产过程变量,需要把模拟 PID 算式离散化,变为数字 PID 算式。假设当前时刻为 kT,当采样周期 T 足够小时,可采用前述一阶后向差分的离散化方法。令

$$\begin{cases} u(t) \approx u(k) \\ e(t) \approx e(k) \\ \int_0^t e(t) \mathrm{d}t \approx T \sum_{j=0}^{k} e(j) \\ \dfrac{\mathrm{d}e(t)}{\mathrm{d}t} \approx \dfrac{e(k) - e(k-1)}{T} \end{cases} \quad (4\text{-}3)$$

整理后得到

$$D(z) = \dfrac{U(z)}{E(z)} = K_P \left[1 + \dfrac{1}{T_I \dfrac{1-z^{-1}}{T}} + T_D \dfrac{1-z^{-1}}{T} \right] = K_P + \dfrac{K_P T}{T_I (1-z^{-1})} + K_P T_D \dfrac{1-z^{-1}}{T}$$

则有

$$TT_I(1-z^{-1})U(z) = K_P TT_I(1-z^{-1})E(z) + K_P T^2 E(z) + K_P T_D T_I(1-2z^{-1}+z^{-2})E(z)$$

写出上式的差分方程,整理后得到

$$u(k) = u(k-1) + K_P[e(k) - e(k-1)] + \dfrac{K_P T}{T_I} e(k) + \dfrac{K_P T_D}{T}[e(k) - 2e(k-1) + e(k-2)]$$

$$(4\text{-}4)$$

2. 位置式与增量式 PID 控制算法

式(4-3)的离散化思想是:采用矩形面积累加近似表示积分,用本次得到的偏差值 $e(kT)$ 与上次采样得到的偏差值 $e[(k-1)T]$ 这两点之间的直线斜率近似表示 $e(kT)$ 点的切线斜率。当采样周期 T 足够小时,上述逼近足够准确,被控过程与连续系统十分接近。由 PID 调节器的微分方程式(4-1)可得

$$u(k) = K_P\left\{e(k) + \frac{T}{T_I}\sum_{j=0}^{k}e(j) + \frac{T_D}{T}[e(k)-e(k-1)]\right\} \quad (4\text{-}5)$$

式(4-5)即为工程上常用的位置式 PID 算法,它和式(4-4)在本质上是相同的。由于 $\Delta u(k)=u(k)-u(k-1)$,由式(4-5)可推出相应的增量式 PID 控制算法,即

$$\begin{aligned}\Delta u(k) &= u(k)-u(k-1) \\ &= K_P\left\{[e(k)-e(k-1)] + \frac{T}{T_I}e(k) + \frac{T_D}{T}[e(k)-2e(k-1)+e(k-2)]\right\}\end{aligned}$$

$$(4\text{-}6)$$

经过化简整理,可得

$$\Delta u(k) = K_P[Ae(k) - Be(k-1) + Ce(k-2)]$$

式中:$A=1+T/T_I+T_D/T$;$B=1+2T_D/T$;$C=T_D/T$。增量式算法的实质是根据 $e(k)$ 在 kT、$(k-1)T$、$(k-2)T$ 三个时刻的采样值,通过适当加权计算得到的控制量,调整加权值即可获得不同的控制品质和精度。

计算出控制量 $\Delta u(k)$ 之后,在需要输出值与执行机构的位置(如阀门的开启位置)相对应的场合,可由下式得出当前时刻控制量的值 $u(k)$,即位置型 PID 控制算法的递推形式:

$$u(k) = u(k-1) + \Delta u(k)$$

与位置式 PID 算法相比,增量式 PID 算法具有如下优点。

(1) 位置式算法每次输出与整个过去状态有关,算式中要用到过去偏差的累加值,容易产生较大的累计计算误差;增量式算法中由于消去了累加项,在精度不足时,计算误差对控制量的影响较小,容易取得较好的控制效果。

(2) 利用增量式算法容易实现从手动到自动的无扰切换。这是因为,若采用位置式算法,在切换瞬间,计算机的输出值应设置为原始阀门开度;若采用增量式算法,其输出对应于阀门位置的变化部分,即算式中不出现原始阀门的开度项,能够较平滑地过渡。

(3) 采用增量式算法时,所用的执行器本身都具有寄存作用,所以即使计算机发生故障,执行器仍能保持在原位,不会对生产过程造成恶劣影响。此外,增量式算法控制量的计算只需用到当前时刻、前一时刻及前两个时刻的偏差,大大节约了内存和计算时间。

4.1.3 数字 PID 控制算法的改进

控制系统中总是存在饱和非线性环节,如控制量受到执行元器件机械和物理性能的约束,只能限制在有限范围内,表示为 $u_{min} \leqslant u \leqslant u_{max}$,导致执行机构都存在一个线性工作区;同时执行机构还存在一定的阻尼和惯性,使对控制信号的响应速度受到限制,表示为 $|\dot{u}| \leqslant \dot{u}_{1max}$。因此执行机构的动态特性也存在一个线性工作区。控制信号过大也会使执行机构进入非线性区。位置式 PID 控制算法中积分项控制作用过大将出现积分饱和,增量式 PID 控制算法中微分项或比例项控制作用过大将出现比例饱和或微

分饱和。从而使系统出现过大超调或持续震荡,动态品质变坏。为克服以上两种饱和现象,必须使 PID 控制器输出的控制信号受到约束,即对标准的 PID 控制算法进行改进,下面主要讨论积分项和微分项的改进。

1. 积分项的改进

1) 积分分离 PID 算法

当系统有较大扰动或给定值有较大变化时,由于系统的惯性,偏差 $e(k)$ 将随之增大,在积分作用的调整下,调整时间加长,被控量的超调增大,这种现象对大惯性对象(如温度、成分等变化缓慢的过程)更为严重。为克服这个缺点,可采用积分分离的方法。

积分分离 PID 算法的思想是:在被控量开始跟踪时,偏差 $e(t)$ 较大,取消积分;等被控量接近给定值时才将积分作用投入。为此,要根据系统情况设置分离用的门限值 ε(也称阈值),当 $|e(t)|\leq\varepsilon$,即偏差值 $e(t)$ 比较小时,采用 PID 控制,可保证系统的控制精度,消除静差;当 $|e(t)|>\varepsilon$,即偏差值 $e(t)$ 比较大时,采用 PD 控制,可以降低超调量。

积分分离阈值 ε 应根据具体对象及要求确定。若 ε 值过大,将达不到积分分离的目的;若 ε 值过小,一旦被控量 $y(t)$ 无法跳出积分分离区,只进行 PD 控制,将会出现静差,如图 4-3 所示的曲线 b 所示。

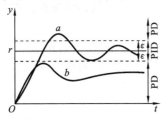

图 4-3 积分分离曲线

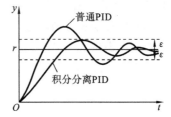

图 4-4 积分分离 PID 控制

为了实现积分分离,编程时必须从 PID 差分方程式中分离出积分项。式(4-6)可以写成

$$\Delta u_{PD}(k)=K_P\left\{[e(k)-e(k-1)]+\frac{T_D}{T}[e(k)-2e(k-1)+e(k-2)]\right\} \quad (4-7)$$

$$\Delta u_I(k)=K_P\frac{T}{T_I}e(k) \quad (4-8)$$

$$u(k)=u(k-1)+\Delta u_{PD}(k)+\Delta u_I(k) \quad (4-9)$$

若积分分离,则取

$$u(k)=u(k-1)+\Delta u_{PD}(k) \quad (4-10)$$

采用普通 PID 控制和积分分离式 PID 控制的响应曲线如图 4-4 所示。图中普通 PID 控制响应曲线的超调量较大,振荡次数也多;积分分离 PID 控制响应曲线的超调量、调整时间明显减少,控制性能有了较大改善。

2) 抗积分饱和

控制系统在开工、停工或大幅改变给定值时,系统输出会出现较大偏差,不可能在短时间内消除,经过 PID 算法中积分项的累积后,可能会使控制量 $u(k)$ 很大,甚至超过执行机构机械或物理性能的约束,使控制量达到饱和,控制量有可能溢出或小于零。

所谓溢出,就是指计算机算出的控制量 $u(k)$ 超出 D/A 转换器所能表示的数值范围。例如,12 位 D/A 转换器的数值范围为 000H～FFFH。一般执行机构有两个极限位置,如调节阀的全开或全关。设 $u(k)$ 为 FFFH 时,调节阀全开;反之,$u(k)$ 为 000H 时,调节阀全关。为了提高运算精度,通常采用双字节或浮点数计算 PID 差分方程式,如果执行机构已到达极限位置,仍然不能消除偏差,那么由于积分作用,计算 PID 差分方程式所得的结果会继续增大或减少,而执行机构已无响应的动作,这就称为积分饱和。当出现积分饱和时,闭环控制系统相当于被断开,控制量不能根据被控量的误差按控制量算法进行调节,势必造成控制品质变坏。抗积分饱和的办法之一是,对运算出的控制量限幅,同时把积分作用切除掉。

以上述 12 位的 D/A 转换器为例,当 $u(k)<0$ 时,取 $u(k)=0$,并取消积分运算;当 $u(k)>$ FFFH 时,取 $u(k)=$ FFFH,并取消积分运算。

3) 消除积分不灵敏区

从式(4-8)的增量式积分算式看出,当计算机的运算字长较短时,如果采样周期 T 也较短,而积分时间 T_I 又较长,则容易出现 $\Delta u_1(k)$ 小于计算机字长所能表示的精度的情况,此时,该次采样后的积分控制作用 $\Delta u_1(k)$ 就作为零丢失掉,这种情况称为积分不灵敏区,它将影响积分消除静差的作用。

例如,某温度控制系统,温度量程为 0 ℃～1275 ℃,采用 8 位 A/D 转换器,以及单字节(8 位)定点运算。设 $K_P=1, T_I=10$ s, $T=1$ s, $e(k)=50$ ℃,根据式(4-8)得到

$$\Delta u_1(k)=K_P\frac{T}{T_I}e(k)=\frac{1}{10}\left(\frac{255}{1275}\times 50\right)=1$$

这说明,若偏差小于 50 ℃,则 $\Delta u_1(k)<1$,就作为零丢掉,控制器就没有了积分作用。只有当 $e(k)>50$ ℃时,才会出现积分作用。这样势必造成控制系统出现静差。

为了消除积分不灵敏区,通常采取以下措施:

① 增加 A/D 转换位数,加长运算字长,这样可以提高运算精度;

② 当积分项连续出现小于输出精度(设为 β)的情况时,不要把它们作为零舍掉,而是把它们一次次累加起来,即 $S_I=\sum_{j=1}^{n}\Delta u_1(j)$,直到累加值 S_I 大于 β 时,才将 S_I 作为积分项输出,同时把累加单元清零。

2. 微分项的改进

1) 不完全微分 PID 控制算法

微分运算的引入可以改善系统的动态特性,但也存在不利的一面,即对高频干扰特别敏感,特别是用差分来代替微分,非常接近理想微分,对数据误差和噪声更加敏感。如遇到被控量突变,则正比于偏差变化率的微分输出就会很大,但由于持续时间很短,执行部件因惯性或动作范围和速度的限制,其动作位置达不到控制量的要求值,会限制微分正常的校正作用,这样就产生了所谓的微分失控(或称微分饱和),其后果

势必使过渡过程变长。

此外,标准数字 PID 中的微分作用为 $u_D(k)=\dfrac{T_D}{T}[e(k)-e(k-1)]$,若有阶跃输入信号,则 $e(k)=1$,此时标准数字 PID 中的微分部分的输出序列为 $u_D(0)=T_D/T$,$u_D(1)=u_D(2)=\cdots=0$,即微分作用仅能维持一个控制周期。实际理想微分作用不显著。

因此,为克服这种不完全微分存在的弊端,并设法减小噪声和误差在微分项中的影响。改进的方法是采用不完全微分算法,即在微分部分串联一个低通滤波器或在 PID 控制器之后串联一个低通滤波器来抑制高频干扰。

不完全微分 PID 的结构如图 4-5 所示,图 4-5(a)是将低通滤波器直接加在微分环节上,图 4-5(b)是将低通滤波器加在整个 PID 控制器之后。下面以图 4-5(b)为例说明不完全微分 PID 是如何改进普通 PID 的性能的,并给出相应的控制算法。

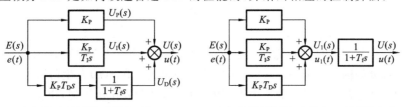

(a) 低通滤波器加在微分环节上　　(b) 低通滤波器加在整个PID控制器之后

图 4-5　不完全微分 PID 控制结构框图

图 4-5(b)所示的不完全微分 PID 结构的传递函数为

$$u_1(t)=K_P\left[e(t)+\dfrac{1}{T_I}\int_0^t e(t)\mathrm{d}t+T_D\dfrac{\mathrm{d}e(t)}{\mathrm{d}t}\right]$$

$$\dfrac{U(s)}{U_1(s)}=\dfrac{1}{T_f s+1}$$

式中:T_f 为惯性时间常数。

$$T_f s U(s)+U(s)=U_1(s)$$

$$T_f\dfrac{\mathrm{d}u(t)}{\mathrm{d}t}+u(t)=u_1(t)$$

微分用后向差分代替,积分用矩形面积和代替,得

$$u(k)=au(k-1)+(1-a)u_1(k)$$

其中

$$a=\dfrac{T_f}{T_f+T}$$

$$u_1(k)=K_P\left[e(k)+\dfrac{T}{T_I}\sum_{j=0}^k e(j)+T_D\dfrac{e(k)-e(k-1)}{T}\right]$$

设数字微分调节器的输入为单位阶跃序列 $e(k)=1$。

普通的数字 PID 调节器中的微分作用,只有在第一个采样周期里起作用,不能按照偏差变化的趋势在整个调节过程中起作用。另外,仅在第一个采样周期时作用很强的普通微分作用很容易溢出。不完全微分数字 PID 调节器的微分作用可以持续多个周期,它是逐渐减弱的,不易引起震荡,可改善控制效果。

对图 4-5(a)中的不完全微分算法:

$$U_D(s) = \frac{K_P T_D s}{1+T_f s} E(s)$$

$$u_D(t) + T_f \frac{du(t)}{dt} = K_P T_D \frac{de(t)}{dt}$$

$$u_D(k) + \frac{T_f}{T+T_f} u(k-1) = \frac{T_D}{T+T_f} [e(k) - e(k-1)]$$

则

$$u_D(0) = \frac{K_P T_D}{T+T_f} \ll \frac{K_P T_D}{T}$$

$$u_D(1) = \frac{K_P T_f T_D}{(T+T_f)^2}$$

$$u_D(2) = \frac{K_P T_f^2 T_D}{(T+T_f)^3}$$

...

完全微分数字 PID 和不完全微分数字 PID 的控制效果如图 4-6 所示。由图可知,比例积分部分的输出完全一样,微分部分的差别很大。在 $e(k)$ 发生阶跃突变时,完全微分作用仅在控制作用发生的一个周期内起作用,且微分作用较强,相比较而言,更容易引起微分饱和;不完全微分作用则按指数规律逐渐衰减到零,可以延续几个周期,且第一个周期内的微分作用减弱,而且控制器的输出十分近似于理想的微分控制器,所以不完全微分数字控制器具有良好的控制性能。

(a) 完全微分数字PID控制　　(b) 不完全微分数字PID控制

图 4-6　完全微分和不完全微分数字 PID 的控制效果

2) 偏差微分

如图 4-7 所示,对偏差值 $e(t)$ 进行微分,也就是对给定值 $r(t)$ 和系统输出 $y(t)$ 都进行微分,适用于串级控制的副控回路,因为副控回路的给定值是主控调节器给定的,也应该对其作微分处理,因此,应该在副控回路中采用偏差微分的 PID。

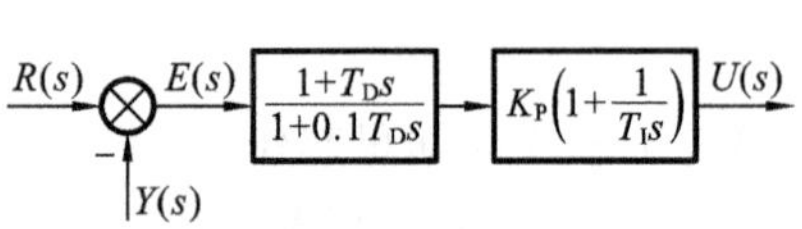

3) 测量值微分

如图 4-8 所示,测量值微分在微分项中不考虑给定值 $r(k)$,而只对测量值 $y(k)$ 进行微分,适

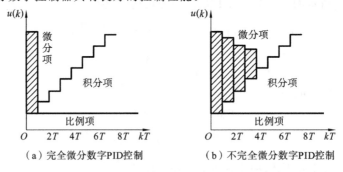

图 4-7　偏差微分

用于给定值频繁变动的场合,避免因给定值频繁变动所引起的超调量过大、系统振荡等。考虑到在正、反作用下,偏差的计算方法不同,即

$$e(k) = \begin{cases} y(k) - r(k), & \text{正作用} \\ r(k) - y(k), & \text{反作用} \end{cases} \quad (4\text{-}11)$$

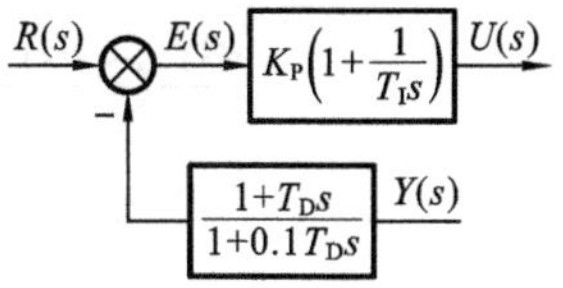

图 4-8 测量值微分

参照式(4-6)中的微分项 $\Delta u_D(k) = K_P \dfrac{T_D}{T}[e(k) - 2e(k-1) + e(k-2)]$,改进后的微分项算式为

$$\Delta u_D(k) = \begin{cases} K_P \dfrac{T_D}{T}[y(k) - 2y(k-1) + y(k-2)], & \text{正作用} \\ -K_P \dfrac{T_D}{T}[y(k) - 2y(k-1) + y(k-2)], & \text{反作用} \end{cases} \quad (4\text{-}12)$$

把微分运算放在比较器附近,就构成了微分先行 PID 结构。偏差微分和测量值微分是微分先行 PID 结构的两种形式。

3. 时间最优 PID 控制

庞特里亚金于 1956 年提出一种最优化理论——最大值理论,亦称快速时间最优控制原理,它研究满足约束条件下获得允许控制的方法。用最大值原理可以设计出控制变量只在 $u(t) \leqslant 1$ 范围内取值的时间最优控制系统。而在工程上,设 $u(t) \leqslant 1$ 都只取 ± 1 两个值,而且依照一定法则加以切换,使系统从一个初始状态转到另一个状态所需的过渡过程时间最短,这种类型的最优切换系统,称为开关控制(Bang-Bang 控制)系统。

在工业控制应用中,最有发展前景的是 Bang-Bang 控制与反馈控制相结合的系统,这种控制方式在给定值升降时特别有效,具体形式为

$$|e(k)| = |r(k) - y(k)| \begin{cases} > \alpha, & \text{Bang-Bang 控制} \\ \leqslant 0, & \text{PID 控制} \end{cases}$$

时间最优位置随动系统,从理论上讲应采用 Bang-Bang 控制。但 Bang-Bang 控制很难保证足够高的定位精度。因此对高精度的快速伺服系统,宜采用 Bang-Bang 控制和线性控制相结合的方式,在定位线性控制段采用数字 PID 控制就是可选的方案之一。

4. 带死区的 PID 控制算法

在计算机控制系统中,某些系统为了避免控制动作过于频繁,以消除由于频繁动作引起的振荡,有时采用带死区的 PID 控制系统,如图 4-9 所示,相应的算式为

$$p(k) = \begin{cases} e(k), & \text{当} |r(k) - y(k)| = |e(k)| > \varepsilon \\ 0, & \text{当} |r(k) - y(k)| = |e(k)| \leqslant \varepsilon \end{cases}$$

在图 4-9 中,死区 ε 是一个可调参数,其具体数值可根据实际控制对象由实验确定。ε 值太小,使调节过于频繁,达不到稳定被控对象的目的;如果 ε 取得太大,则系统将产生很大的滞后;当 ε=0 时,即为常规 PID 控制。

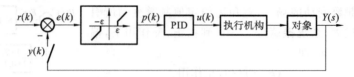

图 4-9 带死区的 PID 控制系统框图

该系统实际上是一个非线性控制系统,即当偏差绝对值 $|e(k)| \leq \varepsilon$ 时,$p(k)$ 为 0;当 $|e(k)| > \varepsilon$ 时,$p(k) = e(k)$,输出 $u(k)$ 以 PID 运算结果输出。

4.1.4 数字 PID 参数的整定

1. PID 控制器参数对控制性能的影响

PID 控制器的参数有比例系数 K_P、积分时间常数 T_I、微分时间常数 T_D 和采样周期 T,下面讨论这些参数对系统性能的影响。

1) 比例系数 K_P 对系统性能的影响

(1) 对动态特性的影响。比例系数 K_P 加大,使系统的动作灵敏提高,速度加快。K_P 偏大,会使系统振荡次数增多,调节时间加长。当 K_P 太大时,系统会趋于不稳定。若 K_P 太小,则又会使系统的动作缓慢。

(2) 对稳态特性的影响。在系统稳定的情况下,加大比例系数 K_P,可以减小稳态误差 e_{ss},提高控制精度;但是加大 K_P 只是减少 e_{ss},却不能完全消除稳态误差。

2) 积分时间常数 T_I 对控制性能的影响

积分控制通常与比例控制或微分控制联合作用,构成 PI 控制或 PID 控制。

(1) 对动态特性的影响。积分时间常数 T_I 会影响系统的动态性能。T_I 太小,系统将不稳定;T_I 偏小,振荡次数较多;T_I 偏大,对系统动态性能的影响减少;当 T_I 合适时,过渡特性才比较理想。

(2) 对稳态特性的影响。积分时间常数 T_I 能消除系统的稳态误差,提高控制系统的控制精度。但是当 T_I 太大时,积分作用太弱,以至于不能减少稳态误差。

3) 微分时间常数 T_D 对控制性能的影响

微分控制经常与比例控制或积分控制联合作用,构成 PD 或 PID 控制。微分控制可以改善系统的动态特性,比如使超调量减少,调节时间缩短,允许加大比例控制,使稳态误差减少,提高控制精度。

T_D 偏大或偏小,都会使超调量偏大,调节时间偏长。只有 T_D 合适时,可以得到比较满意的过渡过程。综合起来,不同的控制规律各有特点,对于相同的控制对象,不同的控制规律有不同的控制效果。

2. 控制规律的选择

长期以来,PID 控制器应用十分普遍,为广大工程技术人员所接受和熟悉。可以证明,对于特定的一阶惯性纯滞后、二阶惯性纯滞后的控制对象,PID 控制是一种最优的控制算法。PID 控制参数 K_P、T_I、T_D 相互独立,参数整定比较方便。

使用中,应根据控制对象特性和负荷情况,合理选择控制规律。根据分析可得出如下几点结论。

(1) 对于一阶惯性对象,负荷变化不大,工艺要求不高,可以采用 P 控制。比如,用于控制精度要求不高的压力、液位控制。

(2) 对于一阶惯性与纯滞后环节串联的对象,负荷变化不大,要求控制精度较高,可采用 PI 控制。比如,用于控制精度有一定要求的压力、流量和液位控制。

(3) 对于纯滞后时间较大,负荷变化也较大,控制性能要求较高的场合,可采用 PID 控制。比如,用于过热蒸汽温度控制、PH 值控制。

(4) 当对象为高阶(二阶以上)惯性环节又带有纯滞后特性,负荷变化较大,控制性能要求也高时,应采用串级控制、前馈-反馈、前馈-串级或纯滞后补偿控制。

3. 采样周期的选择

采样周期 T 是计算机控制系统中的一个重要参量,从信号的保真度考虑,采样周期 T 不易太大,也就是采样角频率不能太低,前述香农采样定理给出了下限频率,即 $\omega_s \geqslant 2\omega_{max}$,$\omega_{max}$ 是输入信号的最高频率。实际中,由于被控对象的物理过程和参数变化比较复杂,致使模拟信号的最高频率很难确定。因此,采样定理仅从理论上给出了采样周期的上限,即在满足采样定理、系统可真实地恢复原来的连续信号的采样周期,而实际采样周期的选择要受到多方面因素的制约,如从系统控制品质要求来看,采样周期应取得小些,这样更接近于连续系统,不仅控制性能好,而且可采用模拟 PID 控制参数的整定方法。从控制系统抗干扰和快速响应的要求看,却希望采样周期长些,这样可以控制更多回路。保证每个回路有足够的时间完成必要运算,且计算机的采样速率可以降低,从而降低硬件成本。从执行机构特性来看,由于通常采用的执行机构响应速度不够,若采样周期过短,则执行机构来不及响应,仍然达不到控制目的,所以采样周期也不能过短。

综上所述,采样周期的选取应与 PID 参数的整定综合起来考虑,选择采样周期时,一定要考虑以下因素。

(1) 扰动信号 如果系统的干扰信号是高频的,则要适当地选择采样周期,使得干扰信号的频率处于采样频率之外,从而使系统具有足够的抗干扰能力。

(2) 对象的动态特性 采样周期应比对象的时间常数小得多,否则采样信号无法反映瞬变过程。一般来说,采样周期的最大值受系统稳定性条件和香农采样定理的限制而不能太大。若被控对象的时间常数为 T_c,纯滞后时间常数为 τ,则当系统中的 T_c 起主导作用时,$T < \frac{1}{10} T_c$;当系统中的 τ 处于主导位置时,可选择 $T \approx \tau$。

(3) 计算机所承担的工作量 如果控制回路较多,计算工作量较大,则采样周期可以长些;反之,采样周期可以选取得短些。

(4) 对象所要求的控制品质 一般而言,在计算机运算速度允许的情况下,采样周期短,控制品质高。因此,当系统的给定频率较高时,采样周期 T 应相应减少,以使给定的改变能迅速得到反应。另外,当采用数字 PID 控制器时,积分作用和微分作用

都与采样周期 T 有关。选择周期 T 太小时,积分和微分作用都将不明显。这是因为当 T 太小时,$e(k)$ 的变化也很小。

(5) 计算机及 A/D、D/A 转换器的性能 计算机字长越长,计算速度越快,A/D、D/A 转换器的速度越快,则采样周期可以减小,控制性能也较高,但这将导致计算机的硬件费用增加,所以应从性价比出发加以选择。

(6) 执行器的响应速度 通常执行器惯性较大,采样周期应能够与之相适应。如果执行器响应速度较慢,则过短的采样周期就失去了意义。

由上述内容可知,影响采样周期的因素众多,有些还是相互矛盾的,故必须视具体情况和主要要求做出选择,采样周期选择的理论计算法比较复杂,特别是被控系统各环节时间常数等参数难以确定时,工程上应用较少。

4. 实验确定法整定 PID 参数

如前所述,通常选择采样周期 T 远小于系统的时间常数,因此,PID 参数的整定可以按模拟调节器的方法进行。参数整定方法通常有两种,即理论确定法和实验确定法。前者需要有被控对象的精确模型,然后采用最优化的方法确定 PID 各参数;被控对象的模型可以通过物理建模和系统辨识等方法得到,但这样通常只能得到近似的模型。一般情况下,在难以得到准确数学模型时,可通过实验确定法(如凑试法、工程整定法)来选择 PID 参数。

1) 扩充临界比例度法整定 PID 参数

扩充临界比例度法是对模拟 PID 控制器中使用的临界比例度法的扩充。整定步骤如下。

(1) 选择一个足够短的采样周期 T,如被控过程有纯滞后,采样周期 T 取滞后时间的 1/10 以下,此时调节器只保留纯比例控制,给定值 r 取阶跃输入信号。

(2) 逐渐加大比例系数 K_P(即减少比例度 $\delta = 1/K_P$),直到 $K_P = K_k$ 时,控制系统发生持续等幅振荡。记下使系统发生振荡的临界比例度 δ_k(即 $\delta_k = 1/K_k$)及系统的临界振荡周期 T_k(即振荡波形的两个波峰之间的距离)。

(3) 选择控制度。控制度 Q 的定义就是以模拟控制器为基准,把数字控制器(用 D 表示)的控制效果和模拟控制器(用 A 表示)的控制效果相比较。控制效果的评价函数通常用两者过渡过程的误差平方的积分之比表示,即

$$控制度 \ Q = \frac{\left[\int_0^\infty e^2(t)\mathrm{d}t\right]_D}{\left[\int_0^\infty e^2(t)\mathrm{d}t\right]_A}$$

实际应用中并不需要计算出两个误差的平方积分,控制度仅表示控制效果的物理概念。例如当控制度 Q 为 1.05 时,数字控制器与模拟控制器的控制效果相当;当控制度 Q 为 2.0 时,数字控制器的控制效果比模拟控制器控制效果差。

(4) 根据选择的控制度 Q,查表 4-1,计算出 T、K_P、T_I 和 T_D 的值。

(5) 按照求得的整定参数,将系统投入运行,观察控制效果,再适当调整参数,直

表 4-1　按扩充临界比例度法整定参数

控制度	控制规律	T/T_k	K_P/δ_k	T_I/T_k	T_D/T_k
1.05	PI	0.03	0.53	0.88	
	PID	0.014	0.63	0.49	0.14
1.2	PI	0.05	0.49	0.91	
	PID	0.43	0.47	0.47	0.47
1.5	PI	0.14	0.42	0.99	
	PID	0.09	0.34	0.43	0.20
2.0	PI	0.22	0.36	1.05	
	PID	0.16	0.27	0.40	0.22

到获得满意的控制效果为止。

2）扩充响应曲线法整定 PID 参数

扩充响应曲线法是对模拟控制器中使用的响应曲线法进行扩充,也是一种实验经验法。这种方法首先要经过试验测定开环系统对阶跃信号的响应曲线。其整定步骤如下。

(1) 断开数字控制器,使系统处于手动操作状态。将被控量控制到给定值附近并稳定后,然后突然改变给定值,即给对象输入一个阶跃信号。

(2) 用仪表记录被控参数在此阶跃输入作用下的整个变化过程曲线,如图 4-10 所示。

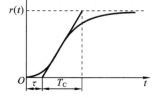

图 4-10　被控对象阶跃响应曲线

(3) 在曲线最大斜率处作切线,求得等效滞后时间 τ、被控对象的时间常数 T_C,以及它们的比值 T_C/τ。

(4) 根据选择的控制度,查表 4-2,求得控制器的 T、K_P、T_I 和 T_D。

(5) 投入运行,观察控制效果,适当修正参数,直到满意为止。

表 4-2　扩充响应曲线法整定计算公式表

控制度	控制规律	T/τ	$K_P/(T_C/\tau)$	T_I/τ	T_D/τ
1.05	PI	0.1	0.84	3.4	
	PID	0.05	1.15	2.0	0.45
1.2	PI	0.2	0.78	3.6	
	PID	0.16	1.0	1.9	0.55
1.5	PI	0.5	0.68	3.9	
	PID	0.34	0.85	1.62	0.65
2.0	PI	0.8	0.57	4.2	
	PID	0.6	0.60	1.5	0.82

4.2 数字控制器的直接设计方法

数字控制器的直接设计方法亦称为离散化（数字化）设计方法。所用的理论与数学工具主要是采样系统理论与 z 变换，这种方法可以采用比较大的采样周期，理论上控制质量也较高，更适合于那些被控对象特性可以较精确地获得，特别是随动系统的数字控制器的设计。本节主要讨论最少拍控制系统的设计。

4.2.1 最少拍控制系统的设计

在数字随动系统当中，当存在偏差时，要求系统的输出值能尽快地跟踪给定值的变化，或者在有限的几个采样周期内即可达到平衡，最少拍控制就是满足这一要求的一种离散化设计方法。通常，在数字控制过程中一个采样周期称为一拍。所谓最少拍控制，就是要求闭环系统在某种典型输入信号（如阶跃信号、速度信号、加速度信号等）作用下，经过最少个采样周期使系统输出的稳态误差为零。因此，最少拍控制实际上是时间最优控制。最少拍控制系统也称为最少拍无差系统或最少拍随动系统。显然，最少拍控制系统的性能指标就是系统的调节时间最短或尽可能短。

具体来说，对最少拍控制系统设计的要求是：① 调节时间最短，即系统跟随输入信号所需的采样周期数最少；② 在采样点处无静差，即特定的参考输入信号在达到稳态后，系统在采样点能精确地实现对输入信号的跟踪；③ 设计出来的数字控制器必须是物理可实现的；④ 闭环系统必须是稳定的。

1. 最少拍闭环脉冲传递函数的确定

首先根据对控制系统性能指标的要求和其他约束条件，构造系统的闭环脉冲传递函数 $\Phi(z)$。典型计算机控制系统结构如图 4-11 所示，最少拍控制系统的设计要求是对特定的参考输入信号，在系统达到稳态后，系统在采样点处的稳态误差为零。由离散控制理论，最少拍控制系统的误差脉冲传递函数 $\Phi_e(z)$ 为

$$\Phi_e(z) = \frac{E(z)}{R(z)} = \frac{R(z)-Y(z)}{R(z)} = 1-\Phi(z) = \frac{1}{1+D(z)G(z)} \tag{4-13}$$

式中：$E(z)$ 为误差信号的脉冲传递函数；$D(z)$ 为数字控制器的脉冲传递函数；$G(z)$ 为包括零阶保持器在内的广义对象的脉冲传递函数；$\Phi(z)$ 为闭环脉冲传递函数；$Y(z)$ 为输出信号的脉冲传递函数；$R(z)$ 为输入信号的脉冲传递函数。

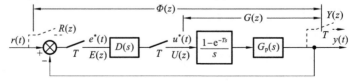

图 4-11 典型计算机控制系统结构图

系统输出的偏差为

$$E(z) = \Phi_e(z) R(z) \tag{4-14}$$

对于一般控制系统的三种典型输入函数：

单位阶跃输入 $\quad r(t)=1, \quad R(z)=\dfrac{1}{1-z^{-1}}$

单位速度输入 $\quad r(t)=t, \quad R(z)=\dfrac{Tz^{-1}}{(1-z^{-1})^2}$

单位加速度输入 $\quad r(t)=\dfrac{1}{2}t^2, \quad R(z)=\dfrac{T^2 z^{-1}(1+z^{-1})}{2(1-z^{-1})^3}$

它们都可以表示为

$$R(z) = \dfrac{A(z)}{(1-z^{-1})^q} \tag{4-15}$$

式中：$A(z)$ 是不包括 $(1-z^{-1})$ 的 z^{-1} 多项式；q 为正整数，对于不同的输入函数，只是 q 不同而已，一般只讨论 q 等于 1、2、3 的情况。

将式(4-15)代入式(4-14)，得

$$E(z) = \Phi_e(z) \dfrac{A(z)}{(1-z^{-1})^q} \tag{4-16}$$

根据 z 变换的终值定理，可以求出系统的稳态误差为

$$e(\infty) = \lim_{k \to \infty} e(k) = \lim_{z \to 1}(1-z^{-1}) E(z) = \lim_{z \to 1}(1-z^{-1}) \Phi_e(z) \dfrac{A(z)}{(1-z^{-1})^q} \tag{4-17}$$

由于 $A(z)$ 不包含 $(1-z^{-1})$ 的因子，因此稳态误差为零的条件是 $\Phi_e(z)$ 含有 $(1-z^{-1})^q$，则 $\Phi_e(z)$ 可为下列形式

$$\Phi_e(z) = (1-z^{-1})^q F(z) \tag{4-18}$$

这里 $F(z)$ 为 z^{-1} 的有限多项式，系数待定，即

$$F(z) = 1 + f_1 z^{-1} + f_2 z^{-2} + \cdots + f_n z^{-n} \tag{4-19}$$

由最少拍控制系统的时间最短约束条件来确定 $F(z)$ 的形式。当取 $F(z)=1$ 时，不仅可以简化数字控制器，降低控制器阶数，而且还可以使 $E(z)$ 的项数最少，调节时间最短。因此，由式(4-18)和式(4-19)可得 $\Phi_e(z)$ 为

$$\Phi_e(z) = (1-z^{-1})^q \tag{4-20}$$

那么期望的闭环脉冲传递函数 $\Phi(z)$ 为

$$\Phi(z) = 1 - \Phi_e(z) = 1 - (1-z^{-1})^q \tag{4-21}$$

2. 最少拍控制器的确定

由式(4-13)求出图 4-11 所示的计算机控制系统的闭环脉冲传递函数为

$$\Phi(z) = \dfrac{D(z)G(z)}{1+D(z)G(z)} \tag{4-22}$$

由此可以得到最少拍数字控制器为

$$D(z) = \dfrac{\Phi(z)}{G(z)[1-\Phi(z)]} \tag{4-23}$$

或

$$D(z) = \dfrac{1-\Phi_e(z)}{G(z)\Phi_e(z)} \tag{4-24}$$

将 $G(z)$、$\Phi_e(z)$ 和 $\Phi(z)$ 代入式(4-23)或式(4-24)中即可求出最少拍控制器 $D(z)$。对于三种典型输入信号，最少拍控制系统的 $\Phi_e(z)$ 和最少拍控制器 $D(z)$ 汇总于表4-3中。

表4-3 三种典型输入信号的最少拍控制器

输入信号 $r(k)$	单位阶跃	单位速度	单位加速度
误差脉冲传递函数 $\Phi_e(z)$	$1-z^{-1}$	$(1-z^{-1})^2$	$(1-z^{-1})^3$
闭环脉冲传递函数 $\Phi(z)$	z^{-1}	$2z^{-1}-z^{-2}$	$3z^{-1}-3z^{-2}+z^{-3}$
最少拍控制器 $D(z)$	$\dfrac{z^{-1}}{(1-z^{-1})G(z)}$	$\dfrac{2z^{-1}-z^{-2}}{(1-z^{-1})^2 G(z)}$	$\dfrac{3z^{-1}-3z^{-2}+z^{-3}}{(1-z^{-1})^3 G(z)}$

【例 4-1】 设最少拍控制系统如图4-11所示，被控对象的传递函数 $G(s)=\dfrac{2}{s(0.5s+1)}$，采样周期 $T=0.5\,\mathrm{s}$，试设计在单位速度输入时的最少拍控制器 $D(z)$。

解 根据图4-11可求出系统的广义被控对象脉冲传递函数

$$G(z)=Z\left[\frac{1-\mathrm{e}^{-Ts}}{s}\cdot\frac{2}{s(0.5s+1)}\right]=(1-z^{-1})Z\left[\frac{2}{s^2(0.5s+1)}\right]$$

$$=\frac{\mathrm{e}^{-2T}z^{-1}(1-z^{-1}+\mathrm{e}^{2T}z^{-1})}{(1-z^{-1})(1-\mathrm{e}^{-2T}z^{-1})}=\frac{0.368z^{-1}(1+0.718z^{-1})}{(1-z^{-1})(1-0.368z^{-1})}$$

根据题意，输入信号为单位速度输入，即 $r(t)=t$，则有

$$\Phi_e(z)=(1-z^{-1})^2$$

代入式(4-24)求出最少拍控制器为

$$D(z)=\frac{5.435(1-0.5z^{-1})(1-0.368z^{-1})}{(1-z^{-1})(1+0.718z^{-1})}$$

下面对设计出来的最少拍控制器进行分析和校验。

系统的闭环脉冲传递函数为 $\Phi(z)=2z^{-1}-z^{-2}$，当输入为单位速度信号时，系统输出序列的 z 变换为

$$Y(z)=R(z)\Phi(z)=(2z^{-1}-z^{-2})\frac{Tz^{-1}}{(1-z^{-1})^2}=2Tz^{-2}+3Tz^{-3}+4Tz^{-4}+\cdots$$

即 $y(0)=0,y(1)=0,y(2)=2T,y(3)=3T,\cdots$。输出响应如图4-12所示。从图中可以看出，当系统为单位速度输入时，经过两拍以后，输出量完全跟踪输入采样值，即 $y(k)=r(k)$。但在各采样点之间还是存在一定的误差，即存在一定纹波。

当输入为单位阶跃信号时，系统输出序列的 z 变换为

$$Y(z)=R(z)\Phi(z)=(2z^{-1}-z^{-2})\frac{1}{1-z^{-1}}=2z^{-1}+z^{-1}+z^{-1}+z^{-1}+\cdots$$

即 $y(0)=0,y(1)=2,y(2)=y(3)=y(4)=1,\cdots$。其输出响应曲线如图4-13所示。

从图4-13可见，按单位速度输入所设计的最少拍系统，当输入变为单位阶跃信号时，经过两个采样周期，$y(k)=r(k)$。但当 $k=1$ 时，系统输出响应将有 100% 的超调量。

当输入为单位加速度信号时，系统输出序列的 z 变换为

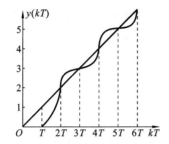

图 4-12 单位速度输入时最少拍控制系统输出响应曲线

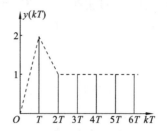

图 4-13 单位阶跃输入时最小拍控制系统输出响应曲线

$$Y(z)=R(z)\Phi(z)=(2z^{-1}-z^{-2})\frac{T^2z^{-1}(1+z^{-1})}{2(1-z^{-1})^3}$$
$$=T^2z^{-2}+3.5T^2z^{-3}+7T^2z^{-4}+11.5T^2z^{-5}+\cdots$$

即 $y(0)=0, y(1)=0, y(2)=T^2, y(3)=3.5T^2, y(4)=7T^2, \cdots$。此时,输入序列为 $r(0)=0, r(1)=0.5T^2, y(2)=2T^2, y(3)=4.5T^2, y(4)=8T^2, \cdots$。可见输出响应与输入之间始终存在偏差,如图 4-14 所示。

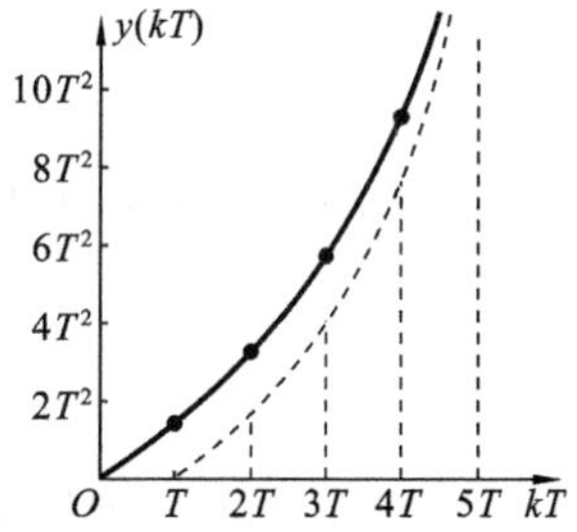

由以上分析可以看出,按照某种典型输入设计的最少拍控制系统,当输入信号形式改变时,系统的性能将变坏,输出响应不一定理想。这说明最少拍控制系统对输入信号变化的适应性较差。

3. 最少拍控制器的可实现性

图 4-14 单位加速度输入时最少拍控制系统输出响应曲线图

如果被控对象具有 N 个采样周期的纯滞后,则相应的脉冲传递函数为

$$G(z)=g_{N+1}z^{-(N+1)}+g_{N+2}z^{-(N+2)}+g_{N+3}z^{-(N+3)}+\cdots \quad (N\geqslant 0) \quad (4\text{-}25)$$

期望的闭环脉冲传递函数 $\Phi(z)$ 可以表示为 z^{-1} 的多项式,即

$$\Phi(z)=m_1z^{-1}+m_2z^{-2}+\cdots \quad (4\text{-}26)$$

由式(4-14)计算出最少拍控制器为

$$D(z)=\frac{m_1z^{-1}+m_2z^{-2}+\cdots}{[g_{N+1}z^{-(N+1)}+g_{N+2}z^{-(N+2)}+\cdots](1-m_1z^{-1}-m_2z^{-2}-\cdots)}$$
$$=\frac{m_1z^N+m_2z^{N-1}+\cdots}{(g_{N+1}+g_{N+2}z^{-1}+\cdots)(1-m_1z^{-1}-m_2z^{-2}-\cdots)} \quad (4\text{-}27)$$

由于 $D(z)$ 的分子上有 z 的正幂项,所以在控制器计算控制量时需要知道未来采样时刻的偏差值 $e(k+N), e(k+N-1), \cdots$,这在实际系统中是不可能实现的。为了使数字控制器 $D(z)$ 在物理上是可实现的,必须令 $m_1=m_2=\cdots=m_N=0$。此时,$\Phi(z)$ 应有如下形式:

$$\Phi(z)=m_{N+1}z^{-(N+1)}+m_{N+2}z^{-(N+2)}+\cdots \quad (4\text{-}28)$$

因此,当对具有纯滞后特性的被控对象进行最少拍控制系统设计时,为了满足控

制器在物理上是可实现的,期望闭环传递函数的确定要在被控对象纯滞后特性的基础上进行,$\Phi(z)$分子与分母的阶次差等于$G(z)$分子、分母的阶次差,即

$$\Phi(z) = z^{-N} M(z) \tag{4-29}$$

式中

$$M(z) = m_{N+1} z^{-1} + m_{N+2} z^{-2} + \cdots$$

4. 最少拍控制器的稳定性

由离散系统稳定性理论可知,根据设计要求构造的最少拍控制系统闭环脉冲传递函数$\Phi(z)$的全部极点都在$z=0$处,可以保证系统输出值在采样时刻是稳定的。但是,不能保证数字控制器的输出$u(t)$是收敛的。如果控制器的输出量$u(t)$是发散的,则系统在采样时刻之间的输出值会以震荡的形式发散,实际连续过程将是不稳定的,系统的稳定性将得不到保证。因此,在最少拍控制系统设计时,不但要保证输出的稳定性,而且要保证控制器输出控制量的收敛性,才能保证闭环系统在物理上真实稳定。

由图4-11可以求出控制器输出控制量$U(z)$为

$$U(z) = D(z) E(z) = \frac{\Phi(z)}{G(z)[1-\Phi(z)]} \Phi_e(z) R(z) = \frac{\Phi(z)}{G(z)} R(z) \tag{4-30}$$

则控制器输出控制量$u(t)$对于给定输入量$r(t)$的脉冲传递函数为

$$\frac{U(z)}{R(z)} = \frac{\Phi(z)}{G(z)} \tag{4-31}$$

可见,被控对象$G(z)$的零点是这个脉冲传递函数的极点。如果$G(z)$的所有零点都在单位圆内,则控制器的输出是收敛的。如果$G(z)$有单位圆上或单位圆外的零点,则为了保证控制器的输出收敛,构造$\Phi(z)$时必须包含有与$G(z)$相同的单位圆上或单位圆外的零点,不能简单地令式(4-19)中的$F(z)=1$。$F(z)$的选取通常应使$\Phi(z)$具有如下形式:

$$\begin{aligned}
\Phi(z) &= (1-z_1 z^{-1})(1-z_2 z^{-1}) \cdots (1-z_l z^{-1})(m_1 z^{-1} + m_2 z^{-2} + \cdots) \\
&= \prod_{k=1}^{l} (1-z_k z^{-1})(m_1 z^{-1} + m_2 z^{-2} + \cdots)
\end{aligned} \tag{4-32}$$

式中:$z_k(k=1,2,\cdots,l)$是$G(z)$的单位圆上或单位圆外的l个零点,$|z_k| \geq 1$。

如果被控对象$G(z)$中有单位圆上或单位圆外的极点,即被控对象是一个不稳定系统,在进行最少拍控制系统设计时,理论上可通过最少拍控制器设置零点进行抵消,得到一个稳定的控制系统。但是,实际控制中由于存在系统参数辨识误差及参数受外界环境影响而随时间的变化而变化的情况,这类抵消是不可能准确实现的,系统不可能真正稳定。为了把系统补偿成稳定系统,在确定闭环脉冲传递函数$\Phi(z)$时,必须增加附加条件。

设不稳定被控对象的脉冲传递函数为

$$G(z) = \frac{G_0(z)}{(1-p_1 z^{-1})(1-p_2 z^{-1}) \cdots (1-p_i z^{-1})} \tag{4-33}$$

式中:p_i为系统的m个不稳定极点;$G_0(z)$表示被控对象的稳定部分。由此求出的最

少拍控制器为

$$D(z) = \frac{(1-p_1z^{-1})(1-p_2z^{-1})\cdots(1-p_mz^{-1})\Phi(z)}{G_0(z)[1-\Phi(z)]} = \frac{\prod_{i=1}^{m}(1-p_iz^{-1})\Phi(z)}{G_0(z)[1-\Phi(z)]} \tag{4-34}$$

因此，在设计 $\Phi_e(z)=1-\Phi(z)$ 时，应该使其包含 $\prod_{i=1}^{m}(1-p_iz^{-1})$ 项，即

$$\Phi_e(z) = 1-\Phi(z) = \prod_{i=1}^{m}(1-p_iz^{-1})(1-z^{-1})^qF(z) \tag{4-35}$$

综上所述，结合式(4-29)、式(4-32)和式(4-35)，设计最少拍控制器应满足的闭环脉冲传递函数 $\Phi(z)$ 和误差脉冲传递函数 $\Phi_e(z)$ 通式为

$$\begin{cases} \Phi(z) = z^{-N}\prod_{k=1}^{l}(1-z_kz^{-1}) \cdot F_1(z) \\ \Phi_e(z) = (1-z^{-1})^q\prod_{i=1}^{m}(1-p_iz^{-1}) \cdot F_2(z) \end{cases} \tag{4-36}$$

(1) 为实现无静差控制，在选择 $\Phi(z)$ 和 $\Phi_e(z)$ 时，必须针对不同的输入选择不同的形式，$q=1,2,3$。

(2) 为保证控制系统的稳定性，$\Phi_e(z)$ 的零点应包含 $G(z)$ 的所有不稳定极点。

(3) 为保证控制器 $D(z)$ 的物理可实现性，$G(z)$ 的所有不稳定零点和滞后因子均应包含在闭环脉冲传递函数 $\Phi(z)$ 中。

(4) 为实现最少拍控制，通式(4-36)中的 $F_1(z)$ 和 $F_2(z)$ 是关于 z^{-1} 的多项式，$F_1(z)$ 不包含 $G(z)$ 中的不稳定极点，$F_2(z)$ 不包含 $G(z)$ 中的不稳定零点。$F_1(z)$ 和 $F_2(z)$ 应尽可能简单，在满足恒等式 $\Phi(z)+\Phi_e(z)=1$ 的同时，应取项数最少且保证通式(4-36)成立的多项式。

4.2.2 最少拍无纹波系统的设计

按最少拍控制系统设计出来的闭环系统，在有限拍后即进入稳态。这时闭环系统的输出在采样时刻精确地跟踪输入信号，然而在两个采样时刻之间，系统的输出存在着纹波或振荡。这种纹波不但影响系统的控制性能，产生过大的超调和持续振荡，而且还增加了系统的功率损耗和机械磨损。下面通过例子说明最少拍系统纹波的存在。

【例 4-2】 在图 4-11 所示系统中，设 $G_P(s)=\dfrac{10}{s(s+1)}$，$T=1\text{s}$，采用零阶保持器，系统输入为单位阶跃信号，试设计最少拍系统的数字控制器 $D(z)$，并画出数字控制器和系统的输出波形。

解 $G(z)=Z\left[\dfrac{1-e^{Ts}}{s}\dfrac{10}{s(s+1)}\right]=\dfrac{3.68z^{-1}(1+0.718z^{-1})}{(1-z^{-1})(1-0.368z^{-1})}$

$$\Phi(z)=z^{-1}, \quad \Phi_e(z)=1-z^{-1}$$

$$D(z)=\dfrac{\Phi(z)}{\Phi_e(z)G(z)}=\dfrac{0.272(1-0.368z^{-1})}{1+0.718z^{-1}}$$

$$Y(z)=\Phi(z)R(z)=z^{-1}+z^{-2}+z^{-3}+\cdots$$

下面利用修正 z 变换求采样点之间的系统输出,取 $\beta=0.5$,

$$G(z,\beta)=10(1-z^{-1})\left[\frac{z^{-2}}{(1-z^{-1})^2}+\frac{(\beta-1)z^{-1}}{(1-z^{-1})}+\frac{e^{-\beta}z^{-1}}{(1-e^{-1}z^{-1})}\right]$$

$$G(z,0.5)=\frac{10z^{-2}}{1-z^{-1}}-5z^{-1}+\frac{6.065z^{-1}(1-z^{-1})}{1-0.368z^{-1}}$$

$$\Phi(z,\beta)=\frac{D(z)G(z,\beta)}{1+D(z)G(z)}$$

$$Y(z,\beta)=\Phi(z,\beta)R(z)=\frac{0.289z^{-1}(1+4.42z^{-1}+0.512z^{-2})}{1-0.282z^{-1}-0.718z^{-2}}$$

$$=0.289z^{-1}+1.359z^{-2}+0.738z^{-3}+1.184z^{-4}+0.864z^{-5}+1.093z^{-6}+\cdots$$

其输出响应如图 4-15 所示,可以看出系统的输出存在纹波。进一步分析可知,产生纹波的原因是数字控制器 $D(z)$ 输出序列 $u^*(t)$ 经过若干拍后,在系统输出 $y^*(t)$ 的过渡过程结束后,不为常值或零,而是围绕其平均值振荡收敛的。控制器的输出如图 4-16 所示。

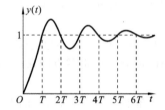

图 4-15 单位阶跃输入时系统输出曲线   图 4-16 单位阶跃输入时控制器输出曲线

$$U(z)=D(z)E(z)=D(z)\Phi_e(z)R(z)=\frac{0.272(1-0.368z^{-1})}{1+0.718z^{-1}}$$

$$=0.272-0.295z^{-1}+0.212z^{-2}-0.152z^{-3}+0.109z^{-4}-0.078z^{-5}+\cdots$$

下面进一步从数学关系上分析产生纹波的原因和消除纹波的方法。由图 4-11 可以得到

$$\begin{cases}Y(z)=\Phi(z)R(z)\\ Y(z)=G(z)U(z)\end{cases}$$

所以

$$\frac{U(z)}{R(z)}=\frac{\Phi(z)}{G(z)}$$

又

$$U(z)=D(z)E(z)=D(z)\Phi_e(z)R(z)$$

所以

$$\frac{U(z)}{R(z)}=D(z)\Phi_e(z),\quad D(z)\Phi_e(z)=\frac{\Phi(z)}{G(z)}$$

从前述分析可知,若要求系统的输出 $y^*(t)$ 在有限拍内结束过渡过程,就要求选择的闭环脉冲传递函数 $\Phi(z)$ 为关于 z^{-1} 的有限多项式。

如果要求 $u^*(t)$ 在有限拍内结束过渡过程,就要求 $\frac{U(z)}{R(z)}=D(z)\Phi_e(z)$ 为关于 z^{-1}

的有限多项式。纹波产生的原因是 $\frac{U(z)}{R(z)} = D(z)\Phi_e(z)$ 不是关于 z^{-1} 的有限多项式,这样使 $u^*(t)$ 的过渡过程不结束,从而使输出 $y^*(t)$ 产生波动。因此,要消除纹波,就要求 $y^*(t)$ 和 $u^*(t)$ 同时结束过渡过程,否则,就会产生波动现象,要求 $D(z)\Phi_e(z)$ 为 z^{-1} 的有限多项式,即 $\Phi(z)$ 能被 $G(z)$ 整除即可。

设计系统时应使 $\Phi(z)$ 的零点包含 $G(z)$ 的全部零点,使得 $G(z)$ 的全部零点被 $\Phi(z)$ 的零点所抵消,这样 $\Phi(z)$ 就能被 $G(z)$ 整除。当然,这样选取的 $\Phi(z)$ 会使系统的过渡过程长一些,却消除了纹波。

设最少拍系统广义对象的脉冲传递函数为

$$G(z) = z^{-N} \frac{k_1 \prod_{i=1}^{u}(1 - b_i z^{-1})}{\prod_{j=1}^{v}(1 - a_j z^{-1}) \prod_{p=1}^{w}(1 - f_p z^{-1})}$$

式中:$b_1, b_2, \cdots, b_u$ 是 $G(z)$ 的 u 个零点;$a_1, a_2, \cdots, a_v$ 是 $G(z)$ 的 v 个不稳定极点;$f_1, f_2, \cdots, f_w$ 是 $G(z)$ 的 w 个稳定极点;k_1 为常系数;z^{-N} 为 $G(z)$ 中含有的纯滞后环节。

则可得无纹波最少拍系统的闭环脉冲传递函数为

$$\Phi(z) = z^{-N} \prod_{i=1}^{u}(1 - b_i z^{-1}) F_2(z) \tag{4-37}$$

式中:$F_2(z) = k[1 + c_1 z^{-1} + \cdots + c_{q+v-1} z^{-(q+v-1)}]$,$k$ 为常系数。

误差的脉冲传递函数为

$$\Phi_e(z) = (1 - z^{-1})^q \prod_{j=1}^{v}(1 - a_j z^{-1}) F_1(z) \tag{4-38}$$

式中:$F_1(z) = 1 + d_1 z^{-1} + \cdots + d_{N+u-1} z^{-(N+u-1)}$。

对于单位阶跃、单位速度、单位加速度输入,q 分别取 1、2、3。

由此得到数字控制器 $D(z) = \frac{\Phi(z)}{\Phi_e(z) G(z)}$。

【例 4-3】 对于图 4-11 所示系统,设 $G_P(s) = \frac{10}{s(s+1)}$,$T = 1\text{s}$,试按输入为单位阶跃信号确定无纹波最少拍系统的数字控制器 $D(z)$。

解 $G(z) = Z\left[\frac{1 - e^{-Ts}}{s} \frac{10}{s(s+1)}\right] = \frac{3.68 z^{-1}(1 + 0.718 z^{-1})}{(1 - z^{-1})(1 - 0.368 z^{-1})}$

$\Phi(z) = k z^{-1}(1 + 0.718 z^{-1})$, $\Phi_e(z) = (1 - z^{-1})(1 + d_1 z^{-1})$

由 $\Phi(z) = 1 - \Phi_e(z)$ 得

$$k z^{-1}(1 + 0.718 z^{-1}) = (1 - d_1) z^{-1} + d_1 z^{-2}$$

$$\begin{cases} k = 0.582 \\ d_1 = 0.418 \end{cases}$$

$$\Phi(z) = 0.582 z^{-1}(1 + 0.718 z^{-1})$$

$$\Phi_e(z)=(1-z^{-1})(1+0.418z^{-1})$$

此时,系统在采样点的输出为

$$Y(z)=\Phi(z)R(z)=0.582z^{-1}+z^{-2}+z^{-3}+\cdots$$

$$D(z)=\frac{\Phi(z)}{\Phi_e(z)G(z)}=\frac{0.1582(1-0.368z^{-1})}{1+0.418z^{-1}}$$

$$D(z)\Phi_e(z)=0.1582(1-1.368z^{-1}+0.368z^{-2})$$

数字控制器的输出为

$$U(z)=D(z)\Phi_e(z)R(z)=0.1582-0.058z^{-1}$$

误差信号为 $\quad E(z)=[1-\Phi(z)]R(z)=1+0.418z^{-1}$

可见 $D(z)\Phi_e(z)$ 为关于 z^{-1} 的多项式,并且 $u^*(t)$ 经过 2 拍后过渡过程结束。

同时,经过 2 拍后 $y^*(t)$ 的过渡过程也结束了,也就是 $u^*(t)$ 和 $y^*(t)$ 同时结束过渡过程。

利用广义 z 变换可求出系统的输出响应。设 $\beta=0.5$,

$$G(z,\beta)=10(1-z^{-1})\left[\frac{z^{-2}}{(1-z^{-1})^2}+\frac{(\beta-1)z^{-1}}{1-z^{-1}}+\frac{e^{-\beta}z^{-1}}{1-e^{-1}z^{-1}}\right]$$

$$Y(z)=\Phi(z)R(z)=z^{-1}+z^{-2}+z^{-3}+\cdots$$

$$G(z,\beta)=10(1-z^{-1})\left[\frac{z^{-2}}{(1-z^{-1})^2}+\frac{(\beta-1)z^{-1}}{(1-z^{-1})}+\frac{e^{-\beta}z^{-1}}{(1-e^{-1}z^{-1})}\right]$$

$$Y(z,\beta)=\Phi_e(z)D(z)G(z,\beta)R(z)$$
$$=\frac{1.582z^{-1}[\beta-1+e^{-\beta}+(2.368-1.368\beta-2e^{-\beta})z^{-1}+(0.368\beta-0.736+e^{-\beta})z^{-2}]}{1-z^{-1}}$$
$$=1.582(\beta-1+e^{-\beta})z^{-1}+1.582(1.368-0.368\beta-e^{-\beta})z^{-2}+z^{-3}+z^{-4}+\cdots$$

由此可见,此系统经过 2 拍以后就消除了纹波,如图 4-17 所示。

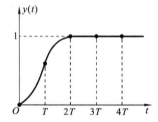

图 4-17 输入为单位阶跃时的输出响应

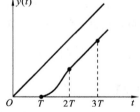

图 4-18 输入为单位速度时的输出响应

如果所求得系统在单位速度信号输入下,则输出的广义 z 变换为

$$Y(z,\beta)=\Phi_e(z)D(z)G(z,\beta)R(z)$$
$$=1.582(\beta-1+e^{-\beta})z^{-2}+(\beta+0.582)z^{-3}+(\beta+1.582)z^{-4}+(\beta+2.582)z^{-5}+\cdots$$

其输出响应如图 4-18 所示,可以看出,系统经过 2 拍后过渡过程结束,但始终存在稳态误差 1.418。

在例 4-3 中,如果按输入为单位速度信号,来确定无纹波最少拍系统的数字控制器 $D(z)$,则有

$$\Phi(z)=kz^{-1}(1+0.718z^{-1})(1+c_1z^{-1}), \quad \Phi_e(z)=(1-z^{-1})^2(1+d_1z^{-1})$$

由 $\Phi(z)=1-\Phi_e(z)$,得到

$$\begin{cases} k=1.407 \\ c_1=-0.375 \\ d_1=0.593 \end{cases}$$

所以
$$D(z)=\frac{\Phi(z)}{G(z)\Phi_e(z)}=\frac{0.383(1-0.368z^{-1})(1-0.586z^{-1})}{(1-z^{-1})(1+0.593z^{-1})}$$

输出的广义 z 变换为

$$\begin{aligned}Y(z,\beta)&=\Phi_e(z)D(z)G(z,\beta)R(z)\\&=3.83(\beta-1+e^{-\beta})z^{-2}+(3.65+0.175\beta-2.24e^{-\beta})z^{-3}+(\beta+3)z^{-4}\\&\quad+(\beta+4)z^{-5}+\cdots\end{aligned}$$

由此可知,此系统在单位速度信号作用下,过渡过程为 3 拍,并且无纹波,其输出响应如图 4-19 所示。

如果所求得的系统在单位阶跃信号输入下,则输出的广义 z 变换为

$$\begin{aligned}Y(z,\beta)&=\Phi_e(z)D(z)G(z,\beta)R(z)\\&=3.83(\beta-1+e^{-\beta})z^{-1}+(7.48-3.65\beta-6.07e^{-\beta})z^{-2}\\&\quad+(0.825\beta-0.65+2.24e^{-\beta})z^{-3}+z^{-4}+z^{-5}+\cdots\end{aligned}$$

其输出响应如图 4-20 所示,可以看出,系统经过 3 拍后过渡过程结束,但有 100% 的超调量,并且无纹波。

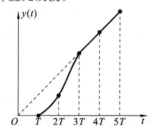

图 4-19 输入为单位速度时的输出响应

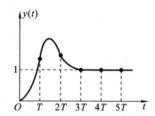

图 4-20 输入为单位阶跃时的输出响应

4.2.3 关于最少拍系统的讨论

1. 最少拍系统的局限性

最少拍系统控制器的设计使得系统对某一类输入信号的响应为最少拍,但这种设计方法对其他类型的输入信号的适应性较差,甚至会引起大的超调和静差。因此,这种设计方法应对不同的输入信号使用不同的数字控制器或闭环脉冲传递函数,否则,就得不到最佳性能。图 4-21 显示了最少拍系统对输入信号敏感性的变换规律。

由图 4-21 可见,针对某种典型输入信号设计得到的系统闭环脉冲传递函数 $\Phi(z)$ 用于次数较低的输入信号时,系统会出现较大的超调,响应时间也会增加,但在采样时刻的误差为零;而当其用于次数较高的输入信号时,输出将不能完全跟踪输入,以至于

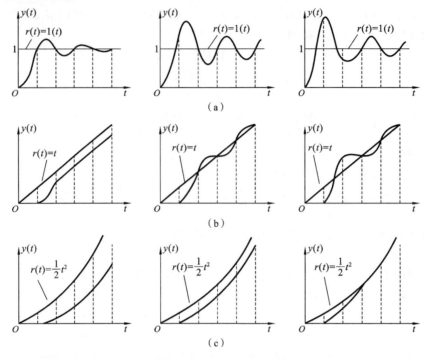

图 4-21 最少拍系统对输入信号的敏感性

产生稳态误差。所以一种典型的最少拍闭环脉冲传递函数只适用一种特定的输入,而不能同时适应多种不同类型的输入。但对于实际系统,它的输入往往是复杂的,有时甚至是随机的,因此最少拍系统对输入信号的敏感性限制了它的实际应用。

2. 惯性因子法

惯性因子法的基本思想是以牺牲有限拍的性质为代价,对各种输入函数的响应采用折中方法处理,以换取系统对不同输入类型皆能获得比较满意的控制效果。这时的误差脉冲传递函数 $\Phi_e(z)=1-\Phi(z)$ 不再是有限多项式 $(1-z^{-1})^q F(z)$,而是将其修改为

$$1-\Phi^*(z)=\frac{1-\Phi(z)}{1-Cz^{-1}} \tag{4-39}$$

式中,C 称为惯性因子,因为 C 以 $\Phi^*(z)$ 的一个极点的形式出现,所以必须限制惯性因子 C 的大小为 $|C|<1$,以便 $\Phi^*(z)$ 稳定。这样,闭环系统的脉冲传递函数

$$\Phi^*(z)=\frac{\Phi(z)-Cz^{-1}}{1-Cz^{-1}} \tag{4-40}$$

也不再是 z^{-1} 的多项式。也就是说,加入惯性因子后,系统已不可能在有限个采样周期内达到稳态且没有稳态误差,而只是渐进地趋于稳态,但是,系统对输入类型的敏感程度却因此降低了。通过合理地选择惯性因子 C,可以对不同类型的输入均获得比较满意的响应。

为使响应能单调地衰减,通常取 $0<C<1$,C 的取值可以通过反复试凑来确定,也可根据某些优化准则,如均方误差 $J = \sum_{k=0}^{\infty} e^2(k)$ 的最小化来确定。实际应用中应兼顾不同的情况,折中地选择 C 值。

值得注意的是,使用惯性因子法并不能改善系统对所有输入类型的响应,因此,这种方法只适用于输入类型不多的情况。如果要使控制系统适应面广,则可针对各种输入类型分别设计,在线切换。

3. 关于极点位置的讨论

最少拍系统的闭环脉冲传递函数中含有多重极点,且都位于 z 平面的零点,$z=0$,这是由于设计中用 $D(z)$ 的增益、极点和零点补偿了 $G(z)$ 中的相应部分所致。从理论上可以证明,这一多重极点对系统参数变化的灵敏度可以达到无穷。因此,如果系统参数发生变化,或在计算机中存入的参数与设计参数略有差异,将使实际输出严重偏离期望状态。惯性因子法中由于惯性因子的加入,将使系统对参数变化的灵敏度降低。

4. 采样周期的限制

既然最少拍系统在特定输入信号作用下,只经过几个采样周期系统稳态误差就为零,那么是否采样周期取得越短,系统的调节时间就可以无限地减少呢?答案是否定的。这是因为在实际系统中,能源的功率是有限的,例如,驱动对象的力矩电机转速不可能无限提高,它存在着饱和转速。采样周期越短,则控制输出就越大,这立即会使系统工作于非线性饱和状态,从而使性能显著变坏。此外,系统的响应快,必然使运动部件具有较高的速度和加速度,它将承受过大的离心载荷和惯性载荷,如果超过强度极限就会遭到破坏。

4.3 纯滞后对象的控制算法

在工业过程(如热工、化工)控制中,由于物料或能量的传输延迟,使得被控对象具有纯滞后性质,对象的这种纯滞后性质对控制性能极为不利。当对象的纯滞后时间与对象的时间常数相比很大时,采用常规的 PID 控制会使响应过程严重超调,稳定性变差。国外很早就开始对工业生产过程中的纯滞后对象进行深入的研究,现总结如下。

4.3.1 达林算法

一般来说,对具有纯滞后特性的被控对象,快速性的要求是次要的,而对稳定性、超调量的要求是主要的。1968 年,美国 IBM 公司的达林(Dahlin)提出了解决这类对象控制问题的一种方法,称为达林算法。

达林算法属于离散化设计方法,其设计目的是根据纯滞后系统的主要控制要求,设计一个合适的数字控制器 $D(z)$,使期望的闭环脉冲传递函数 $\Phi(z)$ 设计成为一个带

有纯滞后的一阶惯性环节,且纯滞后时间与被控对象的纯滞后时间相同,即

$$\Phi(s) = \frac{Y(s)}{R(s)} = \frac{e^{-\tau s}}{T_\tau s + 1} \tag{4-41}$$

式中,τ 为被控对象的纯滞后时间(设 $\tau = NT$,N 是正整数)。T_τ 为期望闭环传递函数的时间常数,其值由设计者用试凑法给出。

达林算法是一种极点配置方法,适用于广义对象含有滞后环节且要求等效系统没有超调的控制系统(等效系统为一阶惯性环节,且无超调量)。

1. 达林算法控制器 $D(z)$ 的基本形式

首先对式(4-41)表示的闭环系统离散化,求取闭环系统的脉冲传递函数。它可等效为零阶保持器与闭环系统传递函数串联后的 z 变换,有

$$\Phi(z) = \frac{Y(z)}{R(z)} = Z\left[\frac{1-e^{-Ts}}{s} \cdot \frac{e^{-NTs}}{T_\tau s + 1}\right] = \frac{z^{-(N+1)}(1-e^{-T/T_\tau})}{1-z^{-1}e^{-T/T_\tau}} \tag{4-42}$$

由图 4-11 所示的典型计算机控制系统结构图,可得达林算法控制器 $D(z)$ 为

$$D(z) = \frac{\Phi(z)}{G(z)[1-\Phi(z)]} = \frac{z^{-(N+1)}(1-e^{-T/T_\tau})}{G(z)[1-z^{-1}e^{-T/T_\tau} - z^{-(N+1)}(1-e^{-T/T_\tau})]} \tag{4-43}$$

从式(4-43)可以看出,控制器由不同形式的被控对象确定,要获得同样性能的系统,应采用不同的数字控制器 $D(z)$。大多数工业过程对象都可以用带有纯滞后特性 $e^{-\tau s}$ 的一阶或二阶惯性环节来近似。下面对一阶和二阶带有纯滞后特性的被控对象,求出相应的达林算法控制器 $D(z)$。

1) 被控对象为带纯滞后的一阶惯性环节

带纯滞后的一阶被控对象的传递函数为

$$G_P(s) = \frac{Ke^{-\tau s}}{T_1 s + 1}, \quad \tau = NT \tag{4-44}$$

广义被控对象的脉冲传递函数为

$$G(z) = Z\left[\frac{1-e^{-Ts}}{s} \cdot \frac{Ke^{-NTs}}{T_1 s + 1}\right] = K(1-z^{-1})z^{-N}Z\left[\frac{1}{s} - \frac{T_1}{T_1 s + 1}\right] = \frac{Kz^{-(N+1)}(1-e^{-T/T_1})}{1-e^{-T/T_1}z^{-1}} \tag{4-45}$$

将式(4-45)代入式(4-43),得

$$D(z) = \frac{(1-e^{-T/T_\tau})(1-e^{-T/T_1}z^{-1})}{K(1-e^{-T/T_1})[1-e^{-T/T_\tau}z^{-1} - (1-e^{-T/T_\tau})z^{-(N+1)}]} \tag{4-46}$$

2) 被控对象为带纯滞后的二阶惯性环节

带有纯滞后的二阶被控对象的传递函数为

$$G_P(s) = \frac{Ke^{-\tau s}}{(T_1 s + 1)(T_2 s + 1)}, \quad \tau = NT \tag{4-47}$$

广义被控对象的脉冲传递函数为

$$G(z) = Z\left[\frac{1-e^{-Ts}}{s} \cdot \frac{Ke^{-NTs}}{(T_1 s + 1)(T_2 s + 1)}\right] = K(1-z^{-1})z^{-N}Z\left[\frac{1}{s(T_1 s + 1)(T_2 s + 1)}\right]$$

$$= \frac{K(C_1 + C_2 z^{-1})z^{-(N+1)}}{(1-e^{-T/T_1}z^{-1})(1-e^{-T/T_2}z^{-1})} \tag{4-48}$$

式中

$$C_1 = 1 + \frac{1}{T_2 - T_1}(T_1 e^{-T/T_1} - T_2 e^{-T/T_2}), \quad C_2 = e^{-T(1/T_1 + 1/T_2)} + \frac{1}{T_2 - T_1}(T_1 e^{-T/T_2} - T_2 e^{-T/T_1})$$

将式(4-48)代入式(4-43),得

$$D(z) = \frac{(1 - e^{-T/T_\tau})(1 - e^{-T/T_1} z^{-1})(1 - e^{-T/T_2} z^{-1})}{K(C_1 + C_2 z^{-1})[1 - e^{-T/T_\tau} z^{-1} - (1 - e^{-T/T_\tau}) z^{-(N+1)}]} \tag{4-49}$$

【例 4-4】 已知某过程对象的传递函数为 $G_P(s) = \dfrac{e^{-2s}}{4s+1}$,试用达林算法设计数字控制器 $D(z)$,使系统的闭环传递函数为 $\Phi(s) = \dfrac{e^{-2s}}{2s+1}$。设采样周期 $T = 1\text{s}$。

解 根据题意,可知 $\tau = 2\text{s}, T_1 = 4\text{s}, K = 1, T_\tau = 2\text{s}, N = \tau/T = 2$,被控对象为一阶惯性环节,则由式(4-46),有

$$D(z) = \frac{(1 - e^{-1/2})(1 - e^{-1/4} z^{-1})}{(1 - e^{-1/4})[1 - e^{-1/2} z^{-1} - (1 - e^{-1/2}) z^{-(2+1)}]} = \frac{1.778(1 - 0.779 z^{-1})}{1 - 0.607 z^{-1} - 0.393 z^{-2}}$$

所以,

$$D(z) = \frac{U(z)}{E(z)} = \frac{1.778(1 - 0.779 z^{-1})}{1 - 0.607 z^{-1} - 0.393 z^{-3}}$$

将上式等号两边交叉相乘,得到控制器的递推算法为

$$u(k) = 1.778 e(k) - 1.385 e(k-1) + 0.607 u(k-1) + 0.393 u(k-3)$$

即为达林算法设计的数字控制器。当输入为单位阶跃信号时,误差曲线、控制曲线和输出曲线分别如图 4-22(a)、(b)、(c)所示。

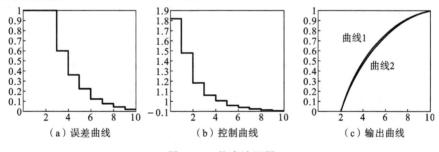

图 4-22 仿真波形图

由控制理论知,一阶环节跟踪阶跃信号为无差跟踪。从误差曲线图 4-22(a)可见,误差从 1 逐渐衰减到 0。从图 4-22(b)可见,控制量从一个初始的值逐渐减少并稳定在 1。图 4-22(c)的两条曲线中,曲线 1 是闭环系统的输出,曲线 2 是等效系统的输出。可见,两条曲线重合,滞后时间为 2 拍,表明用达林算法设计的控制器可使整个闭环系统的期望传递函数等效为一个惯性环节和一个延迟环节串联,并使整个闭环系统的纯滞后时间与被控对象 $G_P(s)$ 的纯滞后时间 τ 相同。由于最终误差为 0,控制量为稳定值,故输出曲线对阶跃输入能完全跟踪,稳态值为 1,但滞后时间为 2 拍。

2. 振铃现象及消除方法

所谓振铃(Ringing)现象,是指数字控制器的输出 $u(k)$ 以接近二分之一的采样频

率大幅度衰减振荡,这与前述最少拍有纹波系统中的纹波实质上是一致的。振铃现象对系统的输出几乎是没有影响的,但会使执行机构因磨损而造成损坏。在存在耦合的多回路控制系统中,振铃现象还有可能影响到系统的稳定性,所以在系统设计中,应设法消除振铃现象。

1) 振铃产生的原因

振铃现象与被控对象的特性、闭环时间常数、采样周期、纯滞后时间的大小等有关。在计算机控制系统中,系统的输出 $Y(z)$ 和数字控制器的输出 $U(z)$ 之间的关系为

$$Y(z) = G(z)U(z) \quad (4\text{-}50)$$

系统输出 $Y(z)$ 与闭环系统的输入 $R(z)$ 的关系为

$$Y(z) = \Phi(z)R(z) \quad (4\text{-}51)$$

由式(4-50)和式(4-51)可以得到

$$\frac{U(z)}{R(z)} = \frac{\Phi(z)}{G(z)} \quad (4\text{-}52)$$

式(4-52)描述了数字控制器的输出 $U(z)$ 与闭环系统的输入 $R(z)$ 之间的关系,可以进一步写作

$$U(z) = \frac{\Phi(z)}{G(z)}R(z) = \Phi_u(z)R(z) \quad (4\text{-}53)$$

式(4-53)中,$\Phi_u(z) = \dfrac{\Phi(z)}{G(z)}$,表示数字控制器的输出与闭环系统的输入之间的关系,它是分析振铃的基础。将式(4-43)代入式(4-52),有

$$U(z) = \frac{D(z)}{1 + D(z)G(z)}R(z) \quad (4\text{-}54)$$

可以看出,$\Phi_u(z)$ 的极点包含了 $G(z)$ 的零点和 $D(z)$ 的极点。设 $P_i(i=1,2,\cdots,n)$ 为 $\Phi_u(z)$ 的极点,在单位阶跃输入下,即 $R(z) = \dfrac{1}{1-z^{-1}}$,并设

$$\Phi_u(z) = \frac{b_0 z^m + b_1 z^{m-1} + \cdots + b_m}{z^n + a_1 z^{n-1} + \cdots + a_n}, \quad m \leqslant n \quad (4\text{-}55)$$

为说明问题,此处令 $m=n$,则有

$$U(z) = \frac{b_0 z^m + b_1 z^{m-1} + \cdots + b_m}{z^n + a_1 z^{n-1} + \cdots + a_n} \frac{1}{1-z^{-1}} = \frac{b_0}{1-z^{-1}} + \frac{B_0}{z-1} + \frac{B_1}{z-p_1} + \cdots + \frac{B_n}{z-p_n} \quad (4\text{-}56)$$

为了分析 p_i 对 $u(t)$ 的贡献,需对 $U(z)$ 求 z 反变换。系数 $b_0, B_0, B_1, \cdots, B_n$ 只对幅值有影响,对输出的稳定性无影响,因此可不考虑。

假如系统初始处于静止状态,则

$$Z^{-1}\left[\frac{1}{z-p_i}\right] = Z^{-1}\left[\frac{z^{-1}}{1-p_i z^{-1}}\right] = \begin{cases} 0, & k \leqslant 0 \\ p_i^{k-1}, & k=1,2,\cdots,n \end{cases}$$

极点 p_i 可为实数,也可为共轭复数,p_i 为不同值时控制器输出 $u(k)$ 的暂态响应可参看图 3-17 和图 3-18。

对于单位阶跃输入函数 $R(z)=\dfrac{1}{1-z^{-1}}$,由式(4-56)可知,$U(z)$含有 $z=1$ 的极点;如果 $\Phi_u(z)$ 在 z 平面的负实轴上有极点,且与 $z=-1$ 点相近,则数字控制器的输出序列 $u(k)$ 中将含有这两种幅值相近的暂态项,而且这两个暂态项的符号在不同时刻是不同的。当两暂态项符号相同时,数字控制器的控制作用加强;符号相反时,控制作用减弱,从而造成数字控制器的输出序列 $u(k)$ 的幅值以 $2T$ 为周期大幅度波动,这便是振铃现象产生的原因。

由上述分析可知,产生振铃现象的原因是数字控制器 $D(z)$ 在 z 平面上 $z=-1$ 附近有极点。当 $z=-1$ 时,振铃现象最严重,在单位圆内离 $z=-1$ 越远,振铃现象越弱。

2) 振铃幅度 RA

用振铃幅度 RA 来衡量振铃程度的强弱。它的定义是,在单位阶跃输入作用下,数字控制器 $D(z)$ 的第 0 次输出与第一次输出的差值,即

$$\mathrm{RA}=u(0)-u(1) \tag{4-57}$$

将 $\Phi_u(z)$ 写成

$$\Phi_u(z)=kz^{-N}\Phi_u'(z) \tag{4-58}$$

式中:$\Phi_u'(z)=\dfrac{1+b_1z^{-1}+b_2z^{-2}+\cdots}{1+a_1z^{-1}+a_2z^{-2}+\cdots}$ 是 z 的有理分式;kz^{-N} 是滞后因子,将输出序列延时,所以控制器输出幅度的变化只取决于 $\Phi_u'(z)$。这样,在单位阶跃输入时,控制器的输出为

$$\begin{aligned}U(z)&=\Phi_u'R(z)=\dfrac{1+b_1z^{-1}+b_2z^{-2}+\cdots}{1+a_1z^{-1}+a_2z^{-2}+\cdots}\dfrac{1}{1-z^{-1}}\\&=\dfrac{1+b_1z^{-1}+b_2z^{-2}+\cdots}{1+(a_1-1)z^{-1}+(a_2-a_1)z^{-2}+\cdots}\\&=1+(b_1-a_1+1)z^{-1}+(b_2-b_2+a_1)z^{-2}+\cdots\end{aligned} \tag{4-59}$$

由上式可见,$u(0)=1,u(1)=b_1-a_1+1$。根据振铃幅度定义,有

$$\mathrm{RA}=u(0)-u(1)=1-(b_1-a_1+1)=a_1-b_1 \tag{4-60}$$

下面分析前面求出的一阶和二阶两个数字控制器 $D(z)$ 的振铃现象。

(1) 被控对象为带有纯滞后的一阶惯性环节。数字控制器 $D(z)$ 的形式为式(4-46),有

$$\Phi_u(z)=\dfrac{\Phi(z)}{G(z)}=\dfrac{(1-\mathrm{e}^{-T/T_\tau})(1-\mathrm{e}^{-T/T_1}z^{-1})}{K(1-\mathrm{e}^{-T/T_\tau})(1-\mathrm{e}^{-T/T_\tau}z^{-1})}$$

$$\Phi_u'(z)=\dfrac{1-\mathrm{e}^{-T/T_1}z^{-1}}{1-\mathrm{e}^{-T/T_\tau}z^{-1}}$$

根据式(4-57),其振铃幅度为

$$\mathrm{RA}=a_1-b_1=-\mathrm{e}^{-T/T_\tau}+\mathrm{e}^{-T/T_1} \tag{4-61}$$

可见,如果选择 $T_\tau\geqslant T_1$,则 RA$\leqslant 0$,无振铃现象发生;若选择 $T_\tau<T_1$,则有振铃现象发生。

(2) 被控对象为带有纯滞后的二阶惯性环节。数字控制器 $D(z)$ 的形式如式(4-49)所示,则

$$\Phi_u(z)=\frac{\Phi(z)}{G(z)}=\frac{(1-\mathrm{e}^{-T/T_\tau})(1-\mathrm{e}^{-T/T_1}z^{-1})(1-\mathrm{e}^{-T/T_2}z^{-1})}{KC_1\left(1+\frac{C_2}{C_1}z^{-1}\right)(1-\mathrm{e}^{-T/T_\tau}z^{-1})}$$

上式存在极点 $z=-\dfrac{C_2}{C_1}$,且 $\lim\limits_{T\to 0}\left(-\dfrac{C_2}{C_1}\right)=-1$,这说明当 T 很小时会产生强烈的振铃现象。根据式(4-57),可求得

$$\mathrm{RA}=\frac{C_2}{C_1}-\mathrm{e}^{-T/T_\tau}+\mathrm{e}^{-T/T_1}+\mathrm{e}^{-T/T_2} \tag{4-62}$$

从而有

$$\lim_{T\to 0}\mathrm{RA}=2$$

3) 振铃现象的消除

由上述对振铃产生原因的分析及振铃幅度的计算,可以有两种消除振铃现象的方法。

方法一:参数选择法。

对于一阶惯性加纯滞后对象,如果合理选择期望闭环传递函数的惯性时间常数 T_τ 和采样周期 T,使 $\mathrm{RA}\leqslant 0$,消除振铃。即便不能使 $\mathrm{RA}\leqslant 0$,也可以把 RA 减到最小,最大限度地抑制振铃。

方法二:消除振铃因子法。

找出数字控制器中引起振铃现象的因子(即 $z=-1$ 附近的极点),然后人为地令这个因子中的 $z=1$,消除这个极点。根据终值定理,这样做不影响输出的稳态值,却改变了数字控制器的动态特性,从而影响闭环系统的动态响应。

例如,根据达林算法求得的 $D(z)$ 表达式为

$$D(z)=\frac{1.3515(1-0.2865z^{-1})}{(1-z^{-1})(1+0.9643z^{-1})}$$

可知 $D(z)$ 有两个极点,其中 $z=1$ 处的极点不会引起振铃,而 $z=-0.9643$ 接近 $z=-1$,是引起振铃的极点。根据消除振铃因子法,令该因子中的 $z=1$,则有

$$D(z)=\frac{1.3515(1-0.2865z^{-1})}{(1-z^{-1})(1+0.9643)}=\frac{0.688-0.1971z^{-1}}{1-z^{-1}}$$

3. 达林算法的设计步骤

具有纯滞后的控制系统往往不希望产生超调,且要求稳定,这样采用直接设计法设计的数字控制器应注意防止振铃现象。达林算法的一般设计步骤如下。

(1) 根据系统性能要求,确定期望闭环系统的参数 T_τ,给出振铃幅度 RA 的指标。

(2) 根据振铃幅度 RA 的要求,由 RA 的计算式(4-57),确定采样周期 T,如果 T 有多解,则选择较大的 T。

(3) 确定正整数 $N=\tau/T$。

(4) 求广义对象的脉冲传递函数 $G(z)$ 及期望闭环系统的脉冲传递函数 $\Phi(z)$。

(5) 求数字控制器的脉冲传递函数 $D(z)$。

(6) 将 $D(z)$ 变换为差分方程,以便于计算机编写相应算法程序。

4.3.2 Smith 预估算法

1. 纯滞后对系统控制品质的影响

对图 4-23 所示的常规控制系统,被控对象含有纯滞后特性,其传递函数为

$$G(s) = \frac{Y(s)}{U(s)} = G_P(s) e^{-\tau s} \tag{4-63}$$

式中:$G_P(s)$ 为被控对象不含纯滞后特性的传递函数。

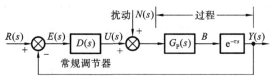

图 4-23 有纯滞后的常规反馈控制结构框图

不考虑扰动 $N(s)$ 时,系统的闭环传递函数为

$$\Phi(s) = \frac{Y(s)}{R(s)} = \frac{D(s) G_P(s) e^{-\tau s}}{1 + D(s) G_P(s) e^{-\tau s}} \tag{4-64}$$

系统的特征方程为

$$1 + D(s) G_P(s) e^{-\tau s} = 0 \tag{4-65}$$

这是一个复变数 s 的超越方程,方程的根就是系统闭环特征根,将受到纯滞后时间 τ 的影响。通过对系统的频域分析可知,τ 的增加不利于闭环系统的稳定,使闭环系统的控制品质下降。因此,在进行控制系统设计时,为了提高系统的控制品质,应努力设法减少处于闭环回路中的纯滞后。除了选择合适的被控变量来减少对象的纯滞后外,在控制方案上,也应该采用各种补偿的方法来减少或补偿纯滞后造成的不利影响。

2. Smith 补偿控制原理

针对纯滞后系统闭环特征方程含有影响系统控制品质的纯滞后问题,Smith 于 1957 年提出了一种预估补偿控制方案,即在 PID 反馈控制基础上,引入一个预估补偿环节,使闭环特征方程不含有纯滞后项,以提高控制质量。

如果能把图 4-23 中的 B 点信号测出,那么就可以按照图 4-24 所示的框图,把 B 点信号反馈到控制器,这样就把纯滞后环节移到控制回路外边。

由图 4-24 可以得出闭环传递函数为

$$\Phi(s) = \frac{D(s) G_P(s) e^{-\tau s}}{1 + D(s) G_P(s)} \tag{4-66}$$

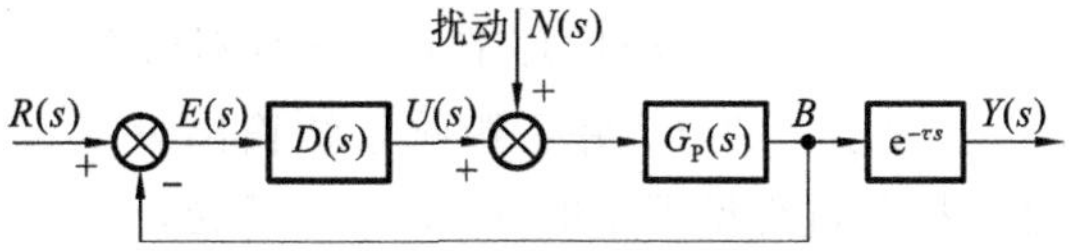

图 4-24 反馈回路的理想结构示意图

由式(4-66)可见,闭环特征方程中不含有纯滞后项,因此系统的响应将会大大改善。但是由于 B 点信号是一个不可测(假想)信号,所以该方案是无法实现的。

为了实现此方案,构造了一个过程的模型,并按图 4-25 所示那样把控制量 $U(s)$ 加到该模型上去。在图 4-25 中,如果模型是精确的,那么虽然假想的 B 点信号得不到,但能够得到模型中的 B_m。如果不存在建模误差和负荷扰动,那么 B_m 就会等于 B,使 $E_m(s)=Y(s)-Y_m(s)=0$,可将 B_m 点信号作为反馈信号。但当有建模误差和负荷扰动时,则 $E_m(s)=Y(s)-Y_m(s)\neq0$,会降低过程的控制品质。为此,在图 4-25 中又用 $E_m(s)$ 实现第二条反馈回路,以弥补上述缺点。这便是 Smith 预估器的控制策略。

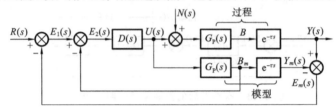

图 4-25 Smith 预估器控制系统结构图

在实际工程的设计上,一般将 Smith 预估器并联在控制器 $D(s)$ 上,对图 4-25 作等效框图变换,得到图 4-26 所示的形式。

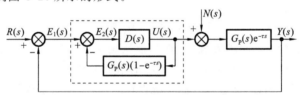

图 4-26 Smith 预估器控制系统等效图

图中虚线框出的部分是带纯滞后补偿控制的 Smith 预估控制器,其传递函数为

$$D_\tau(s)=\frac{U(s)}{E(s)}=\frac{D(s)}{1+D(s)G_P(s)(1-\mathrm{e}^{-\tau s})} \quad (4\text{-}67)$$

经过纯滞后补偿控制后,系统的闭环传递函数为

$$\Phi(s)=\frac{Y(s)}{R(s)}=\frac{D_\tau(s)G_P(s)\mathrm{e}^{-\tau s}}{1+D_\tau(s)G_P(s)\mathrm{e}^{-\tau s}}=\frac{\dfrac{D(s)G_P(s)\mathrm{e}^{-\tau s}}{1+D(s)G_P(s)(1-\mathrm{e}^{-\tau s})}}{1+\dfrac{D(s)G_P(s)\mathrm{e}^{-\tau s}}{1+D(s)G_P(s)(1-\mathrm{e}^{-\tau s})}}$$

$$\Phi(s)=\frac{D(s)G_P(s)\mathrm{e}^{-\tau s}}{1+D(s)G_P(s)} \quad (4\text{-}68)$$

由式(4-68)可知,带纯滞后补偿的闭环系统与图 4-24 所示的理想结构是一致的,其特征方程是 $1+D(s)G_P(s)=0$。纯滞后环节 $\mathrm{e}^{-\tau s}$ 已经不出现在特征方程中,故不再影响闭环系统的稳定性。分子中的 $\mathrm{e}^{-\tau s}$ 并不影响系统输出量 $y(t)$ 的响应曲线和系统其他的性能指标,只是把控制过程推迟了时间 τ。换句话说,纯滞后补偿控制系统在单位阶跃输入时,输出量 $y(t)$ 的响应曲线和系统的其他性能指标与控制对象不含纯滞后

特性时完全相同,只是在时间轴上滞后 τ,闭环系统的输出特性如图 4-27 所示。

3. Smith 补偿器的计算机实现

带有纯滞后 Smith 补偿器的计算机控制系统如图4-28所示。

图中,$D(z)$ 为数字 PID 控制器,Smith 补偿器 $D_\tau(s)=G_P(s)(1-e^{-\tau s})$ 与对象特性有关。

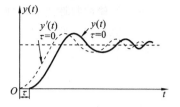

图 4-27 闭环系统输出特性示意图

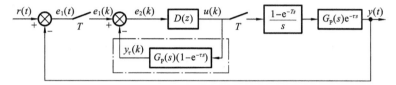

图 4-28 纯滞后补偿计算机控制系统结构图

下面以一阶惯性纯滞后对象为例,说明 Smith 纯滞后补偿器的计算机实现过程。

设被控对象的传递函数为

$$G(s)=\frac{Ke^{-\tau s}}{T_P s+1}=G_P(s)e^{-\tau s} \tag{4-69}$$

式中:K 为被控对象的放大系数;T_P 为被控对象的时间常数;τ 为纯滞后时间。

Smith 预估器的输出可按图 4-28 中的点划线框出部分变换为图 4-29 所示形式。

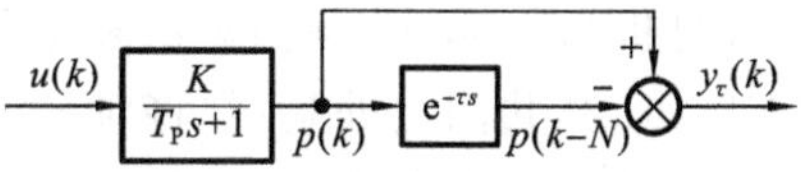

图 4-29 Smith 预估器计算机实现结构图

Smith 预估补偿器的传递函数为

$$D_\tau(s)=G_P(s)(1-e^{-\tau s})=\frac{K(1-e^{-\tau s})}{T_P s+1} \tag{4-70}$$

首先介绍一种在计算机控制系统中常用的产生纯滞后信号的方法,即存储单元法。

滞后环节使信号延迟,为了形成纯滞后 N 步的信号,需要在内存中专门设定$N+1$个存储单元,用来存储信号 $p(k)$ 的历史数据,其结构如图 4-30 所示。

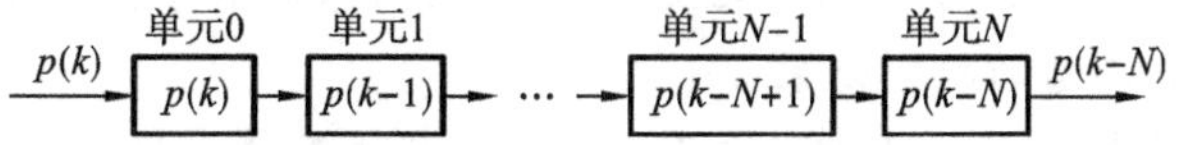

图 4-30 存储单元法产生纯滞后信号示意图

单元 $0,1,\cdots,N-1$ 分别存放 $p(k),p(k-1),\cdots,p(k-N)$。每采样一次,把单元 0 原来存放的数据移到单元 1,单元 1 原来存放的数据移到单元 2,$\cdots$,依次类推。从单元 N 输出的信号,就是滞后 N 个采样周期的 $p(k-N)$ 信号。这种方法精度高,但占用一定的内存,且 N 越大,占用的内存量越大。

Smith 补偿控制算法的实现步骤如下所述。

(1) 计算反馈回路的偏差 $e_1(k)=r(k)-y(k)$。

(2) 计算纯滞后补偿器的输出 $y_\tau(k)$。将

$$\frac{Y_\tau(s)}{U(s)}=G_P(s)(1-\mathrm{e}^{-\tau s})=\frac{K(1-\mathrm{e}^{-NTs})}{T_P s+1}$$

化成微分方程，则可写成

$$T_P\frac{\mathrm{d}y_\tau(t)}{\mathrm{d}t}+y_\tau(t)=K[u(t)-u(t-NT)]$$

相应的差分方程即为 Smith 预估控制算式

$$y_\tau(k)=\frac{T_P}{T_P+T}y_\tau(k-1)+\frac{TK}{T_P+T}[u(k)-u(k-N)] \qquad (4-71)$$

(3) 计算偏差 $e_2(k)=e_1(k)-y_\tau(k)$。

(4) 计算控制器输出 $u(k)$。

$$\begin{aligned}u(k)&=u(k-1)+\Delta u(k)\\&=u(k-1)+K_P[e_2(k)-e_2(k-1)]+K_I e_2(k)+K_D[e_2(k)-2e_2(k-1)+e_2(k-2)]\end{aligned}$$

式中：K_P、K_I、K_D 分别为 PID 控制的比例系数、积分系数和微分系数。

Smith 预估补偿器设计为解决纯滞后控制问题提供了一条有效途径，但它也存在不足。一是它对系统受到的负载干扰无补偿作用；二是 Smith 补偿器的控制效果有赖于被控对象的数学模型是否精确，特别是纯滞后时间是否精确，因此，在模型失配或运行条件改变时，控制效果将大打折扣。Smith 预估算法和达林算法这两种关于带纯滞后环节系统的控制策略各有特点，其共同之处是：都将对象的纯滞后保留到闭环脉冲传递函数中，以消除滞后环节对系统性能的影响。而这种变换的代价是使闭环系统的响应滞后一定的时间。

本章小结

本章主要介绍了计算机控制系统的常规控制策略。

4.1 节介绍了数字 PID 控制算法，包括模拟 PID 控制规律及其调节作用、标准数字 PID 控制算法的推导、数字 PID 控制算法的改进，以及数字 PID 参数的整定方法。数字 PID 控制算法在工业控制中广泛使用，在被控对象的数学模型或参数不清楚的情况下使用可以达到满意的控制效果。

比较数字 PID 控制器的两种基本形式——位置式算法和增量式算法可知，增量式算法相比于位置式算法具有更大的优越性：它可以实现从手动到自动的无扰切换，同时计算精度高、内存占有率低。根据计算机控制系统的特点介绍了几种针对积分饱和和微分饱和的改进 PID 算法，包括积分分离 PID 算法、抗积分饱和消除积分不灵敏区等改进措施；针对微分项的改进算法介绍了不完全微分 PID 控制算法，以及偏差微分和测量值微分两种微分先行 PID 结构，接着介绍了时间最优 PID 控制和带死区的 PID

控制算法；基于对 PID 控制参数对系统性能影响的分析，介绍了数字 PID 参数的整定问题，包括采样周期、比例系数、积分时间和微分时间的确定方法；着重介绍了两种实验法整定 PID 参数的方法，即扩充临界比例度法和扩充响应曲线法。近年来，出现了很多新型的 PID 参数整定方法，关于这部分的知识可以参阅相关参考文献。

4.2 节重点介绍了数字控制器直接设计方法中最少拍有纹波系统和最少拍无纹波系统控制器的设计，在保证控制系统稳定性和控制器的可实现性，以及系统响应的快速性基础上，推导出了最少拍有纹波和最少拍无纹波控制器设计的通式。最少拍系统设计方法主要结合快速随动系统设计数字控制器，其结构和广义对象的脉冲传递函数以及给定信号密切相关。本节的最后讨论了最少拍系统设计中的几个问题，针对最少拍系统对输入信号的敏感性，介绍了以牺牲有限拍特性为代价获取较满意控制效果的惯性因子法。

4.3 节阐述了带纯滞后的惯性环节对象的数字控制器的两类直接设计方法：达林（Dahlin）算法和史密斯（Smith）预估补偿算法。对此类系统，设计目标不再是快速性，而是保证系统的稳定性和准确性。针对达林算法产生的振铃现象，阐明了振铃现象产生的原因并给出抑制振铃的两种方法。需要特别注意的是，使用数字控制器的直接设计方法，都是在已知对象模型的基础上进行的。如果不知道或得不到对象精确的传递函数，设计出的数字控制器效果将不理想，这是使用直接设计法的局限性。

思考与练习

1. 已知模拟调节器的传递函数为 $D(s) = \dfrac{U(s)}{E(s)} = \dfrac{1+1.2s}{1+0.5s}$，试写出相应数字控制器的位置式控制算式，设采样周期 $T=0.5$ s。
2. 试说明比例、积分和微分控制作用对控制系统性能的影响。
3. 什么是积分饱和？如何消除积分饱和？
4. 试画出两种微分先行 PID 控制器的结构图，并给出其控制算式。
5. 试画出不完全微分 PID 控制器的结构图，并推导出其增量算式。
6. 采样周期的选择需要注意什么问题？
7. 设临界振荡周期为 2.5 s，临界比例系数为 6，控制度 Q 为 1.05，试用扩充临界比例度法确定 PID 控制参数 T、K_P、T_I 和 T_D。
8. 什么是最少拍系统？最少拍控制的性能指标有哪些？它有什么不足之处？
9. 最少拍设计的要求是什么？在设计过程中怎样满足这些要求？它有什么局限性？
10. 系统如习题 10 图所示，求 $r(t)=t$ 时的最少拍系统的 $D(z)$。计算采样瞬间数字控制器和系统的输出响应，并绘制它们的波形。
11. 单位反馈系统的连续对象传递函数为 $G(s) = \dfrac{10}{s(s+1)}$，设采样周期 $T=1$ s，试确定它对单位阶跃输入的最少拍控制器 $D(z)$，并计算出系统的输出量序列 $y(k)$ 及控

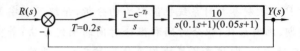

习题 10 图

制量序列 $u(k)$。检验所算出的输出序列是否正确,并计算出采样中间时刻的输出值。这个最少拍系统有无纹波?(可利用 MATLAB 语言设计此题。)

12. 为什么不能用 $D(z)$ 的极点、零点抵消 $G(z)$ 中含有 z 平面单位圆外或单位圆上的零点、极点?

13. 为什么进行最少拍设计时,在 $\Phi(z)$ 的零点中,必须包含 $G(z)$ 的所有在 z 平面单位圆外与单位圆上的零点?为什么在 $\Phi_e(z)$ 的零点中,必须包含 $G(z)$ 的所有在 z 平面单位圆外与单位圆上的极点?

14. 达林算法的设计目标是什么?它的主要特点是什么?

15. 什么是振铃现象?振铃是如何引起的?应如何消除振铃?

16. 已知被控对象和期望闭环传递函数分别为 $G(s)=\dfrac{5}{(s+1)(10s+1)}\mathrm{e}^{-0.1s}$ 和 $\Phi(s)=\dfrac{1}{s+1}\mathrm{e}^{-0.1s}$,试用达林算法设计数字控制器,并画出闭环系统框图。

17. 设被控对象的传递函数为 $G(s)=\dfrac{2}{4s+1}\mathrm{e}^{-3s}$,期望的闭环系统时间常数 $T_\tau=4.5$ s,采样周期 $T=1$ s,试用达林算法设计数字控制器。

18. 简述 Smith 预估补偿器的基本思想。它在实际使用时有何局限性?

19. 被控对象的传递函数为 $G(s)=\dfrac{\mathrm{e}^{-s}}{2s+1}$,闭环反馈采用 PID 控制器,传递函数为 $D(s)=0.3\left(1+\dfrac{1}{0.5s}\right)$,采样周期 $T=0.5$ s,试设计 Smith 预估补偿器。

20. 若采用达林算法设计出的数字控制器为 $D(z)=\dfrac{0.2(1-0.65z^{-1})}{(1-z^{-1})(1+0.9z^{-1})}$,试判断有无振铃现象,若有,则计算振铃幅度并说明如何消除振铃现象。

5

伺服装置与数字控制系统

> 本章重点内容:数字控制技术是综合应用计算机、自动控制、自动检测、电力拖动等高新技术的产物,是电气自动化、机电一体化、机械自动化等专业的一个重要发展方向。本章首先介绍数控系统两种常用伺服执行机构——步进电动机和伺服电动机的结构,以及该装置的工作原理和微机控制技术;接着介绍了数字程序控制系统的构成、轨迹插补过程的计算,以及电动机运动的加减速控制;最后介绍了基于数字控制的五轴联动激光内雕机控制方案的设计与实施。

伺服驱动装置能快速响应计算机发出的指令,带动工作台各坐标轴运动;同时能提供足够的功率和扭矩。位置伺服驱动是数控系统的重要组成部分,采用计算机控制技术是保证位置控制精度的重要环节。位置控制是以移动部件的位置和速度为控制量的自动控制系统,又称为随动系统、拖动系统或伺服机构,广泛应用于运输、加工、装配、包装、制造等领域。位置控制按其结构可分为开环控制和闭环控制两大类,按其运动过程可分为点位控制和轨迹控制两大类。开环控制是指计算机发出的指令信号流程是单向的,它没有检测反馈装置,其精度主要取决于驱动元器件和步进电动机的性能。主要用于点位控制,其结构如图 5-1 所示。

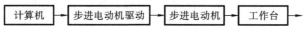

图 5-1 开环控制系统结构示意图

而闭环控制是计算机发出运动的指令信号,伺服驱动装置快速响应跟踪指令信号。检测装置将位移的实际值检测出来,反馈给计算机中的调节电路比较器,有差值就发出信号,不断比较指令值与反馈的实际值,不断地发出信号,直到差值为零、运动结束。闭环控制主要用于连续轨迹控制,其结构如图 5-2 所示。

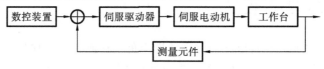

图 5-2 闭环控制系统结构示意图

所谓数字程序控制,就是计算机根据输入的指令和数据,控制生产机械(如各种加工机床)按规定的工作顺序、运动轨迹、运动距离和运动速度等要求自动完成工作的控制。数字程序控制系统一般由输入装置、输出装置、控制器和伺服驱动装置等组成。随着计算机技术的飞速发展,硬件数控系统已逐渐被淘汰,取而代之的是计算机数字控制系统。其典型应用如图 5-3 所示。

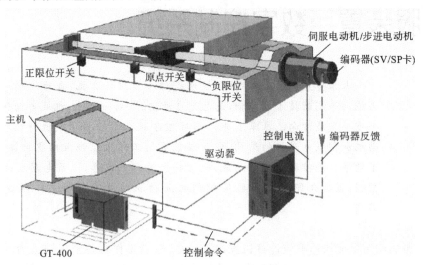

图 5-3　数字运动控制器典型应用

数字程序控制系统中的轨迹控制策略是插补、速度和位置控制,它们要解决的问题就是用一种简单、快速的算法计算出工作台运动的轨迹信息。也就是说,数字程序控制系统要完成对工件的加工,首先要将被加工零件图上的几何信息和工艺信息数字化,按规定的代码和格式编成加工程序。信息数字化就是把刀具与工件的运动坐标分割成一些最小单位量,即最小位移量。数字程序控制系统按照程序的要求,经过信息处理、分配,使坐标移动若干个最小位移量,实现刀具与工件的相对运动,完成零件的加工。

数字程序控制技术是综合应用计算机、自动控制、智能仪器仪表、精密机械等高新技术的产物。它主要应用于铣床、车床、加工中心、线切割机、焊接机、工业机器人等自动控制系统中。数字程序控制系统具有能加工形状复杂的零件、加工精度高、生产效率高、便于改变加工零件品种等特点,它是实现机床自动化的一个重要发展方向。

5.1　步进开环驱动装置

步进驱动系统是一种将电脉冲信号转换为角位移或直线位移的伺服驱动执行机构,由步进电动机及其功率驱动装置构成一个开环的定位运动系统。当步进驱动器接收到一个脉冲信号,它就驱动步进电动机按设定的方向转动一个固定的角度(即步距角)。输入脉冲的个数越多,电动机转子转过的角度就越大;输入脉冲的频率越高,电动机的转速就越快。因此,可以通过控制脉冲个数来控制角位移量,从而达到准确定位的目的;同时,可以通过控制脉冲频率来控制电动机转动的速度,从而达到调速的目的。步进电动机的种类,根据自身的结构不同,可分为常用的三大类,即反应式(也称磁阻式)、永磁式和混合式。其中,混合式步进电动机兼有反应式和永磁式的优点,它的应用较为广泛。

5.1.1 步进电动机的工作原理

步进电动机是按电磁特性的原理工作的。以图5-4所示的两相混合式步进电动机为例加以说明。图5-4(a)所示为两相混合式步进电动机的轴向剖面图,转子被分成完全对称的两段,一段转子的磁力线沿转子表面呈放射形进入定子铁芯,称为N极转子;另一段转子的磁力线是从定子沿定子表面穿过气隙回归到转子中去的,称为S极转子。为了和转子配合,定子也分为两段,其上装有两相对称绕组。沿转子轴向安装一块永久磁铁,形成N极转子和S极转子。

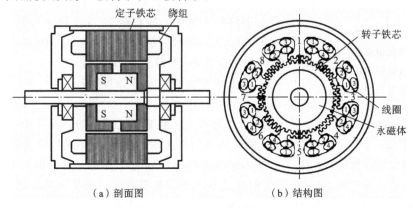

(a) 剖面图　　　　(b) 结构图

图 5-4　混合式步进电动机的剖面图及结构图

图5-4(b)所示为S极转子段的横断面,定子上有均匀分布的八个磁极,每个磁极下有五个梳齿。转子上均匀分布着50个齿,按角度计算,定、转子的齿宽和齿距严格相等。当磁极1下是齿对齿时,磁极5下也是齿对齿;与此同时,磁极3和磁极7下却正好是齿对槽。转子齿距 $\beta_2 = 7.2°$,如果按照转子齿距 β_2 计算,则磁极1和磁极5的中心线距离 $\beta_{15} = \alpha_1 \beta_2$,$\alpha_1 = 25$ 为正整数。磁极1和磁极3的中心线距离 $\beta_{13} = (\alpha_2 + 0.5)\beta_2$,$\alpha_2 = 12$ 为正整数。两段定子铁芯使用同一套两相绕组,实际上相当于一段,从轴向看磁极中心线应严格对齐,不允许产生任何错位。定子上总共安装八个线圈,每个线圈都贯通前后两段定子。

从结构对称可知,磁极2和磁极6的中心线距离 $\beta_{26} = \alpha_1 \beta_2$,磁极2和磁极4的中心线距离 $\beta_{24} = (\alpha_2 + 0.5)\beta_2$。也就是说,四个奇数磁极(称为A相)间的位置关系和四个偶数磁极(称为B相)间的位置关系是相同的。此外,两相邻磁极间的中心线距离,如

A相的磁极1和B相的磁极2之间的中心线距离为$(a_3+0.25)\beta_2$,$a_3=6$为正整数。

1. 零电流方式

首先来分析各相绕组中没有电流时的情况,亦即零电流时的情况。这时气隙中的磁动势仅由永久磁铁的磁动势决定,如果电动机的结构完全对称,各定子磁极下的气隙磁动势将完全相等。若将每一个磁极看成是一个独立的定位电磁铁,则其定位转距的幅值和气隙磁动势的平方成正比,其定位转距的相位取决于该磁极中心线在空间的位置。虽然定子绕组是贯通两段定子铁芯的,但作为定位电磁铁,两段可以分开考虑。于是,N极转子上有八个定位电磁铁,它们产生零电流定位转矩T_{10}、T_{20}、…、T_{80};S极转子上也有八个定位电磁铁,它们产生零电流定位转矩T'_{10}、T'_{20}、…、T'_{80}。由于磁动势相等,这16个转矩矢量的幅值是相等的,唯一需要确定的是它们的相位。

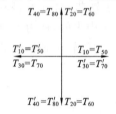

图5-5 两相混合式步进电动机零电流转矩星形图

以定子磁极1在N极转子上产生的零电流定位转矩T_{10}为参考矢量,并将它绘在图5-5所示的实轴上。对于图5-4所示的两相步进电动机,磁极1和磁极5的中心线相距$a_1=25$个转子齿距,相当于25个360°,所以$T_{50}=T_{10}$,两根矢量重合;磁极1和磁极3的中心线相距12.5个转子齿距,相当于180°,故$T_{30}=-T_{10}$,两根矢量反方向;磁极2和磁极1中心线相距6.25个转子齿距,相当于90°,故$T_{20}=-jT_{10}$,两根矢量相差90°。由于结构的对称性,不难理解有

$$T_{10}=T_{50}\ ;\quad T_{20}=T_{60}\ ;\quad T_{30}=T_{70}\ ;\quad T_{40}=T_{80}$$

按同样的方法,不难推导出定子八个磁极在S极转子上产生的另外八个零电流定位转矩T'_{10}、T'_{20}、…、T'_{80},它们也是顺时针方向依次相差90°。由于两段转子的齿中心线错位半个转子齿距,故$T'_{10}=-T_{10}$,两根矢量互差180°,其余的依次类推。图5-5中绘出了这些转矩矢量,这就是两相混合式步进电动机零电流时的转矩星形图,电动机零电流时的合成转矩是这16个定位转矩的矢量和,由于两两互相抵消,所以

$$\Sigma T_0=T_{10}+T_{20}+\cdots+T_{80}+T'_{10}+T'_{20}+\cdots+T'_{80}=0$$

2. 两相绕组供电的转矩矢量

在分析两相绕组的供电方式中,为简单计,采用标么值,将永久磁铁在每块定位电磁铁下产生的磁动势F_y取作基值,并令交流绕组在每块定位电磁铁下产生的磁动势$F_j=F_y$。于是当两种磁动势相加时,定位电磁铁的气隙磁动势$F_\delta=F_y+F_j=2$;而当两种磁动势相减时,$F_\delta=F_y-F_j=0$。换句话说,是用绕组电流去控制各定位电磁铁的定位转矩的大小,取零电流时的定位转矩T_{10}为转矩的基值,则磁动势相加时,该电磁铁的定位转矩增到基值的4倍,磁动势相减时,该电磁铁的定位转矩减小到零。

由图5-4(b)可以看出,如果认为在N极转子上磁极1和磁极5下的气隙磁动势是磁动势相加,等于2,则在同一N极转子上的磁极3和磁极7下,其气隙磁动势应是磁动势相减,正好等于零。从而得出这四个定位电磁铁产生的转矩幅值$T_1=T_5=4$,$T_3=T_7=0$。偶数磁极2、4、6和8下没有交流磁动势,依然产生原来零电流状态下的

转矩 T_{20}、T_{40}、T_{60} 和 T_{80}。由图 5-5 可知,$T_{20}+T_{40}+T_{60}+T_{80}=0$,所以 N 极转子产生的合成转矩为

$$T(N)=T_1+T_2+\cdots+T_8=T_1+T_5=2T_1 \tag{5-1}$$

对于 S 极转子上的八个磁极,由于永久磁铁产生的磁动势方向倒转,所以磁动势的加减和 N 极转子上正好相反。在磁极 1 和磁极 5 下,气隙磁动势是相减的,等于零,故 $T'_1=T'_5=0$。在磁极 3 和磁极 7 下,气隙磁动势是两种磁动势之和,等于 2,故 $T'_3=T'_7=4$。对于和 B 相绕组交链的另外四个偶数磁极 2、4、6 和 8,由于没有交流磁动势,依然产生原来零电流状态下的转矩 $T'_{20}+T'_{40}+T'_{60}+T'_{80}=0$。因此,S 极转子产生的合成转矩为

$$T(S)=T'_1+T'_2+\cdots+T'_8=T'_3+T'_7=2T'_3 \tag{5-2}$$

基本转矩矢量的相位和气隙磁动势的大小无关,利用图 5-5 的基本转矩矢量方向,加上上面得出的转矩矢量幅值,得出电动机产生的第一拍时的总转矩为

$$T_A=T(N)+T(S)=2T_1+2T'_3=4T_1=16T_{10} \tag{5-3}$$

这说明,第一拍时的总转矩 T_A 大小等于 16(以 T_{10} 为基值 1),方向和 T_{10} 一致。T_A 是步进电动机第一拍时产生的定位转矩,它的定位作用和 T_{10} 完全一样,是力求迫使电动机的 N 极转子在磁极 1 下进入齿对齿的稳定零位。这样的稳定零位自然也等于转子的齿数,即共有 50 个。

第二拍时,由 A 相绕组正向励磁改为 B 相绕组正向励磁,各奇数磁极上没有产生交流绕组磁动势,故各奇数定位电磁铁依然保持零电流状态下的原有状态,即 $T_{10}+T_{30}+T_{50}+T_{70}=0$;$T'_{10}+T'_{30}+T'_{50}+T'_{70}=0$,八个奇数电磁铁的定位转矩之和等于零。因此第二拍时(或者说 B 相绕组正向励磁时),步进电动机产生的总定位转矩为

$$T_B=T_2+T_6+T'_4+T'_8=4T_2=16T_{20}=-jT_A \tag{5-4}$$

这说明第二拍时总转矩 T_B 的幅值也等于 16,和 T_A 的幅值完全相等,但定位转矩 T_B 的相位却和 T_{20} 同相,力求迫使步进电动机的 N 极转子在磁极 2 下进入齿对齿的稳定零位,故 $T_B=-jT_A$。第二拍和第一拍的定位转矩相等,两者相位相差 1/4 个转子齿矩,相当于 1.8° 的几何角度。

第三拍时,由 B 相绕组的正向励磁转变为 A 组绕组的负向励磁。和第一拍相比,差别在于 A 相绕组的电流方向倒转,于是各偶数电磁铁保持零电流状态下的原有状态,满足条件 $T_{20}+T_{40}+T_{60}+T_{80}+T'_{20}+T'_{40}+T'_{60}+T'_{80}=0$。对于各奇数电磁铁,第一拍时转矩大小等于 4,由于绕组电流方向倒转,第三拍时变为零,故 $T_1=T_5=T'_3=T'_7=0$;而第一拍时转矩大小等于零的另外四个奇数电磁铁,第三拍时转矩反而增大为 4,即 $T_3=T_7=T'_1=T'_5=4$。因此,第三拍时(或者说 A 相绕组负方向励磁时),步进电动机产生的总转矩 T_X 为

$$T_X=T_3+T_7+T'_1+T'_5=4T_3=16T_{30}=-T_A \tag{5-5}$$

同理,可以得出第四拍时(或者说 B 组绕组负方向激励时),步进电动机产生的总转矩 T_Y 为

$$T_Y=T_4+T_8+T'_2+T'_6=4T_4=16T_{40}=-jT_A \tag{5-6}$$

5.1.2 步进电动机供电方式

1. 单四拍供电方式

单四拍供电方式就是每拍只有一相绕组供电,四拍构成一个循环,环形分配器只提供各种不同的工作状态。第一拍时,取 A 相绕组正方向励磁,电流由首端流向末端,产生定位转矩 T_A,它力求迫使电动机的 N 极转子在定子磁极 1 下进入齿对齿的稳定零位,这样的稳定零位总共有 50 个,等于转子的齿数。第二拍时,取 B 相绕组正方向励磁,定位转矩 T_A 消失,定位转矩 T_B 发生作用,复位转矩将迫使转子中心线反转 90°,相当于 1/4 个转子齿距,步进电动机的 N 极转子进入磁极 2 齿对齿的稳定零位,转子反转了一步。第三拍时,取 A 相绕组反方向励磁,只让定位转矩 T_X 发挥作用,复位转矩将迫使转子再反转 90°或 1/4 个转子齿距,步进电动机的 N 极转子进入磁极 3 齿对齿的稳定零位,转子再反转一步。第四拍时,取 B 相绕组反方向励磁,只让定位转矩 T_Y 发挥作用,转子将再反转 1/4 个转子齿距,进入 N 极转子上磁极 4 齿对齿的稳定零位。第五拍时,取 A 相绕组正方向励磁,完成按 T_A-T_B-T_X-T_Y-T_A 四拍一个循环的反转运动,转子正好反转一个转子齿距,重新进入 N 极转子上磁极 1 齿对齿的稳定零位。不难理解,如果按照 T_A-T_Y-T_X-T_B-T_A 这样的正转循环去安排环形分配器的输出状态,转子将正转,也是四步前进一个转子齿距。

2. 双四拍供电方式

另一种四拍循环的供电方式是,每一拍都有两相绕组同时供电,并假定各相绕组的电流大小都是额定值且恒定。第一拍时,让 A 相绕组和 B 相绕组同时正方向励磁,于是得第一拍的定位转距 $T_{AB} = T_A + T_B$。第二拍时,让 A 相绕组反方向励磁,而 B 相绕组正方向励磁,于是得 $T_{BX} = T_B + T_X$。依次类推,可得图 5-6 所示转矩矢量 T_{XY} 和 T_{YA}。

矢量 T_{AB} 比矢量 T_A 滞后 1/8 个转子齿距,按电角度计算是 45°,按几何角度计算则是 0.9°。由图 5-6 的矢量关系可得:$T_{AB} = \sqrt{2} T_A e^{-j45°}$。

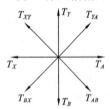

图 5-6 两相混合式步进电动机的派生转矩星形图

双 4 拍方式供电时,步进电动机的定位转矩增大到单 4 拍供电方式时的 $\sqrt{2}$ 倍,这是优点,但电动机的输入电流也增加一倍。双 4 拍供电方式时,每转步数和单 4 拍供电方式相等,但两者的空间定位点并不重合,而且错开 1/8 个转子齿距。

3. 半步供电方式

以上两种供电方式循环拍数都等于 4,和基本转矩矢量的根数相等,如果使用图 5-6 所示的派生转矩星形图,按 T_A-T_{YA}-T_Y-T_{XY}-T_X-T_{BX}-T_B-T_{AB}-T_A 的顺序八拍一个循环给两相绕组供电,则转子每拍正转 1/8 个转子齿距,步进角减小一半,称为半步供电方式。在半步供电方式中,两相混合式步进电动机的转矩幅值是不等的,计算承担负载的能力以较小的转矩为准。

4. 细分供电方式

对于两相混合式步进电动机,T_A、T_B、T_X 和 T_Y 是基本转矩,这四根基本转矩矢量的方向取决于定位电磁铁的安排方式,与绕组的电流大小无关。T_{AB} 和 T_{BX} 等两相同时供电产生的派生转矩,其方向和两相中的电流分配有关,循环拍数等于任何值的转矩星形图都是可以用派生转矩构成的,这就是细分供电方式。

5.1.3 步进电动机数字驱动技术

步距或微步距数字控制是步进电动机开环控制的新技术,微步距技术使步进电动机步距细化,分辨率有所提高,运行更为平稳。采用微步距控制的驱动器使步进电动机在高级控制系统中具有更强的竞争力。UNITRODE 公司生产的 UC3717 适用于小功率步进电动机一相绕组双极性驱动,用单片机或逻辑电路产生 UC3717 所需的分配信号,由两片 UC3717 和少量外接的元件组成完整的两相步进电动机驱动系统,可实现整步、半步和 1/4 步三种方式的步距或微步距数字控制。本节从应用的角度介绍 UC3717 的应用电路、步距数字控制方法及单片机的接口电路和控制程序。

1. UC3717 的应用电路

1) UC3717 的引脚功能

UC3717 的引脚图如图 5-7 所示,下面是各引脚的功能简要说明。

1 脚(B_{out})和 15 脚(A_{out}) 分别接一相绕组线圈的两端。

2 脚(Timing) 外接 RC 定时元件。

3 脚、14 脚(V_m) 绕组线圈供电电源,可在 10~45 V 的范围内选择。

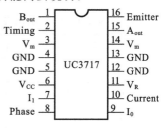

图 5-7 UC3717 引脚图

4 脚、5 脚、12 脚、13 脚(GND) 接地端。

6 脚(V_{CC}) IC 供电电源,+5 V。

7 脚、9 脚(I_1、I_0) 用于选择绕组线圈电流。

8 脚(Phase) 相位输入端,用于控制转动方向。

10 脚(Current)和 16 脚(Emitter) 16 脚外接绕组电流采样电阻,采样信号通过 RC 低通滤波器送至 10 脚,与内部电压比较器的基准电压进行比较。

11 脚(V_R) 外接参考电压,改变 V_R 可实现微步矩控制,在整步、半步和 1/4 步工作方式下,V_R 接固定的 +5 V,下面仅讨论这种情况。

由 UC3717 组成的二相步进电动机驱动电路如图 5-8 所示。

2) UC3717 的步距数字控制方法

UC3717 对步距的控制是选择 I_0、I_1 的不同组合,从而控制绕组电流,达到步距控制的目的。表 5-1 列出了 I_0、I_1 的真值表和对绕组电流控制的关系。

假设以 A,B 表示二相绕组正向电流工作,以 $\overline{A}$,$\overline{B}$ 表示二相绕组反向电流工作,则

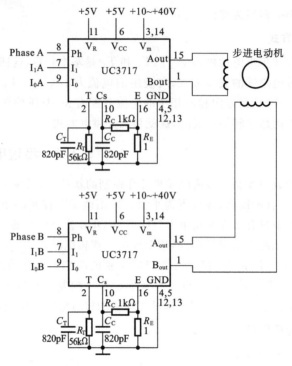

图 5-8 二相步进电动机驱动电路图

表 5-1 I_0、I_1 真值表

I_1	I_0	绕组电流
0	0	100%
0	1	60%
1	0	19%
1	1	无电流

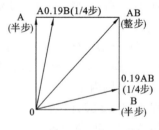

图 5-9 第一象限转矩矢量图

整步工作方式可用二相激励 4 拍方式 AB→$\overline{A}$B→$\overline{AB}$→A$\overline{B}$ 实现,也可用单相 4 拍方式 A→B→$\overline{A}$→$\overline{B}$ 实现。半步距方式采用二相,单相交替激励的二相 8 拍方式:AB→B→$\overline{A}$B→$\overline{A}$→$\overline{AB}$→$\overline{B}$→A$\overline{B}$→A 表示。以两相通电表示整步状态,单相通电表示半步状态,1/4 步距工作方式是在整步与半步间插入一个 1/4 步状态,整步、半步、1/4 步在第一象限中的转矩矢量图如图 5-9 所示。

在第一象限内,由半步 A 状态到半步 B 状态运行过程中,步进电动机要经过四步,即 A→A0.19B→AB→0.19AB→B。其中,0.19A、0.19B 分别表示 A、B 相绕组取 19% 电流,对应的 I_0、I_1 的真值状态如表 5-2 所示。

按照画第一象限的转矩矢量图,不难得到其他三个象限的转矩矢量图,一个循环需 16 步完成。我们可得到二相 16 拍 1/4 步距所需的控制信号 I_0A、I_1A、I_0B、I_1B、

Phase A、Phase B 的状态如表 5-3 所示。

表 5-2 1/4 步对应的 I_0、I_1 真值表

	A	A0.19B	AB	0.19AB	B
I_1 B	1	1	0	0	0
I_0 B	1	0	0	0	0
I_1 A	0	0	0	1	1
I_0 A	0	0	0	0	1

表 5-3 二相 16 拍 1/4 步距所需的控制信号真值表

绕组电流	拍数	P1.0 I_1 B	P1.1 I_0 B	P1.2 I_1 A	P1.3 I_0 A	P1.4 Phase A	P1.5 Phase B
$\overline{A}\overline{B}$	1	0	0	0	0	1	1
$0.19\overline{A}\overline{B}$	2	0	0	1	0	1	1
$\overline{B}$	3	0	0	1	1	1	0
$0.19A\overline{B}$	4	0	0	1	0	1	0
$A\overline{B}$	5	0	0	0	0	1	0
$A0.19\overline{B}$	6	1	0	0	0	1	0
A	7	1	1	0	0	1	0
A0.19B	8	1	0	0	0	0	0
AB	9	0	0	0	0	0	0
0.19AB	10	0	0	1	0	0	0
B	11	0	0	1	1	0	0
$0.19\overline{A}B$	12	0	0	1	0	0	1
$\overline{A}B$	13	0	0	0	0	0	1
$\overline{A}0.19B$	14	1	0	0	0	0	1
$\overline{A}$	15	1	1	0	0	1	1
$\overline{A}0.19\overline{B}$	16	1	0	0	0	1	1

2. 二相步进电动机的转向控制

无论是整步、半步还是 1/4 步工作方式,在一个循环周期中,Phase A 和 Phase B 都是半周期高电平、半周期低电平,但它们在时间上差 1/4 周期,通过改变二相位信号超前或滞后关系来控制电动机的转向。图 5-10 给出了二相步进电动机二相 4 拍工作的正转、反转控制信号时序图。

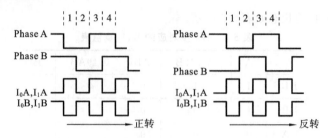

图 5-10　步进电动机二相 4 拍正反转向时序图

3. UC3717 与 89C2051 的接口电路

根据以上分析,我们采用 AT89C2051 来控制 UC3717。用 P1.0～P1.5 分别输出 I_1B、I_0B、I_1A、I_0A、Phase A 和 Phase B。UC3717 是 TTL 兼容的电路,为增加 89C2051 的驱动能力,要加一级驱动电路 CD4050。P1.0、P1.1 是开漏输出,需外接上拉电阻。时钟脉冲由 P3.2/$\overline{INT0}$ 输入,电路如图 5-11 所示。

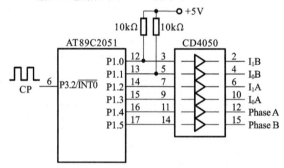

图 5-11　UC3717 与 89C2051 的接口电路

4. 控制程序

控制程序的主程序对 89C2051 进行初始化,CPU 每检测到由 P3.2 输入的时钟下降沿产生一次中断,在中断服务程序中循环输出所要求状态的控制字,1/4 步方式每个状态的控制字可由表 5-3 得到,从第 1 拍到第 16 拍,控制字分别为 30H、34H、1CH、14H、10H、11H、13H、01H、00H、04H、0CH、24H、20H、21H、33H、31H。下面列出 1/4 步方式正转的控制程序清单。

```
            ORG 0000H
            AJMP MAIN
            ORG 0003H
            AJMP ROTATE
            ORG 0030H
    MAIN:   MOV 50H,#00H         ;拍数计数器清零
            SETB P3.2
            SETB IT0
```

```
            SETB EX0
            SETB EA
            SJMP $
ROTATE:     PUSH ACC
            PUSH PSW
            MOV A,50H
            MOV B,A
            MOV DPTR,#CODE
            MOVC A,@A+DPTR
            MOV P1,A
            MOV A,B
            INC A
            MOV 50H,A
            CJNE A,#10H,L1
            MOV 50H,#00H
L1:         POP PSW
            POP ACC
            RETI
CODE:       DB 30H,34H,1CH,14H,10H,11H,13H,01H,00H,04H,0CH,24H,
            20H,21H,33H,31H
            END
```

5.1.4 步进电动机的一些基本参数及术语

1. 电动机固有步距角

步距角表示控制系统每发一个步进脉冲信号,电动机所转动的角度。电动机出厂时生产厂家给出了一个步距角的值,如 86BYG250A 型电动机的值为 0.9°/1.8°(表示半步工作时为 0.9°、整步工作时为 1.8°),这个步距角可以称为"电动机固有步距角",它不一定是电动机实际工作时的真正步距角,真正的步距角和驱动器细分有关。

2. 步进电动机的相数

相数是指电动机内部的线圈组数,目前常用的有二相、三相、四相、五相步进电动机。电动机相数不同,其步距角也不同。一般二相电动机的步距角为 0.9°/1.8°、三相电动机的步距角为 0.75°/1.5°、五相电动机的步距角为 0.36°/0.72°。在没有细分驱动器时,用户主要靠选择不同相数的步进电动机来满足步距角的要求。如果使用细分驱动器,则"相数"将变得没有意义,用户只需在驱动器上改变细分数,就可以改变步距角。

3. 保持转矩

保持转矩是指步进电动机通电但没有转动时,定子锁住转子的力矩。它是步进电动机最重要的参数之一,通常步进电动机在低速时的力矩接近保持转矩。由于步进电动机的输出力矩随速度的增大而不断衰减,输出功率也随速度的增大而变化,所以保持转矩就成为衡量步进电动机最重要的参数之一。比如,当提到2N·m的步进电动机,在没有特殊说明的情况下是指保持转矩为2N·m的步进电动机。

4. 最大空载起动频率

电动机在某种驱动形式、电压及额定电流下,在空载的情况下,能够直接启动的最大频率。如果脉冲频率高于该值,电动机不能正常启动,可能发生丢步或堵转。在负载的情况下,启动频率应更低。如果要使电动机达到高速转动,脉冲频率应该有加速过程,即启动频率较低,然后按一定加速度升至所希望的高频(电动机转速从低速升到高速)。

5. 电动机的共振点

步进电动机均有固定的共振区域,二、四相感应子式步进电动机的共振区一般在180~250pps之间(步距角1.8°)或在400pps左右(步距角为0.9°),电动机驱动电压越高,电动机电流越大,负载越轻,电动机体积越小,则共振区向上偏移;反之亦然。为使电动机输出电磁转矩大、不失步和整个系统的噪音降低,一般工作点均应偏移共振区较多。如果步进电动机正好工作在共振区,可以采用以下方法来克服:通过改变减速比等机械传动避开共振区;采用带有细分功能的驱动器,这是最常用、最简便的方法;换成步距角更小的步进电动机,如三相或五相步进电动机;换成交流伺服电动机,几乎可以完全克服震动和噪声,但成本较高;在电动机轴上加磁性阻尼器,但机械结构改变较大。

6. 失步

电动机运转时运转的步数,称为失步。它不等于理论上的步数。

7. 运行矩频特性

电动机在某种测试条件下测得运行中输出力矩与频率关系的曲线称为运行矩频特性,这是电动机诸多动态曲线中最重要、也是电动机选择的根本依据。其他特性还有惯频特性、起动频率特性等。

5.2 交流伺服闭环执行机构

在某些传动领域内,需要对被控对象实现高精度的位置控制,而实现精确位置控制的一个基本条件是需要有高精度的执行机构。当脉冲当量和伺服进给速度都要求较高时,传统的步进电动机或直流伺服电动机将面临一系列问题,且实现起来难度大,成本较高。进入20世纪80年代,在电动机控制领域,出现了一个革命性的变化,那就是交流电动机调速技术取得了突破性的进展,同样,交流伺服电动机也能以较低的成本获取极高的位置控制,世界上许多知名电动机制造商如松下、安川、SANYO、西门子等公司纷纷推出成套交流伺服电动机设备,使交流伺服电动机大举进入电气传动控制的各个领域。

交流伺服电动机包括感应电动机、永磁同步电动机和磁阻同步电动机,一般由装有对称三相绕组的定子和相应形式的转子构成。交流伺服电动机制造简单、外形尺寸较小、可靠性较高,易于向大容量、高速度方向发展,且适合在恶劣环境下使用。

5.2.1 高性能三相永磁同步伺服电动机

三相永磁同步伺服电动机是目前应用最多的高性能交流伺服电动机。从结构上看,其定子有齿槽,内有三相绕组,形状与普通感应电动机的定子相同,但它的转子用强抗退磁的永久磁铁构成,以此形成励磁磁道。因此,这种电动机无需励磁电源,效率高。

1. 永磁转子的结构

在转子上安置永久磁铁的方式有两种:一种是将成型永久磁铁装在转子表面,即所谓的外装式;另一种是将成型永久磁铁埋在转子里面,即所谓的内装式,如图 5-12 所示。

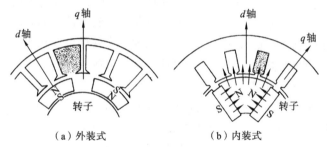

(a) 外装式　　　　　　(b) 内装式

图 5-12　永久磁铁在转子上的安装法

根据永久磁铁安装在转子上的方法不同,永久磁铁的形状可分为扇形和矩形两种,从而有如图 5-13 所示的永久磁铁转子的不同结构。

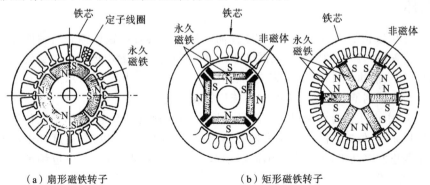

(a) 扇形磁铁转子　　　　　　(b) 矩形磁铁转子

图 5-13　三相永磁同步伺服电动机转子的构造

扇形磁铁构造的转子具有电枢电感小、齿槽效应转矩小的优点，但易受电枢反应的影响，且由于磁道不可能集中、气隙磁密低，电动机呈现凸极特性。矩形磁铁构造的转子呈现凸极特性，电枢电感大、齿槽效应转矩大，但磁通可集中、形成高磁通密度，故适于大容量电动机。由于电动机呈现凸极特性，可以利用磁阻转矩。此外，这种转子结构的永久磁铁不易飞出，故可适合于高速运转。

2. 磁势分布

根据确定的转子结构所对应的每相励磁磁势分布的不同，三相永磁同步伺服电动机又可分为正弦波型和方波型两种类型，前者每相励磁磁势分布是正弦波状，后者每相励磁磁势分布呈方波状。

3. 转矩-转速特性

在规定温升、额定转速以下连续运行时，配以伺服系统驱动的三相永磁同步伺服电动机的稳态转矩-转速特性呈良好的线性关系，如图5-14所示。

由图5-14可知，随着速度的升高，转矩略有下降。这是因为转速的升高，使机械损耗及铁芯损耗等增加。为确保电动机温升不超过允许值，必须减少定子电流，从而使输出转矩下降。

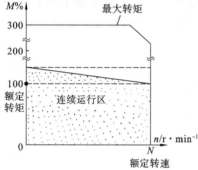

图5-14 三相永磁同步伺服电动机的转矩-转速特性

4. 控制原理及运行特征

无论是方波型还是正弦波型三相永磁同步伺服电动机，其转矩均与磁通 Φ 和每相电流幅值 I_{am} 的乘积成正比。Φ 由永久磁铁产生，所以 Φ 基本不变，于是转矩仅与每相电流幅值 I_{am} 成正比。实际运行时，Φ 是以转子速度旋转的，所以，必须控制 Φ 与定子电流矢量正交，这就是三相永磁同步伺服电动机的基本控制原理。三相永磁同步伺服电动机在正常工作时，应配有磁极位置检测器（传感器），以便于启动时控制住起始位置。

5.2.2 位置环

与开环位置伺服系统不同，闭环位置伺服系统是具有位置检测和反馈的控制回路。它的位置检测器与伺服电动机同轴相连，可通过它直接测出电动机轴旋转的角位移，进而推知当前执行机械（如机床工作台）的实际位置。图5-15所示的是一个以光电编码器为位置测量装置的典型数控系统位置环的组成。

图5-15中虚线框内为模拟式交流伺服单元，内含速度环和电流环，而其位置环包含在数控单元内，位置环的输出作为伺服单元速度环的输入。以前，速度环中的速度检测多用测速发电动机，现在由于编码盘的分辨率可以做得很高，所以也用编码盘作为速度检测装置。

位置环的工作原理是：位置调节器中的位置控制程序每个采样周期执行一次，读入由插补计算和倍率调整后的理论位置；采样由位置测量组件反馈的坐标轴实际

5 伺服装置与数字控制系统

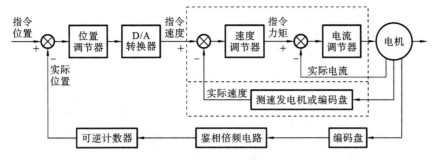

图 5-15 典型数控系统位置环的一种组成

位置,经误差补偿后形成真正的坐标轴实际位置;理论位置与实际位置相比较求得跟随误差,根据跟随误差所在区间算出进给速度指令的数字量;此数字量经 D/A 转换,作为伺服单元速度环的输入速度指令,由伺服单元驱动坐标轴运动,实现按误差的位置控制。在一个采样周期内,速度指令保持不变。由控制理论可知,计算机数字采样离散控制系统与无采样器的相应的连续控制系统有着完全相同的无差度和误差特性。

在图 5-15 中,测量装置(编码盘)采样实际位置,送入位置测量组件,这一路可简化为增益为 1 的线性环节。而伺服单元和执行机构可用传递函数表示为

$$G(s) = \frac{K_M e^{-T_d s}}{s(1+\tau s)} \tag{5-7}$$

式中:K_M 为速度环增益;τ 为电动机的时间常数;T_d 为停滞时间。

于是,上述位置环可用拉氏变换后的简化框图表示,如图 5-16 所示。$T(s)$ 和 $R(s)$ 分别表示输入量和输出量的拉氏变换,T 为采样周期,而 $G_h(s) = s^{-1}(1-e^{-Ts})$ 是系统中数据缓冲器的传递函数,它相当于零阶保持器。

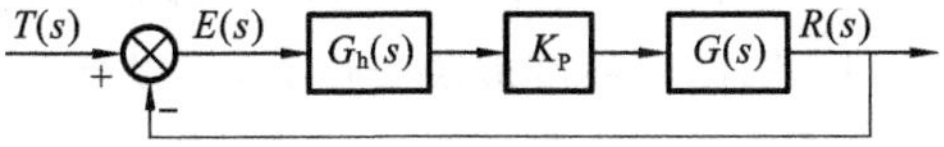

图 5-16 数控系统位置环的简化框图

由图 5-16 可知,数控系统的位置环是一个一阶无静差系统,对于典型的外作用——匀速斜坡输入(直线插补时)$T(t) = V*t$ 的稳态误差为一常量 E,称为跟随误差,且

$$E = \frac{V}{K_V} \tag{5-8}$$

式中:$K_V = K_P K_M$ 是位置环增益;K_P 是由机床参数引入的调整增益;V 为运动速度。

由式(5-8)可知,K_V 是已知数,只要知道位置环的跟随误差 E,就可求得运动速度 V。

5.2.3 光电编码器

光电编码器是一种通过光电转换,将输至轴上的机械、几何位移量转换成脉冲或数字量的位置传感器,是目前应用最多、最广的位置传感器。根据它产生脉冲的方式,

可分为增量式、绝对式及复合式三种。

1. 增量式光电编码器

增量式光电编码器是直接利用光电转换原理输出三路方波脉冲 A、B 和 Z 的传感器，如图 5-17 所示。

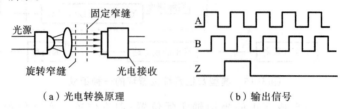

（a）光电转换原理　　　　　　（b）输出信号

图 5-17　增量式光电编码器

A、B 两路脉冲相位差 90°，这样可方便地判断转向；Z 脉冲每转一个，用于基准点定位。增量式光电编码器的优点是：原理构造非常简单，易于掌握；机械平均寿命可在几万小时以上；分辨率高，可达到 1800 万脉冲/转。此外，输出的两路脉冲均是一个接一个地串行输出，抗干扰能力强，可靠性高，适合于长距离传输。增量式光电编码器的缺点是它无法输出轴转动的绝对位置信息。

2. 绝对式光电编码器

绝对式光电编码器是利用自然二进制或循环二进制编码方式进行光电转换的编码器。图 5-18 所示为按二进制编码构成绝对编码器的工作原理。其中，白的部分表示透光，黑的部分表示不透光。这样，当光源通过透光部分并为光电接收器接受时表示"1"信息；反之，表示"0"信息。最里层的表示最高位，最外层的表示最低位。其分辨率是由二进制的位数决定的，目前有 10 位、14 位不等。这种编码的特点是：按二进制编码输出，故信号线多，这将影响到可靠性。但这种编码器在转轴即使停止不动时也能输出绝对角度信息。此外，由于精度取决于位数，所以高分辨率不容易得到，而且高速运动也会受到限制。

3. 复合式光电编码器

复合式光电编码器是一种带有简单磁极定位功能的增量式光电编码器。它输出两组信息：一组信息用于检测磁极位置，带有绝对信息功能；另一组则完全同增量式光电编码器的输出信息，如图 5-19 所示。图中 A 脉冲和 B 脉冲彼此相位差 90°，每转脉冲个数比较多，如 2500 脉冲/转。Z 脉冲每转一个，它们的功能完全同增量式光电编码器。

$U(\overline{U})$、$V(\overline{V})$ 和 $W(\overline{W})$ 三路脉冲彼此相位相差 120°，每转的脉冲个数与电动机的极对数一致。根据 U、V、W 三路脉冲的高低电平关系就可判断电动机磁极现在的位置。其过程是：电动机启动前，通过输出的 U、V、W 信号的状态（见图 5-19）估算出电动机磁极位置，即现在的角度。一旦电动机旋转起来，光电编码器的增量式部分则可精确检测出位置值。

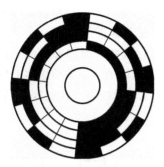

图 5-18 按二进制编码构成的绝对式光电编码器原理示意图

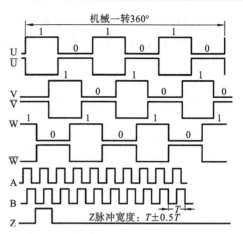

图 5-19 复合式光电编码器输出波形

5.2.4 矢量控制

首先,将定子三相电流 i_a、i_b、i_c 变换至同一固定坐标系 $\alpha o \beta$ 下的分量 i_α、i_β,当 α 轴与 a 相轴线重合时,其变换关系为

$$\begin{bmatrix} i_\alpha \\ i_\beta \end{bmatrix} = \begin{bmatrix} 1 & -\frac{1}{2} & -\frac{1}{2} \\ 0 & \frac{\sqrt{3}}{2} & -\frac{\sqrt{3}}{2} \end{bmatrix} \begin{bmatrix} i_a \\ i_b \\ i_c \end{bmatrix} \tag{5-9}$$

这种变换是将三相交流电动机变换为等效的二相交流电动机,即三相交流电动机中彼此相差 $2\pi/3$ 空间角度的三个定子绕组,分别通以相位相差 $2\pi/3$ 的三相平衡交流电 i_a、i_b、i_c 所产生的空间旋转磁场,与相差 $\pi/2$ 空间角度的二相绕组,分别通以相位相差 $\pi/2$ 的平衡电流 i_α、i_β 所产生的空间旋转磁场一致。

将三相交流电动机变换为二相交流电动机后,还需将二相交流电动机变换为等效的直流电动机。其实质是矢量向标量的转换,是静止的直角坐标系向旋转的直角坐标系变换,即将 i_α、i_β 变换至转子上旋转坐标系下的直流分量 I_{1d}、I_{1q},转换条件是保证合成磁场不变,转换关系为

$$\begin{bmatrix} I_{1d} \\ I_{1q} \end{bmatrix} = \begin{bmatrix} \cos\theta & \sin\theta \\ -\sin\theta & \cos\theta \end{bmatrix} \begin{bmatrix} i_\alpha \\ i_\beta \end{bmatrix} \tag{5-10}$$

式中:θ 为转子轴线与定子 α 轴线的夹角。

交流伺服电动机的转矩控制,就是根据拖动系统转矩的要求,由电磁转矩、磁链分别确定 I_{1d} 或 I_{1q},然后根据转子的瞬时位置 θ,按上述变换的逆过程,确定三相电流 i_a、i_b、i_c 的指令瞬时值,通过功率逆变器电流环的调节,使电动机三相的实际电流跟踪指令电流,实现电动机转矩控制。

永磁同步电动机的转子磁链 ψ 与转子 d 轴线重合,故有 $\psi_q = 0$,$\psi_d = \psi$,因此电动机

的电磁转矩 $T=C_M\psi I_{1q}$。为了在给定的定子电流下能够产生最大的电磁转矩,需要控制定子电流空间矢量 I_1 只有 q 轴分量 I_{1q},即 $I_{1d}=0, I_{1q}=I_1$,此时电动机电磁转矩为 $T=C_M\psi I_1$。

实现永磁同步电动机矢量控制的原理如图 5-20 所示。由三相可控整流器产生恒定电压 U_d,建立直流母线电压,PWM 逆变器为强制电流发生器,产生的三相定子电流 i_a、i_b、i_c 始终跟踪指令电流 i_a^*、i_b^*、i_c^* 变化。速度调节器比较指令速度和实际反馈速度,输出与电动机转矩成正比的电流指令 $I_{1q}^*=I_1$,指令电流 I_{1q}^* 通过位置传感器 P 的转角信号 θ 进行坐标变换,转换至静止坐标系的 i_α^*、i_β^*,再经过二相至三相变换,得到三相电流的指令 i_a、i_b、i_c。

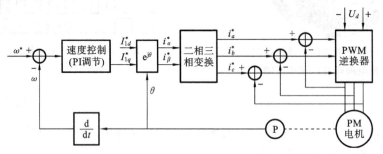

图 5-20 永磁同步电动机矢量控制原理图

位置传感器 P 提供转子的转角信号 θ,以便通过函数发生器产生三角函数 $\sin\theta$ 和 $\cos\theta$,实现定子电流的坐标转换。当位置传感器采用增量式光电编码盘时,可利用 A、B、Z 信号确定绝对位置 θ,然后通过 EPROM 查表及 D/A 转换,可获得 $\sin\theta$ 和 $\cos\theta$。

近年来,随着计算机技术、微电子技术和电力电子技术的发展,交流伺服系统向着数字化、智能化、软件化方向发展,系统中的电流环、速度环和位置环的反馈控制全部数字化,全部伺服的控制模型和动态补偿均由高速微处理器及其控制软件进行实时处理,采用前馈和反馈结合的复合控制可以实现高精度和高速度。

5.2.5 多功能微机控制

现代交流伺服系统采用微机进行控制,使伺服系统控制进入智能化的阶段。微机用于伺服系统之初,主要是取代其中的位置控制器,使位置控制软件化。随着微机功能的改进、性能的完善,位置控制和速度控制均采用微机控制而进入软件化。微机参与控制的过程由图 5-21 表示。

图 5-22 表示采用 16 位 80C196KC 单片微机对位置和速度进行软件化控制时,80C196KC 的信号配置图。

图中,位置指令的传送由单片微机的 P2.0、P2.1 口进出,反馈脉冲(代表位置,也代表速度)由 HSI.1 口输入,电动机旋转方向由 P2.6 口输入,每转一个脉冲的零位脉冲(即 Z 脉冲)信号由 P2.7 口输入。因此,位置指令及反馈信号的接收、比较、判断运算和控制,以及速度反馈信号的接收、比较、判断、运算和控制均在单片微机内由程序

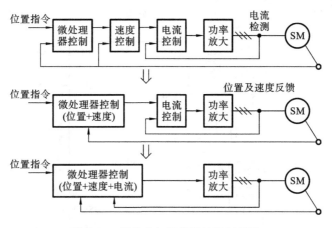

图 5-21 微机参与伺服系统控制框图

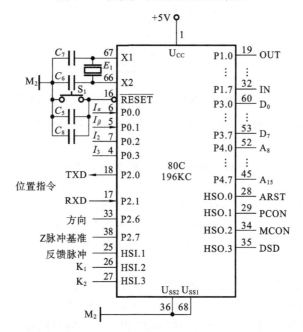

图 5-22 仅对位置和速度进行软件化控制时 80C196KC 单片微机的信号配置图

完成,从而实现了控制软件化。

图 5-23 所示为用 16 位单片微机 80C196KC 对位置、速度及电流均进行软件化控制时 80C196KC 的信号配置图。

图 5-23 中电动机旋转方向、零位脉冲(Z 脉冲)信号、位置及速度反馈信号同图 5-22 所示,电流输入 I_α 和 I_β(经过 α 和 β 坐标变换)由 P0.0、P0.1 口输入。这样,位置、速度及电流信号的接收、比较、差别、运算及控制便都在单片微机内完成。单片微机的输出是 6 路驱动功率晶体管的基极驱动电路的输入信号 PWM1~PWM6。可见,使用单片微机进行控制将使硬件大为简化。

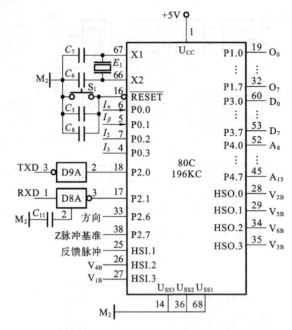

图 5-23　全软件化控制时 80C196KC 单片微机的信号配置图

与模拟控制方式或数字电路控制方式比较,采用微机实现交流伺服控制具有以下特点。

(1) 可以方便地用程序完成各种复杂的数字运算和逻辑运算,容易实现控制智能化。

(2) 与其他设备通信容易,可实时控制,适应性强。

(3) 硬件通用,只需改变软件即可适应不同的控制,适应性强。

(4) 可以应用现代控制理论及方法,如自适应控制、预测控制等来改善系统控制性能。

(5) 易于开发应用各种新的功能。例如,配备专门的软件就可方便地对电动机的参数、系统运行的状态进行自动测试和监控,甚至对硬件的连接是否出错也可进行自动测试。这样,即使使用者不具备专门的知识,没有专门的测试设备,也可安全地进行操作。

(6) 使用微机进行伺服控制,将使系统具有低成本、高性能、高可靠性及多功能性等优势。

5.3　数字程序控制技术

计算机数字控制系统(简称 CNC 系统)由程序、输入/输出设备、计算机数字控制装置、可编程控制器(PC)、主轴驱动装置和进给驱动装置等组成。其原理是根据计算机存储的控制程序执行数字控制功能。图 5-24 所示为 CNC 数控系统框图。

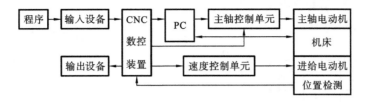

图 5-24 CNC 数控系统框图

CNC 数控装置由硬件和软件组成,软件在硬件的支持下运行,离开软件,硬件便无法工作,两者缺一不可。软件包括管理软件和控制软件两大类。管理软件由零件程序的输入输出程序、显示程序和诊断程序等组成。控制软件由译码程序、刀具补偿计算程序、速度控制程序、插补运算程序和位置控制程序等组成。数控软件是一种用于机床实时控制的特殊的操作系统。在硬件结构中,中央处理单元(CPU)实施对整个系统的运算、控制和管理。存储器用于储存系统软件和零件加工程序,以及运算的中间结果等。输入/输出接口用来交换数控装置和外部的信息。其中,插补计算和位置控制部分是 CNC 数控装置的重要组成部分。插补的任务是通过插补计算程序在一条已知起点和终点的曲线上进行"数据点的密化"。插补程序在每个插补周期运行一次,在每个插补周期内,根据指令进给速度计算出一个微小的直线数据段。通常经过若干个插补周期后,插补加工完一个程序段。位置控制的主要任务是在每个采样周期内,将插补计算的理论位置与实际反馈位置相比较,用其差值去控制进给电动机。在位置控制中,还要完成速度、加速度的控制,以及各坐标轴螺距误差补偿和反向间隙补偿,以提高机床的定位精度。辅助功能如换刀、主轴启停、冷却液开停等开关量信号都是通过可编程控制器(PLC)来实现的。

5.3.1 数字程序控制原理

如果只要求控制刀具行程终点的坐标值,即工件加工点准确定位,对刀具的移动路径、移动速度、移动方向不作规定,且在移动过程中不做任何加工,只是在准确到达指定位置后才开始加工,这样的控制称为点位控制。它在钻削、镗削或攻丝等孔加工中得到广泛应用。

在图 5-25(a)中,要使刀具在一定时间内,从 P 点移动到 Q 点,即刀具在 x 轴坐标、y 轴坐标移动规定量的最小单位量,它们的合成量为 P 点和 Q 点间的距离。但是,刀具轨迹没有严格控制,可以使刀具先在 x 轴坐标上由 P 点向 R 点移动、再沿 y 轴坐标从 R 点移动到 Q 点,也可以两个坐标以相同的速度使刀具由 P 点移动到 K 点再沿 x 轴坐标方向由 K 点移动到 Q 点。路径控制的特点是严格用最小位移量表示两点间的距离。

在轮廓加工中,如图 5-25(b)所示的任意曲线 L,要求刀具 T 沿曲线轨迹运动,进而切削加工。可以将曲线 L 分割为:l_0、l_1、l_2、…、l_i 等线段。用直线(或圆弧)代替(逼近)这些线段,当逼近误差 δ 相当小时,这些折线段之和就接近曲线。数控系统通过最

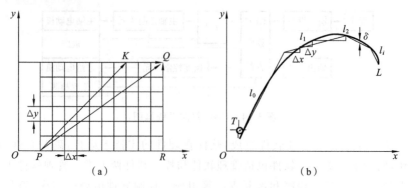

图 5-25 用单位运动来合成任意运动

小单位量的单位运动合成，不断连续地控制刀具运动，不偏离地走出直线（或圆弧），从而非常逼真地加工出曲线轮廓。这种在允许误差范围内，用沿曲线（准确地说，是沿逼近函数）的最小单位移动量合成的分段运动代替任意曲线运动，以得出所需要的运动的控制方法称为轮廓控制或连续轨迹控制。轮廓控制的特点是不仅对坐标的位移量进行控制，而且对各坐标轴的速度及它们之间的比率也进行控制。

在进行曲线加工时，可以用给定的数学函数来模拟曲线上分割出的线段 l_i。根据给定的已知函数，如直线、圆弧或高次曲线，在被加工轨迹或轮廓上的已知点之间，进行数据点的密化，确定一些中间点的方法，称为插补。用直线来模拟被加工零件轮廓曲线称为直线插补；用圆弧来模拟被加工零件轮廓曲线称为圆弧插补；用其他二次曲线或高次函数模拟被加工轮廓曲线称为二次曲线插补（如抛物线插补）或高次函数插补（如螺旋线插补）等。这些插补的算法，称为插补运算。目前应用的插补方法分为两类：基准脉冲插补和数据采样插补。基准脉冲插补算法的特点是每次插补结束，数控装置向每个运动坐标输出基准脉冲系列，每个脉冲代表了最小位移，脉冲系列的频率代表了坐标运动速度，而脉冲的数量表示移动量。数据采样插补算法的特点是数控装置产生的不是单个脉冲，而是标准二进制字。插补运算分两步完成。第一步为粗插补，它是在给定起点和终点的曲线之间插入若干个点，即用若干条微小直线段来逼近给定曲线，每一微小直线段的长度 ΔL 都相等，且与给定进给速度有关。粗插补在每个插补运算周期中计算一次，因此，每一微小直线段的长度 ΔL 与进给速度 F 和插补周期 T 有关，即 $\Delta L = FT$。第二步为精插补，它是在粗插补算出的每一微小直线段基础上再作"数据点的密化"工作。这一步相当于对直线的脉冲增量插补。基准脉冲插补的实现方法较简单，下面介绍基准脉冲插补方法的逐点比较法。

5.3.2 逐点比较法

1. 插补原理

逐点比较法又称代数运算法、醉步法。这种方法的基本原理是：计算机在控制加工过程中，能逐点地计算和判别加工误差，与规定的运动轨迹进行比较，由比较结果决定下一步的移动方向。逐点比较法既可以作直线插补，又可以作圆弧插补。这种算法的特点是运算直观，插补误差小于一个脉冲当量，输出脉冲均匀，而且输出脉冲的速度变化小，调节方便，因此，在两个坐标联动的数控机床中应用较为广泛。

1) 直线插补

直线插补时，以直线起点为原点，给出终点坐标 (x_e, y_e)，直线方程为

$$\frac{x}{y} = \frac{x_e}{y_e}$$

可改写为

$$yx_e - xy_e = 0 \qquad (5-11)$$

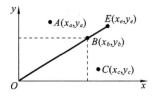

图 5-26 直线方程

直线插补时，插补偏差可能有三种情况，如图 5-26 所示。

以第一象限为例，插补点位于直线的上方、下方和直线上。对位于直线上方的点 A，有

$$y_a x_e - x_a y_e > 0$$

对位于直线上的点 B，则有

$$y_b x_e - x_b y_e = 0$$

对位于直线下方的点 C，则有

$$y_c x_e - x_c y_e < 0$$

因此可以取判别函数 F 为

$$F = yx_e - xy_e \qquad (5-12)$$

用以判别插补点和直线的偏差。当 $F>0$ 时，应向 $+x$ 方向走一步，才能接近直线；当 $F<0$ 时，应向 $+y$ 方向走一步，才能趋向直线；当 $F=0$ 时，为了继续运动可归入 $F>0$ 的情况。整个插补工作，从原点开始，走一步，算一算，判别一次 F，再趋向直线，步步前进。

为了便于计算机计算，下面将 F 的计算予以简化。设第一象限中的点 (x_i, y_i) 的 F 值为

$$F_{i,j} = y_j x_e - x_i y_e \qquad (5-13)$$

若沿 $+x$ 方向走一步，即

$$\begin{cases} x_{i+1} = x_i + 1 \\ F_{i+1,j} = y_j x_e - (x_i + 1) y_e = F_{i,j} - y_e \end{cases} \qquad (5-14)$$

若沿 $+y$ 方向走一步，即

$$\begin{cases} y_{j+1} = y_j + 1 \\ F_{i,j+1} = (y_j + 1) x_e - x_i y_e = F_{i,j} + x_e \end{cases} \qquad (5-15)$$

直线插补的终点判别可采取两种方法：一是每走一步判断最大坐标的终点坐标值（绝对值）与该坐标累计步数坐标值之差是否为零，若等于零，插补结束；二是把每个程序段中的总步数求出来，即 $n = x_e + y_e$，每走一步，进行 $n-1$，直到 $n=0$ 时为止。因而直线插补方法可归纳如下：

当 $F \geqslant 0$ 时，沿 $+x$ 方向走一步，然后计算新的偏差和终点判断计算

$$\begin{aligned} F &\leftarrow F - y_e \\ n &\leftarrow n - 1 \end{aligned} \qquad (5-16)$$

当 $F<0$ 时,沿 $+y$ 方向走一步,则计算

$$F \leftarrow F+x_e$$
$$n \leftarrow n-1 \tag{5-17}$$

2) 圆弧插补

逐点比较法进行圆弧加工时(以第一象限逆圆加工为例),一般以圆心为原点,给出圆弧起点坐标 (x_0,y_0) 和终点坐标 (x_e,y_e),如图 5-27(a)所示。

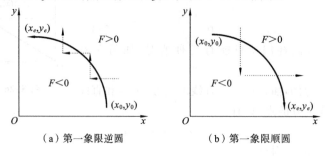

(a) 第一象限逆圆　　　　(b) 第一象限顺圆

图 5-27　圆弧插补

设圆弧上任一点坐标为 (x,y),则下式成立

$$(x^2+y^2)-(x_0^2+y_0^2)=0$$

选择判别函数 F 为

$$F=(x_i^2+y_i^2)-(x_0^2+y_0^2) \tag{5-18}$$

其中,(x_i,y_i) 为第一象限内的任意点坐标。根据动点所在区域不同,有下列三种情况:

$F>0$,动点在圆弧外;

$F=0$,动点在圆弧上;

$F<0$,动点在圆弧内。

我们把 $F>0$ 和 $F=0$ 合并在一起考虑,按下述规则,就可以实现第一象限逆时针方向的圆弧插补。

当 $F \geq 0$ 时,向 $-x$ 走一步;

当 $F<0$ 时,向 $+y$ 走一步。

每走一步后,计算一次判别函数,作为下一步进给的判别标准,同时进行一次终点判断。

F 值可用递推计算方法由加、减运算逐点得到。设已知动点 (x_i,y_i) 的 F 值为 $F_{i,j}$,则

$$F_{i,j}=(x_i^2+y_j^2)-(x_0^2+y_0^2)$$

动点在 $-x$ 方向走一步后

$$F_{i+1,j}=(x_i-1)^2+y_j^2-(x_0^2+y_0^2)=F_{i,j}-2x_i+1 \tag{5-19}$$

动点在 $+y$ 方向走一步后

$$F_{i,j+1}=x_i^2+(y_j+1)^2-(x_0^2+y_0^2)=F_{i,j}+2y_j+1 \tag{5-20}$$

终点判断可采用与直线插补相同的方法。归纳起来:当 $F \geq 0$ 时,向 $-x$ 方向走一

步,其偏差计算、坐标值计算和终点判别计算用下面公式

$$\begin{cases} F_{i+1,j} = F_{i,j} - 2x_i + 1 \\ x_{i+1} = x_i - 1 \\ y_{j+1} = y_j \\ n \leftarrow n-1 \end{cases} \quad (5-21)$$

当 $F<0$ 时,向 $+y$ 方向走一步。其偏差计算、坐标值计算和终点判别计算公式如下。

$$\begin{cases} F_{i,j+1} = F_{i,j} + 2y_j + 1 \\ x_{i+1} = x_i \\ y_{j+1} = y_j + 1 \\ n \leftarrow n-1 \end{cases} \quad (5-22)$$

3) 逐点比较法插补举例

【例 5-1】 直线插补。如图 5-28 所示,设 OA 为第一象限的直线,其终点坐标 $x_A=4$, $y_A=5$,用逐点比较法加工出直线 OA。

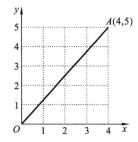

图 5-28 直线插补轨迹

解 插补从直线起点开始,因为起点总是在直线上,所以 $F_{0,0}=0$,表 5-4 列出了直线插补运算过程。

表 5-4 直线插补运算过程

序 号	判 别	进给方向	运 算		
0			$F_{0,0}=0$	$x_0=0$	$y_0=0$
1	$F_{00}=0$	$+x$	$F_{10}=F_{00}-y_A=0-5=-5$	$x_1=1$	
2	$F_{10}<0$	$+y$	$F_{11}=F_{10}+x_A=-5+4=-1$		$y_1=1$
3	$F_{11}<0$	$+y$	$F_{12}=F_{11}+x_A=-1+4=3$		$y_2=2$
4	$F_{12}>0$	$+x$	$F_{22}=3-5=-2$	$x_2=2$	
5	$F_{22}<0$	$+y$	$F_{23}=-2+4=2$		$y_3=3$
6	$F_{23}>0$	$+x$	$F_{33}=2-5=-3$	$x_3=3$	
7	$F_{33}<0$	$+y$	$F_{34}=-3+4=1$		$y_4=4$
8	$F_{34}>0$	$+x$	$F_{44}=1-5=-4$	$x_4=4$	
9	$F_{44}<0$	$+y$	$F_{45}=-4+4=0$		$y_5=5$

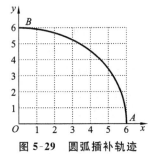

图 5-29 圆弧插补轨迹

【例 5-2】 圆弧插补。如图 5-29 所示,设 $\widehat{AB}$ 为第一象限逆圆弧,起点为 $A(x_A=6, y_A=0)$,终点为 $B(x_B=0, y_B=6)$,用逐点比较法加工 $\widehat{AB}$。

解 终点判别值:

$$n=(6-0)+(6-0)=12$$

开始加工时,刀具从 A 点开始,即在圆弧上,$F_{0,0}=0$,加工运算过程如表 5-5。

表 5-5 圆弧插补运算过程

序号	判别	方向	运算		终点判别
0			$F_{0,0}=0$	$x_0=6, y_0=0$	$n=12$
1	$F_{0,0}=0$	$-x$	$F_{1,0}=F_{0,0}-2x+1=0-12=-11$	$x_1=5, y_0=0$	11
2	$F_{1,0}<0$	$+y$	$F_{1,1}=F_{1,0}+2y+1=-11+0+1=-10$	$x_1=5, y_1=1$	10
3	$F_{1,1}<0$	$+y$	$F_{1,2}=-10+2\times2+1=-5$	$x_1=5, y_2=2$	9
4	$F_{1,2}<0$	$+y$	$F_{1,3}=-7+2\times2+1=-2$	$x_1=5, y_3=3$	8
5	$F_{1,3}<0$	$+y$	$F_{1,4}=-2+2\times3+1=5$	$x_1=5, y_4=4$	7
6	$F_{1,4}>0$	$-x$	$F_{2,4}=5-2\times5+1=-4$	$x_2=4, y_4=4$	6
7	$F_{2,4}<0$	$+y$	$F_{2,5}=-4+2\times4+1=5$	$x_2=4, y_5=5$	5
8	$F_{2,5}>0$	$-x$	$F_{3,5}=5-2\times4+1=-2$	$x_3=3, y_5=5$	4
9	$F_{3,5}<0$	$+y$	$F_{3,6}=-2+2\times5+1=9$	$x_3=3, y_6=6$	3
10	$F_{3,6}>0$	$-x$	$F_{4,6}=9-2\times3+1=4$	$x_4=2, y_6=6$	2
11	$F_{4,6}>0$	$-x$	$F_{5,6}=4-2\times2+1=1$	$x_5=1, y_6=6$	1
12	$F_{5,6}>0$	$-x$	$F_{6,6}=1-2\times1+1=0$	$x_6=0, y_6=6$	0

2. 象限处理

1) 直线插补的象限处理

直线插补运算公式(5-12)~(5-17)只适用于第一象限的直线,若不采取措施不能适用其他象限的直线插补。

对于第二象限,只要取$|x|$代替即可,至于输出驱动,应使x轴步进电动机反向旋转,而y轴步进电动机仍为正向旋转。

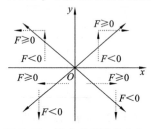

图 5-30 四个象限进给方向

同理,第三、四象限的直线也可以变换到第一象限。插补运算时,取$|x|$和$|y|$代替x、y。输出驱动原则如下。

在第三象限,点在直线上方,向$-y$方向步进;点在直线下方,向$-x$方向步进。

在第四象限,点在直线上方,向$-y$方向步进;点在直线下方,向$+x$方向步进。

四个象限各轴插补运动方向如图 5-30 所示。

由图中看出,$F\geq0$时,都是在x方向步进,不管$+x$向还是$-x$方向,$|x|$增大。走$+x$方向或$-x$方向可由象限标志控制,一、四象限走$+x$方向,二、三象限走$-x$方向。同样,$F<0$时,总是走y方向,不论$-y$方向或$+y$方向,$|y|$增大。走$+y$方向或$-y$方向由象限标志控制,一、二象限走$+y$方向,三、四象限走$-y$方向。

2) 圆弧插补的象限处理

在圆弧插补中,仅讨论了第一象限的圆弧插补,但实际上,圆弧所在的象限不同,顺逆不同,则插补公式和运动点的走向均不同,因而圆弧插补有八种情况,如图 5-31 所示。

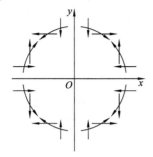

图 5-31 四个象限步进方向

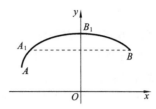

图 5-32 圆弧过象限示意图

为了获得较好的算法,需要解决圆弧插补过象限问题。所谓圆弧过象限,即圆弧的起点和终点不在同一象限内,如图 5-32 所示的 $\overset{\frown}{AB}$。

因为在插补计算时,比较方便的方法是运动点和终点坐标均采用绝对值参加运算,但由此会引起一些问题。例如图 5-32 中,A_1 和 B 点的坐标的绝对值是一样的,从 A 向 B 插补时,走到 A_1 就会停止。因此在编制加工零件程序时,就要求将 $\overset{\frown}{AB}$ 分成两段: $\overset{\frown}{AB_1}$ 和 $\overset{\frown}{B_1B}$。

如果采用带有正负号的代数坐标值进行插补运算,就可以正确地解决终点判断问题。根据图 5-31 可推导出用代数值进行插补的公式如下。

沿 $+x$ 方向走一步

$$\begin{cases} x_{i+1} = x_i + 1 \\ F_{i+1,j} = F_{i,j} + 2x_i + 1 \\ x_e - x_{i+1} = 0? \end{cases} \quad (5\text{-}23)$$

沿 $-x$ 方向走一步

$$\begin{cases} x_{i+1} = x_i - 1 \\ F_{i+1,j} = F_{i,j} - 2x_i + 1 \\ x_e - x_{i+1} = 0? \end{cases} \quad (5\text{-}24)$$

沿 $+y$ 方向走一步

$$\begin{cases} y_{j+1} = y_j + 1 \\ F_{i,j+1} = F_{i,j} + 2y_j + 1 \\ y_e - y_{j+1} = 0? \end{cases} \quad (5\text{-}25)$$

沿 $-y$ 方向走一步

$$\begin{cases} y_{j+1} = y_j - 1 \\ F_{i,j+1} = F_{i,j} - 2y_j + 1 \\ y_e - y_{j+1} = 0? \end{cases} \quad (5\text{-}26)$$

由图 5-31 可以看出,式(5-23)适用于第一象限、顺圆、$F<0$,第二象限、顺圆、$F\geqslant$

0,第三象限、逆圆、$F \geq 0$ 和第四象限、逆圆、$F < 0$ 的情况。式(5-24)适用于第一象限、逆圆、$F \geq 0$,第二象限、逆圆、$F < 0$,第三象限、顺圆、$F < 0$ 和第四象限、顺圆、$F \geq 0$ 的情况。式(5-25)适用于第一象限、逆圆、$F < 0$,第二象限、顺圆、$F < 0$,第三象限、顺圆、$F \geq 0$ 和第四象限、逆圆、$F \geq 0$ 的情况。式(5-26)适用于第一象限、顺圆、$F \geq 0$,第二象限、逆圆、$F \geq 0$,第三象限、逆圆、$F < 0$ 和第四象限、顺圆、$F < 0$ 的情况。

3. 逐点比较法的软件实现方法

硬件数控由逻辑电路实现逐点比较插补法。在 CNC 数控系统中,用软件实现逐点比较法插补是很方便的。根据直线插补的象限处理原则,四个象限直线插补软件流程如图 5-33 所示。圆弧插补程序可按式(5-23)~式(5-26)编制,以第一象限逆圆弧插补为例,其软件流程如图 5-34 所示。

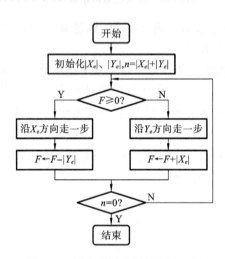

图 5-33 四个象限直线插补流程图

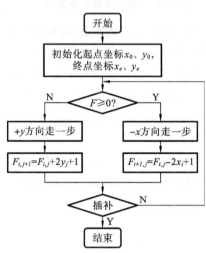

图 5-34 第一象限逆圆插补流程图

5.3.3 进给速度的计算和加减速控制

1. 进给速度计算

进给速度的计算因系统不同,方法有很大差别。在开环系统中,坐标轴运动速度是通过控制向步进电动机输出脉冲的频率来实现的。速度计算的方法是根据程编的进给速度值来确定该频率值。在半闭环和闭环系统中采用数据采样方法进行插补加工,速度计算是根据程编的进给速度值,将轮廓曲线分割为采样周期的轮廓步长。

1) 开环系统进给速度的计算

开环系统,每输出一个脉冲,步进电动机就转过一定的角度,驱动坐标轴进给一个脉冲对应的距离(称为脉冲当量),插补程序根据零件轮廓尺寸和程编进给速度的要求,向各个坐标轴分配脉冲,脉冲的频率决定了进给速度。进给速度 F(mm/min)与进给脉冲频率 f 的关系:$F = \delta f \times 60$(mm/min),式中 δ 为脉冲当量,有

$$f = \frac{F}{60\delta} \tag{5-27}$$

两轴联动时,各坐标轴速度为

$$V_x = 60 f_x \delta, \quad V_y = 60 f_y \delta$$

式中:V_x、V_y 为 x 轴、y 轴方向的进给速度;f_x、f_y 为 x 轴方向、y 轴方向的进给脉冲频率。合成速度(即进给速度)V 为

$$V = \sqrt{V_x^2 + V_y^2} = F \tag{5-28}$$

进给速度要求稳定,故要选择合适的插补算法(原理)及采取稳速措施。

2) 半闭环和闭环系统的速度计算

在半闭环和闭环系统中,速度计算的任务是确定一个采样周期的轮廓步长和各坐标轴的进给步长。直线插补时,首先要求出刀补后一个直线段(程序段)在 x 和 y 坐标上的投影 L_x 和 L_y(见图 5-35)。

$$L_x = x'_e - x'_0, \quad L_y = y'_e - y'_0$$

式中:x'_e、y'_e 为刀补后直线段终点坐标值;x'_0、y'_0 为刀补后直线段起点坐标值。接着计算直线段的方向余弦为

$$\cos\alpha = \frac{L_x}{L}, \quad \cos\beta = \frac{L_y}{L}$$

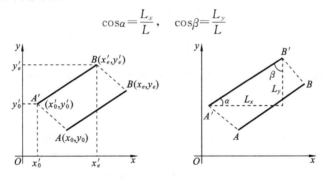

图 5-35 速度计算

一个插补周期的步长为

$$\Delta L = \frac{1}{60} F \Delta t$$

式中:F 为程编给出的合成速度,单位为 mm/min;Δt 为插补周期,单位为 ms;ΔL 为每个插补周期小直线段的长度,单位为 μm。各坐标轴在一个采样周期中的运动步长为

$$\Delta x = \Delta L \cos\alpha = F \cos\alpha \Delta t / 60 (\mu m)$$
$$\Delta y = \Delta L \sin\alpha = F \sin\alpha \Delta t / 60 (\mu m)$$
$$= \Delta L \cos\beta = F \cos\beta \Delta t / 60 (\mu m)$$

2. 加减速控制

加减速常用的有指数加减速和直线加减速。

1) 指数加减速控制算法

指数加减速控制的目的是将启动或停止时的速度突变成随时间按指数规律上升

或下降,如图 5-36 所示。指数加减的速度与时间的关系为:加速时,$V(t)=V_c(1-e^{-t/T})$;匀速时,$V(t)=V_c$;减速时,$V(t)=V_c e^{-t/T}$。式中:$V(t)$ 为时间常数;V_c 为稳定速度。

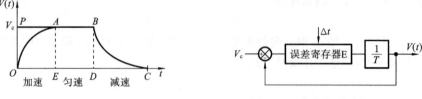

图 5-36 指数加减速   图 5-37 指数加减速控制原理

图 5-37 所示的是指数加减控制算法的原理图。其中,Δt 表示采样周期,它在算法中的作用是对加减速运算进行控制,即每个采样周期进行一次加减运算。误差寄存器 E 的作用是对每个采样周期的输入速度 V_c 与输出速度 V 之差 (V_c-V) 进行累加,累加结果一方面保存在误差寄存器中,另一方面与 $1/T$ 相乘,乘积作为当前采样周期加减速控制的输出 V。同时 V 又反馈到输入端,准备下一个采样周期重复以上过程。

上述过程可以用迭代公式来实现:

$$\begin{cases} E_i = \sum_{k=0}^{i-1}(V_c - V_k)\Delta t \\ V_i = E_i \dfrac{1}{T} \end{cases} \quad (5\text{-}29)$$

式中:E_i、V_i 分别为第 i 个采样周期误差寄存器 E 中的值和输出速度值,且迭代初值 V_0、E 为零。

2) 直线加减速控制算法

直线加减速控制使机床在起动或停止时,速度沿一定斜率的直线上升或下降。如图 5-38 所示,速度变化曲线是 $OABC$。

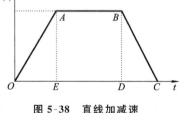

图 5-38 直线加减速

直线加减速控制过程如下所述。

加速过程。如果输入速度 V_c 与输出速度 V_{i-1} 之差大于一个常数 K_L,即 $V_c-V_{i-1}>K_L$,则使输出速度增加 K_L 值,即 $V_i=V_{i-1}+K_L$。式中,K_L 为加减速的速度阶跃因子。显然在加速过程中,输出速度沿斜率 $k'=K_L/\Delta t$ 的直线上升。这里 Δt 为采样周期。

加速过渡过程。如果输入速度 V_c 大于输出速度 V_i,但其差值小于 K_L 时,即 $0<V_c-V_{i-1}<K_L$。改变输出速度,使其与输入相等,$V_i=V_c$。经过这个过程后,系统进入稳定速度状态。

匀速过程。在这个过程中,保持输出速度不变,$V_i=V_{i-1}$。但此时的输出 V_i 不一定等于 V_c。

减速过渡过程。如果输入速度 V_c 小于输出速度 V_{i-1},但其差值不足 K_L 时,即 $0<V_{i-1}-V_c<K_L$。改变输出速度,使其减小到与输入速度相等,$V_i=V_c$。

减速过程。如果输入速度 V_c 小于输出速度 V_{i-1},且差值大于 K_L 值时,即 $V_{i-1}-V_c > K_L$。改变输出速度,使其减小 K_L 值。$V_i = V_{i-1} - K_L$。显然在减速过程中,输出速度沿斜率 $k' = -K_L/\Delta t$ 的直线下降。

在直线加减速和指数加减速控制算法中,有一点非常重要,即保证系统不失步和不超程,使输入到加减速控制器的总位移量等于该控制器输出的总位移量。对于图 5-38 而言,须使区域 OEA 的面积等于区域 DBC 的面积。为了做到这一点,以上所介绍的两种加减速算法都用位置误差累加器来解决。在加速过程中,用位置误差累加器记录由于加速延迟失去的位置增量之和;在减速过程中,又将位置误差累加器中的位置按一定规律逐渐放出,保证达到规定位置。

5.3.4 数字控制系统的应用案例

光机电一体化产品是集光学、机械、微电子、自动控制和计算机技术于一体的高科技产品,具有很高的功能和附加值。随着全球科技的迅速发展,激光制造作为一种先进的加工技术,有利于带动整个国民经济的发展,有利于产品在国际上的竞争力。伴随着激光器的发展和数控技术的提高,实现系统集成就成为主要的制约因素。激光内雕机通过接口将各子系统的特性和优点有机地融合在一起,扬长避短,从而实现各子系统都无法单独实现的新功能,达到系统最优化。

1. 激光内雕技术的工作原理及系统组成

激光内雕技术是将脉冲强激光在透明体内聚焦,产生微米量级大小的汽化微裂纹,通过计算机控制微裂纹在玻璃体内的空间位置,使这些微裂纹呈三维排列而构成立体图像,其结构框图如图 5-39 所示。

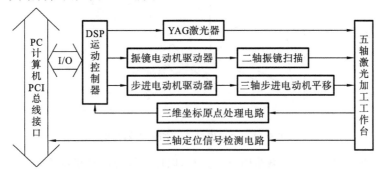

图 5-39 五轴激光内雕系统组成框图

二轴振镜扫描系统由两个伺服振镜电动机和两个反光镜片组成,采用逐行成像原理。伺服振镜电动机驱动器收到交变电信号后,镜片发生振动,使光线扫描成一条条直线。在扫描过程中,到达应该透出激光的位置时,则由控制器发出出光信号。两个镜片分别负责 X 方向和 Y 方向扫描,通过两个伺服振镜电动机的配合,激光束就能在 XY 平面上扫描出预定的轨迹曲线。

三轴步进电动机平移负责将工作台上的工件各部位移到激光器扫描范围内,它是由步进电动机驱动器、步进电动机、滚珠丝杠副、工作台、原点到位开关组成。步进驱动器接收脉冲方向信号后,驱动步进电动机正反向旋转,采用柔性联轴器接口将滚珠丝杠副与电动机旋转轴联结,带动工作台上下、左右、前后运动。其中,脉冲信号控制各轴运行距离,方向信号控制各轴正反转,以完成各轴的位置控制。三维坐标原点处理电路将安装在工作台上的三组光电开关或机械开关接通和断开信号转化为高低电平信号,经滤波整形后,建立起参考坐标系原点的电气接口。三轴定位信号检测电路累计各轴电动机实际运行距离,保证步进传动开环控制的定位精度。

该系统采用 PC 机作为上位机,DSP 作为运动控制器,传动机构由二轴伺服振镜电动机加三轴步进电动机构成五轴伺服系统,通过计算机和控制器协调五轴运动,实现激光器定点出光,保证工件加工质量。

2. 激光振镜的平面扫描

伺服振镜电动机具有峰值力矩大、反应速度快、机电延迟时间小、动作稳定、漂移小的特点,其使用寿命长,长期工作可靠性好。高精度的位置检测技术保证了伺服振镜电动机位置闭环控制重复精度和高分辨率,使它在快速精密随动系统中得到广泛的应用。伺服振镜电动机工作时,信号电流进入定子上的线圈,线圈产生的磁场与转子上的永磁体相互作用,推动转子旋转,使固定在运动轴上的反光镜片偏转一个角度。激光器发出的激光束作用在两个偏转的反光镜片上,由于振镜电动机具有极高的运动速度和加速度,从而在平面上扫描出一条条直线点,其结构原理简图如图 5-40 所示。

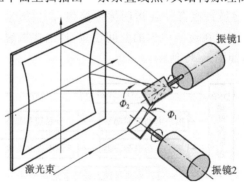

图 5-40 激光振镜平面扫描结构简图

各扫描点之间运动是以微步距方式进行,以保证振镜电动机的稳定性。通过步进电动机作三维运动可将携带工件的工作台移到振镜扫描范围内,直到完成整个工件的加工。

3. 步进电动机位置脉冲信号的检测

为了克服机械摩擦、丝杠间隙产生的位置误差,防止步进电动机在运动过程中丢失脉冲,影响工作台的定位精度,造成工件加工质量不高,系统设计了位置补偿功能。将光栅尺固定在各坐标轴上,由位置检测单元累计光栅尺发出的脉冲数,计算机读取可逆计数器数据,得到实际运行距离,并与指令值比较,确定补偿的脉冲数。位置检测单元结构框图如图 5-41 所示。

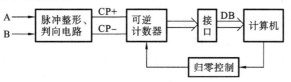

图 5-41 光栅尺位置检测单元结构框图

由于光栅尺没有初始零位置,要累计每一程序段的脉冲个数,计算机需在每个程序段开始处向可逆计数器进行归零操作,即给计数器清零,以确定光栅尺的起始位置。工作台运动时光栅尺输出相位相差 90°的两路脉冲 A、B 随着工作台运动方向的变化,相互间超前滞后关系会发生变化,这样就可以利用某一路脉冲去选通另一路脉冲的前后沿,从而分出正转和反转两路计数脉冲,其脉冲整形、方向判别电路如图 5-42 所示。

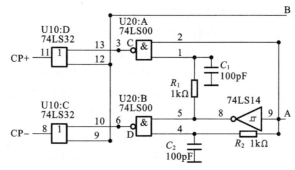

图 5-42 脉冲整形、判向电路

A 脉冲与 B 脉冲相位相差 90°,正转时,A 脉冲超前 B 脉冲,若 C 点负脉冲对应 B 脉冲的低电平,则 D 点负脉冲对应 B 脉冲的高电平。这样上边或门 U10:D 输出(即 CP+)对应每一个 A 脉冲有一个负脉冲,而下边或门 U10:C 输出(即 CP-)始终为高电平。同理,反转时由于 B 脉冲超前 A 脉冲 90°,对应每一个脉冲,CP+始终为高电平,CP-有一个负脉冲输出。两路脉冲送到具有双时钟的可逆计数器 74LS193 中计数,所计的数值即为编码结果。接口电路是由数据锁存器组成,供 CPU 随机读取稳定的计数器数据。

根据工件加工精度要求,确定好系统脉冲当量,由公式:脉冲数=距离/脉冲当量,计算出各轴相邻拟合点的目标脉冲数,将它们设置为一个程序段。在每一个程序段开始,归零电路将计数器清零,随后,计算机输出各轴控制字,控制步进电动机运行,一个程序段完成后,计算机读取各轴光栅尺反馈的脉冲数,并将目标脉冲数与实际运行脉冲数进行比较:若差值在设定的最大允许脉冲数之内,则置该程序段运行成功标志;否则将差值脉冲数作为目标脉冲数再次发送让轴运动,直到满足差值在设定的最大允许脉冲数之内为止。当补偿完成后,置程序段运行成功标志,进入下一程序段。如果在规定的补偿次数内还不能达到此要求,则置失败标志,系统停止加工,检测软、硬件异常情况。

4. 光机电接口

以 PC 机作为信息平台，充分发挥 PC 机软硬件资源丰富和处理数据速度快的优点，利用造型软件将通用格式文件转化为加工 G 代码，然后将 G 代码解释为运动控制器函数，完成运动规划、误差补偿及人机交互界面操作。DSP 运动控制器通过 PCI 总线协议接口连接 PC 机，执行加减速运算、插补轨迹计算、实时输出电动机运动指令，以及激光器出光信号。为了加快指令运行速度，运动控制器采用缓冲区循环队列模式，在运动过程中，缓冲区中的指令在不停地被执行，又有新的指令存储空间，应用程序继续压入运动指令，直到所有的指令执行完毕。缓冲区机制保证了 PC 机有充足时间完成相关的信息处理，提高了系统的加工速度。

控制 YAG 激光器出光是通过插入一个声光调 Q 器件，器件由声光介质、换能器、驱动源组成。驱动源产生的几十兆赫的射频电压加在换能器上，换能器将电能转换成机械能，进行机械振动产生超声波，在超声介质中形成超声光栅。激光通过超声光栅时，产生衍射，使光束偏离出谐振腔，造成腔内损耗增大，Q 值很低，不能形成激光振荡。光泵不断激励，工作物质 YAG 上能级粒子数不断积累到最大值，当驱动源输出的调制信号将声光介质中的超声场撤掉时，Q 值猛增，激光振荡迅速恢复，能量以巨脉冲形式输出。如同控制一个高速开关，在极短的时间内输出一个很强的窄脉冲。

尽管振镜电动机的惯性很小，但是在振镜运动和激光开关的时序上必须考虑振镜电动机的动态特性。实际扫描过程是以微步形式运动的，沿 X、Y 方向跳转均为多个微步。当振镜电动机到达指定点时，为了消除定位点的抖动，防止激光产生毛刺现象，需要插入跳转延时，跳转运动及其稳定时间如图 5-43 所示。

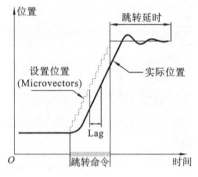

图 5-43 振镜电动机运动过程及跳转延时逻辑时序图

当振镜电动机跳转延时结束后，控制器输出脉宽为 10 μs 的脉冲信号，驱动声光调 Q 器件，产生强激光脉冲，实现定点出光。

本章小结

本章主要介绍了数字程序控制的基本知识和作为数控装置执行机构的步进电动机、伺服电动机工作原理及控制技术。步进电动机具有结构清晰、定位概念明确、供电方式简单、易于控制等特点。5.1 节通过分析其结构和阐明其工作原理，对其定位数字控制技术的实现进行了探讨，并给出了步进电动机在实际应用中的一些参数及术语。随着数字脉宽调制技术、交流电动机调速技术、微电子技术、现代控制技术的发展，高精度的位置控制逐渐由伺服电动机取代。5.2 节介绍了高性能三相永磁同步伺服电动机的工作特性。结合光电编码器的采样信号及矢量控制输出信号，构造了典型数控闭环控制系统的结构,它包括位置环、速度环、电流环。使用微机进行伺服控制,将使系统具有低成本、高性能、高可靠性及多功能性等优势。5.3 节介绍了数字程序控制技术,针对点位控制,路径的特点是严格用最小位移来保证定位精度;针对连续控制,轨迹的特点不仅对坐标的位移量进行控制,且对各坐标轴的速度及它们之间的比率也进行控制,实现位置和比率控制是通过进行各种插补运算来实现的。逐点比较法运算直观、插补误差小、输出脉冲均匀、速度变化小、调节方便,在数控系统中应用广泛。它包括直线插补和圆弧插补,本节详细讨论了这两种插补的计算和推理过程。各坐标轴速度控制是完成开环、半闭环、闭环系统进给速度的计算,为保证数控系统位置不失步和不超程,还必须进行加减速控制。本章最后以一个实际例程说明了构建数控系统的设计思路。

思考与练习

1. 简述随动系统开环控制与闭环控制的异同点,以及如何控制步进电动机输出的角位移、转速。
2. 一台两相混合式步进电动机步距角为 $0.9°/1.8°$,试问(1) 步距角是什么意思?(2) 转子齿数是多少?(3) 写出两相 4 拍运行方式时的一个通电顺序。(4) 在 A 相绕组中测得电流频率为 240 Hz,电动机每分钟的转速是多少?
3. 简述步进电动机定位转距与供电方式的关系。
4. 结合 UC3717 芯片,试用 80C51 单片机设计一个完整的二相步进电动机驱动控制电路,并编写单片机控制程序实现步进电动机正反转及调速等功能。
5. 伺服电动机位置环包含哪几个调节器?它们各自起什么作用?
6. 采用 2500 脉冲/转的增量式编码器对伺服电动机进行数字测速,4 倍频鉴相倍频电路(见图 5-15),可逆计数器在 10 ms 时间内测得的脉冲个数为 1000 个,计算伺服电动机每分钟的转速是多少?如果在编码器两个相邻输出脉冲的间隔时间 T_t 秒内,插入一个已知频率为 f_0 的高频时钟脉冲,在时间 T_t 秒内所得到的高频时钟脉冲个数为 M_2,写出伺服电动机每分钟转速的表达式。
7. 简述永磁同步电动机电流环矢量控制工作原理。
8. 什么叫点位控制,其最大定位误差可能是多大?
9. 简述逐点比较法直线插补和圆弧插补的过程步骤。
10. 对第一象限的直线 OA,起点 $O(0,0)$,终点 $A(8,10)$。试用直线插补法计算轨迹控制过程。
11. 设加工轨迹为第一象限逆圆弧 $\overset{\frown}{AB}$,起点 $A(8,0)$,终点 $B(0,8)$,试进行圆弧插补计算,标明进给方向和步数?
12. 根据图 5-33 所示的四个象限直线插补流程图,编程实现直线插步程序。
13. 脉冲当量为 4 μm,要求进给速度为 48 mm/min,则进给脉冲的频率每秒钟应达到多少个?
14. 简述直线加减速工作原理,并编程实现其控制过程。

6 计算机控制系统的新型控制策略

本章重点内容:阐述智能控制研究现状;论述模糊控制、神经控制、遗传控制、专家控制等计算机控制系统的原理、结构、设计思路,给出相应应用实例;简介自适应控制、鲁棒控制、预测控制、量子控制等先进控制技术。

6.1 智能控制研究现状

自从美国数学家维纳于 20 世纪 40 年代创立控制论以来,自动控制理论经历了经典控制理论和现代控制理论两个重要发展阶段。在处理复杂系统控制问题时,传统的控制理论对于复杂性所带来的问题,总是力图突破旧的模式,以适应社会对自动化提出的新要求。世界各国控制理论界也都在探索建立新一代的控制理论,以解决复杂系统的控制问题。把传统控制理论与模糊逻辑、神经网络、遗传算法等人工智能技术相结合,充分利用人类的控制知识对复杂系统进行控制,逐渐形成了智能控制理论的雏形。1985 年,IEEE 在纽约召开了第一届智能控制学术会议,集中讨论智能控制的原理和系统结构等问题,标志着这一新的体系的形成。虽然智能控制体系的形成只有二十几年的历史,理论还远未成熟,但已有的应用成果和理论发展都表明智能控制正成为自动控制的前沿学科。

近年来,越来越多的学者已意识到在传统控制中加入逻辑、推理和启发式知识的重要性,这类系统一般称为智能控制系统。智能控制系统必须具有模拟人类学习(learning)和自适应(adaptation)的能力。智能控制不同于经典控制理论和现代控制理论的处理方法,控制器不再是单一的数学解析模型,而是数学解析模型和知识系统相结合的广义模型。概括地说,智能控制具有以下基本特点。

(1) 应能对复杂系统(如非线性、快时变、复杂多变量、环境扰动等)进行有效的全局控制,并具有较强的容错能力。

(2) 定性决策和定量控制相结合的多模态组合控制。

(3) 其基本目的是从系统的功能和整体优化的角度来分析和综合系统,以实现预定的目标,并应具有自组织能力。

(4) 同时具有以知识表示的非数学广义模型和以数学模型表示的混合控制过程,人的知识在控制中起着重要的协调作用,系统在信息处理上既有数学运算,又有逻辑和知识推理。

目前,根据智能控制发展的不同历史阶段和不同的理论基础可以分为四大类,即模糊控制(Fuzzy Fontrol,FC);神经控制(Neural Control,NC);遗传控制(Genetic Control,GC);专家控制(Expert Control,EC)。

模糊控制是智能控制较早的形式,它汲取了人的思维具有模糊性的特点,是以模糊集合论、模糊语言变量及模糊逻辑推理为基础的一种计算机数字控制。模糊控制在短短的几十年时间里得到广泛发展并在现实生活中加以成功的应用,其根本原因在于模糊逻辑本身提供了由专家构造语言信息并将其转化为控制策略的一种系统的推理方法,从而能够解决许多复杂并且无法建立精确的数学模型系统的控制问题。它是处理推理系统和控制系统中不精确和不确定性的一种有效方法,是智能控制的重要组成部分。

神经元的数学模型是1943年由McCulloch和Pitts两位科学家首先提出的。神经网络理论的发展经受了不平凡的历程,其真正的发展期应该是在20世纪80年代以后,尤其是在1986年发表了感知器网络的学习算法后,神经网络的应用前景更加开阔。同时,它也为神经网络控制创造了必要的条件。神经网络控制通过模拟人脑的结构和工作机理对系统实现控制。神经网络的主要特点是具有学习能力、并行计算能力和非线性映射能力。如何充分利用神经网络的这些能力解决众多非线性、强耦合和不确定性系统的控制问题是神经控制论研究的主要课题。

遗传算法(Genetic Algorithms,简称GA)是基于达尔文进化论,在计算机上模拟生命进化机制而发展起来的一门新学科。它根据适者生存、优胜劣汰等自然进化规则来进行搜索计算和问题求解。对许多用传统数学难以解决或明显失效的复杂问题,特别是优化问题,GA提供了一个行之有效的新途径,也为人工智能的研究带来了新的生机。GA由美国J.H.Holland博士在1975年提出的,当时并没有引起学术界的关注,因而发展比较缓慢。从20世纪80年代中期开始,随着人工智能的发展和计算机技术的进步,遗传算法逐步成熟,应用日益增多,不仅应用于人工智能领域(如机器学习和神经网络),也开始在工业系统(如控制、电力工程)中得到成功的应用,显示了诱人的前景,与此同时,GA也得到了国际学术界的普遍肯定。

专家控制也是智能控制的一个重要分支。20世纪80年代初,自动控制领域的学者和工程师开始把专家系统的思想和方法引入控制系统的研究及其工程应用,从而提出了专家控制。在未知环境下,专家控制仿效专家的智能,实现对系统的控制。把基于专家控制的原理所设计的系统或控制器,分别称为专家控制系统或专家控制器。专家控制系统与传统控制系统的根本区别在于:专家控制系统是以知识为基础,对过程的数学模型依赖性小,具有灵活的控制策略,有较强的信息处理能力和解决不确定性问题的能力。当然,专家控制系统并不是对传统控制的排斥和取代,而是对它的包容和发展。专家控制系统的实现关键在于复杂、多样的控制知识的获取和组织方法,及其实时推理的技术。一方面,专家控制技术的进展要更多地引入人工智能中知识工程的方法;另一方面,专家控制的实用化要借助于快速的计算器件和计算机环境。

6.2 模糊控制

6.2.1 模糊控制理论基础

1. 模糊集合

模糊集合理论是将经典集合理论模糊化,并引入语言变量和近似推理的模糊逻辑,具有完整的推理体系的一种智能技术。在人类的思维中,有许多模糊的概念,如大、小、冷、热等,它们都没有明确的内涵和外延,只能用模糊集合来描述;有的集合具有清晰的内涵和外延,如男人和女人。我们把前者叫做模糊集合,而把后者叫做普通集合(或经典集合)。例如,胖子就是一个模糊集合,它是指不同程度丰满的那群人,它没有明确的界限。

模糊集合由于没有明确的边界,只能有一种描述方法,就是用隶属函数描述。Zadeh 于 1965 年曾给出下列定义:设给定论域 U,μ_A 为 U 到 $[0,1]$ 闭区间的任一映射,有

$$\mu_A : U \to [0,1]$$
$$x \to \mu_A(x)$$

都可确定 U 的一个模糊集合 A,μ_A 称为模糊集合 A 的隶属函数。$\forall x \in U$,$\mu_A(x)$ 称为元素 x 对 A 的隶属度,即 x 属于 A 的程度。

模糊集合的表示方式有以下几种。

1) 向量表示法

当论域 U 为有限点集,即 $U=\{x_1, x_2, \cdots, x_n\}$ 时,U 上的模糊集合可以用向量 $\mathbf{A}$ 来表示,即 $\mathbf{A}=\{\mu_1, \mu_2, \cdots, \mu_n\}$。这里 $\mu_i = \mu_A(x_i)$,$i=1, 2, \cdots, n$。隶属度为零的项不能省略。

2) Zadeh 表示法

给定有限论域 $U=\{x_1, x_2, \cdots, x_n\}$,$A$ 为 U 上的模糊集合,则 $A = \frac{\mu_1}{x_1} + \frac{\mu_2}{x_2} + \cdots + \frac{\mu_n}{x_n}$。其中,$\mu_i/x_i$ 并不表示"分数",而是表示论域中元素 x_i 与其隶属度 μ_i 之间的对应关系。"+"也不表示求和,而是表示将各项汇总,表示集合概念;若 $\mu_i = 0$,则可以省去该项。

3) 序偶表示法

将论域中的元素 x_i 与其隶属度 μ_i 构成序偶来表示 A,则 $A=\{(x_1, \mu_1), (x_2, \mu_2),$

…,(x_n,μ_n)}。在这种方法中,隶属度为零的项可不列入。

模糊集合同经典集合一样有包含和相等的关系,并可以进行一系列运算。设 A、B 为论域 U 上的两个模糊集合,对于 U 中的每一个元素 x,都有 $\mu_A(x) \geqslant \mu_B(x)$,则称 A 包含 B,记作 $A \supseteq B$。如果 $A \supseteq B$ 且 $B \supseteq A$,则称 A 与 B 相等,记作 $A=B$。如果对 $\forall x \in U$ 均有 $\mu_A(x)=0$,则称 A 为空集,记作 $\varnothing$。

模糊集合的并集、交集和补集,即 $A \cup B$、$A \cap B$、$\overline{A}$ 的隶属函数分别为 $\mu_{A \cup B}$、$\mu_{A \cap B}$、$\overline{\mu_A}$,其中

$$\mu_{A \cup B} = \mu_A(x) \vee \mu_B(x) = \max(\mu_A(x), \mu_B(x))$$
$$\mu_{A \cap B} = \mu_A(x) \wedge \mu_B(x) = \min(\mu_A(x), \mu_B(x))$$
$$\overline{\mu_A} = 1 - \mu_A(x)$$

式中:符号 $\vee$ 为取大运算;符号 $\wedge$ 为取小运算。

2. 隶属函数

隶属函数是模糊数学中最基本、最重要的概念,正确的隶属函数是运用模糊集合理论解决实际问题的基础。对于一个特定的模糊集,隶属函数体现了其模糊性,隶属函数的值称为隶属度,它是模糊概念的定量描述。隶属函数的确定过程本质上应该是客观的,但每个人对同一模糊概念的认识理解又有差异,因此隶属函数的确定又具有一定的主观性。对于同一模糊概念,不同的人会建立不完全相同的隶属函数;尽管形式不完全相同,只要能反映同一模糊概念,要解决和处理实际模糊信息的问题仍然是殊途同归的。下面介绍两种常用的确定隶属函数的方法。

1)模糊统计法

模糊统计法是利用确定性的实验来研究不确定性的模糊对象。模糊统计的基本思想是利用足够多的实验,对于要确定的模糊概念在讨论的论域中逐一写出定量范围,再进行统计处理,以确定能被大多数人认可的隶属函数。确定隶属函数的步骤如下。

(1) 选择一个论域 U。

(2) 选择一个固定的元素 $x_0 \in U$。

(3) 考虑 U 的一个边界可变化的经典集合 A,A 与一个模糊集合相关联,确定每一个 A 都是对于集合元素进行一次划分。

(4) 然后进行实验计算。A 的隶属度为

$$\mu_A(x) = \frac{x_0 \in A \text{ 的次数}}{n}$$

随着 n 的增加,$\mu_A(x)$ 会趋向[0,1]闭区间上的一个固定数,这便是 x_0 对 A 的隶属度。

2)例证法

例证法的主要思想是从已知有限个 μ_A 的值,来估计论域 U 上的模糊集合 A 的隶属函数。例如,U 是全体人类,A 是"高个子的人",显然 A 是模糊集合。为了确定 μ_A,可以先给出一个 h 值,然后选定几个语言真值中的一个,来回答某人高度是否算"高"。

如语言真值分为"真的"、"大致真的"、"似真又似假"、"大致假的"、"假的",然后将这些语言真值分别用数字表示,即分别为 1、0.75、0.5、0.25 和 0,对于几个不同高度的 h_1,h_2,$\cdots$,h_n 都作为样本进行访问,就可以得到隶属函数的离散表示法。

3. 模糊关系

模糊关系是通过两个论域的笛卡儿积将论域 A 映射到论域 B 上,是经典关系的推广。模糊关系是描述元素之间的关联程度,利用 $[0,1]$ 上的数值来描述序偶关系的"强度"。

设 A、B 是两个非空集合,则直集 $A \times B = \{(x,y) | x \in A, y \in B\}$ 中的一个模糊集合 R 称为从 A 到 B 的一个模糊关系。模糊关系 R 可由其隶属度函数完全描述

$$R(x,y): A \times B \to [0,1]$$

式中:序偶 (x,y) 对 R 的隶属度表明了元素 x 与元素 y 具有关系 R 的程度。符合上述定义的模糊关系称为二元模糊关系。当 $A = B$ 时,R 称为 A 上的模糊关系。当有 n 个集合的直集时,所对应的是 n 元模糊关系。如不作特别声明,本书后面提到的模糊关系一般指二元模糊关系。

当论域 A 和 B 均为有限集合时,模糊关系可用模糊关系矩阵 $\boldsymbol{R}$ 来表示。$A = \{x_1, x_2, \cdots, x_m\}$,$B = \{y_1, y_2, \cdots, y_n\}$,模糊关系矩阵 $\boldsymbol{R}$ 的元素 r_{ij} 表示论域 A 中的第 i 个元素 x_i 与论域 B 中的第 j 个元素 y_j 对于关系 R 的隶属程度,即 $R(x,y) = r_{ij}$,$0 \leqslant r_{ij} \leqslant 1$。

为讨论模糊矩阵运算方便,设矩阵为 $m \times n$ 阶矩阵,即 $\boldsymbol{R} = [r_{ij}]_{m \times n}$,$\boldsymbol{Q} = [q_{ij}]_{m \times n}$,则模糊矩阵的并、交、补运算为

模糊矩阵交 $\qquad \boldsymbol{R} \cap \boldsymbol{Q} = [r_{ij} \wedge q_{ij}]_{m \times n}$

模糊矩阵并 $\qquad \boldsymbol{R} \cup \boldsymbol{Q} = [r_{ij} \vee q_{ij}]_{m \times n}$

模糊矩阵补 $\qquad \overline{\boldsymbol{R}} = [1 - r_{ij}]_{m \times n}$

两个模糊矩阵还可以进行合成运算构成一个新的关系,即合成关系。设两个模糊关系矩阵 $\boldsymbol{P} = [p_{ij}]_{m \times n}$,$\boldsymbol{Q} = [q_{jk}]_{n \times l}$,合成运算 $\boldsymbol{P} \circ \boldsymbol{Q}$ 的结果也是一个模糊矩阵。其中"。"为合成算子,表示两个模糊矩阵的相乘,与线性代数中的矩阵相乘极为相似。设 $\boldsymbol{T} = \boldsymbol{P} \circ \boldsymbol{Q} = [t_{ik}]_{m \times l}$,则 $t_{ik} = \bigvee\limits_{j=1}^{n}(p_{ij} \wedge q_{jk}) (i=1,2,\cdots,m; j=1,2,\cdots,l)$,式中,$\vee$、$\wedge$ 分别为取大和取小运算。

4. 模糊语言变量与模糊推理

模糊语言变量指以自然或人工语言的词、词组或句子作为值的变量。例如,在模糊控制中的"偏差"、"偏差变化率"等,它是一种定量地、形式地描述自然语言的模糊变量。语言变量的值称为变量值,一般为自然或人工语言的词、词组或句子。例如"正大"、"正中"、"正小"、"零"、"负小"、"负中"、"负大"等七个语言变量,用 PL、PM、PS、Z、NS、NM、NL 表示"偏差"、"偏差变化率"的值。

对于一个确定的误差变量 e,其实际变化范围为 $[-e_{\max}, e_{\max}]$,称为误差的基本论域。若将 $0 \sim e_{\max}$ 范围内连续变化的误差分成 n 个区间,使之离散化,则误差所取模糊变量集合的论域为 $X = \{-n, -n+1, \cdots, 0, \cdots, n-1, n\}$,一般取 $n = 6$,从而构成含有

13 个整数的集合。由确定数 e_1 乘以比例因子 $a_e(a_e=n/e_{\max})$ 后,再进行四舍五入便得 n,查找模糊语言变量 E 的赋值表,找出 n 上与最大隶属度对应的模糊集合,该模糊集合就代表确定数 e_1 的模糊化结果。

确定量模糊化后要进行模糊控制器的模糊推理,得到一个输出模糊集合。模糊推理是人们根据"如果 A 小,则 B 大"这样的前提,来解决"如果 A_1 很小,则 B_1 将怎样"的问题的。自然利用"如果 A_1 很小,则 B_1 很大",这种推理方法被称为模糊似然推理。不是从前提中严格推出来的,而是近似逻辑地推出结论。设 A 和 B 分别是论域 X 和 Y 上的模糊集合,它们的隶属函数分别为 $A(x)$ 和 $B(x)$。由"if A then B"这样的前提,可得模糊变换器 $R_{A\to B}$,当输入一个模糊集合 A_1 后,经过模糊变换器输出 $B_1 = A_1$。$R_{A\to B}$。当用向量表示模糊集合 A 和 B 时,模糊关系矩阵可表示为

$$\boldsymbol{R}_{A\to B} = [A\times B] \vee [\overline{A}\times \boldsymbol{E}]$$

式中,E 为代表全论域的全称矩阵,其全部元素均为 1。其隶属度为

$$R_{A\to B}(x,y) = [A(x) \wedge B(x)] \vee [1-A(x)]$$

这种推理称为模糊条件推理,其表现形式是条件语句,模糊条件语句在模糊自动控制中占有重要地位,因为模糊控制规则是由条件语句组成的。

如"if A then B else C"的模糊条件推理,模糊关系矩阵 $R = [A\times B] \cup [\overline{A}\times C]$,其隶属度为 $R(x,y) = [A(x) \wedge B(x)] \vee [(1-A(x)) \wedge C(x)]$。

6.2.2 模糊控制系统的原理与设计过程

模糊控制系统的组成具有常规计算机控制系统的结构形式,如图 6-1 所示。模糊控制系统由模糊控制器、输入/输出接口、执行机构、被控对象和测量装置等五部分组成。

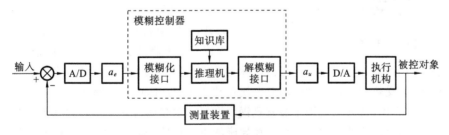

图 6-1 模糊控制系统的基本原理图

其中,被控对象为复杂的工业过程,可以是线性的或非线性的,也可能存在各种干扰,是模糊的、不确定的、没有精确数学模型的过程。执行机构除了直流电动机、步进电动机外,还可以是液压马达、液压阀等。输入/输出接口完成 A/D 转换、D/A 转换、电平转换等。

模糊控制系统的核心部分是模糊控制器,模糊控制器的控制规律由计算机的程序来实现。以一步模糊控制算法为例,实现过程:微机经中断采样获取被控量的精确值,然后将此量与给定值比较得到误差信号 e,再将 e 乘以比例因子 a_e 查表得到模糊量 PL,

由 PL 和模糊控制规则 R 根据模糊推理的合成规则进行模糊决策,得到模糊控制量

$$U = \text{PL} \circ R$$

式中,U 是一个模糊量。还需要将模糊量转换为精确量,这一步称为非模糊化处理,得到了精确的数字控制量后,经 D/A 转换为精确的模拟量送给执行机构对被控对象进行控制。

综上所述,模糊控制系统的基本算法可概括为以下步骤。
(1) 根据采样得到系统的输出值,计算所选择的系统的输入变量。
(2) 将输入变量的精确值变为模糊量。
(3) 根据输入模糊量及模糊控制规则,按模糊推理合成规则计算模糊控制量。
(4) 由上述得到的模糊控制量计算精确的控制量。

6.2.3 模糊控制在电饭锅中的应用

普通电饭锅由加热器、内锅、锅盖、开关、磁钢限温器、自动保温器(双金属片恒温器)、指示灯、电源插柱和外壳等部分组成,如图 6-2 所示。

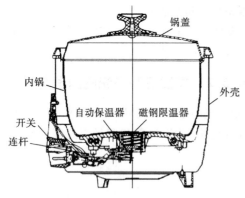

图 6-2 普通电饭锅结构图

普通电饭锅主要通过内锅底的电热盘加热,该电热盘是由管状电热元件铸在铝合金中制成的,热敏率很高、不易氧化、使用寿命长,实际使用中它与锅底紧密接触,保证了电热盘的热能均匀地传至内锅底面。当饭熟后,可通过磁钢限温器断电。磁钢限温器由永磁钢和软磁钢组成,电饭锅开始工作时,两块磁钢接触吸合,当内锅温度升至 103℃ 时,软磁钢达到居里点失磁,两块磁钢断开,电饭锅自动断电,温度开始下降。当内锅温度下降到一定程度时,保温电触点闭合,电饭锅保温器开始工作。保温器实际上是由两种膨胀系数不同的双金属薄片扎在一起构成的,受热到一定程度时两双金属薄片弯曲、分开,电饭锅断电。

由上可看出,普通电饭锅主要靠磁钢限温器和双金属薄片保温器这些器件控制断电和保温的,但这些器件的金属片存在导磁的不一致性、调整的不一致性、磁惰性和机械惰性等缺点,所以电饭锅的控制特性也会随之不准确。而且由于做饭时米量、水量和饭质是不断变化的,在每个煮饭阶段使用单一的温度控制很难达到效果。

1. 模糊电饭锅的原理

使用模糊控制的电饭锅可以自动识别米量,能根据米量的多少来确定最佳煮饭温度曲线,且可设置多个煮饭时间。由于米量和饭质的变化是随机的,而模糊控制并不需要知道被控对象的数学模型就能适应各种参数的变化,从而实现对非线性过程的良好控制。其控制原理图如图 6-3 所示。

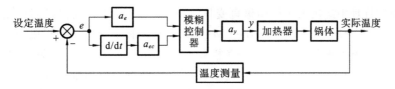

图 6-3 电饭锅模糊控制原理图

图中,实际测得的温度与给定温度值比较得到温度偏差 e,a_e、a_{ec} 与 a_y 为比例因子,y 为经解模糊处理后的控制输出。模糊控制器要先采样电饭锅各项参数的参数值,再将检测到的参数值模糊化,然后进行模糊推理得到模糊决策,最后电饭锅根据解模糊决策后的精确值对加热器进行控制。所有这些模糊控制的进行都要通过单片机的编程来控制。

2. 电饭锅的模糊控制算法

模糊电饭锅根据检测到的各种温度信息和状态来自动调节电饭锅的加热过程,这个过程可分为吸水、加热、焖饭、膨胀和保温五个阶段。其中米饭的质量主要取决于加热阶段,在此阶段要能测出米量,才能确定相应的加热策略,以后的推理和控制也都是以米量为依据的。所以,米量的测量是很重要的一步。

1) 米量的模糊推理

一般在吸水阶段便进行米量的测定,因为若在加热阶段一边进行温度控制,一边计算米量很难取得理想的温度控制。在吸水阶段,电饭锅刚开始通电,锅内的温度还未上升,米还未开始大量吸水,随着加热,当温度上升到稍低于淀粉糖化温度(60℃)时开始计时,米开始大量吸水,继续加热,当温度大于等于 70℃ 时计时结束,得到计时时间 t,吸水阶段也结束,这时继续加热。在米量的模糊推理中,用 T_c 表示初始水温,T_b 表示温度变化率,米量 M 为推理结果。T_c 和 T_b 分别可以取中小(MS)、中(M)、中大(ML)和大(L)四个值。当室温不变或变化不大时,米量与温度变化率有密切的关系,同时,温度变化率又与初始水温有一定关系,所以米量要根据温度变化率和初始水温来推理得出。其推理规则为:"IF T_c AND T_b THEN M"。其中,初始水温 T_c 和温度变化率 T_b,以及米量 M 模糊量如图 6-4 所示。

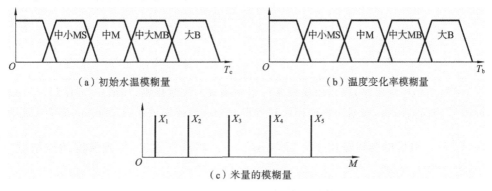

图 6-4 T_c、T_b 和 M 模糊量变化图

在模糊推理中运用大小模糊语言变量,可根据经验或专家列出模糊控制规则库,库由诸如"if T_c=MS and T_b=S then $M=X_4$"这样的控制规则语句组成,对于每条控制规则都有一条模糊条件语句,每一条模糊条件语句都可用论域的幂集上的一个模糊关系 R_i 来表示,对于双输入-单输出的系统,第 i 条规则对应的推理关系为 $R_i=T_{ci}\times T_{bi}\times M_i$ 形式。将所有的控制规则利用"或"的关系组合在一起,描述整个系统的控制规则的模糊关系 R 可写成

$$R=R_1\cup R_2\cup\cdots\cup R_m=\bigcup_{i=1}^{m}R_i$$

则米量 $M=(T_c\times T_b)\circ R$。显然,模糊规则越多,运算量越大。一般我们取 10 条规则语句就够了。最后,根据测米量所用的时间和测得的米量及设定的参数来选择适当的加热功率进行加热。例如,小米量选择 1/3 功率加热,中米量选择 2/3 功率加热,大米量选择全功率加热。

2) 温度模糊控制规则

在模糊电饭锅中,温度的控制主要是通过改变双向晶闸管的触发控制角进行控制的。有两种控制情况,一种是恒温控制,一种是匀速升温控制。恒温控制用于沸腾和保温阶段,匀速升温控制用于加热阶段。在加热阶段,温度偏差 e 和温度偏差变化率 Δe 的模糊语言变量 E 和 ΔE 取负大(NL)、负中(NM)、负小(NS)、零(Z)、正小(PS)、正中(PM)、正大(PL)七个语言值,把双向晶闸管的触发控制角 A 分为 0°、30°、60°、90°、120°、150°、180° 七个模糊量。总结专家操作的经验,确定各语言变量值在 X 论域上的隶属度函数,建立语言变量 E 和 ΔE 的赋值表,如表 6-1 所示。

表 6-1 语言变量 E 和 ΔE 的赋值表

语言值\X	−6	−5	−4	−3	−2	−1	+0	+1	+2	+3	+4	+5	+6
PL	0	0	0	0	0	0	0	0	0	0	0.2	0.7	1
PM	0	0	0	0	0	0	0	0	0.2	0.8	1	0.8	0.2
PS	0	0	0	0	0	0	0	0.8	1	0.8	0.2	0	0
Z	0	0	0	0	0	0.5	1	0.5	0	0	0	0	0
NS	0	0	0.2	0.8	1	0.8	0	0	0	0	0	0	0
NM	0.2	0.8	1	0.8	0.2	0	0	0	0	0	0	0	0
NL	1	0.7	0.2	0	0	0	0	0	0	0	0	0	0

然后总结控制策略,得出由模糊条件语句构成的控制规则,如形式为"if E and ΔE then A"的模糊语句,根据这些模糊语句可得到相应的模糊关系 R_i,则总的模糊关系为 $R=\bigcup_{i=1}^{m}R_i$。最后的模糊输出 $Y=(E\times\Delta E)\circ R$。解模糊输出,得到温度的控制量 y 对加热器进行控制。

3) 电饭锅模糊控制器的硬件构成

电饭锅模糊控制器的硬件构成如图 6-5 所示。

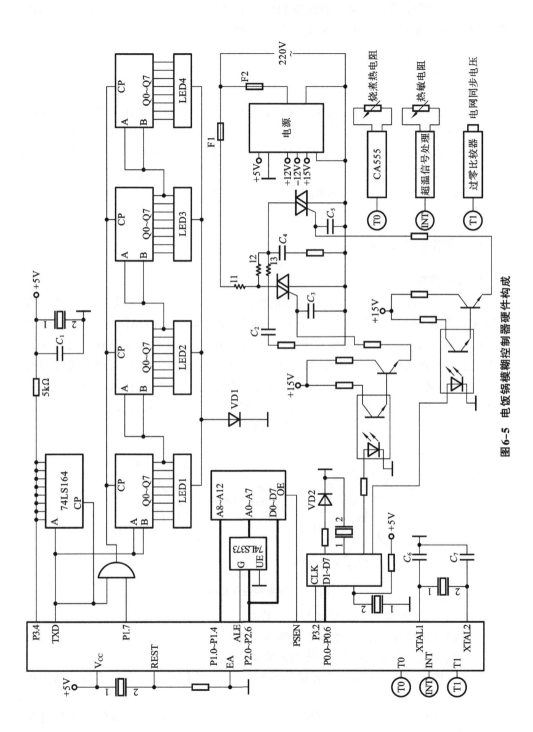

图 6-5 电饭锅模糊控制器硬件构成

这是以80C51单片机为核心组成的电饭锅模糊控制器,包括电源、80C51单片机、功能输入电路、信号检测电路、显示报警电路和加热控制电路。

6.3 神经控制

人工神经网络是基于对人脑组织结构、信息处理机制的初步认识提出的一种新型信息处理系统。基于人工神经网络(ANN)的控制称为神经控制(neural control)。通过模仿脑神经系统的组织结构及某些信息处理机理,人工神经网络可表现出人脑的许多特征,如并行处理、自学习、自组织、自适应、联想记忆、非线性映射和分类识别的能力特征,且能解决非线性、不确定的问题等。目前在系统辨识、神经控制器、智能检测方面取得较大进展。

6.3.1 神经网络系统模型

1. 生物神经元模型

图 6-6 所示为一生物神经元模型,由细胞体、树突和轴突三部分组成。树突为细胞的输入端,通过细胞体间连接节点"突触"接受其他细胞传出的神经冲动;轴突为细胞的输出端,通过端部的众多神经末梢传出神经活动。神经元具有兴奋和抑制两种状态。当细胞体接收到的传入神经冲动使其细胞膜的电位值达到或超过阈值时,细胞进入兴奋状态,产生神经冲击并通过轴突输出。反之,当传入的神经冲动使细胞膜电位下降到低于阈值时,细胞进入抑制状态,无神经冲动输出。

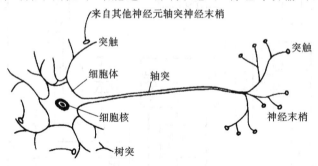

图 6-6 生物神经元结构

综上所述,生物神经元具有如下基本特征。
(1) 神经元具有多输入、单输出的特征。
(2) 神经元具有非线性输入、输出的特征。
(3) 各神经元间传递信号的强度是可变的,输入的信号有兴奋作用与抑制作用之分。
(4) 神经元的输出响应取决于所有输入信号的加权效果,当等效的输入超过某一阈值时,神经元被激活;否则,就处于抑制状态。

2. 人工神经元模型

人工神经元是对生物神经元的模拟和简化。它是神经网络的基本处理单元。图 6-7 所示为一种简化的人工神经元结构。

它是一个多输入、单输出的非线性元件。其输入、输出关系可描述为

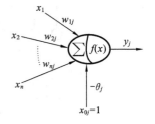

图 6-7 人工神经元结构模型

$$I_j = \sum_{i=1}^{n} w_{ij} x_i - \theta_j \qquad (6-1)$$

$$y_j = f(I_j) \qquad (6-2)$$

式中：$x_i(i=1,2,\cdots,n)$ 是从其他神经元传来的输入信号；w_{ij} 表示从神经元 i 到神经元 j 的连接权值；θ_j 为阈值，用于控制输出；$f(x)$ 称为激发函数或作用函数。其实 $-\theta_j$ 也可看成是恒等于 1 的输入 x_{0j} 的权值，这时式(6-1)可写成

$$I_j = \sum_{i=0}^{n} w_{ij} x_i \qquad (6-3)$$

其中 $w_{0j} = -\theta_j$，$x_{0j} = 1$。输出激发函数 $f(x)$ 称为变换函数，它决定神经元的输出。该输出为 1、0 或 -1，取决于其输入之和大于或小于内部阈值 θ_j。$f(x)$ 函数一般具有非线性特征。常用的非线性函数如表 6-2 所示。

表 6-2 神经元模型中常用的非线性函数

名称	阈值函数	双向阈值函数	S型函数	双曲正切函数	高斯函数
公式 $g(x)$	$g(x)=\begin{cases} 1 & x>0 \\ 0 & x\leq 0 \end{cases}$	$g(x)=\begin{cases} +1 & x>0 \\ -1 & x\leq 0 \end{cases}$	$g(x)=\dfrac{1}{1+e^{-x}}$	$g(x)=\dfrac{e^x-e^{-x}}{e^x+e^{-x}}$	$g(x)=e^{-(x^2/\sigma^2)}$
图形					
特征	不可微，类阶跃，正值	不可微，类阶跃，零均值	可微，类阶跃，正值	可微，类阶跃，零均值	可微，类脉冲

3. 神经网络的结构和学习方法

人工神经网络模型是利用人脑神经原理将大量的神经元连接成一个网络来模拟人脑神经网络的特征。网络可分为若干层，即输入层、隐层（隐层又可分为若干层）、输出层。如果每一层神经元只接受前一层神经元的输出则成为前向网络，如图 6-8 所示。如果从输出层到输入层有反馈，既可以接收来自其他节点的反馈输入，又可以包含输出引回到本身的输入，则成为反馈网络，如图 6-9 所示。

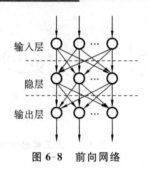

图 6-8 前向网络

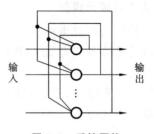

图 6-9 反馈网络

目前已有数十种神经网络模型,可以分为前向网络、反馈网络、径向基函数网络、自组织网络等四大类。前向网络的代表网络模型有感知器、BP 网络、RBF 网络等,特别是 BP 网络是当前应用最为广泛的一种网络,将在下面重点介绍。反馈网络模型有 Hopfield 网络、递归网络、Boltzmann 机网络等。

人工神经网络要体现其智能特性就要会"学习",学习算法大致可归纳为三类,即有教师学习、无教师学习和再励学习。有教师的学习即网络的输出和期望的输出(即教师信号)进行比较,然后根据两者之间的差异调整网络的权值,最终使差异变小。无教师的学习即输入模式进入网络后,网络按照一预先设定的规则(如竞争规则)自动调整权值,最终使差异变小。再励学习是介于上述两者之间的一种学习方式。

下面介绍神经网络中常用的两种最基本的学习方法。

(1) Hebb 学习规则。这种学习规则是一种无教师的、联想式学习方法。生物学家 D. O. Hebbian 认为当突触前与突触后两者同时兴奋,即两个神经元同时处于激发状态时,它们之间的连接强度将得到加强,可描述为

$$w_{ij}(t+1) = w_{ij}(t) + I_i I_j \tag{6-4}$$

式中: $w_{ij}(t+1)$、$w_{ij}(t)$ 分别为 $t+1$ 和 t 时刻从神经元 i 到神经元 j 的当前权值; I_i、I_j 为神经元的激活水平。当神经元由式(6-1)和式(6-2)描述时,Hebb 学习规则可写成下式。

$$w_{ij}(t+1) = w_{ij}(t) + a y_i y_j \tag{6-5}$$

式中: y_i 为神经元 i 的输出值; y_j 为神经元 j 的输出值; a 为学习率常数。

(2) Delta(δ)学习规则。δ 学习规则又称为误差修正规则。通过使输出误差 E 的梯度下降,将误差函数达到最小值。(详见 6.3.2 节)

6.3.2 BP 网络

误差反向传播神经网络,简称 BP 网络(Back Propagation),是一种单向传播的可多层的前向网络。它将误差信号沿原来的连接通路返回,通过修改各层神经元的权值,使误差信号达到最小。目前在模式识别、图像处理、系统辨识、函数拟合、优化计算、最优预测和自适应控制等领域有着较为广泛的应用。图 6-10 所示是三层 BP 网络的示意图。

BP 网络包括输入层、隐层和输出层。输入向量为 $X = (x_1, x_2, \cdots, x_i, \cdots, x_n)^T$,其

中 $x_0=1$ 是为隐层神经元引入阈值而设置的;隐层输出向量为 $Y=(y_1,y_2,\cdots,y_j,\cdots,y_m)^T$,其中 $y_0=1$ 是为输出层神经元引入阈值而设置的;输出层输出向量为 $O=(o_1,o_2,\cdots,o_k,\cdots,o_l)^T$;期望输出向量为 $d=(d_1,d_2,\cdots,d_k,\cdots,d_l)^T$。输入层到隐层之间的权值用 V 表示,$V=(V_0,V_1,\cdots,V_j,\cdots,V_m)^T$,其中列向量 V_j 为隐层第 j 个神经元对应的权向量;隐层到输出层之间的权值用 W 表示,$W=(W_1,W_2,\cdots,W_k,\cdots,W_l)$,其中 W_k 为输出层第 k 个神经元对应的权向量。各层信号之间的数学关系如下。对于输出层,有

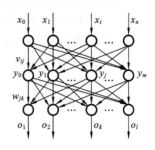

图 6-10 BP 网络

$$o_k=f(net_k), \quad k=0,1,\cdots,l \tag{6-6}$$

$$net_k=\sum_{j=0}^{m}w_{jk}y_j, \quad k=0,1,\cdots,l \tag{6-7}$$

对于隐层,有

$$y_j=f(net_j), \quad j=0,1,\cdots,m \tag{6-8}$$

$$net_j=\sum_{i=0}^{n}v_{ij}x_i, \quad j=0,1,\cdots,m \tag{6-9}$$

以上两式中,转移函数 $f(x)$ 可为单极性函数

$$f(x)=\frac{1}{1+e^{-x}} \tag{6-10}$$

$f(x)$ 具有连续、可导的特点,且有

$$f'(x)=f(x)[1-f(x)] \tag{6-11}$$

BP 学习算法的权值调整思路如下。

当网络输出与期望输出不等时,存在输出误差 E,其定义为

$$E=\frac{1}{2}(d-O)^2=\frac{1}{2}\sum_{k=1}^{l}(d_k-o_k)^2 \tag{6-12}$$

对于隐层,有

$$E=\frac{1}{2}\sum_{k=1}^{l}[d_k-f(net_k)]^2=\frac{1}{2}\sum_{k=1}^{l}\Big[d_k-f\Big(\sum_{j=0}^{m}w_{jk}y_j\Big)\Big]^2 \tag{6-13}$$

进一步展开到输入层,有

$$E=\frac{1}{2}\sum_{k=1}^{l}\Big\{d_k-f\Big[\sum_{j=0}^{m}w_{jk}f(net_j)\Big]\Big\}^2=\frac{1}{2}\sum_{k=1}^{l}\Big\{d_k-f\Big[\sum_{j=0}^{m}w_{jk}f\Big(\sum_{i=0}^{n}v_{ij}x_i\Big)\Big]\Big\}^2 \tag{6-14}$$

由式(6-13)和式(6-14)可以看出,E 是各层权值 w_{jk}、v_{ij} 的函数,因此调整权值可改变误差 E。调整权值的目的是使误差不断地减小,因此应使权值的调整量与误差的梯度下降成正比,即

$$\Delta w_{jk}=-\eta\frac{\partial E}{\partial w_{jk}}, \quad j=0,1,2,\cdots,m, \quad k=1,2,\cdots,l \tag{6-15}$$

$$\Delta v_{ij}=-\eta\frac{\partial E}{\partial v_{ij}}, \quad i=0,1,2,\cdots,n, \quad j=1,2,\cdots,m \tag{6-16}$$

其中，负号为梯度下降；常数 η 为比例系数，$\eta \in (0,1)$，反映了学习速率。BP 学习算法属于 δ 学习规则，这类算法常被称为误差的梯度下降算法。在下面的全部推导过程中，对输出层均有 $j=0,1,2,\cdots,m$。

对于输出层和隐层，式(6-15)和(6-16)可写为

$$\Delta w_{jk} = -\eta \frac{\partial E}{\partial w_{jk}} = -\eta \frac{\partial E}{\partial net_k} \frac{\partial net_k}{\partial w_{jk}} \tag{6-17}$$

$$\Delta v_{ij} = -\eta \frac{\partial E}{\partial v_{ij}} = -\eta \frac{\partial E}{\partial net_j} \frac{\partial net_j}{\partial v_{ij}} \tag{6-18}$$

可定义一个误差信号，即

$$\delta_k^o = -\frac{\partial E}{\partial net_k}, \quad \delta_j^y = -\frac{\partial E}{\partial net_j} \tag{6-19}$$

结合式(6-7)和式(6-9)以及以上两式，权值调整式可改写为

$$\Delta w_{jk} = \eta \delta_k^o y_j, \quad \Delta v_{ij} = \eta \delta_j^y x_i \tag{6-20}$$

可见只要计算出式(6-20)中的误差信号 δ_k^o 和 δ_j^y，就可完成权值的调整。对于输出层和隐层，δ_k^o 和 δ_j^y 可展开为

$$\begin{aligned}
\delta_k^o &= -\frac{\partial E}{\partial net_k} = -\frac{\partial E}{\partial o_k}\frac{\partial o_k}{\partial net_k} = -\frac{\partial E}{\partial o_k}f'(net_k) \\
\delta_j^y &= -\frac{\partial E}{\partial net_j} = -\frac{\partial E}{\partial y_j}\frac{\partial y_j}{\partial net_j} = -\frac{\partial E}{\partial y_j}f'(net_j)
\end{aligned} \tag{6-21}$$

由于 $\frac{\partial E}{\partial o_k} = -(d_k - o_k)$，$\frac{\partial E}{\partial y_j} = -\sum_{k=1}^{l}(d_k - o_k)f'(net_k)w_{jk}$，代入式(6-21)，并结合式(6-11)得

$$\begin{aligned}
\delta_k^o &= (d_k - o_k)o_k(1-o_k) \\
\delta_j^y &= \Big[\sum_{k=1}^{l}(d_k-o_k)f'(net_k)w_{jk}\Big]f'(net_j) = \Big(\sum_{k=1}^{l}\delta_k^o w_{jk}\Big)y_j(1-y_j)
\end{aligned} \tag{6-22}$$

结合式(6-22)，式(6-20)可写成

$$\begin{cases}
\Delta w_{jk} = \eta \delta_k^o y_j = \eta(d_k - o_k)o_k(1-o_k)y_j \\
\Delta v_{ij} = \eta \delta_j^y x_i = \eta\Big(\sum_{k=1}^{l}\delta_k^o w_{jk}\Big)y_j(1-y_j)x_i
\end{cases} \tag{6-23}$$

可以看出，在 BP 学习算法中，各层权值调整公式均有三个因素决定，即学习率 η、本层输出误差信号 δ 及本层输入信号 Y（或 X）。对于多层前馈网络，设共有 S 个隐层，按前向顺序各隐层节点数分别记为 $m_1, m_2, \cdots, m_s$，各隐层输出分别记为 $y^1, y^2, \cdots, y^s$，各层权值矩阵分别记为 $\boldsymbol{W}^1, \boldsymbol{W}^2, \cdots, \boldsymbol{W}^s, \boldsymbol{W}^{s+1}$，则输出层和第 S 层隐层权值调整计算公式如下：

$$\Delta w_{jk}^{s+1} = \eta \delta_k^{s+1} y_j^s = \eta(d_k - o_k)o_k(1-o_k)y_j^s$$

其中，$j = 0, 1, \cdots, m_s; k = 1, 2, \cdots, l$。

$$\Delta w_{ij}^{s} = \eta \delta_j^s y_i^{s-1} = \eta\Big(\sum_{k=1}^{l}\delta_k^o w_{jk}^{s+1}\Big)y_j^s(1-y_j^s)y_i^{s-1}$$

其中，$i=0,1,\cdots,m_{s-1}$。

BP 学习算法的编程步骤可归纳为：

（1）初始化权值矩阵 $\boldsymbol{W}$、$\boldsymbol{V}$，令样本模式计数器 $p=1$，训练次数计数器 $q=1$；

（2）提供训练集；

（3）计算隐含层、输出层各神经元输出；

（4）计算目标值与实际输出的偏差 E；

（5）计算 δ_k^o 和 δ_j^y 以及 $\boldsymbol{W}$、$\boldsymbol{V}$ 中各分量；

（6）检查是否对所有样本完成一次轮训，若完成则转下一步，否则转回第 2 步；

（7）重复计算，直到误差达到精度要求。

BP 网络实质上实现了一个从输入到输出的映射功能，数学理论已证明它具有实现任何复杂非线性映射的功能，且具有自学习能力，这使得它特别适合于求解内部机制复杂的问题。但 BP 学习算法的学习速度很慢，容易陷入局部极小值，且网络训练失败的可能性较大，难以解决应用问题的实例规模和网络规模间的矛盾，下面介绍两种 BP 神经网络的改进方法。

（1）改进动量法。传统 BP 学习算法实质上是一种最速下降寻优方法，按照负梯度方向进行修正，没有考虑到以前积累的经验，往往使学习过程发生振荡，收敛缓慢。而动量法权值调整算法，将前一次权值调整量的一半迭加到本次权值调整量上，作为实际权值调整量，即

$$\Delta w(t+1) = -\eta \frac{\partial E}{\partial w(n)} + \frac{1}{2}\Delta w(t) \tag{6-24}$$

从而考虑到了以前积累的经验，减小了振荡，改善了收敛性。

（2）自适应调整学习率。学习率选择不当也会使 BP 算法的收敛速度缓慢。学习率选得太小，收敛太慢；学习率选得太大，有可能修正过头，导致振荡甚至发散。自适应调整规则为：若此次误差大于前一次误差的 1.5 倍，则减少学习率调整为 0.5η；若此次误差小于前一次误差的 1.5 倍，大于前一次误差的 0.5 倍，则学习率调整为 0.95η；若此次误差小于前一次误差的 0.5 倍，则学习率调为 1.2η。总的调整思想为：在学习收敛的情况下，自适应增大 η，以缩短学习时间；当 η 偏大致使不能收敛时，要及时减小 η，直到收敛为止。因此，采用改进动量法，BP 学习算法可以不断调整权值，并找到最优解；而采用自适应调整学习率，则可以加快学习过程。

6.3.3 神经网络控制的结构

传统的控制方式，是根据被控对象的数学模型及对控制系统要求的性能指标来设计控制器，并对控制规律加以数学解析描述的控制方式，这种控制方式存在很多的局限。而神经网络具有逼近非线性函数的能力，即非线性映射能力。把神经网络用于控制正是利用它的这个独特特点。图 6-11(a) 给出了一般反馈控制系统的原理，图 6-11(b) 是用神经网络代替图 6-11(a) 中的控制器。这里，$e = y_d - y \to 0$。设被控对象的输入 u 和系统输出 y 之间满足如下非线性函数关系

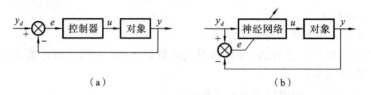

图 6-11　反馈控制与神经网络控制结构框图

$$y = g(u) \tag{6-25}$$

控制的目的是确定最佳的控制量输入 u，使系统的实际输出 y 等于期望的输出 y_d。若把神经网络的功能看作输入输出的某种映射(或称函数变换)，即

$$u = f(y_d) \tag{6-26}$$

结合式(6-25)和式(6-26)可得

$$y = g[f(y_d)] \tag{6-27}$$

显然，当 $f(x) = g^{-1}(x)$ 时，满足 $y = y_d$ 的要求，神经网络可完成与控制器同样的任务。

由于神经网络控制的对象一般是复杂的且多具有不确定性的系统，因此非线性函数 $g(x)$ 很难建立，利用神经网络的逼近非线性函数的能力来模拟 $g^{-1}(x)$ 便解决了这一难题。我们虽然不知道 $g(x)$ 的形式，但通过系统实际输出 y 与期望输出 y_d 之间的误差来调整神经网络中的连接权值，即让神经网络学习，直至误差趋于零，便可使神经网络逼近 $g^{-1}(x)$。这实际上是对被控对象的一种求逆过程，而由神经网络的学习算法去实现这一求逆过程，这就是神经网络实现直接控制的基本思想。

6.3.4　神经控制在复杂系统中的应用

1. BP 神经网络模型在城市环境质量评价中的应用

环境质量评价实质上是一种依据环境质量标准对待评价样本进行模式识别的问题。将城市环境质量的评价指标作为一个样本输入，评价级别作为网络输出，BP 网络通过不断的学习、调整权值，最终可得出评价指标与评价级别间复杂的内在对应关系。利用训练成的网络模型便可以对城市环境指标进行综合评价了。

BP 神经网络在整个环境质量评价中起着智能控制器的作用。在系统开始工作前，首先要选择训练集数据，为方便起见，选择了六项指标，即废水、废气、废渣、SO_2、TSP 和噪音。还要对数据进行处理，使得评价分级标准和待评的指标数据在 $[0,1]$ 之间。然后将环境质量评价指标作为因变量用于网络的输入，评价级别根据待评城市的输出结果与标准值的贴近程度来判断，并输出该评价级别，如表 6-3 所示。

将 BP 神经网络分为输入层、隐层和输出层三层，其中输入层有六个节点，隐层有八个节点，输出层有四个节点。根据表 6-3 中的输出矢量来判断输入矢量隶属于哪个级别。其中样本输出值采用正交编码，学习速率取 0.02。取样本训练次数为 1000 次。

表 6-3 神经网络训练样本

指 标	输 入 矢 量						输 出 矢 量			
	废水	废气	废渣	SO_2	TSP	噪音				
Ⅰ级	0.15	0.025	0.25	0.002	0.02	0.40	0.8	0.1	0.1	0.1
Ⅱ级	0.3	0.10	0.38	0.02	0.15	0.50	0.1	0.8	0.1	0.1
Ⅲ级	0.5	0.50	0.50	0.06	0.3	0.60	0.1	0.1	0.8	0.1
Ⅳ级	0.6	0.65	0.62	0.10	0.5	0.70	0.1	0.1	0.1	0.8

应用神经网络训练样本得到的 BP 神经网络模型可对一城市的环境指标进行测评,得到对应的输出矢量,如表 6-4 所示,输出矢量中每行取最接近 0.8 的对应级别作为该地区的大气环境质量级别。

表 6-4 城市地区环境质量评价表

样 本	输 入 矢 量						输 出 矢 量				评价级别
	废水	废气	废渣	SO_2	TSP	噪音					
工业区	0.541	0.455	0.432	0.077	0.410	0.611	0.215	0.030	0.755	0.150	Ⅲ级
居民区	0.610	0.516	0.567	0.134	0.431	0.477	0.200	0.020	0.315	0.725	Ⅳ级
交通区	0.240	0.610	0.320	0.093	0.962	0.710	0.170	0.200	0.090	0.724	Ⅳ级
风景区	0.360	0.105	0.290	0.460	0.180	0.400	0.391	0.620	0.203	0.069	Ⅱ级

由于人工神经网络方法具有很强的学习、联想、容错功能和高度非线性函数映射功能,这使得环境质量评价结果的精度大大提高,并且 BP 网络模型用于评价时不需要过多的数理统计知识,也不需要对数据进行复杂的预处理,同时该方法还适用于进行其他相关的评价。

2. BP 神经网络控制在静止式进相器中的应用

静止式进相器是专为大功率三相绕线式异步电动机研制的就地无功功率补偿装置,它串接于电动机的转子回路,用以提高电动机的功率因数,减小定子电流,降低电动机和输电线路的损耗,从而达到节能降耗的目的。近年来,随着我国用电的显著增长,电力资源已成为紧缺资源,我国电动机所耗电能占整个工业用电的 60%～68%。而电动机这种感性负载所引起的无功损耗是电网无功损耗的主要来源,因此,如何减少大中型电动机造成的无功损耗成为许多工业企业节能降耗的关键。

但静止式进相器系统运行过程复杂、参数整定困难,且部分参数会随工作点的变化而变化,而常规的 PID 控制的参数不易在线自调整。采用自适应控制算法,需要在线辨识过程或控制器参数,难以在线实时实现。将 BP 神经网络控制应用到静止式进相器中的方法不需要辨别对象的参数,只要在线检测对象的实际输出与期望输出,就可以形成自适应闭环控制系统由 BP 神经网络构成的静止式进相器。简化示意图如图 6-12 所示。

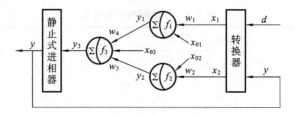

图 6-12 静止式进相器 BP 网络控制系统

该 BP 网络控制系统采用两层网络结构,第一层有两个神经单元,第二层有一个神经单元。其中 $d=250$ ms 为静止式进相器的期望输出电压半周期;y 为静止式进相器的实际输出电压半周期。

$$x_1(t) = e(t) = d(t) - y(t) \tag{6-28}$$

$$x_2(t) = \Delta e(t) = e(t) - e(t-1) \tag{6-29}$$

图 6-12 中:t 代表时间;$w_i(i=1,2,3,4)$ 为权值;$x_{0i}(i=1,2,3)$ 是为每个神经元设置的阈值;$y_i(i=1,2,3)$ 为每个神经元的输出。

转移函数 $f_i(i=1,2,3)$ 取单极性函数 $f(x) = \dfrac{1}{1+e^{-x}}$,其导数为 $f'(x) = f(x)[1-f(x)]$,对第一层神经元输出

$$y_{1,2} = f_{1,2}(w_{1,2} x_{1,2} - x_{01,02}) \tag{6-30}$$

第二层神经元输出

$$y_3 = f_3(y_1 w_4 + y_2 w_3 - x_{03}) \tag{6-31}$$

以静止式进相器为研究对象时,可以把 y_3 和 y 分别看做其输入和输出,尽管静止式进相器的精确模型难以计算,但是 y_3 和 y 之间一定是存在某种对应的关系,所以 y_3 从某种意义上来说反映了 y。因此在接下来的计算中可以认为 $y_3 = y$。

则一、二层的输出误差

$$E = \frac{1}{2}(d-y_3)^2 = \frac{1}{2}[d-f_3(y_1 w_4 + y_2 w_3 - x_{03})]^2$$

$$= \frac{1}{2}\{d - f_3[f_1(w_1 x_1 - x_{01})w_4 + f_2(w_2 x_2 - x_{02})w_3 - x_{03}]\}^2 \tag{6-32}$$

由前面的 BP 学习算法的权值调整公式,可推出第一层神经元权值的更新公式为

$$\Delta w_{1,2} = \eta \left[\sum_{i=3}^{4} w_i(d-y_3)y_3(1-y_3)\right] y_{1,2}(1-y_{1,2}) x_{1,2} \tag{6-32}$$

第二层神经元权值调整公式为

$$\Delta w_{3,4} = \eta(d-y_3)y_3(1-y_3)y_{2,1} \tag{6-33}$$

式中:η 为学习速率。经过多次迭代,不断更新权值,最终静止式进相器的输出值与 250 ms 之差可达到非常接近或相等的水平。与常规 PID 控制算法相比,这种控制器能较快的控制住电动机转子电流周期的变化,具有超调量小、衰减快、过渡时间短、无静差的优点,具有很好的适应性、鲁棒性,具有较好的控制效果。

6.4 遗传控制

6.4.1 遗传算法基础理论

遗传算法(genetic algorithms，GA)是一种基于生物进化模式的智能优化算法，由 Holland 教授于 20 世纪 70 年代逐渐发展起来的。它将优化函数的自变量编码为类似基因的离散数值码，然后通过类似基因进化的交叉、变异、繁殖等操作得到优化函数的最优或近似最优解。因在交叉、变异、繁殖等操作时采用了生物进化论的"优胜劣汰，适者生存"的原理，所以具有智能的特点，这也是 GA 区别传统优化方法的重要一点。目前在组合优化、生产调度问题、自动控制、图像处理、机器学习和数据挖掘等方面都有了主要的应用。其中组合优化问题是遗传算法最基本也是最重要的应用领域。在自动控制领域中，有很多与优化相关的问题需要求解，所以在控制领域也有很多应用。

传统的优化方法，如共轭梯度法、拟牛顿法、最速下降法等都是局部优化方法，这些方法存在依赖初始条件等方面的不足。遗传算法利用了生物进化和遗传的思想，有许多与传统优化算法不同的特点：① 遗传算法不是直接作用于参数变量集，而是对参数的编码进行操作的算法；② 遗传算法是从多点开始并行操作，而非一点；③ 遗传算法应用目标函数的函数值信息(即适应度值)，而非函数的导数或其他辅助信息；④ 遗传算法的寻优规则由概率决定，所以遗传算法不是简单的随机搜索，是具有一定方向的；⑤ 遗传算法计算简单，功能强，更适合于大规模复杂问题的优化。

下面我们将通过讨论遗传算法的实现过程来更深刻地理解遗传算法的上述特点。

1. 遗传算法的基本内容

1) 编码

前面已经介绍遗传算法是对参数的编码进行操作的，编码有二进制编码、格雷码编码、符号编码等，基本遗传算法(simple genetic algorithms，SGA)使用二进制串进行编码。例如，欲在整数区间[0, 31]上求函数 $f(x)=x^3$ 的最大值。设二进制串的长度为 5，则可用"00000"代表 0，用"11111"代表 31，其他的整数都可通过线性映射在这两个串之间，并找到相应的串。初始种群往往是随机产生的，例如我们可以通过掷硬币 25 次产生大小为 5 的初始种群：11010($x=26$)、00010($x=2$)、01010($x=10$)、11100($x=28$)、10100($x=20$)，分别记为位串 1、位串 2、位串 3、位串 4、位串 5。

2) 适应度函数的选择

适应度函数是遗传算法进化过程的驱动力，也是进行自然选择的唯一标准，它的设计要结合求解问题本身的要求，一般适应度函数取非负值。以下为常用的适应度函数。

若目标函数为最小问题，则适应度函数

$$F(x)=\frac{1}{1+c+f(x)}, \quad c \geqslant 0, \quad c+f(x) \geqslant 0 \qquad (6-34)$$

若目标函数为最大问题,则适应度函数

$$F(x) = \frac{1}{1+c-f(x)}, \quad c \geqslant 0, \quad c-f(x) \geqslant 0 \tag{6-35}$$

式中:$f(x)$为目标函数;c为目标函数界限的保守估计值。

3) 基本遗传算法的操作

基本遗传算法从一组随机产生的初始解(称为种群)开始搜索过程。种群中的个体位串(称为染色体)是问题的一个解。这些染色体在后续迭代中不断进化,称为遗传。基本遗传算法主要通过复制、交叉、变异运算实现。交叉或变异运算后生成下一代染色体,称为后代。

复制 复制(或繁殖)是从一个旧种群中选择生命力强的个体位串产生新种群的过程。其中,目标函数(或适应度函数)是该位串被复制或淘汰的决定因素。适应度值高的个体更有可能在下一代中产生一个或多个子孙,而适应度值低的个体则有可能产生少的子孙或被淘汰。基本遗传算法采用轮盘赌方法选择个体,轮盘是根据每个个体的适应度值占种群总适应度值的比例(即被选中的概率)划分的,每次选择个体时便转动一下轮盘。设种群大小为 n,个体 i 的适应度值为 F_i,种群总的适应度值为 $F_总$,则个体 i 被选中遗传到下一代种群的概率为 $P_i = F_i / F_总$。如上例中种群的初始位串和对应的适应度值如表6-5所示,按适应度值所占的比例划分的轮盘如图6-13所示。

表 6-5 种群的初始位串和对应的适应度值

编号	位串(x)	适应度值 $f(x)=x^3$	个体占总适应度的百分比
位串 1	11010(26)	17576	36.2
位串 2	00010(2)	8	0.0
位串 3	01010(10)	1000	2.1
位串 4	11100(28)	21952	45.2
位串 5	10100(20)	8000	16.5
总和		48536	100.0

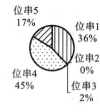

图 6-13 轮盘

由轮盘可看出适应度值高的个体占的比例较大,被选中的可能性也较大。

交叉 交叉分为两步,第一步是将复制产生的新位串个体两两配对,通常将适应度值都高或都低(即相似或同一模式)的两个位串配成对;第二步是随机的选择交叉点,将配对的位串进行交叉繁殖产生一对新的位串,其中交叉概率记为 p_c。设位串的长度为 l,则可在 $[1, l-1]$ 内随机的选择一个整数 k 作为交叉点。如选择 $k=3$,位串 $B_1 = 11011$ 与位串 $B_2 = 10101$ 交叉后变为 $B_1' = 11001$ 与 $B_2' = 10111$,即第4位与第5位都互相交换。遗传新的思想、观念和发明正是来源于此。

变异 变异指某个位串的某一位偶然的、随机的改变(这种改变概率很小),即在某个位置上简单地把 1 变 0 或反之,其中变异概率记为 p_m。如假设种群中所有位串的同一位都为 0 或 1,则无论位串怎么交叉,该位都不会改变,这时变异可使该位改变,防止了遗传信息的遗漏。

经过复制、交叉、变异运算后,新个体由于继承了上一代的一些优良性状,因而在性能上要优于上一代。这样逐步朝着更优解的方向进化,经过若干代之后,算法收敛于最好的染色体,它很可能就是问题的最优解或次优解,这是一种迭代式算法。

4) 模式理论

以上操作我们可看出寻优问题的性能在朝着不断改善的方向发展,但如果我们想引导遗传算法找到优化或接近优化的解,还需借助位串模式。一个模式指种群中在位串的某些确定位置上具有相似性的位串用一个模板来表示。如凡是以"1"开头的位串,其适应度值就高,这些位串是相似的,可用"1 * * *"模式来表示,其中"*"代表 1 或 0。又如位串"10011"和"01011"可用模式"* *011"表示。对于模式 $H = * *011$,还有位串"11011"和"00011"与其配对。对于一个长度为 l 的串,若用 0、1 表示,则有 $(2+1)^l$ 个模式。在一个有 N 个串的群中最多有 $N \cdot 2^l$ 个模式。

一个模式 H 的长度 $\delta(H)$ 定义为模式中第一个确定位置与最后一个确定位置之间的距离,如模式 $H = 01*10**$,$\delta(H) = 5 - 1 = 4$。一个模式的阶 $O(H)$ 定义为模式中非"*"位的个数,如模式 $H = 01*10**$,$O(H) = 4$。设 t 代中模式 H 有 $n(H, t)$ 个个体位串与其匹配,那么,对于这种模式,在下一代位串中,将有 $n(H, t+1)$ 个位串与其匹配。其中

$$n(H, t+1) = n(H, t) \frac{\overline{f(H)}}{\overline{f}} \left[1 - p_c \frac{\delta(H)}{l-1} \right] (1 - O(H)) p_m \tag{6-36}$$

式中,$\overline{f(H)}$ 表示在 t 代种群中模式 H 包含的位串的平均适应度值;$\overline{f}$ 表示 t 代种群中所有位串的平均适应度值;l 表示串的长度;p_c 为交叉概率;p_m 为变异概率;$\delta(H)$、$O(H)$ 分别为模式 H 的长度和阶。

5) 遗传算法的操作步骤

遗传算法的操作步骤如下。

(1) 在一定编码方案下,随机产生一个初始种群。

(2) 用相应的解码方法将编码后的个体转换成问题空间的变量,并求出个体的适应度值。

(3) 根据适应度值对种群进行复制操作,以概率 p_c 对种群进行交叉操作,以概率 p_m 对种群进行变异操作,经过三种操作产生新的种群。

(4) 反复执行步骤(2)、(3),直到满足收敛判据为止。

图 6-14 给出了遗传算法的操作流程。

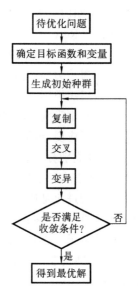

图 6-14 遗传算法操作流程

6.4.2 遗传算法的改进策略

1. 组织协同进化分类算法

现有的遗传分类方法,其模式基本上都是用 0、1 串或条件集合表示规则或规则集作为个体,这样就可以用传统的遗传算子(交叉、变异等)对其操作,然后用训练数据使规则进化,但却不可避免地在进化过程中生成没有意义的或没有样本支持的规则。组织协同进化分类算法将具有一定相似性的样本聚在一起,利用属性的不同重要程度指导其进化,最终使具有最大相似性的样本聚在一起,形成一个组织,但传统遗传算子不能直接作用在其上。组织协同进化分类算法的运行机制与传统遗传算法有较大差异,它定义了新的适合于组织操作的进化算子(迁移算子、交换算子、合并算子)和一种组织选择机制,进化结束后,再从每个组织中提取规则。若将现有的遗传分类方法看作自上而下的方式,即进化操作直接作用于数据,再将数据对规则进行评价,则组织协同进化分类算法可看作自下而上的方式,即进化操作直接作用于数据,最后从进化的结果中提取规则,这样有利于避免在进化过程中产生无意义的规则。

组织协同进化分类算法采用多种群协同进化的机制,每个种群由属于同一类的组织构成,所以种群个数就等于训练数据集中样本类别的个数。

设每个样本由 n 个属性和一个类别描述,记为 $(A_1, A_2, \cdots, A_n, \text{Class})$。在大规模数据库中,若是连续属性,要先离散化,则会存在相同的记录(样本),即所考虑的属性取值与类别均相同的样本,需将它们合并,记为 $(A_1, A_2, \cdots, A_n, \text{Class}, \text{Count})$。其中,Count 表示 $(A_1, A_2, \cdots, A_n, \text{Class})$ 出现的次数。

下面我们将组织(org)中的样本称为成员,则组织是类别 Class 取值相同的成员集合,不同组织的交集为空。每个组织可以记录一定的信息,如将组织表示成以下结构。

组织＝Record

  成员列表:记录属于该组织的样本编号;

  属性类别:记录对于该组织来说每个属性的类别;

  组织类别:该组织的类别;

  样本类别:成员所对应样本所属的类别;

  适应度:该组织的适应度;

其中:属性类别分为相同属性 F_{org} 和有用属性 U_{org};组织类别分为平凡组织(即成员个数为 1,所有属性均为有用属性)、异常组织(有用属性为空)和正常组织。

组织的进化是通过对其成员进行操作实现的,组织协同进化分类算法设计了三个组织进化算子(迁移算子、交换算子、合并算子)和一种组织选择机制。

迁移算子 首先从同一个种群中随机选出两个父代组织——org_{a1} 和 org_{a2},然后从 org_{a1} 中随机选择 n 个成员移入 org_{a2},这样得到两个子代组织——org_{b1} 和 org_{b2},其中 $n \geqslant 1$。

交换算子 首先从同一个种群中随机选出两个父代组织——org_{a1} 和 org_{a2},然后

从两个组织中随机各选出 n 个成员进行交换,这样得到两个子代组织——org_{b1} 和 org_{b2},其中 $1 \leqslant n < \min(|org_{a1}|, |org_{a2}|)$,$|org|$ 表示组织中成员的个数,执行该算子的条件是 $|org_{a1}| > 1$ 或 $|org_{a2}| > 1$。

合并算子 首先从同一个种群中随机选出两个父代组织——org_{a1} 和 org_{a2},然后将两个组织的成员合并成为一个子代组织——org_{b1}。

组织选择机制 当产生了一对子代组织后,这对组织将与其父代组织进行竞争,其中最高适应度的那对组织将进入下一代,另一对则被删除。还要防止其中规则没有意义的异常组织直接进入下一代,而要解散这种组织,并将其每个成员以平凡组织的形式加入下一代。由于进入下一代的组织对所包含的成员与要被删除的组织所包含的成员是相同的,所以一个种群包含的成员个数是保持不变的。当一个种群中只剩下一个组织时,它将直接进入下一代。

组织协同进化分类算法可描述如下。

(1) 对训练数据进行预处理。

(2) 将每个样本以平凡组织的形式加入到种群 P_{class}^0(class 表示组织的样本类别)中,令 $t=0, i=0, t$ 表示进化代数。

(3) 如果 $i > |\text{Class}|$,直接转步骤(8)。

(4) 如果 P_i^t 中的组织数大于 1,转步骤(5);否则,转步骤(7)。

(5) 先从 P_i^t 中随机选出两个父代组织 org_{a1} 和 org_{a2},然后随机选择一个组织进化算子作用在 org_{a1} 和 org_{a2} 上以产生子代组织 org_{b1} 和 org_{b2},根据进行属性重要度的进化,计算 org_{b1} 和 org_{b2} 的适应度。

(6) 将组织选择机制作用在 org_{a1} 和 org_{a2},以及 org_{b1} 和 org_{b2} 上,并将 org_{a1} 和 org_{a2} 从 P_i^t 中删除,转步骤(4)。

(7) 将 P_i^t 中剩余的组织移入 P_i^{t+1},令 $i \leftarrow i+1$,转步骤(3)。

(8) 如果终止条件满足,则停止;否则,令 $t \leftarrow t+1, i \leftarrow 1$,转步骤(3)。

2. AGAFCM 算法

最优遗传算法可以同时处理一群点,所以可以避免限于局部解,但是其寻优能力和收敛速度并不理想,尤其是局部寻优能力不足,且只能找到全局最优解的近似解,不能保证收敛到全局最优解。

基于自适应遗传算法的模糊 C-均值聚类算法(AGAFCM 算法)也是一种提高收敛速度和稳定性的遗传算法。其中模糊 C-均值聚类(Fuzzy C-Means, FCM)算法,是解决模糊聚类分析问题的一种经典方法。但这种算法对初始值敏感、对噪声数据敏感、容易陷入局部最优。而结合遗传算法的模糊 C-均值聚类算法能够克服上述缺陷。

为了更好地理解 AGAFCM 算法,我们先要理解模糊 C-均值聚类。设有限集 $X = \{X_1, X_2, \cdots, X_N\}$ 属于 d 维欧氏空间 $\mathbf{R}^d$,且 $X_i \in \mathbf{R}^d (i=1,2,\cdots,N)$ 为样本点,将样本空间 X 分为 K 类,K 为大于 1 的整数,可以用一个模糊矩阵 $\mathbf{U} = \{\mu_{ij}\}, i=1,2,\cdots,N; j=1,2,\cdots,K$ 表示,μ_{ij} 为第 i 个样本点属于第 j 类的隶属度,显然 μ_{ij} 满足如下条件:

$$\mu_{ij} \in [0,1]; \quad \sum_{j=1}^{K} \mu_{ij} = 1, \quad \forall\, i = 1, 2, \cdots, N \tag{6-37}$$

FCM 算法采用误差平方和作为聚类准则

$$J = \sum_{i=1}^{N} \sum_{j=1}^{K} (\mu_{ij})^m \parallel X_i - Z_j \parallel^2 \tag{6-38}$$

式中：m 为模糊指数，$(m>1)$；Z_j，$j=1,2,\cdots,K$ 是聚类中心。FCM 算法就是将目标函数 J 最小化的迭代过程。在迭代过程中，μ 和 Z 按下式计算。

$$\mu_{ij} = \begin{cases} \left[\sum_{k=1}^{K} \parallel X_i - Z_j \parallel^{2/(m-1)} / \parallel X_i - Z_k \parallel^{2/(m-1)}\right]^{-1}, & \parallel X_i - Z_k \parallel \neq 0 \\ 0, & \parallel X_i - Z_k \parallel = 0, k \neq j \\ 0, & \parallel X_i - Z_k \parallel = 0, k \neq j \end{cases} \tag{6-39}$$

$$Z_j = \sum_{i=1}^{N} (\mu_{ij}^m X_i) \Big/ \sum_{i=1}^{N} \mu_{ij}^m \tag{6-40}$$

FCM 算法的迭代过程如下。

(1) 给定类别数迭代过程 C 和允许误差 $E_{\max}$，$t \leftarrow 1$。

(2) 初始化聚类中心 $Z_j(t)$，$j=1,2,\cdots,K$。

(3) 按式(6-39)计算隶属度 $\mu_{ij}(t)$，$i=1,2,\cdots,N$；$j=1,2,\cdots,K$。

(4) 按式(6-40)修正所有聚类中心 $Z_j(t+1)$，$j=1,2,\cdots,K$。

(5) 计算误差 $e = \sum_{j=1}^{C} \parallel Z_j(t+1) - Z_j(t) \parallel^2$，如果 $e < E_{\max}$，则算法结束，否则，令 $t \leftarrow t+1$，转步骤(3)。

AGAFCM 算法是在遗传算法的基础上结合 FCM 算法形成的。它先采用遗传算法寻得全局最优解的近似解，然后，把所寻得的这些全局近似最优解采用 FCM 算法进行局部搜索，进而求得全局最优解。该算法以聚类原型（中心）矩阵为基因进行编码。借助 FCM 算法的目标函数来定义其目标函数，即

$$J_m = \sum_{i=1}^{C} \sum_{j=1}^{N} (u_{ij})^m d_{ij}^2(x_j, z_i) \tag{6-41}$$

适应度函数为 $F = \dfrac{1}{1+J_m}$。

个体 i 的选择仍采用轮盘赌进行选择，但选择概率为

$$\begin{cases} P(i) = q'(1-q)^{r-1} \\ q' = \dfrac{q}{1-(1-q)^n} \end{cases} \tag{6-42}$$

式中：q' 为最优个体被选择的概率；r 为个体序号。

交叉时采用最近邻基因匹配方法，即对于染色体 1 中的每个基因 m 选择染色体 2 中离 m 距离最远的点 n，再将它们进行配对。最终对基因串的顺序进行重新排列。通过最近邻基因匹配后，再对两染色体进行两点算术交叉。这样能够以较高的概率产生

适应度更高的新个体,可以尽量保证产生有意义的新个体,提高算法的收敛速度。

AGAFCM 算法在变异时,为保证能搜索到解空间中的每一点,采用非均匀变异方式。即,若在进行染色体 $X=x_1x_2\cdots x_k\cdots x_l$ 向染色体 $X'=x_1x_2\cdots x'_k\cdots x_l$ 的非均匀变异操作时,若变异点处 x_k 基因的取值范围为 $[U^k_{\min}, U^k_{\max}]$,则新的基因值 x'_k 可确定为

$$x'_k = \begin{cases} x_k + \Delta(t, U^k_{\max} - v_k), & random(0,1) = 0 \\ x_k - \Delta(t, v_k - U^k_{\max}), & random(0,1) = 1 \end{cases} \quad (6\text{-}43)$$

其中,$\Delta(t,y)$ 是在 $[0,y]$ 范围内符合非均匀分布的随机数,其表达式为

$$\Delta(t,y) = y \cdot (1 - r^{(1-t/T)^b}) \quad (6\text{-}44)$$

式中:t 为种群进化的代数;r 是 $[0,1]$ 间符合均匀分布的随机数;T 为最大进化代数;b 为系统参数(一般取值为 2)。

研究表明,AGAFCM 算法的计算速度和效率都比较突出,克服了 FCM 算法对初始聚类中心的依赖,充分发挥了遗传算法的全局优化能力和 FCM 局部寻优能力,有效均衡了算法对聚类空间的探索和开发能力,是一种有效可行的聚类算法。

6.4.3 遗传算法在模糊控制中的应用

模糊控制器设计过程存在两个主要问题:一是模糊控制规则的选取与优化,由于缺乏有效的知识获取手段,模糊控制规则的获取主要依靠经验;二是模糊变量的隶属函数的正确选取,在模糊控制规则确定的情况下,模糊控制器的性能由模糊变量各模糊集合的隶属度函数来确定。这实际上是一个多参数优化问题,在一般情况下无法获得全局最优。考虑到模糊控制器的优化涉及大范围、多参数、复杂和不连续的搜索表面,人们自然想到用遗传算法来进行优化。

从模糊控制器的类型看,既有基于领域的模糊控制器,也有基于规则的模糊控制器。常规的模糊控制器是基于领域的,具有思路直观、可靠性强、规则易于理解的优点。由于其规则和隶属度函数的个数事先已确定,遗传优化时个体的编码长度是一定的,也合乎经典遗传算法的要求,无须对遗传算法作大的改动。用遗传算法优化模糊控制器时,优化的主要对象是模糊控制器的隶属函数和规则集。在实际应用中有以下几个不同的类型。

(1) 已知模糊控制规则集,优化隶属度函数。
(2) 已知隶属度函数,优化规则集。
(3) 规则集与隶属度函数由遗传算法分阶段优化。
(4) 同时优化规则集和隶属度函数。

用遗传算法来解决具体应用问题有两个关键:一是如何将实际问题表示为遗传算法所能处理的形式;二是如何确定目标函数。

下面我们来通过自动泊车系统的模糊控制来加以说明。

汽车自动泊车是一个非线性的控制问题,如图 6-15 所示。汽车的位置取决于 x、y、φ 等三个变量。汽车泊车过程中,自动泊车辅助系统通过安装在车身上的超声波传感器来检测车的位置,即检测 x、y、φ 的值,通过控制汽车前轮的转角 θ 来实现自动

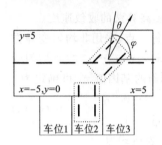

图 6-15 汽车自动泊车

泊车。

因此,可设计模糊控制器的输入量为 x、y、φ,输出量为 θ。其中 x 的输入范围为 $[-10\text{ m}, 10\text{ m}]$,$y$ 的输入范围为 $[0, 10\text{ m}]$,φ 的输入范围为 $[-\pi/2, 3\pi/2]$,θ 的输出范围 $[-2\pi/9, 2\pi/9]$,汽车的最终位置为 $(x, y, \varphi) = (0, 0, \pi/2)$。

通过借鉴驾驶员的操作经验,并记录驾驶员操作汽车过程的输入、输出数据,可总结出模糊控制规则。模糊控制规则表如表 6-6 所示。

表 6-6 模糊控制规则表

x \ θ \ φ	$y=Z$						
	NL	NM	NS	Z	PS	PM	PL
NL	NL	NL	PS	PS	PM		
NS	NL	NL	NL	PM	PL	PL	
Z	NL	NL	NL	Z	PM	PL	PL
PS		NL	NL	NM	PS	PL	PL
PL			NM	NL	NS	PM	PL

其中,φ、θ 经过尺度变换后的论域为 $[-6, 6]$,语言变量取 NL(负大)、NM(负中)、NS(负小)、Z(零)、PS(正小)、PM(正中)、PL(正大);x、y 经过尺度变换后的论域为 $[-4, 4]$,语言变量取 NL(负大)、NS(负小)、Z(零)、PS(正小)、PL(正大)。

控制规则形式为 "if $\varphi=$NL and $x=$NL and $y=$Z then $\theta=$NL"。可见本例属于已知模糊控制规则集,优化隶属函数的问题。

设汽车位置 x、y、φ 及转向角 θ 的隶属度函数曲线如图 6-16 所示。图中,隶属度函数在两端为直角三角形,因此每个隶属度函数只需调整其斜边与横轴的交点,而中间的等腰三角形需调整两个交点。可以看出 x、y 的隶属度函数有八个调整参数,φ、θ

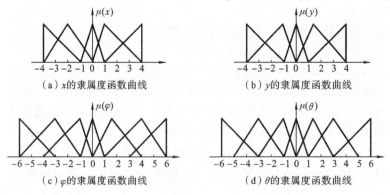

(a) x 的隶属度函数曲线

(b) y 的隶属度函数曲线

(c) φ 的隶属度函数曲线

(d) θ 的隶属度函数曲线

图 6-16 各变量模糊集合的隶属度函数

的隶属度函数有 12 个调整参数，总调整参数为 40 个。若每个参数用 6 位二进制数表示，则每个样本可表示为 240 位的二进制字位串。

确定目标函数和适应度函数分别为

$$J = \sum_{i=1}^{M} \sum_{j=1}^{N} [(x_{ij} - x_\infty)^2 + (y_{ij} - y_\infty)^2 + (\varphi_{ij} - \varphi_\infty)^2]$$

$$f = \frac{1}{1+J}$$

式中：M 为典型路径数，即仿真次数；N 为仿真所需的最长时间，即汽车最长路径由起点到终点所需的时间；$(x_{ij}, y_{ij}, \varphi_{ij})$ 为第 i 次仿真时 j 时刻汽车的位置。x_{ij}、y_{ij}、φ_{ij} 均为 θ 的函数，而 θ 值可根据模糊推理得出，是需要调整的 240 个参数的函数。$(x_\infty, y_\infty, \varphi_\infty)$ 为汽车的最终位置，即 $(x_\infty, y_\infty, \varphi_\infty) = (0, 0, \pi/2)$，采样周期 $T = 0.1 \mathrm{~s}$。

种群大小取为 50，最大遗传代数为 100，交叉概率为 0.7，变异概率为 0.02。遗传算法中的每个 240 位的二进制字符串，对应于四个给定的隶属度函数，从而建立四个变量的赋值表，并由模糊规则计算出模糊关系矩阵 **R**。应用 **R** 进行四次模糊推理仿真计算可得出 x、y、φ 和 θ，由此可求出相应的目标函数。经过 100 代后，由遗传算法求得的参数构成的模糊控制器取得了优于常规模糊控制器的控制效果。

6.5 专家控制

6.5.1 专家系统基本概念

专家控制（expert control，EC）指的是将人工智能领域的专家系统理论和技术相结合，模仿专家智能，实现对较为复杂的问题的控制。在专家控制原理的基础上所设计的系统称为专家控制系统（ECS）。专家控制是为了解决经典控制系统中所面临的无法建模等难题而引进的，是人工智能和控制理论交叉的一门学科，是智能控制的一个重要控制方法。专家控制既可以包括高层控制（决策和规则），又可涉及低层控制（动作和实现）。它用基于知识的、智能的计算机程序来实现其控制，内部含有大量的特定领域中专家水平的知识与经验，能够利用人类专家的知识和解决问题的经验方法来处理一些领域的高水平难题。它的任务是自适应地管理一个过程的未来行为，诊断可能发生的问题，不断修正和执行控制计划。

专家控制不同于专家系统，它引用了专家系统的思想和方法。专家系统是一个具有大量的专门知识与经验的程序系统，它利用的是人工的智能和计算机技术，根据专家提供的知识和经验来进行推理和判断，模拟专家的决策过程；它只完成专门领域问题的咨询功能，其推理结果一般用于辅助用户的决策；专家系统一般处于离线工作方式。专家控制在专家系统的基础上能独立和自动地对控制作用做出决策，其推理结果可执行（启动）某些解析算法或对系统进行实时控制；专家控制要求在线地获取动态反馈信息，是一种动态系统。

由于专家系统在控制系统中应用的复杂程度不同,可将控制分为专家控制系统和专家控制器两种主要形式。其中,专家控制系统具有全面的专家系统结构、完善的知识处理功能,它采用黑板等结构,知识库庞大,推理机复杂。专家控制器多为工业专家控制器,是专家控制系统的简化形式,知识库和推理机较简单,但却能满足工业过程控制的要求,因而应用日益广泛。下面介绍一种工业专家控制器。

6.5.2 专家控制器的原理和结构

专家控制器是在专家系统的思想上发展起来的,专家系统可用如下简化结构来描述,如图 6-17 所示。图中,知识库是专家系统的核心部分,用于存放过程控制领域的知识。它由经验数据库和学习与适应装置组成。经验数据库用于存储经验与事实,包括控制对象的参数变化范围、控制参数的调整范围、限幅值及控制对象的有关知识等。学习与适应装置

图 6-17 专家系统简化结构图

的功能则是根据在线获取的信息,补充或修改知识库的内容,改进系统性能,从而提高系统求解问题的能力。推理机实质上是一个搜索求解的过程,它根据用户输入的数据,利用知识库中的知识,在一定的推理策略下,按照类似专家水平的问题求解方法,进行分析、判断、决策,推出新的结论、事实或执行某个操作。

图 6-18 所示为利用专家系统的思想设计出的一种工业专家控制器。核心部分的专家控制器由知识库(KB)、控制规则集(CRS)、推理机(IE)和特征识别与信息处理(FR&IP)组成,其中知识库包括经验规则集和学习与适应装置。

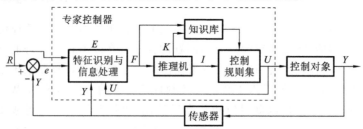

图 6-18 工业专家控制器

特征识别与信息处理用于抽取动态特征信息,识别系统的特征状态,并对信息进行一定的处理,为后面的控制决策与学习适应提供依据,其输入集为 $E,E=(R,e,Y,U)$。推理机基于模式匹配方式,即从数据库出发找出与规则库中规则的前提条件子句相匹配的条件,如果匹配成功,则由该规则产生新的结论并把新的结论并入数据库中,继续进行匹配直至得出的结论再也不能匹配为止。知识库(包括数据库和规则库)中的称为经验数据库的那部分,为先验知识、动态信息、由事实及证据推得的中间结果、性能指标等,常常用一种框架结构组织在一起形成数据;规则往往以产生式规则表示,即 if(控制条件)then(操作结论),每条规则都代表着与受控系统有关的经验知识,以供推理机查询。控制规则集是对被控对象的各种模式和经验的归纳与总结,通过逐次判

别各种规则的条件,来决定是继续搜索还是执行结果,它存放于控制器知识库中。专家控制器的模型可表示为

$$U = f(E, K, I)$$

式中:$E = (R, e, Y, U)$;K 为经验知识集;I 为推理机构。

6.5.3 专家控制系统的设计与应用

专家控制系统的设计方法改变了过去传统控制系统设计中单纯依靠受控对象数学模型的局面,并解决了实际控制过程中难以用精确数学模型表达的大型复杂系统的控制问题。因此,在实际应用中专家控制系统越来越为人们重视。

1. 现代温室气候的专家控制

现代温室的环境因素能够被人工控制,从而满足植物最佳生长的条件,有计划地生产优质、高产、无污染的农产品,成为 21 世纪最有活力的农业新产业。

对温室环境调控的预期目标是经常保持作物所需的适当环境。但温室环境是一个开放的系统,它受室外气象和室内作物生长状况的影响。在温室环境控制中,温度、湿度、光照、CO_2 浓度等多个环境因子往往相互影响,故对环境要求较高的温室一般采用多因子的控制方法。因此,在温室温度环境控制中,被控对象有模型复杂、多因子相互作用、较大的非线性、时间滞后和不确定性等特点,传统控制方法无法取得满意的控制效果。专家控制系统在总结温室系统控制过程中的各种复杂情况和传统温室环境控制的基础上,能够较好地适应控制过程中的各种复杂情况。

温室气候专家控制系统可根据风速、风向、温度、湿度、雨量、光照度、CO_2 气体及营养液等环境因子,使作物在最适宜的环境下生长。温室气候专家控制系统主要由温度控制、湿度控制、光照强度控制和 CO_2 浓度控制等四部分组成。其中温度控制分为升温和降温控制。夏季室外温度达 36℃～37℃时,室内温度将近 40℃,植物表面温度更高,这时可通过遮阳网和内喷雾电动机降温系统降温;当冬季或春秋夜晚温度较低时可采用锅炉加水加热系统或保温网进行加热。当室内湿度下降至 60% 左右时,对植物的生长不利,这时可使用内喷雾系统进行降温,并增加湿度;如果湿度过大,可开窗通风降湿。光照强度大时一般采用遮阳网进行遮阳,光照不足时采用高压钠灯、镝灯或金属卤化物灯进行人工补光。CO_2 浓度控制可通过开窗、闭窗来控制。图 6-19 所示为温室、作物和控制器的相互连接示意图。

温室专家控制系统的输入量包括外界环境采样数据和室内环境采样数据,以及控制执行机构的状态。外界环境采样数据包括外界温度 T_a、光照强度、风速、雨量、风暴、冰雹。室内环境采样数据包括室内温度 T、室内湿度 RH、CO_2 浓度。控制执行机构的采样数据包括天窗开启度、出水管温度、高/低温进水管温度。

输出量用来控制高/低温进水三通阀、天窗开启度、遮阳网电动机、内喷雾电动机、挡风板电动机、保温网、CO_2 电磁网、匀风扇和增压泵。

控制系统由数据库、知识库和推理机组成。数据库存储生产过程的实时数据,知

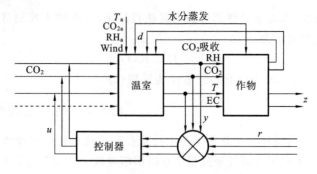

图 6-19 温室、作物和控制器的相互连接系统

u—控制量;d—干扰;z—作物输出;y—温室输出;r—设定曲线

识库存储控制规则,推理机根据实时数据和规则进行推理、得出结论。而控制系统设计的核心是知识库,知识库由"if 条件 then 结论"这样的规则语句组成。控制规则是在对国内外先进温室控制系统的控制经验、专家的经验和现场操作人员的工作经验加以分析、归纳和总结的基础上得到的,它描述了系统在各种变化条件下应采取的控制策略。下列给出了一些控制规则。

if 50<湿度<70 then 加热温度变化=-(70-湿度)×3/50 if 70≤湿度≤80 then 加热温度变化=0;

if 80<湿度≤100 then 加热温度变化=(湿度-85)×2/15 加热温度=10+加热温度变化;

if(室内温度≥加热温度)∧(天窗开启度=0)then 增压泵电动机关闭,高温进水三通阀开度=0,低温进水三通阀开度=0;

if(室内温度≥加热温度)∧(0<天窗开启度≤35)then 增压泵电动机开启,高温进水三通阀开度=m_1(m_1 为加热级系数),低温进水三通阀开度=(3/4)×m_1;

if(室内温度≥加热温度)∧(35<天窗开启度≤75)then 增压泵电动机开启,高温进水三通阀开度=m_2,低温进水三通阀开度=(3/4)×m_2;

if(室内温度≥加热温度)∧(75<天窗开启度≤100)then 增压泵电动机开启,高温进水三通阀开度=m_3,低温进水三通阀开度=(3/4)×m_3;

if(室内温度<加热温度)∧(最小进水管温度<进水管温度<最大进水管温度)∧(最小出水管温度<出水管温度<最大出水管温度)∧(天窗开启度=0)then 增压泵电动机开启,高温进水三通阀开度=(加热温度-室内温度)×5,低温进水三通阀开度=(加热温度-室内温度)×4;

if(室内温度<0)∨(有冰雹)∨(有风暴)then 天窗开启度=0;

if 室内温度≥37 then 内喷雾电动机开启;

推理机根据事实、证据、目标寻找到和知识库中对应的规则,得出要执行的操作结论。最终使作物的产量和质量得到提高。

2. 专家控制在直流调速系统中的应用

直流调速系统是在工业生产过程中应用非常广泛的一种系统,在冶金、化工、电子、机械等行业中也有大量应用。传统常用的直流调速系统是转速/电流双闭环控制系统,该系统中被调量转速和辅助被调量电流被分开加以控制,且转速调节器 ASR 和电流调节器 ACR 之间串联连接,如图 6-20 所示。然而,在该系统中,速度环的特性会随着给定工况、电源电压、负载和转动惯量的变化而变化,且系统受库仑摩擦的影响、误差信号限幅的影响、齿隙的影响,以及调节器和脉宽调制放大器的饱和及非线性的影响,所以系统具有时变性和非线性因素,难以获得良好的控制效果。

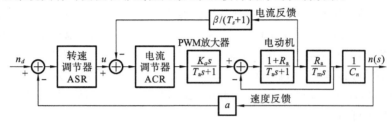

图 6-20 转速/电流双闭环控制系统

T_a—电动机的电磁时间常数;T_m—电动机的时间常数;
K_a—PWM 放大器的放大系数;R_a—电枢电阻;β—电流反馈系数;C_n—反电动势系数

为了使系统具有运行平稳、震荡小、无静差、响应快等性能,并能更好地发挥智能控制的作用,可以应用专家控制系统的全数字化直流调速智能控制系统。它以闭环负反馈控制系统理论为基础,采用直接专家控制器实现对直流调速系统的控制。相当于在控制系统中加入了一个富有经验的控制工程师,通过发挥计算机的智能作用,在提高电动机调速系统性能的基础上,解决传统的控制技术所面临的难题。应用专家控制的直流调速系统框图如图 6-21 所示。

图中,主电路是控制系统的执行环节,包括单相/三相可逆、单相/三相不可逆线路,以及功率部件和操作部件等。直接专家控制器是控制系统的核心环节,通过它完成转速和电流闭环调节,它以 AT89C51 单片机为控制核心,将定时器、A/D 转换器等组装为一体,如图 6-22 所示。可方便、灵活地安装在功率装置或控制台中,便于工业现场使用。

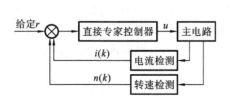

图 6-21 专家控制的直流调速系统

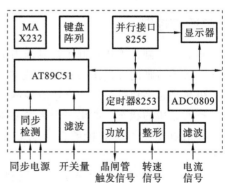

图 6-22 专家控制器硬件电路

实际应用中,可用两组交流互感器检测正、反两组晶闸管交流侧的电流信号,检测到的信号再经过整流、滤波后,由 A/D 转换器 ADC0809 转换成相应的数字信号,送到单片机处理。转速的检测用光电脉冲发生器配合定时器进行。光电脉冲发生器与电动机同轴相连,它由均匀刻有光栅的圆盘和放大电路等组成。当圆盘随着转轴一起转动时,通过光电元件的作用,一道道光栅就变成一个个脉冲输出。因此,脉冲的输出频率正比于电动机的转速,转轴转动一周输出的脉冲数反映了电动机的平均速度值。

图 6-21 的工作原理为:专家控制系统以误差量 $e(k)=r(k)-y(k)$ 作为特征信号,其中,$r(k)$ 为转速或电流的给定值,$y(k)$ 为转速或电流的检测值,以控制领域专家的控制经验为基础,对控制量进行在线调整。当误差较大时,专家控制器以消除误差为主;当误差较小时,则以防止超调量为主。设控制器 $k-1$ 时刻的输出为 $u(k-1)$,k 时刻的输出为 $u(k)$,$u(k)=u(k-1)+\Delta a$,其中 Δa 值是专家经验的体现。因此,转速调节器的控制规则可写成

if $e(k)>0$ and $e(k)\geqslant M_1$ then $\Delta a=K_1$

if $e(k)>0$ and $M_2\leqslant e(k)<M_1$ then $\Delta a=K_2$

if $e(k)>0$ and $M_3\leqslant e(k)<M_2$ then $\Delta a=K_3$

if $|e(k)|<M_3$ then $\Delta a=K_3 e(k)-K_4 e(k-1)$

if $e(k)<0$ and $M_3\leqslant |e(k)|<M_2$ then $\Delta a=K_5$

if $e(k)<0$ and $|e(k)|\geqslant M_2$ then $\Delta a=K_6$

规则中,$K_i(i=1,2,3,4,5,6)$、$M_j(j=1,2,3)$ 为现场控制的专家经验值,电流调节器的控制规则与上述转速调节器的控制规则类似。

知识库中的知识越丰富便越能体现专家的思想,但庞大的知识库需要大容量的存储空间,且计算机在搜索求解时,也需要大量的系统时间,因此会影响系统的运行速度。现实生产中应根据实际情况来编写规则。

6.6 其他先进控制技术

6.6.1 自适应控制

自适应控制是现代控制中最具活力的一种控制。经过近半个世纪的发展,它已经形成了较为清晰的理论体系和相对成熟的设计方法,随着计算机技术的发展,它在实践中也越来越多地被应用。自适应控制是指对于系统无法预知的变化,能自动地使系统保持所希望的状态。如果一个系统在对象结构参数和初始条件发生变化或目标函数的极值点发生漂移时,能够自动地维持在最优工作状态,则称该系统为自适应控制系统。

自适应控制是一种复杂的反馈控制,其控制的核心是通过检测系统输出或状态输出参数,来调整控制参数。它和常规的反馈控制及最优控制一样,也是一种基于数学模型的控制方法,但自适应控制所依据的关于模型和扰动的先验知识比较少,

需要在系统的运行过程中不断提取有关模型的信息,使模型逐步完善。或者说可以依据对象的输入/输出数据,不断地辨识模型参数,这个过程称为系统的在线辨识。通过在线辨识,模型会变得越来越准确,越来越接近于实际,控制系统便具有了适应能力。

目前自适应控制的种类很多,如自校正控制、模型参考自适应控制、非线性自适应控制、神经网络自适应控制和模糊自适应控制。应用最广泛的自适应控制有两类:模型参考自适应控制和自校正控制。

1. 模型参考自适应控制

模型参考自适应控制由两个环路组成:内环与外环。与常规的反馈控制相比添加了一个参考模型和控制器参数的自动调节回路,其基本结构如图 6-23 所示。

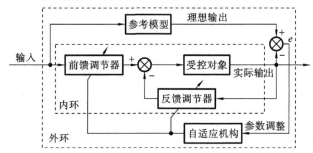

图 6-23　模型参考自适应控制结构图

模型参考自适应控制通过改变输入,使受控对象的输出跟踪参考模型的输出,即通过受控对象的输出和参考模型的输出之间的误差,按一定的自适应控制规律来修正控制的参数,使受控对象的输出和参考模型的输出保持一致。

2. 自校正控制

自校正控制也由内环与外环两个环组成,其基本结构如图 6-24 所示。

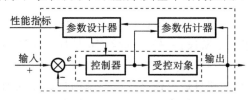

图 6-24　自校正控制结构图

内环由控制器和受控对象组成,外环由参数估计器和参数设计器组成。参数估计器根据受控对象的输入和输出信息不断地估计受控对象的参数,并将估计出的信息传送给参数设计器,参数设计器根据参数估计器传送来的估计值设计出符合一定规律的控制器参数来调节控制器。由于存在多种参数估计方法和参数设计方法,所以自校正控制的设计方法也很多,其中以最小二乘法进行参数估计,按最小方差形成控制作用的最小方差自校正控制器应用最为广泛。这里不再作详细介绍。

6.6.2 鲁棒控制

鲁棒控制的研究始于20世纪50年代,在当前仍是一个非常活跃的研究领域。一个反馈控制系统的受控对象通常存在各种不确定因素,在设计该系统时要考虑到这些不确定因素,使所设计的系统在这些不确定因素下具有保持稳定性、渐进调节和动态特性不变的性质,系统的这种承受不确定性影响的能力称为系统的鲁棒性。控制系统的鲁棒性分别有鲁棒稳定性、鲁棒渐进调节和鲁棒动态特性,其中,鲁棒渐进调节和鲁棒动态特性反映了控制系统的鲁棒性能要求。具有鲁棒性的控制系统称为鲁棒控制系统。控制系统鲁棒性设计的主要内容是对一组控制对象进行鲁棒控制器的设计。在设计控制器时,要先确定不确定因素可能变化的范围界限,在不确定因素变化的可能范围内对最坏的情况进行控制系统设计,这样能使控制系统的稳定性和性能保持不变。

图6-25 H_∞状态反馈控制

反馈控制系统的鲁棒性设计方法有H_∞控制方法、结构奇异值μ方法、基于分解的参数化方法、在LQR控制的基础上使用LTR(Loop Transfer Recovery)技术的LQR/LTR方法、二次稳定化方法等,其中最突出的是H_∞控制方法和结构奇异值μ方法。图6-25所示是H_∞状态反馈控制问题的基本框图。

其中,G和K分别为广义控制对象和控制器;w为所有外部输入,如参考输入、扰动、传感器噪音等;z为被控制的输出或误差;y是被测量的输出,包含所有传感器的输出;u是控制输入。H_∞鲁棒控制系统的设计问题可描述为:给定一个广义控制对象G的集合、一个外部输入的集合和由被控制输出z表征的一组H_∞控制系统框图控制性能,设计一个可实现的控制器K,使反馈控制系统稳定和达到要求的控制性能。

6.6.3 预测控制

预测控制是20世纪70年代产生于工业过程控制领域的一种新型计算机控制。其发展过程大致经历了三个阶段:一是20世纪70年代以阶跃响应、脉冲响应为模型的工业预测控制算法阶段,其典型算法如动态矩阵控制、模型算法控制等;二是20世纪80年代由最小方差控制和自适应控制发展而来的自适应预测控制阶段,以广义预测控制为代表;三是20世纪90年代以来具有稳定性保证的综合型预测控制(或现代预测控制)阶段。其中,前两种控制算法已在工业中广泛应用,综合预测控制的理论研究是当前预测控制研究的主流,已取得了丰硕的研究成果,但这些成果基本上还无法应用到实际工程中。

工业预测控制的重点是预测模型、滚动优化和反馈控制。对于一个系统,如果确定了其组成部分及各部分的输入/输出变量之间的关系,则该系统便明了了。分析系统要先建立系统模型,如神经网络控制采用神经网络模型、模糊控制采用模糊模型、随机控制采用随机模型等。预测控制也是一种基于模型的控制,它采用预测模型、功能是根据对象的历史信息和未来输入,预测其未来输出。只要有预测功能的信息集合都可作为预测模型。实际应用中动态矩阵控制和模型算法控制采用阶跃响应、脉冲响应等非参数模型,广义预测控制选择状态空间模型等参数模型。预测控制区别于其他控制的关键是预测控制采用滚动优化,即在每一采样时刻,优化性能指标通常只涉及未来的有限时域的优化策略,在下一采样时刻,这一优化时域同时向前推移,如图 6-26 所示。

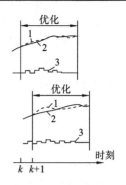

图 6-26 优化时域向前推移结构

实际系统由于存在非线性、时变、模型失配和干扰等因素,预测模型不可能和实际完全相符,所以在反馈校正的基础上采用滚动优化对模型不断进行在线修正。模型的控制也不是把未来时域的控制作用全部实施,而只是实现本时刻的控制作用。

设非线性系统的模型为

$$x(k+1)=f[x(k),u(k)], \quad y(k)=g[x(k)] \quad (6\text{-}45)$$

通过递推,得到未来时域任意时刻的预测模型为

$$\hat{y}(k+i)=\phi[x(k),u(k),u(k+1|k),\cdots,u(k+i-1|k)] \quad i\in\{1,2,\cdots\} \quad (6\text{-}46)$$

其中,$k+i|k$ 表示在 k 时刻对 $k+i$ 时刻的预测;$\phi(m)$ 是由 $f(m)$、$g(m)$ 复合而得到的非线性函数。动态矩阵控制的算法结构图如图 6-27 所示。

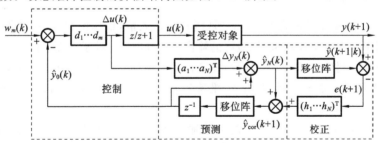

图 6-27 动态矩阵控制的算法结构图

在每一采样时刻,未来 m 个时刻的期望输出 $w_m(k)$ 与初始预测输出 $\hat{y}_0(k)$ 的偏差向量与动态系数 $(d_1\cdots d_m)^T$ 相乘,得到该时刻 k 的控制增量 $\Delta u(k)$,这一增量通过积分后可求出控制量 $u(k)$。该增量的另一重要用途是与模型向量 $(a_1\cdots a_N)^T$ 相乘得到预测输出 $\hat{y}_N(k)$,经移位后得到预测值 $\hat{y}(k+1|k)$,该预测值与实际输出 $y(k+1)$ 相比较后得出输出误差 $e(k+1)$。这一误差再经过校正、预测后,把新的初始预测输出作为输入。这样通过各种反馈策略,修正预测模型或加以补偿,然后再进行新的优化。

6.6.4 量子控制

量子计算(Quantum Computation,QC)是由量子物理学与数学、计算机科学、信息科学、认知科学、复杂性科学等多学科交叉而形成的一个全新的研究领域。量子计算

诞生于 20 世纪末，它的并行性、指数级存储容量和指数加速特征展示了其强大的运算能力，对未来人类的社会发展、生活方式、科学技术等会产生质的改变。

目前已知的最为成功的量子算法是基于 Shor 的量子 Fourier 变换算法和基于 Grover 的量子搜索算法两类。其中，第一类算法包括了大数因子分解算法和离散对数算法。1994 年，Peter Shor 提出的大数因子分解算法和离散对数算法，仅需几分钟就可以完成 1600 台经典计算机需要用 250 天才能完成的 RSA-129 问题（一种公钥密码系统）。当前公认最安全的、经典计算机不能破译的公钥系统 RSA，用量子计算机可以轻易地破译。1996 年，Grover 提出的量子搜索算法证明量子计算机在穷尽搜索问题中比经典计算机有 $O(N)$ 的加速。

1. 量子计算的基本原理

1936 年，Alan Turing 提出图灵机模型，这是计算机科学的开端，现在的电子计算机正是基于图灵机模型发展起来的。关于图灵机，可以参考相关资料，这里不作介绍。电子计算机的运作模型如图 6-28 所示。

图 6-28　电子计算机的运作模型　　　图 6-29　量子计算运作模型

设 $f(x_i)$ 是欲得到的函数值，$\{x_i\}$ 是函数的输入值，根据函数 $f(x)$ 的性质设计运算程序，用于操作电子计算机，使最终的输出值为 $f(x_i)$。量子计算在图灵机所能计算的函数范围内，利用量子力学的特性，提高计算的速度，行使更为有效的计算。量子计算机是个多体量子系统，其状态由 2^N 维希尔伯特空间中的矢量 $|\phi(t)\rangle$ 来描述，量子计算运作模型如图 6-29 所示。

设待计算的函数为 $f(x)$，根据函数输入值 $\{x_i\}$ 来制备量子计算机的初态矢量 $|\phi(0)\rangle$，按照量子算法来设计幺正操作程序，控制量子计算机的初态矢量在希尔伯特空间旋转，操作结束时终态矢量为 $|\phi(t)\rangle$，对终态矢量 $|\phi(t)\rangle$ 实施量子测量，最后获得输出值 $f(x_i)$。

量子计算以量子比特（quantum bit 或 qubit）或量子位作为量子信息最基本的信息单元。量子比特是比特（bit）的量子推广，是一个二维希尔伯特态空间的量子体系。它的态空间有两个基态，记为 $|0\rangle$ 和 $|1\rangle$。记号"$|\ \rangle$"称为 Dirac 记号，在量子力学中表示状态。量子比特的状态可以是 0 态，也可以是 1 态，也可以是 0 态和 1 态的任意线性叠加（称为量子叠加态）。量子叠加态可表示为

$$|\phi\rangle = \alpha|0\rangle + \beta|1\rangle$$

其中，α 和 β 是复数，分别表示 $|0\rangle$ 和 $|1\rangle$ 的几率幅（量子幅），量子比特测量时，得到 0 的概率为 $|\alpha|^2$、得到 1 的概率为 $|\beta|^2$，且 α 和 β 的关系满足 $|\alpha|^2 + |\beta|^2 = 1$。

在量子计算中，量子态存在于所有基态之中，由于量子系统的完备性，由基态组

合得到的任一量子态(满足归一化条件)也是希尔伯特空间的一个矢量,这一性质称为态叠加原理,即由 n 个量子比特构成的较为复杂的系统可以由 $N=2^n$ 个独立的状态的叠加加以表示。希尔伯特空间的基态可以表示为 $\{\phi_0,\cdots,\phi_{N-1}\}$,整个系统可以表示为

$$|\phi\rangle = \sum_{i=0}^{N-1} \alpha_i |\phi_i\rangle$$

其中,有 $\sum_{i=0}^{N-1} |\alpha_i|^2 = 1$。

例如,一个具有 3 个量子位的系统,将能够表示八个基态的线性叠加

$$|000\rangle,|001\rangle,|010\rangle,|011\rangle,|100\rangle,|101\rangle,|110\rangle,|111\rangle$$

在量子计算中,我们将对量子寄存器的编码的量子态进行一系列的控制、操作和测量等变换,以实现一些逻辑功能的幺正变换,称为量子逻辑门。如量子"非"门、H 门、相移门、量子"异或"门、量子"与"门。下面是"非"变换 X

$$X = |0\rangle\langle 1| + |1\rangle\langle 0| = \begin{pmatrix} 0 & 1 \\ 1 & 0 \end{pmatrix}$$

X 算符使 $|\phi\rangle$ 中的 $|0\rangle$ 变为 $|1\rangle$,$|1\rangle$ 变为 $|0\rangle$。

根据量子计算理论,人们只要能完成单比特的量子操作和两比特的控制非门操作,就可以构建对量子系统的任一幺正操作。量子门按照其作用的量子位数目的不同分为一位门、二位门、三位门、多位门。量子计算中的幺正变换是具有可逆性的,因此,量子逻辑门也全部都是可逆的。也就是说,如果一个量子输入态经过一个量子逻辑门成为了输出态,那么输出态经过一个逆向的量子逻辑门又可成为输入态。

2. 量子计算智能

量子计算由于其具有并行性、指数级存储容量和指数加速等特征已成为当今世界各国紧密跟踪的前沿学科之一。将量子计算融入计算智能技术,形成量子计算智能技术,随着量子计算和计算智能的发展,新兴的量子计算智能技术是一个必然的发展趋势。目前量子计算智能技术的主要研究有:基于量子特性的优化算法、基于量子染色体的进化算法、量子人工神经网络、量子聚类算法、量子小波与小波包算法和量子退火算法。

量子计算智能技术的实际应用领域有:

(1) 决策分析;

(2) 组合优化问题;

(3) 信息安全;

(4) 通信;

(5) 模式识别。

其中,在模式识别等领域已得到成功应用,在石油测井识别中的应用才刚刚起步,所以可以预计,随着量子计算智能技术的发展,其应用前景将非常广阔。

本章小结

　　首先，阐述了智能控制研究现状。模糊控制部分主要论述了模糊控制理论基础、模糊控制系统的原理与设计过程，给出了模糊控制在电饭锅中的应用实例；神经控制部分主要论述了神经网络系统模型，重点讨论了 BP 网络系统模型、神经网络控制的结构，给出了两个神经控制在复杂系统中的应用实例；遗传控制部分主要论述了遗传算法基础理论、遗传算法的改进策略，给出了遗传算法在模糊控制中的应用实例；专家控制部分主要论述了专家系统基本概念、专家控制器原理和结构、专家控制系统的设计思路，给出了两个专家控制系统的应用实例。最后，简单介绍了自适应控制、鲁棒控制、预测控制、量子控制等先进控制技术。

思考与练习

1. 模糊控制的优点是什么？
2. 模糊控制的应用领域有哪些？
3. 试说明模糊集合与经典集合的主要区别。
4. 简要说明模糊控制系统的工作原理。
5. 模糊控制规则如何建立？
6. 设论域 $U=\{x_1,x_2,x_3,x_4,x_5\}$，$A$ 及 B 为论域 U 上的两个模糊集，已知

$$A=\frac{0.2}{x_1}+\frac{0.4}{x_2}+\frac{0.6}{x_3}+\frac{0.8}{x_4}+\frac{1}{x_5}$$

$$B=\frac{0.1}{x_1}+\frac{0.7}{x_3}+\frac{1}{x_4}+\frac{0.3}{x_5}$$

　　试计算：$A\cap B, A\cup B, A^c, A\cup B^c, A\cdot B, A\circ B$。

7. 生物神经元模型的结构功能是什么？
8. 人工神经网络为什么具有诱人的发展前景和潜在的广泛应用领域？
9. 神经网络控制的基本思想是什么？
10. 有哪些比较有名的人工神经网络及算法？
11. 简述 BP 神经网络的学习过程和主要局限性。
12. 试述何谓有导师学习？何谓无导师学习？
13. 增大权值是否能够使 BP 学习变慢？
14. 什么是专家控制和专家系统？
15. 专家系统包括哪些基本部分？其主要功能是什么？
16. 工业专家控制系统的基本构成原理是什么？
17. 什么是遗传算法？遗传算法包含哪些基本操作？举例说明各操作的实现原理。
18. 遗传算法的特点是什么？

19. 模式理论的实质是什么？模式受哪些遗传操作的影响？
20. 简述遗传算法的基本原理及应用的具体步骤。
21. 简述遗传算法的局限性和几种改进的遗传算法。
22. 考虑三个位串 $A_1=11101111, A_2=00010100, A_3=01000011$ 和六个模式 $H_1=1*******, H_2=0*******, H_3=******11, H_4=***0*00*, H_5=1****1*, H_6=1110**1*$。哪些模式与哪些位串匹配？各模式可匹配多少位串？
23. 试简述自适应控制的原理。
24. 自适应控制的种类有哪些？并对模型参考自适应控制和自校正控制的结构作简单介绍。
25. 鲁棒控制的原理是什么？它的主要应用领域有哪些？
26. 试简述动态矩阵控制算法的过程。
27. 量子计算的基本原理是什么？
28. 量子计算的主要应用领域有哪些？

7 控制网络技术及现场总线

本章重点内容：首先，介绍了控制网络与计算机网络的区别，计算机网络的定义、分类、功能和计算机体系结构；其次，着重讲解了现场总线控制系统技术，包括现场总线技术特点、总线标准、总线体系结构及典型现场总线，并介绍了 CAN 总线；最后，介绍了计算机控制系统总线和工业控制组态软件技术。

随着计算机、通信、网络、控制等学科领域的发展，控制网络技术日益为人们所关注。控制网络，即网络化的控制系统，其范畴包括广义 DCS（集散控制系统）、现场总线控制系统和工业以太网，它体现了控制系统网络化、集成化、分布化和节点智能化的发展趋势，已成为自动化领域技术发展的热点之一。

7.1 控制网络技术概述

7.1.1 控制网络与信息网络的区别

控制网络技术源于计算机网络技术，因此，控制网络与一般的计算机网络有许多共同点。但是，由于控制网络中的数据通信以引发物质或能量的动力为最终目的，这种特殊的要求和应用环境，使得控制网络与一般的计算机网络又存在一定差异。

（1）在控制网络中，为了保证控制系统的响应速度，对数据传输的实时性要求比较高。一般说来，过程控制系统的响应时间要求为 $0.01\sim1.0\,\text{s}$，制造自动化系统的响应时间要求为 $0.5\sim2.0\,\text{s}$，而信息系统的响应时间要求为 $2.0\sim6.0\,\text{s}$。由此可见，在信息网络中基本可以不考虑实时性，但在控制网络中实时性是最基本的要求。

（2）控制网络强调在工业环境下数据传输的完整性和可靠性。控制网络应具有在高温、潮湿、振动、腐蚀和电磁干扰等条件下长周期、连续、可靠、完整传输数据的能力，并能抗工业电网的浪涌、跌落和尖峰干扰。在可燃、易爆场合，控制网络还应具有本质安全性能。

(3) 在企业自动化系统中,由于分散的单一用户要借助控制网络进入某个系统,通信方式多使用广播和组播方式;在信息系统中,某个自主系统与另一个自主系统一般都建立一对一通信方式。

(4) 控制网络要解决多家公司产品和系统在同一网络中相互兼容(即互操作性)的问题。

7.1.2　企业计算机网络的层次模型

从层次结构来看,企业计算机网络可划分成如图 7-1 所示的三个层次。

1. 设备层

设备层为低速的现场总线,用来连接现场的传感器、变送器和执行器等智能化设备。由于设备层中设备的多样性,要求设备层具有开放性,支持符合标准的智能化、设备的接入和互联。

图 7-1　企业计算机网络的层次结构

2. 控制层

控制层属于高速的现场总线,用来实现控制系统的网络化,其主要特征为:

(1) 遵循开放的体系结构与协议;

(2) 对设备层的开放性——允许符合开放标准的设备方便地接入;

(3) 对信息层的开放性——允许与信息层互联、互通、互操作;

(4) 控制网络的出现与发展为实现控制层开放性策略打下了良好的基础。

3. 信息层

信息层是符合 ISO 体系结构的信息网络,其主要特征为:

(1) 遵循 IEEE 802 标准和 TCP/IP 协议;

(2) 可以实现控制网络与信息网络的集成。

7.1.3　控制网络的类型及其相互关系

控制网络一般指以控制"事物对象"为特征的计算机网络系统,简称为 Infranet (Infrastructure Network)。

控制网络的技术特点如下。

(1) 良好的实时性与时间确定性。

(2) 传送信息多为短帧信息,且信息交换频繁。

(3) 容错能力强,可靠性、安全性好。

(4) 控制网络协议简单实用,工作效率高。

(5) 控制网络结构具有高度分散性。

(6) 控制设备的智能化与控制能力的自治性。

(7) 与信息网络之间有高效的通信,易于实现与信息系统的集成。

从企业计算机网络的层次结构来看,控制网络可分为面向设备的控制网络与面向控制系统的主干控制网络两类。前者对应于设备层,后者对应于控制层。在主干控制网络中,面向设备的控制网络可作为主干控制网络的一个接入节点。根据控制网络的发展趋势,设备层和控制层也可合二为一,从而形成一个统一的控制网络层。

从网络体系结构来看,控制网络可分为广义 DCS、现场总线和工业以太网三类。广义 DCS 的设备层往往采用专用的网络协议,而控制层则采用了修正的 IEEE 802 协议族。现场总线控制网络针对工业控制的要求而设计,采用了简化的 OSI 参考模型,并有 IEC 的国际标准支持。工业以太网则采用了 IEEE 802.3 协议族,具有良好的开放性。

从网络的组网技术来看,控制网络通常有两类,即共享式控制网络和交换式控制网络。共享式控制网络结构既可应用于一般控制网络,也可应用于现场总线。工业以太网是共享总线网络结构的典型实例。与共享式控制网络相比,交换式控制网络具有组网灵活、方便、性能好,便于组建虚拟控制网络等优点,比较适用于构建高层控制网络。尽管交换式控制网络目前尚处于发展阶段,但作为一种具有发展潜力的控制网络,它有着良好的应用前景。

目前,现场总线已成为控制网络的主流类型,而工业以太网则表现出良好的上升趋势。尽管一些专家认为工业以太网有可能取代现场总线成为控制网络的主流类型,但就两者的应用现状和发展势头而言,还很难预测控制网络的最终走向。在相当长的时期内,可能会维持现场总线与工业以太网共存的状况。

7.2 计算机网络

7.2.1 计算机网络的定义

计算机网络是一个不断发展的技术,在不同阶段,人们的认识不同,对它的定义也不同。计算机网络的定义存在三种观点:第一种是广义的观点,第二种是资源共享的观点,第三种是对用户透明的观点。

根据广义的观点,计算机网络被定义为:以传输信息为主要目的,用通信线路将多个计算机连接起来的计算机系统的集合。这一定义又称为计算机通信网络。根据资源共享的观点,计算机网络被定义为:以能够相互共享资源的方式连接起来,并且各自具备独立功能的计算机系统的集合。根据对用户透明的观点,计算机网络是一个对用户透明的、大的计算机系统,这个系统存在一个能自动为用户管理资源的网络操作系统,由它调用完成用户任务所需的资源,又称为分布式计算机系统。

目前所应用的计算机网络定义还是基于资源共享的观点,在这种计算机网络的定义中包括这样几个含义:

(1)计算机网络建立的主要目的是资源共享,共享的资源包括软件资源、硬件资源,以及数据资源,计算机可以利用这些资源协同工作;

(2)计算机网络中的计算机具有自治的特点,计算机彼此之间没有主从之分,可以独立工作,也可联网工作,可以为本地用户提供服务,也可为远程用户服务;

(3) 网络中的计算机都要遵循统一的网络协议。在计算机通信网络中,网络主要是以数据传输为目的,资源共享的能力较弱。分布式计算机系统主要体现了分布式操作系统的设计思想、结构、工作方式与功能,它与资源共享的计算机网络的区别主要在软件上:在分布式计算机系统中,网络对用户是透明的,用户不必关心资源分布、计算机差异,甚至不必知道由哪台计算机为其提供服务,这是计算机网络的更高级形式,是一种紧耦合形式;资源共享的计算机网络在使用网络服务时,采用先登陆再共享使用的方式,是一种松耦合形式。

7.2.2 计算机网络的功能与分类

1. 计算机网络的的功能

计算机网络自 20 世纪 60 年代末诞生以来,仅经历 40 多年时间就以惊人的速度发展起来,广泛应用于政治、经济、军事、工业及科学技术的各个领域。计算机网络的主要功能包括以下几个方面。

1) 数据通信

该功能可实现计算机与终端、计算机与计算机间的数据传输,这是计算机网络的基本功能。例如,利用计算机网络传送控制信息,进行工业过程的自动控制。又如,利用计算机网络提供的网络环境,使分处不同地理位置的人进行协同工作。

2) 资源共享

在计算机网络中,有许多宝贵的资源,如大型数据库、巨型计算机等,并非为每个用户拥有,所以必须实行资源共享。资源共享包括硬件资源和软件资源的共享。资源共享的结果是避免重复投资和劳动,从而提高资源的利用率。

3) 增加系统的可靠性

在计算机网络中,每种资源(尤其是程序和数据)可以存放在多个地点,而用户可以通过多种途径访问网内的某个资源,从而避免单点失效对用户产生的影响。另外,在计算机网络中,如果其中某一台机器出现了故障,其余的机器仍可分担它的任务,尽管性能有所下降。这一特点在军事、金融、航空、交通管制、工业控制等应用中尤为重要。

4) 提高系统处理能力

单机独立能力是有限的,从理论上讲,在同一个网络系统的多台计算机可通过协同操作和并行处理来提高整个系统的处理能力。计算机网络具有可扩充性,即当工作负荷加大时,只要增加更多的主机,就能改善系统的性能。

5) 实现分布式处理

随着网络技术的发展,可以将数据处理的功能分散到多台计算机上,并利用网络环境实现分布式处理,大型数据库系统就是一个典型的例子。

2. 计算机网络的分类

1) 按网络作用范围分类

按网络作用范围的大小(即通信距离远近),计算机网络可分成局域网、城域网和广域网三类。

(1) 局域网。局域网是指范围在几百米到几千米区域内的计算机互联构成的计算机网络。局域网区别于其他网络主要体现在以下三个方面：网络覆盖的物理范围；网络所用的传输技术；网络的拓扑结构。早期的局域网经常使用共享信道，即所有机器都接在同一条电缆上，通信带宽有限。目前的局域网普遍采用了交换技术，通信带宽得到极大地扩展，局域网的数据传输速率一般是 10 Mb/s 或 100 Mb/s，新型局域网的数据传输速度可达千兆位甚至更高，并且具有低误码率、低延迟的特点。决定局域网特性的要素有传输介质、拓扑结构和介质访问控制方法。应当指出的是，计算机局域网是本节重点讨论的内容。

(2) 城域网。城域网所采用的技术基本上和局域网相类似，只是规模要大些。城域网既可以覆盖相距不远的几栋办公楼，也可以覆盖一个城市；既可以是专用网，也可以是公用网；既可以支持数据、图像和话音传输，也可以与有线电视相连。将城域网作为一种网络类型的主要原因是其有标准而且已经实现，该标准的名称是分布队列双总线 (Distributed Queue Dual Bus, DQDB) 现在已成为 IEEE 802.6 国际标准。

(3) 广域网。广域网是一种跨越较大地域的网络，广域网中包括大量用来运行用户应用程序的主机以及将这些主机连接在一起的通信网络。广域网的分布范围非常大，所以需要通过公共通信网络（如帧中继、DDN、X.25、ISDN 等）来实现主机之间的互联。由于广域网需要借助于公共通信网络，故数据的传输速率较低，一般为 10 kb/s～10 Mb/s。

2) 按拓扑结构分类

拓扑是从图论演变而来的一种研究与大小、形状无关的点、线、面特点的方法。在计算机网络中，抛开网络中的具体设备，将工作站、服务器等网络单元抽象为"点"，将网络中的电缆等通信介质抽象为"线"，这样从拓扑学的观点观察计算机和网络系统，就形成了点和线组成的几何图形，从而抽象出了网络系统的具体结构。这种采用拓扑学方法抽象的网络结构称为计算机网络的拓扑结构。

按拓扑结构划分，计算机网络可分成以下几种。

(1) 星型网络。星型网络中有一个中心转接站（又称中央节点），网络中的节点和中心转接站之间都有一条点对点的链路连接。任意两个节点之间的通信都由中心转接站为它们建立物理连接。在建立了所需的电路后，两个节点之间才能进行数据交换。中心转接站执行集中式通信控制策略，它负责按节点的请求来建立、维持和拆除通信所需的通路，如图 7-2(a) 所示。

星型网络的优点如下。

◆ 它属于集中型网络，易于将信息流汇集起来，从而提高了全网络的信息处理效率。

◆ 每条链路采用点对点通信方式，如果出现故障，只影响两点间的通信，不会影响全网。

◆ 每个节点直接连接到中心转接站，因此，故障容易检测和隔离，可以很方便将

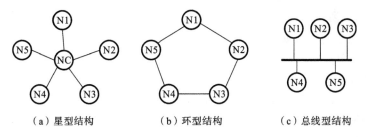

图 7-2　计算机网络的基本拓扑结构

有故障的节点从系统中删除。

◆ 信息交换与控制方式较为简单,有关的访问协议也比较简单。

星型网络的缺点如下。

◆ 中心转接站的硬件、软件复杂。其信息存储量大,通信处理量大,故对它的可靠性和冗余性要求很高。

◆ 投资大,因为每个节点都与中心转接站直接相连。

星型结构网络在 DCS 的现场总线级常被采用。

(2) 环型网络。在环型网络中,所有的节点共享一条物理通道,即由一系列链路将一系列节点连接成首尾相闭合的环路。信息在环路上流动,由一个节点发出的信息按顺序传送到下一个节点,若该节点不是目的节点,则由该节点将信息向下一个节点转发,直至发送的信息到达目的节点,如图 7-2(b) 所示。

环型网络属于分散型网络,与星型网络相比,它有以下优点。

◆ 结构简单,每个节点是相对简单的信息接收和发送的中间转发站,它有唯一的下游节点,因此无需路径选择。

◆ 容易实现在各节点之间动态分配通信资源,如优先级、数据传输率等。

◆ 可方便地在已有环型网络上增加节点,减少网络的初始投资。

◆ 通信线路的传输损耗仅限于两个节点之间的最大距离。因此,整个环型网络的覆盖区域不受限制。

◆ 整体可靠性和容错性高,不存在大星型网络的瓶颈现象。

环型网络的缺点如下。

◆ 节点故障可引起全网故障。

◆ 故障诊断困难,需要对每个节点进行检测。

近年来,为了克服环型结构的脆弱性,在物理结构上采取了一系列措施,提高了网络的整体可靠性。基于旁路技术和自愈技术的双环网就是一种更有效的方法。

(3) 总线型网络。总线型拓扑结构采用了一种与星型结构和环型结构完全不同的形式,它采用一条公共通信总线,所有节点通过网络适配器直接挂在总线上。总线型网络也属于分散型网络。总线型网络采用广播通信方式,即由一个节点发出的信息可被网络上的多个节点所接收。由于所有节点共享一条通信总线,因此必须采用某种介质访问控制协议来分配信道,以保证在任一时刻只有一个节点发送信息,如图7-2(c)所示。

总线型网络的优点如下。
- 结构简单灵活,可扩充性好。
- 传输带宽较高。
- 单个节点的故障不会影响其他节点的工作,可靠性高。

总线型网络的缺点如下。
- 所有节点共享一条通信总线,实时性较差。
- 通信总线本身的故障会导致整个网络的失效。

除了上述三种基本的网络拓扑结构外,还有树型结构、不规则型结构和全互联型结构等结构。这些结构有些可用于局域网,如树型结构;有些可用于广域网,如不规则型结构和全互联型结构。

7.2.3 计算机网络体系结构

众所周知,计算机网络的基本功能就是数据通信,而不同的计算机必须遵循一定的规则才能实现相互通信。一般将计算机通信双方在通信时必须遵循的一组规范称为网络协议(Protocol),它是计算机网络的核心要素之一,一个功能完善的计算机网络需要一套复杂的协议集合,对于这种协议集合,最好的组织方式是层次结构模型。在计算机网络的发展过程中,许多制造厂商均发表了各自的网络体系结构,由于这些网络体系结构主要用来支持本公司计算机产品的联网,通用性较差,故不便于不同厂商的网络产品进行互联。

1977年,国际标准化组织(ISO)顺应网络标准化的需求,在研究、吸取了各计算机厂商网络体系结构标准化经验的基础上,制定了开放系统互联参考模型(OSI/RM),从而形成网络体系结构的国际标准。

OSI参考模型将整个网络通信的功能划分为七个层次,如图7-3(a)所示。它们由低到高分别是物理层(PH)、数据链路层(DL)、网络层(N)、传输层(T)、会话层(S)、表示层(P)和应用层(A)。每层完成一定的功能,并直接为其上层提供服务;所有层次都互相支持。第四层到第七层主要负责互操作性,而一层到三层则用于实现两个网络设备间的物理连接。

在OSI参考模型中,各层次的主要功能如下。

(1) 物理层——主要功能是为其上一层(数据链路层)提供一个物理连接,以便透明地传输比特流。

(2) 数据链路层——主要负责在两个相邻节点之间的线路上无差错地传送以帧为单位的数据。

(3) 网络层——主要完成报文分组(一段数据)从源端到目的端的路由选择。

(4) 传输层——主要功能是在优化网络服务的基础上,为源主机和目标主机之间提供性能可靠、价格合理的透明数据传输。

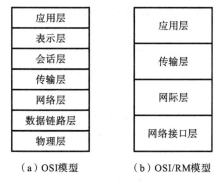

图 7-3 参考模型示意图

(5) 会话层——主要负责在两个相互通信的应用进程之间建立、组织和协调其相互之间的通信。

(6) 表示层——主要解决用户信息的语法表示问题。

(7) 应用层——这是 OSI 参考模型的最高层,直接向用户提供服务。

作为开放系统互联参考模型,OSI/RM 具有重要的指导意义。但是,它并不是实际的网络协议标准。换而言之,实际的网络协议标准遵循了 OSI/RM 的功能分层思想,但并未涵盖其规定的所有功能。实际的网络协议有多种,它们大都是由一些行业协会和著名的计算机制造商制订的,其中最有代表性应用最广泛的是 IEEE 802 系列标准和 TCP/IP 协议,如图 7-3(b)所示。

7.3 现场总线控制系统技术

随着计算机、微电子、通信、网络、自动控制等技术的飞速发展,计算机控制系统中信息交换的范围已逐渐覆盖了从设备、工段、车间、工厂到企业集团乃至国内外市场,自动化系统的内涵与外延不断拓宽,其结构也已突破了以往的自动化"信息孤岛"的形式,朝着企业综合自动化的方向发展。为适应这种发展的需要,自动化系统的结构正逐步变革为以网络集成信息为基础的分布式结构。现场总线(Field bus)正是顺应形势的需要而发展起来的新技术,它是现场通信网络与控制系统的集成。

7.3.1 现场总线概述

1. 现场总线简介

现场总线是用于过程自动化和制造自动化等领域的最底层的通信网络,以实现微机化的现场测量控制仪表或设备之间的双向串行多节点数字通信。作为网络系统,它具有开放统一的通信协议;以现场总线为纽带构成的现场总线控制系统(Fieldbus Control System,FCS)是一种新型的自动化系统和底层控制网络,承担着生产运行测量和控制的特殊任务。现场总线还可与因特网(Internet)、企业内部网

(Intranet)相连,使自动控制系统与现场设备成为企业信息系统和综合自动化系统中的一个组成部分。

现场总线技术将专用的微处理器置入传统的测量控制仪表,使它们各自具有数字计算能力和数字通信能力,采用可进行简单连接的双绞线等作为总线,将多个测量控制仪表连接成网络系统,并按公开、规范的通信协议,在现场的多个测量控制仪表之间,以及现场仪表与远程监控计算机之间,实现数据传输与信息交换,并构成各种适应于实际需要的自动控制系统。换言之,现场总线技术把单个分散的测量控制仪表或设备变成网络的节点,以现场总线为纽带,将它们连接成可以相互沟通信息、共同完成自动控制任务的网络系统与控制系统。担任节点的现场仪表或设备,如传感器、变送器、执行器和编程器等,已不再是传统的单功能现场仪表,而是具有综合功能的智能仪表。例如,温度变送器不仅具有温度信号变换和补偿功能,而且还具有控制和运算功能;调节阀在其信号驱动和执行控制任务的基本功能上还增加了输出特性补偿、自校验和自诊断等功能。由于现场总线适应了工业控制系统向分散化、网络化、智能化发展的方向,它一经出现便成为全球工业自动化领域的热点,受到普遍关注。

现场总线技术的关键是使自动控制系统与现场设备具有通信能力,把它们连接成网络系统,用新一代的现场总线控制系统代替传统的集散控制系统(Distributed Control System,DCS),实现现场通信网络与控制系统的集成,形成新型的网络集成式全分布控制系统。现场总线控制系统的核心是现场总线。现场总线技术是计算机技术、通信技术和控制技术的综合与集成。可以说,现场总线将导致传统的自动控制系统产生革命性变革,变革的范围涉及传统的信号标准、通信标准和系统标准、现有的自动控制系统体系结构、设计方法、安装调试方法和产品结构等。

由于现场总线具有开放性、数字化、多点通信等功能,它的应用领域不断扩大,其应用范围已从石油工业、食品工业、造纸工业扩展到汽车工业、机器制造业、仓储、邮政、城市排污及楼宇自动化等。

2. 现场总线的发展背景与趋势

现场总线是20世纪80年代中期最先在国际上提出并发展起来的,是计算机、通信、微电子、自动控制等技术飞速发展的产物。FCS是继就地式仪表控制系统、电动单元组合式仪表控制系统、集中式数字控制系统和集散控制系统后的新一代控制系统。

1) 历史回顾

在20世纪50年代以前,检测控制仪表尚处于发展的初始阶段。工业生产现场安装的大多是只具备简单测控功能的就地式仪表,其信号一般只能就地显示与处理,不能传送给其他仪表或系统。操作人员通过巡视生产现场,了解生产过程状况。随着生产规模的扩大,操作人员需要同时综合掌握多点的运行参数与信息,并按照这些信息实施操作控制,于是出现了气动、电动单元组合式仪表和集中控制室。来自生产过程现场的各种物理信号先通过变送单元转换成统一的模拟信号,如 0.02～0.01MPa 的气压信号、0～10mA 或 4～20mA 的直流电流信号等送往集中控制室。根据各单元仪表的信号,除了组成被控变量的单回路控制系统外,还可以按需要将这些信号组合成多回路的复杂控制系统。

模拟信号的传递是通过一台仪表、一对传输线单向传输。这种一对一式的物理连接,接线复杂,单一功能的仪表投入量大,而且信号变化缓慢,提高计算机速度与控制精度的难度较大,抗干扰能力也较差。于是人们开始寻求用数字信号取代模拟信号,20 世纪 60 年代初期出现了计算机直接数字控制。由于当时的数字计算机技术还不发达,且价格昂贵,人们往往采用一台计算机取代控制室中几乎所有的控制仪表,即构成集中式的数字控制系统。但由于当时计算机技术的限制,用计算机实时控制可靠性不可能很高,一旦计算出现故障,将导致所用的控制回路全部瘫痪,严重影响生产。因此,这种集中实时控制系统很危险,难被生产过程控制系统所接受。

随着计算机、微电子技术的发展,一方面计算机的可靠性与功能大大增强,另一方面其价格大幅度下降,在工业控制领域出现了各种数字调节器、可编程控制器(PLC),以及由多个计算机递阶构成的集中、分散相结合的集散系统(DCS)。直至今日,DCS 仍是许多企业采用的主要生产过程控制系统。在 DCS 中,测量变送仪表及执行器一般仍为模拟仪表,所以它是一种控制数字混合系统,并可实现装置级、车间级的优化控制。然而,在 DCS 形成过程中,由于受计算机早期存在的系统封闭这一缺陷的影响,各厂家在开发时各自为营,产品自成系统,造成不同厂家的设备不能互连在一起,难以实现互换与互操作,也很难组成更大范围的信息共享网络系统,因此,在原有的 DCS 的基础上很难进一步实现企业的综合自动化系统。

2) 现场总线是企业综合自动化的发展需要

科技的发展和社会的进步使 20 世纪末的世界发生了重大变化,全球性的市场逐渐形成,而由此引起的市场竞争空前激烈。处于全球市场竞争中的企业为了适应市场竞争的需要,逐渐接受并开始实施计算机集成控制系统,采用系统集成、信息集成的观点来组织工业生产,把市场、企业管理与决策、生产计划与调度、生产制造过程、售后服务等均纳入需要统一解决的内容。在这个系统中,整个生产过程可看做是信息的采集、传递及加工的过程。在此过程中,运用计算机网络技术和数据库技术,可以实现信息的集成,并在信息集成的基础上进一步优化生产与操作,提高企业的综合管理水平,最终达到提高市场竞争能力的目的。虽然计算机与通信技术的发展为计算机集成制造系统的实施提供了良好的物质基础,但要实现整个过程的信息集成,使处于企业生产过程最底层的测量控制系统成为企业综合自动化系统的一部分,就必须让它们与外界交换信息。为了实现现场自动智能设备之间的多点数字通信,从而实施企业综合自动化系统,产生了能在工业现场环境运行、性能可靠、造价低廉的现场总线。它形成了工厂底层网络系统,实现底层现场设备之间以及生产现场与外界的信息交换。

新型的现场总线控制系统弥补了 DCS 中通信专用网络的封闭系统来实现所造成的缺陷,提出了基于公开化、标准化的解决方案,既可以把来自不同厂商而遵守同一协议规范的自动化设备,通过现场总线网络连接成系统,实现综合自动化的各种功能,又可以把 DCS 集中与分散相结合的集散系统结构变成了新型的全分布式结构,将控制功能彻底下放到现场,依靠现场的智能设备本身实现基本控制功能。由于现场总线特殊的任务,它要求信息传输的实时性强、可靠性高,且多为短帧传送,传输速率一般在几万比特每秒至十兆比特每秒之间。

3) 智能仪表为现场总线的出现奠定了基础

智能化设备是 20 世纪 70 年代末才开始出现的。由于智能化设备的特性,模拟通信成了提高控制系统性能的瓶颈。因此,实现数字通信的呼声很高,一些智能仪表除了在原有模拟仪表的基础上增加了复杂的计算功能之外,还在输出的 4~20 mA 直流信号上叠加了数字信号仪表,如 Honeywell 公司的 Smart 变送器、Rosemount 公司的 1151、Foxboro 公司的 820 和 860、Smart 公司的 CD301 等,实际上都是模拟数字混合仪表,它们克服了单一模拟仪表的多种缺陷,为现场总线的出现奠定了基础。但这种数字模拟信号混合运行方式只是一种过渡状态,其系统或设备间只能按模拟信号方式一对一地布线,难以实现智能仪表之间的信息交换,而智能仪表处理多个信息和复杂计算的优越性也难以充分发挥。

伴随着智能仪表出现的 Modbus、Bitbus、HART 等早期现场总线实现了双向数字通信,并且具有一定的通用性,但其结构简单,功能较弱,也只能是模拟通信到数字通信的过渡产品。真正的全功能的现场总线是 20 世纪 80 年代中期出现,包括 FF、PROFIBUS、LonWorks 等。它们以国际标准化组织 ISO 的开放系统互联 (Open System Interconnection,OIS) 协议的分层模型为基础,实现了从物理层到应用层的全部或部分功能,支持多点、双向的数字通信。随着现场总线技术的发展和数字化的深入,现场总线的功能也越来越多,像传输控制命令、网络下载程序、自诊断、自恢复等功能都已经加进了现场总线系统。

20 多年来的实践使人们从理论上认识到,现场总线是工厂自动化底层网络的开放互连系统,应该有一个统一的国际标准,而且现场总线技术势在必行。但实际上,由于行业与地域发展历史,或是各公司和企业集团不愿放弃已有的现场总线市场,以及受现实的自身商业利益驱使,总线标准化工作进展缓慢,至今仍没有一个公认的完整的国际统一标准,而只有一些有影响的、得到一些公司、厂商、用户以及国际组织支持的总线标准。尽管如此,发展共同遵守的统一标准规范,真正形成开放的互联系统仍是大势所趋。

3. 现场总线系统的技术特点

现场总线系统的出现打破了传统控制系统的结构。由于采用了智能现场设备,它能够把原来 DCS 处理控制室的控制模块、各输入/输出模块置入现场设备,加上现场设备具有通信能力,现场的测量变送仪表可以与调节阀等执行器直接传送信号,因而控制系统功能可以不依赖于控制室的计算机或控制仪表而直接在现场完成,实现了彻底的分散控制。又由于采用了数字信号替代模拟信号,因而可实现一对电线(总线)上传输多个信号(包括运行参数值、设备状态、故障信息等),为多个设备提供电源(总线供电),除现场设备之外不需要 A/D、D/A 转换部件。显然,这为简化系统结构、节约硬件设备、连接电缆及各种安装、维护费用创造了条件。

现场总线系统出现的本意是通过共享物理媒介来完成数字通信,它在技术上具有以下特点。

1) 系统的开放性

开放性是指对相关标准的一致性、公开性,强调对标准的共识与遵从。一个开放系统是指它可以与世界上任何地方遵守相同标准的其他设备或系统连接。因为通信协议一旦公开,各个不同厂家的设备之间便可实现信息交换。现场总线开发者就是要致力于建立统一的工厂底层网络的开放系统:用户可按自己的需要和考虑,把来自不同供应商的产品组成大小随意的系统,通过现场总线构筑自动化领域的开放互联系统。

2) 互可操作性与互换性

互可操作性是指实现互连的设备间或系统间的信息传送与沟通,而互换性则意味着不同生产厂家的、性能类似的设备可实现相互替换。

3) 现场设备的智能化与功能自治性

由于现场总线系统将传感测量、补偿计算、工程处理与控制等功能都已分散到现场设备中完成,因此仅靠现场设备即可完成自动控制的基本功能,并可随时诊断设备的运行状态。

4) 系统结构的高度分散性

现场总线已构成了一种新的全分布式控制系统的体系结构,它从根本上改变了现有 DCS 集中与分散相结合的集散控制系统体系,简化了系统结构、提高了可靠性。

5) 对现场环境的适应性

作为工厂网络底层的现场总线工作在生产现场前端,是专为现场环境而设计的,可支持双绞线、同轴电缆、光缆、射频、红外线、电力线等,具有较强的抗干扰能力,能采用两线制实现供电与通信,并可满足安全防爆要求。

4. 现场总线的优点

由于现场总线的技术特点,特别是现场总线系统结构的简化,使控制系统从设计、安装、投运到正常生产运行及其检修维护,都体现出它的优越性。

1) 节省硬件数量与投资

由于现场总线系统中分散在现场的智能设备能直接执行传感、控制、报警和计算等功能,因而可减少变送器的数量,不再需要单独的控制器和计算单元等,也不再需要 DCS 的信号调理、转换、隔离等功能单元及其复杂接线,还可以用工控 PC 机作为操作站，从而节省硬件投资，并可减少控制室的占地面积。

2）节省安装费用

现场总线系统的接线十分简单，一对双绞线或一条电缆上通常可挂接多个设备，因而电缆、端子、槽盒、桥架的用量大大减少，连线设计与接头校对的工作量也大大减少。当需要增加现场控制设备时，无须增设新的电缆，可就近连接在原有的电缆上，既节省了投资，也减少了设计、安装的工作量。有关典型试验工程的测算资料表明，采用现场总线控制系统可节约安装费用 60% 以上。

3）节省维护开销

由于现场控制设备具有自诊断与简单故障的处理能力，并通过数字通信将相关的诊断维护信息送往控制室。因而，用户可以随时查询所有设备的运行状况，诊断维护信息，以便早期分析故障原因并快速排除故障，缩短维护停工时间，同时，由于系统结构简单、连线简单而减少了维护工作量。

4）用户具有高度的系统集成主动权

用户可以自由选择不同厂家提供的设备来集成系统。避免因选择了某一品牌的产品而被限制了使用范围，也不会为系统集成中不兼容的协议、接口而一筹莫展，使系统集成过程中的主动权始终掌握在用户手中。

5）提高了系统的准确性与可靠性

与模拟信号相比，现场总线设备的智能化、数字化从根本上提高了测量与控制的精确度，减少了传递误差。原来一些需要集中加以控制的变量可以下放到现场设备中去，提高了系统的实时性和控制精度。同时，由于系统的结构简化，设备与连线减少，现场仪表内部功能加强，减少了信号的往返传输，提高了系统的工作可靠性。

6）提高了系统的可控性和可维护性

现场总线提供了控制装置与传感器、执行器之间的双向数字通信，可在控制室内定期对现场设备进校订和诊断，提高了系统的可控性和可维护性。由于现场总线设备的标准化、功能模块化，因而系统设计简单，易于重构。

5. 几个有影响的现场总线标准化组织及标准

1）国际电工委员会（IEC）和美国仪表协会（ISA）

这两大组织共享一套编程组，共用一个文档和说明书，制定了事实上的一个标准，在现场总线标准的制定过程中处于领导地位。它们制定的标准称为 IEC/ISA 标准，其他各现场总线标准多以此标准为基础。

2）基金会现场总线

基金会现场总线（Foundation Fieldbus，简称 FF）成立于 1994 年，是国际公认的不附属于某个企业的非商业化的国际标准化组织。其宗旨是制定单一的国际现场总线标准，致力于现场总线的推广，无专利许可要求地供任何人使用。该组织采用 IEC/ISA 的物理层数据链路层协议，对 IEC/ISA 未完成的协议部分，使用自己的 FF 协议。

3) 欧洲智能化现场设备用户集团

欧洲智能化现场设备用户集团（European Intelligent Actuation and Measurement User Group，EIAMUG）致力于促进现场总线从当前的以控制为主向集控制、维护、管理为一体的方向发展。

4) 局部操作网络

局部操作网络（Local Operating Network，LonWorks）是由美国 Echelon 公司推出，并与摩托罗拉、东芝公司共同倡导的现场总线技术，于 1999 年正式公布。Echelon 公司的技术策略是鼓励各 OEM 开发商运用 LonWorks 技术和它独有的神经元芯片，开发自己的应用产品，据称已有 2600 多家公司在不同程度上运用了 LonWorks 技术，有一半已推出了 LonWork 产品，并进一步组织了 LonWorks 用户标准化组——LonMARK 互操作协会。

5) 过程现场总线

过程现场总线（Process Fieldbus，PROFIBUS）是德国的国家标准 DIN 19245 和欧洲标准 EN 50170 的现场总线标准。

6) 可寻址远程传感器数据通路

可寻址远程传感器数据通路（Highway Addressable Remote Transducer，HART）是由美国 Rosemount 公司开发并得到上百家著名仪表公司支持的现场总线标准，于 1993 年成立的 HART 通信基金会 HCF。

7) 控制器局域网

控制器局域网（Controller Area Network，CAN）是由德国 Bosch 公司为汽车生产的检测和控制而设计的现场总线标准，并逐步应用于其他工业部门的控制。其总线规范已被 ISO 制定为国际标准 ISO 11898。

7.3.2　现场总线标准

1. 现场总线的七层模型

现场总线是以国际标准组织 ISO 的开放系统互联 OSI 协议的分层模型为基础的。由于该协议有七层，故通常简称为 ISO/OSI 七层参考模型，如表 7-1 所示，其各层的主要功能如下。

1) 物理层

物理层定义了信号的编码与传送方式、传送介质、接口的电气及机械特性、信号传输速率等。现场总线有 Manchester 和 NRZ 两种编码方式，前者同步性好，但频带利用率低；后者则刚好相反。Manchester 编码采用基带传输，而 NRZ 编码采用频带传输。调制方式主要有 CPESK 和 COFSK。现场总线传输介质主要有有线电缆、光纤和无线介质等三种。

2) 数据链路层

数据链路层负责在两个有物理通道直接相连的相邻节点间的线路上，无差错地传

表 7-1 现场总线的 ISO/OSI 七层模型

层号	层的名称	层的英文名称	提供的服务
7	应用层	Application Layer	为格式化数据提供服务
6	表示层	Presentation Layer	翻译数据
5	会话层	Session Layer	控制会话
4	传输层	Transport Layer	确保完整性
3	网络层	Network Layer	路由传输
2	数据链路层	Data Link Layer	错误侦测
1	物理层	Physical Layer	传送数据

送以帧为单位的数据。数据链路层协议的目的在于提高数据传输的效率,为它的上一层提供透明的无差错通信服务。它传送的每一帧包括一定数量的数据和一些必要的控制信息。和物理层相似,数据链路层要负责建立、维持和释放数据链路的连接。在传送数据时,若接收节点检测到所传数据中存在差错,就通知发送方重发这一帧,直到这一帧准确无误地到达接收点为止。在每一帧所包括的控制信息中,有同步信息、地址信息、差错控制信息,以及流量控制信息等。这样,数据链路层就把一条有可能出现差错的实际链路,转变成让网络层成为向下看起来好像是一条不出差错的链路。

3) 网络层

在计算机网络中,进行通信的两台计算机之间可能要经过许多个节点和链路,也可能要经过好几个通信子网。在网络层中,数据的传送单位是分组或包。网络层的任务是要利用数据链路层所提供的相邻节点间的无差错数据传输功能,通过路由选择和中继功能,选择合适的路由,使发送站的传输层所传输的分组能够正确无误地按照地址找到目的站,并交付给目的站的传输层。这是网络层的寻址功能。除此之外,网络层还具有多路复用的功能。

4) 传输层

在传输层,信息的传送单位是报文。当报文较长时,先要把它分割成好几个分组,然后再交给它的下一层(网络层)进行传输。传输层的任务是根据通信子网的特性,最佳地利用网络资源,并以可靠和经济的方式,为两个端系统(也就是源站和目的站)的会话层之间,建立一条传输连接线,以透明的方式传送报文。另一方面,传输层要向它的上一层(会话层)提供一个可靠的端到端的服务。它屏蔽了会话层,使会话层"看不见"传输层以下的数据特性的细节。在通信子网中没有传输层,传输层只能存在于端系统(即主机)之中。传输层以上的各层就不再管理信息传输的问题了。正因为如此,传输层成为计算机网络系统结构最为关键的一层。

5) 会话层

会话层虽然不参与具体的数据传输,但它却对数据传输进行管理。会话层在两个互相通信的应用程序之间建立、组织和协调其"交互"的功能。例如,确定工作方式是双工还是半双工。当发生意外时(如已建立的连接突然断开),要确定在重新恢复会话时应从何处开始。

6) 表示层

表示层主要解决用户信息的语法表示问题。表示层将应用层提供的需交换的信息从适合于某一用户的抽象语法变换为适合于 OSI 系统内部使用的传送语法,即提供字符代码、数据格式、控制信息格式、加密等的统一表示。有了表示层,用户就可以把精力集中于要交谈的问题本身,而不必更多地考虑对方的某些特性。对传送的信息加密(和解密)也是表示层的任务之一。

7) 应用层

应用层是 OSI 参考模型中的最高层。其功能是确定应用进程(如用户程序、终端操作员等)之间通信的性质以满足用户的需要(这反映在用户所产生的服务请求中);负责用户信息的语义表示,并在两个通信者之间进行语义匹配。这就是说,应用层不仅要提供应用程序所需要的信息交换和远程操作,而且还要作为互相作用的应用程序的用户代理(user agent),来完成一些进行语义上有意义的信息交换所需的功能。

2. 现场总线物理层标准简介

国际电工委员会(IEC)定义的现场总线物理层标准 IEC1158-2,主要有以下内容。

1) 传输线媒介

数字数据传输、自动同步、半双工通信(双向,但同时只能一个方向)、曼彻斯特编码。

2) 媒介的主要区别

电压与电流两种模式和三种速率。电压模式(并联)的速率有三种:31.25Kb/s、1.0Mb/s、2.5Mb/s。电流模式(串联)的速率为 1.0Mb/s。其中电压模式可以通过变压器的电磁耦合来实现。

3) 物理层提供下列选择

① 能量不通过总线,非绝对安全;

② 能量通过总线,非绝对安全;

③ 能量不通过总线,绝对安全;

④ 能量通过总线,绝对安全。

现场总线是一种实时网络。ISO/OSI 参考模型中的网络层、传输层、会话层、表示层是为了不同网络间的通信而设置的,它们对于作为单种网络的现场总线是可以省略的。因而 ISO/OSI 七层参考模型中与现场总线相关的只有应用层、数据链路层和物理层。分层的意义在于层与层之间的对等性。当某一层被替换掉时,它的邻层不会受影响。IEC/ISA 的物理层协议已经完成,并受到各大现场总线组织的认可。

现场总线物理层的作用是实现最终的信号收发。在传送数据时,该层编码和调制来自数据链路层的信号,并驱动物理媒介。在接收数据时,解调和解码来自物理媒介的带有适当控制信息的信号。例如,在有线媒介上,物理层接收来自数据链路层的数据,并把这些二进制数据编码成电信号,通过媒介线传送出去。同时,物理层把来自媒介线的电信号解码成二进制流,传送给数据链路层。

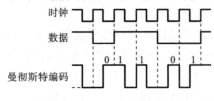

图7-4 Manchester编码

物理层采用的是Manchester编码,把数据编码加载到直流电压或直流电流上形成物理信号。在Manchester编码过程中,每个时钟周期被分成两半,用前半周期为低电平、后半周期为高电平形成的脉冲正跳变来表示"0";用前半周期为高电平、后半周期为低电平的脉冲负跳变来表示"1"。这种编码的显著特征是:每个时钟周期的中间,数据码都必然存在一次跳变,如图7-4所示。

物理层把来自数据链路层的协议帧加上本层的控制信号后进行传送。本层的控制信号结构为前导码、帧前定界码、帧结束码。

前导码 这是为置于通信信号最前端而特别规定的8位数字信号:10101010,即一个字节。一般情况下,它是8位的一个字节长度。当采用中继器时,前导码可以多一个字节。收信端的接收器正是采用这一信号,与正在接收的现场总线信号实现同步时钟。

帧前定界码 它标明了现场总线信息的起点,长度为8个时钟周期,或称一个8位的字节。帧前定界码由特殊的N+码和N-码与普通正负跳变脉冲按照规定的顺序组成。N+码和N-码具有自己的特殊性,它不像数据编码那样在每个时钟周期的中间都必然存在一次跳变,N+码在整个时钟周期都保持高电平。N-码在整个周期都保持低电平,即它们在时钟周期中间不存电平的跳变,如图7-5所示。收信端的接收器利用帧前定界码来找到现场总线信号的起点。

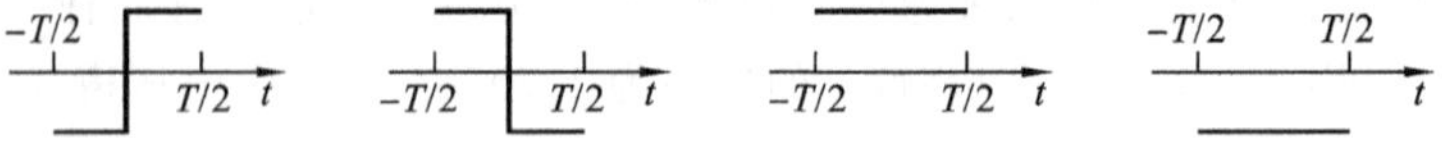

图7-5 Manchester编码规则

帧结束码 它标志着现场总线信号的终止,其长度也为8个时钟周期。像前导码那样,帧结束码也是由特殊的N+码和N-码与普通的正负跳变脉冲按规定的顺序组成,当然,其组合顺序不同于前导码。

前导码、帧前定界码、帧结束码都是由物理层的硬件电路生成并加载到物理信号上的。

现场总线分为高速现场总线和低速现场总线两类规范。低速现场总线H1的传输速率为31.25 Kp/s;高速现场总线的传输速率可分为1 Mb/s和2.5 Mb/s两种。低速现场总线H1支持点对点连接、总线型、菊花链型、树型拓扑结构,而高速现场总线H2只支持总线型拓扑结构。具体参数如表7-2所示。

3. 现场总线其他层次协议简介

数据链路层负责总线控制权的获取、出错检查、出错恢复,以及仲裁、规划、消息装帧等功能。数据链路层不但可以处理非集中式的循环令牌,还可以允许一种称为链接

表 7-2　H1、H2 总线网段的主要特征参数

总线类型	低速现场总线 H1			高速现场总线 H2		
传输速率	31.25 Kb/s	31.25 Kb/s	31.25 Kb/s	1 Mb/s	1 Mb/s	2.5 Mb/s
信号类型	电压	电压	电压	电流	电压	电压
拓扑结构	总线/菊花链/树形	总线/菊花链/树形	总线/菊花链/树形	总线	总线	总线
通信距离	1 900 m	1 900 m	1 900 m	750 m	750 m	750 m
分支长度	120 m	120 m	120 m	0	0	0
供电方式	非总线供电	总线供电	总线供电	总线交流供电	非总线供电	非总线供电
本质安全	不支持	不支持	支持	支持	不支持	支持
设备数/段	2～32	1～12	2～6	2～32	2～32	2～32

活动调度器(link active scheduler，LAS)的网络设备来调整令牌循环时间，以进行一个集中调度。系统可以被 LAS 调度成集中式、非集中式或两者皆有，从而适应各种各样的应用场合。数据链路层允许一个网络上有三种功能类型的设备存在，它们分别是基本设备、桥、链接主机。链接主机是指那些有能力成为 LAS 的设备，而不具备这一能力的设备则被称为基本设备。基本设备对所有它接收到的信息产生反应。由于基本设备所具备的功能是最基本的通信能力，因而可以说网络上的所有设备，包括链接主机，都具有基本设备的能力。基本设备可以拥有一个时槽的令牌，但它最后总是把令牌返还给 LAS。桥的作用是在两个物理异种网络之间转寄消息。

链接主机负责处理循环令牌。当一个链接主机拥有令牌时，它就控制了网络。链接主机可以完成 LAS 的部分功能，负责维持网上的调度——设置链接主机拥有令牌的时间总量决定基本设备何时响应一个预配置的消息，但不能改变系统的调度。当一个 LAS 失败时，数据链路层协议保证选取另一个链接主机来代替它的位置。协议允许新的主机或是完成一个 LAS 的所有功能，或是简单地完成一个已存在的网络调度。

应用层负责与用户层的交互并负责对消息内的命令进行解释，应用层取得数据并决定它们的组织和意义。物理层和数据链路层负责用正确的电信号，在合适的时间把消息传送到合适的地址。而应用层则定义了每个消息的内容和支持它们的服务，定义了消息中的每个比特。这样，所有的设备才能以同一个方式来解释数据。

一种现场总线的解决方案必须保证设备的高度可互操作性。主机系统必须同等支持所有的制造商的产品，保证在同一类型的现场设备上取得同样的功能。要满足这样的要求，仅有一个通信协议是不够的。因为通信协议只负责数据的传递，必须首先得到用于传递的数据，而物理层、数据链路层和应用层只保证信息能够在总线上的设备间进行通信。虽然用户层不是通信协议的一部分，但正是用户层定义了数据的类型以及如何使用这些数据，使得现场总线更加完整。用户层定义了单一的块结构，每个块结构完成各种不同的功能，如模拟输入、PID 算法和数字输出等。所有设备必须遵

循功能块的定义,正是这点保证了现场设备的互操作性。目前,用户层的协议还正在完善之中。

7.3.3 现场总线的体系结构

现场总线系统相对于集散系统的体系结构是不同的,其主要特点是将 DCS 的操作站-控制站-现场仪表三层结构变革为工作站-现场智能仪表两层结构。可从以下六个方面了解现场总线的体系结构。

1) 现场通信网络

现场总线将通信一直延伸到生产现场的设备,用来构建把过程自动化和制造自动化的现场设备或现场仪表互连的现场通信网络。图 7-6 所示为现场总线控制系统的网络结构。

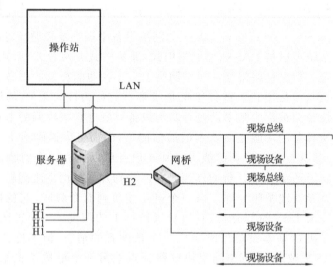

图 7-6 现场总线控制系统的网络结构图

2) 现场设备互连

现场设备或现场仪表主要指变送器、执行器、服务器与网桥、辅助设备或监控设备等,由图 7-6 知,所有以上设备都经过一对传轴线互连。可选择双绞线、同轴电缆、光纤和电源线等作为传输媒介。

3) 互操作性

工业过程的现场设备和现场仪表的种类繁多,没有任何一家制造商能提供一个工厂所需的现场设备和仪表,因而,用户选用不同厂商的产品在所难免。他们希望不同厂商的产品能互换和交互操作,而不用在软、硬件上花费精力。用户特别青睐能选用各厂商性价比最优的产品集成在一起,实现"即接即用",亦即对不同品牌的现场设备、仪表统一组态,构成所需的控制回路,这就是现场总线设备互操作性的含义。现场设备互连是基本要求,是实现互操作的基础。

4) 分散功能块

FCS废弃了DCS的控制站及I/O单元,并把控制站的功能块分散地分配给现场仪表,构成虚拟控制站。由于功能分散在多台现场仪表中,并可统一组态,供用户灵活选用各种功能块,构成所需控制系统,以达到实现彻底的分散控制。

5) 通信线供电

环境的低功耗现场仪表,与其配套的还有安全栅。众所周知,许多生产现场有可燃性物质,所有现场设备必须严格遵守安全防爆标准,现场总线设备也不例外。

6) 开放式互联网络

现场总线为开放式互联网络,既可与同层网络,也可与不同层网络互联,还可与不同层网络互联。开放式互联网络还体现在对网络数据库的共享,通过网络对现场设备和功能块统一组态,使不同厂商的网络及设备融为一体,构成统一的FCS。

7.3.4 典型现场总线简介

国际上的现场总线技术产品系统发展迅速,据不完全统计,世界上已出现过的现场总线种类已达170～200种。经过10多年的竞争和完善,目前约有40种左右的现场总线符合"现场总线"一词的广义理解。符合现场总线国际标准,并具有一定影响力和已占有一定市场份额的现场总线有如下几种。

1. 过程现场总线

过程现场总线(Process Fieldbus,PROFIBUS)是一种国际化、开放式、不依赖于设备生产商的现场总线标准,广泛适用于制造业自动化、流程工业自动化和楼宇、交通电力等其他领域自动化。PROFIBUS是一种用于工厂自动化车间级监控和现场设备层数据通信与控制的现场总线技术。可实现现场设备层到车间级监控的分散式数字控制和现场通信网络,从而为实现工厂综合自动化和现场设备智能化提供可行的解决方案。PROFIBUS由三个兼容部分组成,即PROFIBUS-DP(Decentralized Periphery)、PROFIBUS-PA(Process Automation)和PROFIBUS-FMS(Fieldbus Message Specification)。

PROFIBUS-DP是一种高速低成本通信,用于设备级控制系统与分散式I/O的通信。使用PROFIBUS-DP可取代24VDC或4～20mA信号传输。

PROFIBUS-PA专为过程自动化设计,可使传感器和执行机构连在一根总线上,它遵从IEC 1158-2标准。

PROFIBUS-FMS用于车间级监控网络,是一个令牌结构、实时多主网络。它适用于纺织、楼宇自动化、可编程控制器、低压开关等。

PROFIBUS协议结构是根据ISO 7498国际标准,以开放式系统互联网络(Open System Interconnection,OSI)作为参考模型的。该模型共有七层。PROFIBUS-DP定义了第一、二层和用户接口。第三层到第七层未加描述。用户接口规定了用户及系统及不同设备可调用的应用功能,并详细说明了各种不同PROFIBUS-DP设备的设备行为;PROFIBUS-FMS 定义了第一、二、七层,应用层包括现场总线信息规范(Fieldbus Message Specification,FMS)和低层接口(Lower Layer Interface,LLI)。FMS 包括了应用协议并向用户提供了可广泛选用的强有力的通信服务。LLI 协调不同的通信关系并提供了不依赖设备的第二层访问接口。PROFIBUS 的参考通信模型分层如图 7-7 所示。

ISO/OSI 模型	PROFIBUS-DP	PROFIBUS-FMS
应用层(7)	用户接口	应用层楼口
表示层(6)		应用层信息
会话层(5)		规范低层楼口
传输层(4)	隐去第三至第七层	隐去第三至第六层
网络层(3)		
数据链路层(2)	数据链路层	数据链路层
物理层	物理层	物理层

图 7-7 PROFIBUS 通信模型分层

在图 7-7 中,可以看出 PROFIBUS 的参考通信模型采用了 OSI 模型的物理层和数据链路层,外设间的高速数据传输采用 DP 型,隐去了第三至第七层,而增加了直接数据连接拟合,作为用户接口,FMS 型则隐去了第三至第六层,采用了应用层。PA 型的标准目前还处于制定过程之中,与 IEC1158-2(HI)标准兼容。

与其他现场总线系统相比,PROFIBUS 的最大优点在于具有稳定的国际标准 EN50170 作保证,并经实际应用验证具有普遍性。目前已应用的领域包括加工制造、过程控制和自动化等。PROFIBUS 开放性和不依赖于厂商的通信的设想,已在 10 多万成功应用中得以实现。市场调查显示,在德国和欧洲市场中 PROFIBUS 占开放性工业现场总线系统的市场超过 40%。PROFIBUS 有国际著名自动化技术装备的生产厂商支持,它们都具有各自的技术优势并能提供广泛的优质新产品和技术服务。

2. 基金会现场总线

基金会现场总线(Foundation Fieldbus,FF)是在过程自动化领域得到广泛支持和具有良好发展前景的现场总线技术,它以 ISO/OSI 开放系统互联模型为基础,取其物理层、数据链路层、应用层为基金会现场总线通信模型的相应层次,并在应用层上增加了用户层。用户层主要针对自动化测控应用的需要,定义了信息存取的统一规则,采用设备描述语言规定了通用的功能块集。

基金会现场总线分低速 H1 和 H2 两种通信速率。H1 的传输速率为 31.25Kb/s,通信距离达 1 900 m,可加中继器延长,可支持总线供电,支持本质安全防爆环境;H2 的传输速率为 1Mb/s 和 2.5Mb/s 两种,其通信距离分别为 750m 和 500m。物理传输介质可支持双绞线、光缆和无线发射，协议符合IEC1158-2标准，其物理介质的传输信号采用Manchester编码。

基金会现场总线的主要技术内容包括：基金会现场总线通信协议；用于完成开放互联模型中第二至第七层通信协议的通信栈（Communication Stack）；用于描述设备特征、参数、属性及操作接口的DDL设备描述语言、设备描述字典；用于实现测量、控制、工程量转换等应用功能的功能块；实现系统组态、调度、管理等功能的系统软件技术以及构成集成自动化系统、网络系统的系统集成技术。

FF现场总线模型结构如图7-8所示。它采用了OSI模型中的物理层、数据链路层和应用层这三层，隐去了第三至第六层。其中，物理层、数据链路层采用IEC/ISA标准。应用层有两个子层：现场总线访问子层FAS和现场总线信息规范子层FMS，并将从数据链路到FAS、FMS的全部功能集成为通信栈。

ISO/OSI模型	FF现场总线模型	
应用层7	用户层（程序）	用户层
表示层6	现场	通信栈
会话层5		

图7-8　FF现场总线模型与OSI

基金会现场总线的现场变送、执行仪表内部都具有微处理器，现场设备内部可以装入控制计算模块，只需通过处于现场的变送、执行器之间连接便可组成控制系统，这个意义上的全分布无疑将增强系统的可靠性和系统的组织灵活性。基金会现场总线的系统是开放的，可由不同制造商生产的测量、控制设备构成。这此设备在产品开发期间通过一致性测试，确保产品与协议规范的一致性。当把不同制造商的产品连接于同一网络系统时，作为网络节点的各设备间应可实现互操作，同时允许不同厂商生产的相同功能设备之间进行相互替换。

基金会现场总线的最大特色就在于它不仅仅是一种总线，而且是个网络系统。

3. 局部操作网络

局部操作网络（Local Operating Networks，LONWORKS）是一个具有强劲实力的现场总线技术。它采用了ISO/OSI模型的全部七层通信协议，这七层的作用和所提供的服务如表7-3所示。它采用了面向对象的设计方法，通过网络通信设计简化为参数设置，其通信速率从300b/s至1.5Mb/s不等，直接通信距离可达2 700 m(78 Kb/s，双绞线)；支持双绞线、同轴电缆、光纤、射频、红外线、电力线等多种通信介质，并开发了相应的本质防爆安全产品，被誉为通用控制网络。

LONWORKS技术产品已被广泛应用在楼宇自动化、家庭自动化、保安系统、办公设备、交通运输、工业过程控制等行业。在开发智能通信接口、智能传感器方面，LONWORKS神经元芯片也具有独特的优势。

表 7-3 LONWORKS 模型分层

模型分层	作用	服务
应用层(7)	网络应用程序	标准网络变量类型;组态性能、文件传送、网络服务
表示层(6)	数据表示	网络变量、外部帧传送
会话层(5)	远程传送控制	请求/响应、确认
传输层(4)	端路传输可靠性	单路/多路应答服务,重复信息服务,复制检查
网络层(3)	报文传递	单路/多路寻址,路径
数据链路层(2)	媒体访问与成帧	成帧、数据编码、CRC 检验、冲突回避/仲裁、优先级
物理层(1)	电气连接	媒体特殊细节(如调制)、收发种类、物理连接

4. 控制器局域网络

控制局域网络(Control Area Networks,CAN)是由德国 Bosch 公司推出,用于汽车检测与控制部件之间的数据通信。其总线规范现已被 ISO 国际标准组织制定为国际标准,它广泛应用在控制领域。CAN 协议也是建立在国际标准组织的开放系统互联模型的基础之上的协议,不过其模型结构只有三层,即只取 OSI 模型底层的物理层、数据链路层和顶层的应用层。

CAN 通信速率为 5 Kb/s(10 km),1 Mb/s(40 m),可挂接设备数最多达 110 个,信号传输介质为双绞线或光纤等;CAN 采用点对点、一点对多点及全局广播几种方式发送接收数据;CAN 可实现全分布式多机系统且无主、从机之分,每个节点均主动发送报文。

CAN 总线遵循开放系统互联 OSI 模型,工作在物理层、数据链路层和顶层的应用层,CAN 协议只规定了最下面两层的协议规范,对最高层即应用层的协议没有规定。物理层又分为物理信令(Physical Signaling,PLS)物理媒体附件(Physical Medium Attachment,PMA)与媒体接口(Medium Dependent Interface,MDI)三个部分。可以完成电气连接、实现驱动器/接收器特性、定时、同步、位编码解码。数据链路层分为逻辑链路控制(Logic Link Control,LLC)子层与媒体访问控制(Medium Access Control,MAC)子层两部分。它们分别完成接收滤波、超载通知、恢复管理以及应答、帧编码、数据封装拆装、媒体访问管理、出错检测等。其模型如图 7-9 所示。

数据链路层	LLC
	MAC
物理层	PLS
	PMA
	MDI

图 7-9 CAN 通信模型

CAN 属于总线式串行通信网络、由于采用了许多新技术及独特的设计,与一般的通信总线相比,CAN 总线的数据通信具有突出的可靠性、实时性和灵活性。其特点可概括如下。

(1) CAN 为多主从式工作,网络上任一点均可在任意时刻主动地向网络上其他节点发送信息，而不分主从，通信方式灵活，无须站地址等节点信息。

（2）CAN 网络上的节点信息分成不同层次的优先级，可满足不同的实时要求，高优先级的数据最多可在 134 μs 内得到传输。

（3）CAN 采用的非破坏性总线仲裁技术，当多个节点同时向总线发送信息时，优先级较低的节点会主动地退出发送，而最高优先级的节点可不受影响地继续传输数据，从而大大节省了总线冲突仲裁时间。

（4）CAN 只许通过报文滤波，可实现点对点、一点对多点及全局广播传输方式，无须专门的"调度"。

（5）CAN 的直接通信距离 10 km（速率 5 Kb/s 以下），通信速率最高可达 1 Mb/s。

（6）CAN 上的节点数取决于总线驱动电路，最多可达 110 个。

（7）CAN 采用短帧结构。每一帧的有效字节数为 8 个，传输时间短，受干扰概率低，具有极好的检错效果。

（8）CAN 的每帧信息都有 CRC 校验及其他检错措施，保证数据出错率低。

（9）CAN 的通信介质可为双绞线、同轴电缆及光纤，选择灵活。

（10）CAN 节点在错误严重的情况下具有自动关闭输出功能，以便总线上其他节点的操作不受影响。

7.3.5 CAN 总线

世界上一些著名的汽车制造厂商，如奔驰、宝马、劳斯莱斯、美洲豹等，都已采用了 CAN 总线。又由于得到了 Motorola、Intel、Philips、Siemens、NEC 等公司的支持，CAN 的应用范围已不再局限于汽车行业，而是向过程工业、机械工业、机器人、医疗器械及传感器等领域发展，被认为是几种最有前途的现场总线之一。

CAN 总线以报文为单位进行数据传递、广播给网络中所有节点。每个报文的起始部分有一个 11 位的标识符 ID，在同一系统中标识符是唯一的，不可能有两个站发送具有相同标识符的报文。CAN 总线以逐位仲裁的方式对总线进行访问。当恰巧同时有几个站需要发送报文时，以这个标识符为标准，标识符值越高的报文优先级越低（反之越高），在冲突中越容易获得网络访问权。所以在进行网络介质访问仲裁的同时已经开始了报文的接收。例如，站 A 发出的报文标识符 01010101011，站 B 发出的为 01000101011，前三位相同，不存在冲突，而第四位站 B 的值为 0 较小，至此 B 站完全取得了介质访问权，站 A 转为接收方，以后介质上传输的是 B 发出的数据。

CAN 采用报文头的前 11 位进行仲裁，那么就具有 $2^{11}=2048$ 种数据帧，也就是 2048 种优先级。但为了与网络上其他 CAN 器件兼容的缘故，不允许出现 1111111xxxx(x 为 0 或 1）这样的帧，这样只剩下 2032 种 ID，也就是 2032 种数据帧。又为了保证信号的稳定、有效及实际处理能力，实际节点目前只能达到 110 个。

CAN 总线的主要产品有：CAN 单片机，如 Motorola 公司生产的带 CAN 模块的 MC68HC05X4，Philips 公司生产的带 CAN 模块的 P8XC592 等；CAN 控制器，如 Philips 公司生产的 82C00，Intel 公司生产的 82527 等；CAN I/O 器件，如 Philips 公司生产

的 82C150 具有数字和模拟 I/O 接口等。

1. CAN 的技术规范

CAN 为串行通信协议，能有效支持具有很高安全等级的分布实时控制。CAN 的应用范围很广，从高速的网络到低价位的多路接线都可以使用 CAN。在汽车电子行业里，使用 CAN 连接发动机控制单元、传感器、防刹车抱死系统等，其传输速度可达 1 Mb/s。同时，可以将 CAN 安装在卡车本体的电子控制系统里，诸如车灯组、电气车窗等，用以代替接线配线装置。

制订技术规范的目的是为了在任何两个 CAN 系统之间建立兼容性。可是，兼容性有不同的方面，比如电气特性和数据转换等。为了达到设计透明度及实现柔韧性，CAN 被细分为以下不同的层次。

- ◆ 对象层（Object Layer）。
- ◆ 传输层（Transfer Layer）。
- ◆ 物理层（Physical Layer）。

对象层和传输层包括所有由 ISO/OSI 模型定义的数据链路层的服务和功能。对象层的作用范围包括如下几项。

- ◆ 查找被发送的报文。
- ◆ 确定由实际要使用的传输层接收哪一个报文。
- ◆ 为应用层相关硬件提供接口。

传输层的作用主要是传送规则，也就是控制帧结构、执行仲裁、错误检测、出错标定、故障界定。总线上什么时候开始发送新报文及什么时候开始接收报文，均在传输层里确定。

物理层的作用是在不同节点之间根据所有的电气属性进行位信息的实际传输。当然，同一网络内，物理层对于所有的节点必须是相同的。尽管如此，在选择物理层方面还是很自由的。

2. CAN 的基本概念

1）报文

总线上的信息以不同格式的报文发送，但长度有限制。当总线开放时，任何连接的单元均可开始发送一个新报文。

2）信息路由

在 CAN 系统中，一个 CAN 节点不使用有关系统结构的任何信息（如站地址）。这里包含如下重要概念。

（1）系统灵活性　节点可在不要求所有节点及其应用层改变任何软件或硬件的情况下，接于 CAN 网络。

（2）报文通信　一个报文的内容由其标识符 ID 命名。ID 并不指出报文的目的，但描述数据的含义，以便网络中的所有节点有可能借助报文滤波决定是否激活该数据。

(3) 成组　由于采用了报文滤波,所有节点均可接收报文,并同时被相同的报文激活。

(4) 数据相容性　在 CAN 网络内,可以确保报文同时被所有节点或者没有一个节点接收,因此,系统的数据相容性是借助于成组和出错处理达到的。

3) 速率

CAN 的数据传输速率在不同的系统中是不同的,而在一个给定的系统中,此速率是唯一的,并且是固定的。

4) 优先权

在总线访问期间,标识符定义了一个报文静态的优先权。

5) 远程数据请求

通过发送一个远程帧,需要数据的节点可以请求另一个节点发送一个相应的数据帧,该数据帧与对应的远程帧以相同标识符 ID 命名。

6) 多主站

当总线开放时,任何单元均可开始发送报文,发送具有最高优先权报文的单元,以赢得总线访问权。

7) 仲裁

当总线开放时,任何单元均可开始发送报文,若同时有两个或更多的单元开始发送,则总线访问冲突运用逐位仲裁规则,借助标识符 ID 解决。这种仲裁规则可以使信息和时间均无损失。若具有相同标识符的一个数据帧和一个远程帧同时发送,则数据帧优先于远程帧。仲裁期间,每一个发送器都对发送位电平与总线上检测到的电平进行比较,若相同则该单元可继续发送。当发送一个"隐性"电平(recessive level),而在总线上检测为"显性"电平(dominant level)时,该单元退出仲裁,并不再传送后续位。

8) 故障界定

CAN 节点有能力识别永久性故障和短暂扰动,可自动关闭故障节点。

9) 连接

CAN 串行通信链路是一条众多单元均可被连接的总线,理论上,单元数目是无限的,而实际上,单元总数受限于延迟时间和(或)总线的电气负载。

10) 单通道

由单一进行双向位传送的通道组成的总线,借助数据同步实现信息传输。在 CAN 技术规范中,实现这种通道的方法是不固定的,例如,可以是单线(加接地线)、两条差分连线、光纤等。

11) 总线数值表示

总线上具有两种互补逻辑数值:显性电平和隐性电平。在显性位与隐性位同时发送期间总线上数值将是显性位。例如,在总线的"线与"操作情况下,显性位由逻辑"0"表示,隐性位由逻辑"1"表示。

12) 应答

所有接收器均对接收报文的相容性进行检查,应答一个相容报文,并标注一个不相容报文。

3. CAN 的节点设计

1) CAN 通信控制器 SJA1000

SJA1000 是一种独立控制器,用于汽车和一般工业环境中的局域网络控制。它是 Philips 公司的 PCA82C200 CAN 控制器(Basic CAN)的替代产品。而且,它增加了一种新的工作模式(Peli CAN),这种模式支持具有很多新特点的 CAN 2.0B 协议,SJA1000 具有如下特点。

- 与 PCA82C200 独立 CAN 控制器引脚和电气兼容。
- PCA82C200 模式(即默认的 Basic CAN 模式)。
- 扩展的接收缓冲器(64B,FIFO)。
- 与 CAN 2.0B 协议兼容(PCA82C200 兼容模式中的无源扩展结构)。
- 同时支持 11 位和 29 位标识符。
- 位速率可达 1Mb/s。
- Peli CAN 模式扩展功能。
- 24 MHz 时钟频率。
- 可以和不同微处理器接口。
- 可编程的 CAN 输出驱动器配置。
- 增强的温度范围(-40℃~+125℃)。

(1) 内部结构。

SJA1000 CAN 控制器主要由以下几部分构成。

接口管理逻辑(IML) 接口管理逻辑解释来自 CPU 的命令,控制 CAN 寄存器的寻址,向主控制器提供中断信息和状态信息。

发送缓冲器(TXB) 发送缓冲器是 CPU 和 BSP(位流处理器)之间的接口,能够存储发送到 CAN 网络上的完整报文。缓冲器由 CPU 写入,BSP 读出。

接收缓冲器(RXB,RXFIFO) 接收缓冲器是接收过滤器和 CPU 之间的接口,用来接收 CAN 总线上的报文,并储存接收到的报文。接收缓冲器(RXB,长 13B)作为接收 FIFO(RXFIFO,长 64B)的一个窗口,可被 CPU 访问。CPU 在此 FIFO 的支持下,可以在处理报文的时候接收其他报文。

接收过滤器(ACF) 接收过滤器把其中的数据和接收的标识符相比较,以决定是否接收报文。在纯粹的接收测试中,所有的报文都保存在 RXFIFO 中。

位流处理器(BSP) 位流处理器是一个在发送缓冲器、RXFIFO 和 CAN 总线之间控制数据流的序列发生器。它还执行错误检测、仲裁、总线填充和错误处理等操作。

位时序逻辑(BTL) 位时序逻辑监视串行 CAN 总线,并处理与总线有关的位定时。

错误管理逻辑(EML) EML 负责传送层中调制器的错误界定。它接收 BSP

的出错报告,并将错误统计数字通知 BSP 和 IML。

(2) 引脚介绍。

SJA1000 为 28 引脚 DIP 和 SO 封装,引脚如图 7-10 所示。各引脚功能介绍如下。

- AD0~AD7　地址/数据复用总线。
- ALE/AS　ALE 输入信号(Intel 模式),AS 输入信号(Motorola 模式)。
- $\overline{CS}$　片选输入信号,低电平时允许访问 SJA1000。
- $\overline{RD}$　微控制器的读信号(Intel 模式)或 E 使能信号(Motorola 模式)。

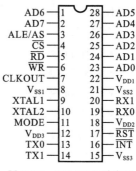

图 7-10　SJA1000 引脚图

- $\overline{WR}$　微控制器的写信号(Intel 模式)或 RD/WR 信号(Motorola 模式)。
- CLKOUT　SJA1000 产生的提供给微控制器的时钟输出信号,此时钟信号通过可编程分频器由内部晶振产生,时钟分频寄存器的时钟关闭位可禁止该引脚。
- V_{SS1}　接地端。
- XTAL1　振荡器放大电路输入,外部振荡信号由此输入。
- XTAL2　振荡器放大电路输出,使用外部振荡信号时,此引脚必须保持开路。
- MODE　模式选择输入。"1"= Intel 模式,"0"= Motorola 模式。
- V_{DD3}　输出驱动的+5V 电压源。
- TX0　由输出驱动器 0 到物理线路的输出端。
- TX1　由输出驱动器 1 到物理线路的输出端。
- V_{SS3}　输出驱动器接地端。
- $\overline{INT}$　中断输出,用于中断微控制器;$\overline{INT}$ 在内部中断寄存器各位都被置位时被激活;$\overline{INT}$ 是开漏输出,且与系统中的其他 $\overline{INT}$ 是线或的;此引脚上的低电平可以把 IC 从睡眠模式中激活。
- $\overline{RST}$　复位输入,用于复位 CAN 接口(低电平有效);把引脚通过电容连到 V_{SS},通过电阻连到 V_{DD} 可自动上电复位,例如,$C=1~\mu F, R=50~k\Omega$。
- V_{DD2}　输入比较器的+5 V 电压源。
- RX0,RX1　由物理总线到 SJA1000 输入比较器的输入端;显性电平将会唤醒 SJA1000 的睡眠模式;如果 RX1 比 RX0 的电平高,读出为显性电平,反之读出为隐性电平;如果时钟分频寄存器的 CBP 位被置位,就忽略 CAN 输入比较器以减少内部延时(此时连有外部收发电路);这种情况下只有 RX0 是激活的;隐性电平被认为是高,而显性电平被认为是低。
- V_{SS2}　输入比较器的接地端。
- V_{DD1}　逻辑电路的+5 V 电压源。

2) PCA82C250/251 CAN 收发器

PCA82C250/251 收发器是协议控制器和物理传输线路之间的接口。此器件对总线提供差动发送能力,对CAN控制器提供差动接收能力,可以在汽车和一般的工业应用上使用。

PCA82C250/251收发器的主要特点如下。

- 完全符合ISO 11898标准。
- 高速率(最高可达1Mb/s)。
- 具有抗汽车环境中的瞬间干扰、保护总线的能力。
- 斜率控制,降低射频干扰(RFI)。
- 差分接收器,抗宽范围的共模干扰,抗电磁干扰(EMI)。
- 热保护。
- 防止电源和地之间发生短路。
- 低电流待机模式。
- 未上电的节点对总线无影响。
- 可连接110个节点。
- 工作温度范围:-40℃~+125℃。

(1) 引脚介绍。

PCA82C250/251为8引脚DIP和SO两种封装,引脚如图7-11所示。引脚介绍如下。

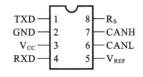

图7-11 PCA82C250/251引脚图

- TXD 发送数据输入。
- GND 地。
- V_{CC} 电源电压4.5~5.5V。
- RXD 接收数据输出。
- V_{REF} 参考电压输出。
- CANL 低电平CAN电压输入/输出。
- CANH 高电平CAN电压输入/输出。
- R_S 斜率电阻输入。

PCA82C250/251收发器是协议控制器和物理传输线路之间的接口。如在ISO11898标准中所描述的,它们可以用高达1Mb/s的速率在两条有差动电压的总线电缆上传输数据。

这两个器件都可以在额定电源电压分别是12V(PCA82C250)和24V(PCA82C251)的CAN总线系统中使用。它们的功能相同,根据相关的标准,可以在汽车和普通的工业应用上使用。PCA82C250和PCA82C251还可以在同一网络中互相通讯。而且,它们的引脚和功能兼容。

(2) 应用电路。

PCA82C250/251收发器的典型应用如图7-12所示。协议控制器SJA1000的串行数据输出线(TX)和串行数据输入线(RX)分别通过光电隔离电路连接到收发器PCA82C250。

7 控制网络技术及现场总线   249

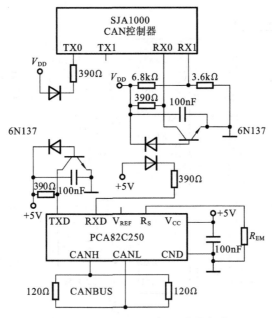

图 7-12 PCA82C250/251 应用电路

收发器 PCA82C250 通过有差动发送和接收功能的两个总线终端 CANH 和 CANL 连接到总线电缆。输入 RS 用于模式控制。参考电压输出 V_{REF} 的输出电压是额定 V_{CC} 的一半。其中,收发器 PCA82C250 的额定电源电压是+5 V。

3) CAN 应用节点设计

(1) 硬件电路。

通过 SJA1000 CAN 通信控制器设计的 CAN 应用节点电路如图 7-13 所示。在图 7-13 中,IMP708 为复位电路,当按下按键 S 时,则手动复位。

(2) 程序设计。

CAN 应用节点的程序设计主要分为三部分:初始化子程序、发送子程序、接收子程序。

CAN 初始化程序　CAN 初始化子程序流程如图 7-14 所示。

CAN 初始化子程序清单如下:

```
        NODE  EQU  30H      ;节点号缓冲区
        NBTR0 EQU  31H      ;总线定时寄存器 0 缓冲区
        NBTR1 EQU  32H      ;总线定时寄存器 1 缓冲区
        TXBF  EQU  40H      ;RAM 内发送缓冲区
        RXBF  EQU  50H      ;RAM 内接收缓冲区
        CNTR  EQU  0BF00H   ;控制寄存器
        COMD  EQU  0BF01H   ;命令寄存器
        STUS  EQU  0BF02H   ;状态寄存器
```

250 计算机控制技术

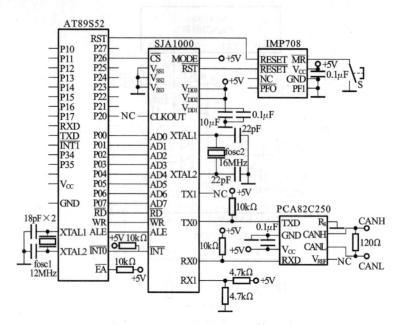

图 7-13　CAN 应用节点电路

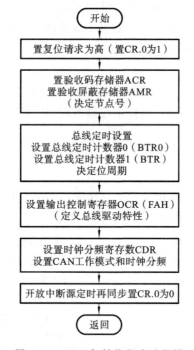

图 7-14　CAN 初始化程序流程图

INTR	EQU	0BF03H	;中断寄存器
ACOD	EQU	0BF04H	;接收码寄存器
ACMK	EQU	0BF05H	;接收码屏蔽寄存器
BTR0	EQU	0BF06H	;总线定时寄存器0
BTR1	EQU	0BF07H	;总线定时寄存器1
OCTR	EQU	0BF08H	;输出控制寄存器
MODE	EQU	0BF1FH	;时钟驱动寄存器
RXR	EQU	0BF14H	;接收缓存器
TXR	EQU	0BF0AH	;发送缓冲器

入口条件:将本节点号存入 NODE 单元;波特率控制字存入 NBTR0 和 NBTR1 单元。
出口条件:无。

```
CANI:   MOV    DPTR,#CNTR       ;写控制寄存器
        MOV    A,#01H           ;置复位请求为高
        MOVX   @DPTR,A
CANI1:  MOVX   A,@DPTR          ;判复位请求有效
        JNB    ACC.0,CANI1
        MOV    DPTR,#ACOD       ;写接收码寄存器
        MOV    A,NODE           ;设置节点号
        MOVX   @DPTR,A
        MOV    DPTR,#ACMK       ;写接收码屏蔽寄存器
        MOV    A,#00H
        MOVX   @DPTR,A
        MOV    DPTR,#BTR0       ;写总线定时寄存器0
        MOV    A,NBTR0          ;设置波特率
        MOVX   @DPTR,A
        MOV    DPTR,#BTR1       ;写总线定时寄存器
        MOV    A,NBTR1
        MOVX   @DPTR,A
        MOV    DPTR,#OCTR       ;写输出控制寄存器
        MOV    A,#0FAH
        MOVX   @DPTR,A
        MOV    DPTR,#MODE       ;写时钟分频寄存器
        MOV    A,#00H           ;将 CAN 工作模式设为 Basic CAN 模式
                                ; 时钟2分频
        MOVX   @DPTR,A
        MOV    DPTR,#CNTR       ;写控制寄存器
        MOV    A,#0EH           ;开放中断源
        MOVX   @DPTR,A
        RET
```

CAN 接收子程序 CAN 接收子程序流程图如图 7-15 所示。

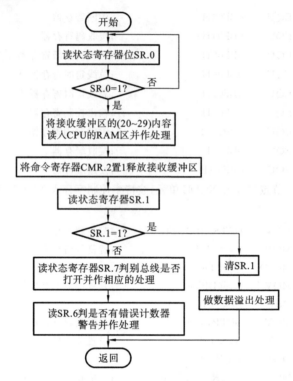

图 7-15　CAN 接收子程序流程图

CAN 接收子程序清单如下。

入口条件：无。

出口条件：接收的描述符、数据长度及数据放在 RXBF 开始的缓冲区中。

```
CANR0: MOV    DPTR,#STUS        ;读状态寄存器,判接收缓冲区
       MOVX   A,@DPTR
       JNB    ACC.0,CANR0
CANR1: MOV    DPTR,#RXR         ;将接收的数据放在 CPU RAM 区
       MOV    R0,#RXBF
       MOVX   A,@DPTR
       MOV    @R0,A
       INC    R0
       INC    DPTR
       MOVX   A,@DPTR
       MOV    @R0,A
       MOV    B,A
CANR2: INC    DPTR
       INC    R0
       MOVX   A,@DPTR
```

```
        MOV     @R0,A
        DJNZ    B,CANR2
        MOV     DPTR,#COMD
        MOV     A,#04H
        MOVX    @DPTR,A
        MOV     DPTR,#STUS      ;读状态寄存器
        MOVX    A,@DPTR
        JB      ACC.1,DATAOVER  ;判数据溢出
        JB      ACC.7,BUSWRONG  ;判总线状态
        JB      ACC.6,CNTWRONG  ;判错误计数器状态
        SJMP    RECEEND
DATAOVER:                       ;做相应的数据溢出错误处理
        SJMP    RECEEND
BUSWRONG:                       ;做总线错误处理
        SJMP    RECEEND
CNTWRONG:                       ;做计数错误处理
RECEEND:
        RET
```

CAN 发送子程序 CAN 发送子程序流程图如图 7-16 所示。

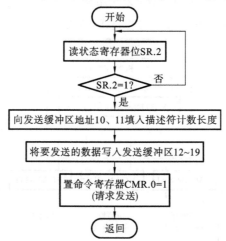

图 7-16 CAN 发送子程序流程图

CAN 发送子程序清单如下。

入口条件:将要发送的描述符存入 TXBF;将要发送的数据长度存入 TXBF+1;将要发送的数据存入 TXBF+2 开始的单元。

出口条件:无。

```
TXSB:   MOV     DPTR,#STUS      ;读状态寄存器
        MOVX    A,@DPTR         ;判发送缓冲区状态
```

```
        JNB     ACC.2,TXSB
        MOV     R1,#TXBF
        MOV     DPTR,#TXR
TX1：   MOV     A,@R1           ;向发送缓冲区 10 填入标识符
        MOVX    @DPTR,A
        INC     R1
        INC     DPTR
        MOV     A,@R1           ;向发送缓冲区 11 填入数据长度
        MOVX    @DPTR,A
        MOV     B,A
TX2：   INC     R1
        INC     DPTR
        MOV     A,@R1           ;向发送缓冲区 12 到 19 送数据
        MOVX    @DPTR,A
        DJNZ    B,TX2
        MOV     DPTR,#COMD      ;置 CMR.0 为 1 请求发送
        MOV     A,#01H
        MOVX    @DPTR,A
        RET
```

4. 基于 CAN 现场总线的 SCADA 系统结构

基于 CAN 现场总线的数据采集与监控(SCADA)系统结构如图 7-17 所示。

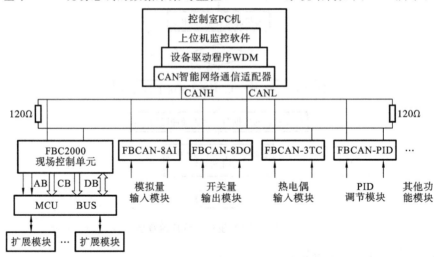

图 7-17　基于 CAN 现场总线的 SCADA 系统结构图

在图 7-17 中,该系统主要由上位计算机及监控软件、基于 PCI 总线的 CAN 智能网络通信适配器及与其配套的设备驱动程序(WDM)、FBC2000 现场控制单元和基于 CAN 现场总线的 FBCAN 系列智能测控模块等设备单元构成。

FBC2000 现场控制单元和 FBCAN 系列智能测控模块完成对工业现场各种信号

的实时采集和控制功能,并通过 CAN 现场总线将现场数据信息传输到 CAN 智能网络通信适配器。基于上位 PC 平台的监控软件通过 WDM 驱动程序完成与 CAN 智能网络通信适配器的数据交互,读取 CAN 智能网络通信适配器接收到的来自工业现场的数据,实现数据的存储、显示和报表,供用户观察现场的实时信息。用户还可以通过上位机监控软件,将所需要的控制信息通过 CAN 智能网络通信适配器由 CAN 现场总线传输至 FBC2000 现场控制单元和 FBCAN 系列智能测控模块以控制相应的执行器。

上位计算机通常选用 PC,因为 PC 有很多 PCI 总线插槽,利用插入 PCI 总线插槽上的 CAN 智能网络通信适配器,使得系统很容易与其他生产管理部门联网,便于统一调度和管理。另外,选用 PC 还可以充分利用现有的软件工具和开发环境,方便快捷地设计功能丰富的计算机软件,比如可利用 VC 6.0 开发出基于 PC 平台的上位机监控程序。

CAN 智能网络通信适配器是基于 PCI 总线的板卡,采用 Cypress 公司生产的 PCI 接口芯片 CY7C09449PV,内置的双口 RAM 作为数据通信的缓冲区和通信仲裁区,以实现网络数据的并行高速交换。

FBC2000 现场控制单元为采用 Philips 公司生产的 P80C592 微控制器和 WSI 公司生产的 PSD813F2 单片机可编程外围芯片组成的"MCU ＋ PSD"结构的嵌入式监控系统,作为基于 CAN 现场总线的 SCADA 系统中的一个多功能的下位机单元,负责与现场仪表、传感器、执行机构等连接。该下位机单元具有应用编程(IAP)功能,利用此功能可以实现用户程序的下载、修改、清除、执行和系统内核程序的自升级等。该现场控制单元带有光电隔离的 CAN 通信接口和 Modbus 通信接口;用户可以根据实际情况选择。FBC2000 现场控制单元提供多种功能的外部扩展功能模块,如模拟量输入/输出模块和数字量输入/输出模块等。

除 FBC2000 现场控制单元外,基于 CAN 现场总线的 SCADA 系统中的下位机还包括基于 CAN 现场总线的 FBCAN 系列智能测控模块,包括数字量输入/输出模块(FBCAN-8DI/FBCAN-8DO)、模拟量输入/输出模块(FBCAN-8AL/FBCAN-4AO)、热电阻/热电偶测温模块(FBCAN-4RTD/FBCAN-3TC)、脉冲量计数模块(FBCAN-2CT)和 PID 调节模块(FBCAN-PID)。

网络拓扑结构采用总线式结构。这种结构比环形结构信息吞吐率低,但结构简单、成本低,并且采用无源抽头连接,系统可靠性高。选用 CAN 现场总线连接各智能测控节点,组成 SCADA 系统。

7.3.6 现场总线控制系统性能分析

在设计一个工业控制系统时,通常有四种选择,如图 7-18 所示,四种系统的部分性能对比如表 7-4 所示。

由表 7-4 可见,采用开放的软件及网络技术丰富、价格低廉的 PC 机加上现场总线技术构成的系统具有性能好而且价格低的优点,将在今后的竞争中逐步取得更大的优势。现场总线控制系统的优越性是无庸置疑的,它的核心是现场总线。现场总线技术的出现,将使传统的自动控制系统产生革命性的变革。自动化领域这场变革的深度和

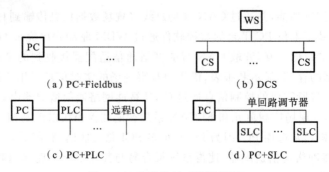

图 7-18 四种控制系统结构图

表 7-4 四种控制系统性能对比表

对比	PC+Fieldbus	DCS	PC+PLC	PC+SLC
控制能力	●	●		
开放性	●	○	◎	◎
I/O 适应性	●	●	●	○
机柜及电缆	●	○	○	○
现场仪表诊断	●	○	○	○
使用实践时间	◎	●	●	●
设备、材料施工成本	●	○	◎	◎

注：表中，●代表优，○代表劣，◎代表适中。

广度将超过历史上任何一次变革，因此现场总线被称为 21 世纪工业控制网络标准。

7.4 计算机控制系统总线简介

7.4.1 总线的概念及分类

总线就是一组信号线的集合，它定义了各引线的信号和电气、机械特性，使计算机内部各组成部分之间以及不同的计算机之间建立信号联系，进行信息传送和通信。按照总线标准设计和生产出来的计算机模块，经过不同的组合，可以配置成各种用途的计算机系统。总线是工业控制机的重要组成部分，由图 7-19 可知，它包括内部总线和外部总线。

7.4.2 内部总线

所谓内部总线，就是计算机内部功能模块之间进行通信的总线，它是构成完整的计算机系统的内部信息枢纽。每种型号的计算机都有自身的内部总线，例如，PC 总线有 62 根引线、STD 总线有 56 根引线。尽管各种内部总线数目不同，但按功能仍可分为数据总线 DB、地址总线 AB、控制总线 CB 和电源总线 PB 四部分。采用内部总线母

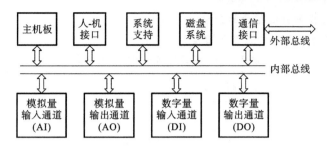

图 7-19　工业控制机的硬件组成结构

板结构,母板上各插槽的同号引脚都连接在一起,组成计算机系统的功能模板插入槽内,由总线完成系统内各模板之间的信息传送,从而构成完整的计算机系统。

1. PC 总线

通常所说的 PC 总线,是指 IBM 公司创建的 IBM PC 或 IBM PC/XT 计算机的内部总线,它是 62 引脚的并行总线。IBM PC 或 IBM PC/XT 机的 CPU 是 Intel 公司的 8088(准 16 位 CPU),它与 16 位 CPU 8086 兼容。由于 PC 总线应用十分广泛,因此,计算机系统几乎全部含有这种总线结构,即在总线母板上设置了多个 PC 总线插槽。

1) PC 总线插槽引线信号的分布

PC 总线共有 62 条引线,其插槽引线信号的分布如图 7-20 所示。

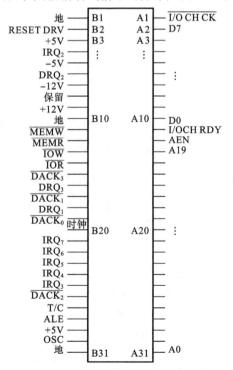

图 7-20　PC 总线插槽引线信号的分布

2) PC 总线插槽引线信号的含义

PC 总线插槽引线信号的含义如表 7-5 所示。

表 7-5　PC 总线插槽引线信号的含义

名　称	引　脚　号	含　义
OSC	B30	振荡器
CLK	B20	系统时钟
RESET DRV	B2	系统总请求信号，用于使系统各部件复位
A0～A19	A12～A31	地址线
D0～D19	A2～A9	数据线
ALE	B28	地址锁存允许
$\overline{I/O\ CHCK}$	A1	I/O 通道奇偶校验信号输入线，低电平有效
I/O CH RDY	A10	I/O 通道准备好输入信号线，高电平有效
IRQ_2～IRQ_7	B4、B21～B25	中断请求输入信号线
$\overline{IOR}$	B14	I/O 读命令，输入信号线
$\overline{IOW}$	B13	I/O 写命令，输出信号线
$\overline{MEMR}$	B12	存储器读命令，输入信号线
$\overline{MEMW}$	B11	存储器写命令，输出信号线
DRQ_1～DRQ_3	B18、B6、B16	DMA 请求输入信号线
$\overline{DACK_0}$～$\overline{DACK_3}$	B19、B17、B26、B15	DMA 响应信号输出信号线
AEN	A11	地址允许信号输出线，允许 DMA 传送
T/C	B27	$\overline{DMA}$传送计数器 0 信号输出线

2. STD 总线

STD 总线是 56 根并行计算机总线，由 Matt Biewer 研制，美国 Prolog 和 Mostek 公司在 1978 年 12 月首先采用，于 1987 年被批准为 IEEE961 标准。STD 总线模板尺寸为 165 mm×114 mm，全部 56 根引线都有确切的定义。STD 总线定义了 8 位微处理器标准，其中有 8 根数据线、16 根地址线，以及控制线和电源线等。通过采用周期窃取和总线复用技术，定义了 16 根数据线、24 根地址线，使 STD 总线升级为 8 位/16 位微处理器兼容总线。STD 总线插槽引线信号的分布和含义如表 7-6 所示。

表 7-6　STD 总线插槽的分布和含义

		元 件 面				走 线 面		
	引线	信号名称	流向	说明	引线	信号名称	流向	说明
逻辑电源	1	V_{CC}	入	+5V DC	2	V_{CC}	入	+5V DC
	3	GND	入	逻辑地	4	GND	入	逻辑地
	5	$V_{BB\#1}/V_{BAT}$	入	偏压♯1/后备电源	6	$V_{BB\#2}$/DCP	入	偏压♯2/直流掉电信号
数据总线	7	D_3/A_{19}	入/出	数据总线/地址扩展	8	D_7/A_{23}	入/出	数据总线/地址扩展
	9	D_2/A_{18}	入/出		10	D_6/A_{22}	入/出	
	11	D_1/A_{17}	入/出		12	D_5/A_{21}	入/出	
	13	D_0/A_{16}	入/出		14	D_4/A_{20}	入/出	
地址总线	15	A_7	出	地址总线	16	A_{15}/D_{15}	出/入	地址总线/数据总线扩展
	17	A_6	出		18	A_{14}/D_{14}	出/入	
	19	A_5	出		20	A_{13}/D_{13}	出/入	
	21	A_4	出		22	A_{12}/D_{12}	出/入	
	23	A_3	出		24	A_{11}/D_{11}	出/入	
	25	A_2	出		26	A_{10}/D_{10}	出/入	
	27	A_1	出		28	A_9/D_9	出/入	
	29	A_0	出		30	A_8/D_8	出/入	
控制总线	31	$\overline{WR}$	出	存储器或 I/O 写	32	$\overline{RD}$	出	存储器或 I/O
	33	$\overline{IORQ}$	出	I/O 地址请求	34	$\overline{MEMRQ}$	出	存储器地址请求
	35	$\overline{IOEXP}$	入/出	I/O 扩展	36	$\overline{MEMEX}$	入/出	存储器扩展
	37	$\overline{REFRESH}$	出	刷新定时	38	$\overline{MCSYNC}$	出	CPU 周期同步
	39	$\overline{STATUS1}$	出	CPU 状态	40	STATUS0	出	CPU 状态
	41	$\overline{BUSAK}$	出	总线响应	42	$\overline{BUSRQ}$	入	总线请求
	43	$\overline{INTAK}$	出	中断响应	44	$\overline{INTRQ}$	入	中断请求
	45	$\overline{WAITRQ}$	出	等待请求	46	$\overline{NMIRQ}$	入	非屏蔽中断
	47	$\overline{SYSRESET}$	出	系统复位	48	$\overline{PBRESET}$	入	按钮复位
	49	CLOCK	出	处理器时钟	50	CRTRL	入	辅助定时
	51	PCO	出	优先级链输出	52	PCI	入	优先级链输入
辅助电源	53	AUX GND	入	辅助地	54	AUX GND	入	辅助地
	55	$AUX_+ V$	入	+12V DC	56	$AUX_- V$	入	−12V DC

7.4.3 外部总线

所谓外部总线,就是计算机与计算机之间或计算机与其他智能设备之间进行通信的连线,常用外部总线有 IEEE-488 并行总线和 RS-232C 串行总线。

1. RS-232C 串行通信总线

RS-232C 是一种串行外部总线,是由美国电子工业协会(EIA)制定的一种串行接口标准。RS 是英文"推荐标准"的缩写,232 为标识号,C 表示修改次数。

RS-232C 的机械特性要求使用一个 25 芯标准连接插头,每个引脚有固定的定义,表 7-7 列出了其功能特性。

表 7-7 RS-232C 插头引脚信号

引脚号	功　能	引脚号	功　能
1	保护地	14	(辅信道)发送数据
2	发送数据	15	发送信号无定时(DCE)为源
3	接收数据	16	(辅信道)接收数据
4	请求发送(RTS)	17	接收信号无定时(DCE 为源)
5	允许发送(CTS,或清除发送)	18	未定义
6	数传机(DCE)准备好	19	(辅信道)请求发送(RTS)
7	信号地(公共回线)	20	数据终端准备好
8	接收线信号检测	21	信号质量检测
9	(保留供数传机测试)	22	振铃指示
10	(保留供数传机测试)	23	数据信号速率选择(DTE/DCE 为源)
11	未定义	24	发送信号无定时(DTE 为源)
12	(辅信道)接收线信号检测	25	未定义
13	(辅信道)允许发送(CTS)		

RS-232C 的电气特性要求总线信号采用负逻辑,如表 7-8 所示。逻辑"1"状态电平为 $-15V \sim -5V$,逻辑"0"状态电平为 $+5V \sim +15V$,其中 $-5V \sim +5V$ 用作信号状态的变迁区。在串行通信中还把逻辑"1"称为传号(MARK)或 OFF 状态,把逻辑"0"称为空号(SPACE)或 ON 状态。

表 7-8 RS-232C 信号状态

状态	$-15V < V_1 < -5V$	$+5V < V_1 < +15V$
逻辑状态	1	0
信号条件	传号(MARK)	空号(SPACE)
功能	OFF	ON

一般而言，RS-232C 串行接口采用 TTL 输入输出电平，为了满足 RS-232C 信号电平，采用集成电路 MC1488 发送器和 MC1489 接收器，进行 TTL 电平与 RS-232C 电平的相互转换及接口，如图 7-21 所示。

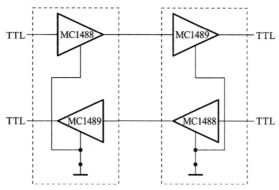

图 7-21　RS-232C 电平转换及接口电路

RS-232C 总线规定了其通信距离不大于 15 m，传送信号的速率不大于 20 Kb/s，每个信号使用一根导线，并共用一根信号地线。由于采用单端输入和公共信号地线，所以容易引进干扰。

2. IEEE-488 并行通信总线

IEEE-488 并行通信总线也称 GPIB(General Purpose Interface Bus)总线。20 世纪 60 年代中期，美国 HP 公司就开始研究如何解决接口标准化问题，并发表了接口系统，命名为 HP-IB。1975 年，IEEE 以 HP-IB 为基础，制定了 IEEE-488 标准接口总线，即 GPIB 总线。

1) IEEE-488 总线的约定及特点

- 总线电缆是一条无源的电缆线，包括 16 条信号线和 9 条地线。
- 系统中通过总线互联的设备不得超过 15 台。
- 总线电缆长度不超过 20 m，或仪器设备数乘分段电缆长度总和不超过 20 m。
- 信号传输速率一般为 500 Kb/s，最大传输速率为 1 Mb/s。
- 地址容量为："听"地址 31 个，"讲"地址 31 个，地址容量最多可扩展到 961 个。
- 总线上传输的消息为负逻辑，低电平($\leqslant +0.8$V)为逻辑"1"，高电平($\geqslant 2.0$ V)为逻辑"0"。
- 采用按位并行、字节串行、三线握手、双向异步的传输方式。

2) 总线的一般描述

IEEE-488 总线上所连的设备有三种，即控者、听者、讲者。这三种设备之间用一条 24 芯的无源电缆互联。该总线的连接情况如图 7-22 所示。

"讲者"方式：讲者是产生和向总线发送设备消息的设备。任何时候，没有讲者就没有数据传送。一个系统可以有两个以上的讲者，但是在每一个时候只能有一个

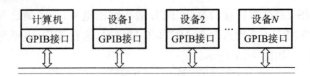

图 7-22 IEEE-488 总线的连接示例

讲者向总线发送设备消息。

"听者"方式:听者是从总线上接收消息的设备。任何时候,系统若没有听者,数据传送就不能进行。在系统内,可以同时有若干个听者,同时接收同样的消息。

"控者"方式:控者是数据传输过程的组织者和控制者,它指定每次数据传输过程的讲者和听者,处理在工作过程中其他设备提出的服务请求,对接口进行管理等。通常,由计算机充当控者,允许系统中有多台设备具有控者功能,但每一时刻只有一台设备可充当控者。

3) IEEE-488 总线的引线分配及功能

IEEE-488 采用 24 芯 D 型插头座(包括 8 条地线、16 条信号线),它们的引线分配如表 7-9 所示。

表 7-9 IEEE-488 总线的引线分配

引线	名称	功 能	引线	名称	功 能
1	DIO_1	数据输入/输出	13	DIO_5	数据输入/输出
2	DIO_2		14	DIO_6	
3	DIO_3		15	DIO_7	
4	DIO_4		16	DIO_8	
5	EOI	结束或识别	17	REN	远程选择
6	DAV	数据有效	18	GND	地线
7	NRFD	未准备好接收数据	19	GND	
8	NDAC	未接收完数据	20	GND	
9	IFC	接口清除	21	GND	
10	SRQ	服务请求	22	GND	
11	ATN	注意	23	GND	
12	GND	屏蔽地	24	GND	

7.5 工业控制组态软件技术

组态的概念最早来自英文 Configuration,含义是使用软件工具对计算机及软件的各种资源进行配置,达到使计算机或软件按照预先设置自动执行特定任务,满足使用者的要求的目的。伴随着集散型控制系统的出现,组态软件才开始被广大的生产过程自动化技术人员所熟知。每一套集散型控制系统(DCS)都是通用的控制系统,可以应用到很多的领域中,目的是使用户在不需要编制代码程序的情况下,便可生成适合自己需求的应用系统。每个 DCS 厂商在 DCS 中都预装了系统软件和应用软件,而其中的应用软件,实际上就是组态软件,但一直没有人给出明确定义,只是将使用这种应用软件设计生成目标应用系统的过程称为组态(Configure)或做组态。

监控组态软件是面向监控与数据采集(Supervisory Control and Data Acquisition,SCADA)的软件平台工具,具有丰富的设置项目,使用方式灵活、功能强大。监控组态软件最早出现时,HMI(Human Machine Interface)或 MMI(Man Machine Interface)是其主要内涵,即主要解决人机图形界面问题。随着它的快速发展,实时数据库、实时控制、SCADA、通信及联网、开放数据接口、对 I/O 设备的广泛支持等已经成为它的主要内容。随着软件技术的发展,监控组态软件将会不断被赋予新的内容。

直到 20 世纪 80 年代末,每个 DCS 厂家的组态软件仍是专用的(即与硬件相关的),不可相互替代。众多的商品化监控组态软件参与了 DCS 市场的竞争;在激烈竞争环境中,用户的需求越来越高。特别是通用计算机被广泛采用之后,开放性的要求越来越高,这就迫使 DCS 厂家更多地考虑自己软件的开放性和标准化问题。

商品化软件的引入可以极大地提高 DCS 的竞争能力,这一点已为很多 DCS 厂家看到,有些厂家更进一步,直接将商品化的监控组态成套软件打包在自己的系统中。例如,Honeywell 公司在其低档的 DCS 型号 S9000 中直接选用了 Intellution 公司的 FIX DMACS 软件包。该软件包提供了数据采集、实时数据库、历史数据库、人机界面、报表、报警及安全保护等全套功能,在这个软件上所要做的工作仅仅是编写一个与 Honeywell 公司的硬件相连接的 I/O 驱动程序而已。当然,由于 Intellution 公司是一个软件公司,而不是专业的控制公司,在其 FIX DMACS 软件中只能提供像 PID、阶梯控制等经典控制算法,而较复杂的控制组态还需要由控制领域的专业公司提供,因此它尚不能用在大型、高档的 DCS 中。就其所提供的软件功能而言,则是相当出色的,否则像 Honeywell 这样的大公司也不会轻易选用。与 DCS 的类型相对应,其组态软件也可分为三类,即 DCS 组态软件、IPC-DCS 组态软件和 PLC-DCS 组态软件。尽管每种类型的 DCS 组态软件有其独特之处,但仍可找出它们的共同特点和设计思想。

1. 组态软件的特点

组态软件最突出的特点是实时多任务。例如,数据采集与输出、数据处理与算法实现、图形显示及人机对话、实时数据的存储、检索管理、实时通信等多个任务要在同一台计算机上同时运行。

组态软件的使用者是自动化工程设计人员。组态软件的主要目的是让使用者在生成适合自己需要的应用系统时不需要修改软件程序的源代码,因此在设计组态软件时应充分了解自动化工程设计人员的基本需求,并加以提炼,重点是集中解决共性问题。下面是组态软件主要解决的问题。

（1）如何与采集、控制设备间进行数据交换。

（2）使来自设备的数据与计算机图形画面上的各元素关联起来。

（3）处理数据报警及系统报警。

（4）存储历史数据并支持历史数据的查询。

（5）各类报表的生成和打印输出。

（6）为使用者提供灵活、多变的组态工具，可以适应不同应用领域的需求。

（7）最终生成的应用系统运行稳定可靠。

（8）具有与第三方程序的接口，方便数据共享。

自动化工程设计技术人员在组态软件中只需填写一些事先设计的表格，再利用图形功能把被控对象（如反应罐、温度计、锅炉、趋势曲线、报表等）形象地画出来，通过内部数据连接把被控对象的属性与 I/O 设备的实时数据进行逻辑连接。当由组态软件生成的应用系统投入运行后，与被控对象相连的 I/O 设备数据发生变化会直接带动被控对象的属性变化。若要对应用系统进行修改，也十分方便，这就是组态软件的方便性。

从以上可以看出，组态软件具有实时多任务、接口开放、使用灵活、功能多样、运行可靠的特点。

2. 组态软件的设计思想

在单任务操作系统环境下（如 MS-DOS），要让组态软件具有很强的实时性，就必须利用中断技术，这种环境下的开发工具较简单，软件编制难度大，目前运行 MS-DOS 环境下的组态软件基本上已退出市场。在多任务环境下，由于操作系统直接支持多任务，组态软件的性能得到了全面加强。因此，组态软件一般都由若干组件构成，而且组件的数据在不断增长，功能不断加强。各组态软件普遍使用了面向对象（Object Oriented）的编程和设计方法，使软件更加易于学习和掌握，功能也更强大。

一般的组态软件都由下列组件组成：图形界面系统、实时数据库系统、第三方程序接口组件、控制功能组件。下面将分别讨论每一类组件的设计思想。

在图形画面生成方面，构成现场各过程图形的画面被划分成三类简单的对象，即线、填充形状和文本。每个简单的对象均有影响其外观的属性，对象的基本属性包括线的颜色、填充颜色、高度、宽度、取向、位置移动等，这些属性可以是静态的，也可以是动态的。静态属性在系统投入运行后保持不变，与原来组态时一致。而组态属性则与表达式的值有关，表达式可以是来自 I/O 设备的变量，也可以是由变量和运算符组成的数学表达式。这种对象的动态属性随表达式值的变化而实时改变。例如，用一矩形填充体模拟现场的液位，在组态这个矩形的填充属性时，指定代表液位的工位号名称、液位的上下限及对应的填充高度，就完成了液位的图形组态。这个组态过程通常称为动画连接。

在图形界面上还具备报警通知及确认、报表组态及打印、历史数据查询与显示等功能。各种报警、报表、趋势都是动画连接的对象，其数据源都可以通过组态来指定。这样每个画面的内容可以根据实际情况由工程技术人员灵活设计，每幅画面的对象数量均不受限制。

在图形界面，各类组态软件普遍提供了一种类 C/Basic 语言的编程工具——脚本语言来扩充其功能。用脚本语言编写的程序段可由事件驱动或周期性地执行，是与对象密切相关的。例如，当按下某个按钮时可指定执行一段脚本语言程序，完成特定的控制功能，也可以指定当某一变量的值变化到关键值以下时，马上启动一段脚本语言程序完成特定的控制功能。

控制功能组件以基于 PC 的策略编辑/生成组件(也可称之为软逻辑或软 PLC)为代表，是组态软件的主要组成部分。虽然脚本语言程序可以完成一些控制功能，但还是不很直观，对于用惯了梯形图或其他标准编程语言的自动化工程师来说，不太方便，因此目前的多数组态软件都提供了基于 IEC1131-3 标准的策略编辑/生成控制组件。它也是面向对象的，但不唯一地由事件触发，它像 PLC 中的梯形图一样按照顺序周期地执行。策略编辑/生成组件在基于 PC 和现场总线的控制系统中大有可为的，可以大幅度地降低成本。

实时数据库是更为重要的一个组件。因为 PC 的处理能力很强，因此实时数据库更加充分地表现出了组态软件的长处。实时数据库可以存储每个工艺点的多年数据，用户既可浏览工厂当前的生产情况，又可回顾过去的生产情况。工厂的历史数据是很有价值的，实时数据库具备数据档案管理功能。从实践可知，很难知道将来进行分析时哪些数据是必需的。因此保存所有的数据是防止丢失信息的最好的方法。

通信及第三方程序接口组件是开放系统的标志，是组态软件与第三方程序交互及实现远程数据访问的重要手段之一。它有下面三个主要作用。

(1) 用于双机冗余系统，主机与从机间的通信。

(2) 用于构建分布式 HMI/SCADA 应用时多机间的通信。

(3) 在基于 Internet 或 Browser/Server(B/S)应用中实现通信功能。

通信组件中有的功能是一外独立的程序，可单独使用，有的被"绑定"在其他程序中不被"显示"地使用。

本章小结

控制网络，即网络化的控制系统，其范畴包括广义 DCS(集散控制系统)、现场总线控制系统和工业以太网，目前，现场总线已成为控制网络的主流类型。它体现了控制系统向网络化、集成化、分布化和节点智能化的发展趋势，已成为自动化领域技术发展的热点之一。

计算机网络的主要功能包括数据通信、资源共享、增加系统的可靠性、提高系统处理能力和实现分布式处理。按网络作用可分为广域网、城域网、局域网；按网络拓扑结构可分为星形网络、总线网络和环形网络。计算机网络体系结构的 OSI 参考模型将整个网络通信的功能划分为七个层次,分别为物理层、数据链路层、网络层、传输层、会话层、表示层和应用层。

现场总线是用于过程自动化和制造自动化等领域中最底层的通信网络,以实现微机化的现场测量控制仪表或设备之间的双向串行多节点数字通信。典型现场总线主要有过程现场总线、基金会现场总线、局部操作网络和控制器局域网络等四种。

计算机控制系统总线是工业控制机的重要组成部分,它包括内部总线和外部总线。常用的内部总线有 PC 总线和 STD 总线。外部总线有 RS-232C 串行通信总线和 IEEE-488 并行通信总线。监控组态软件是面向监控与数据采集的软件平台工具,具有实时多任务的特点,可以帮助人们生成适合自己需求的应用系统。

思考与练习

1. 控制网络与信息网络有何区别?控制网络的分类及相互关系如何?企业计算机网络的层次有哪些?
2. 什么是计算机网络的定义?计算机网络有何功能与类别?
3. 计算机网络按拓扑结构分类可分哪几种?各种类型网络的优点与缺点有哪些?
4. 国际标准化组织(ISO)提出的开放系统互联参考模型(即 OSI 模型)是怎样的?
5. 什么是现场总线?简述其优点。现场总线的标准有哪些?
6. 现场总线的特点有哪些?现场总线的体系结构是什么?介绍几种典型的现场总线。
7. 什么是总线、内部总线和外部总线?
8. PC 总线和 STD 总线各引脚的排列和含义是怎样的?
9. RS-232C 和 IEEE-488 总线各引线的排列和含义是怎样的?
10. 组态软件有哪几种类型?简述组态软件的特点及其设计思想。

8

计算机控制系统的设计与实现

> 本章重点内容：介绍了计算机控制系统设计原则与步骤，着重讲解了计算机控制系统的硬件和软件的工程实现，另外介绍了计算机控制系统硬件和软件抗干扰技术，以及利用抗干扰技术提高系统的可靠性的方法。

计算机控制系统的设计所涉及的内容相当广泛，包括计算机控制理论、电子技术等方面的知识，而且还需要系统设计人员具有一定的生产工艺方面的知识。本章介绍了计算机控制系统的设计原则和一般步骤、计算机控制系统的可靠性设计，并介绍了两个具有代表性的设计实例。

8.1 计算机控制系统的设计原则与步骤

尽管计算机控制的生产过程多种多样，系统的设计方案和具体的技术指标也是千变万化，但在计算机控制系统的设计与实现过程中，设计原则与步骤却是基本相同的。

8.1.1 系统设计原则

1. 安全可靠性高

安全可靠性是计算机控制系统设计的最重要的内容。它是保障系统连续、安全稳定运行的重要条件。为了使系统具有良好的可靠性，可以从系统设计的如下几个方面入手。

(1) 充分考虑系统应用环境进行硬件设计。计算机控制系统一般工作在比较恶劣的环境，周围的各种干扰随时威胁系统正常运行。要根据不同的工作环境、采取有效的措施进行计算机系统的硬件设计，才能取得良好的应用效果。

(2) 采取模块结构，选择适当的总线结构。对于比较简单的系统，可以采取一体化的嵌入式计算机系统，将微处理器、存储器、I/O 接口等都设计在一起，可减少体积，增加可靠性。而对于功能比较复杂的系统,应该按不同功能设计各种模块。这样设计可使得系统功能分散,故障分离,易于维护。

(3) 采取集散控制系统或分布计算机控制系统。集散控制系统的特点是控制功能分散,当系统中某一级出现故障时,不会影响其他生产过程。对于那些需要实现各种控制功能,又要完成对生产信息进行分析、统计和管理的系统,宜采用此种控制形式。

(4) 提供多种操作方式。计算机控制系统在设计时,要充分考虑各种异常情况,提供多种操作方式。常见的操作方式如全自动方式、半自动方式和手动方式。

2. 操作、维护方便

操作方便表现在操作简单、形象直观,便于掌握,并不强调要掌握计算机知识才能操作。既要体现操作的先进性,又要兼顾原有的操作习惯。例如,操作工已习惯了PID控制器的简板操作,因而就设计成回路操作显示面板,或在CRT画面上设计成回路操作显示画面。

维修方便体现在易于查找故障、易于排除故障;采用标准的功能模板式结构,便于更换故障模板;在功能模板上安装工作状态指示灯和监测点,便于维修人员检查。另外,配置诊断程序,用来查找故障。

3. 实时性强

实时性表现在对内部和外部事件能及时地响应,并做出相应的处理,不丢失信息、不延误操作。计算机处理的事件一般分为两类:一类是定时事件,如数据的定时采集、运算控制等;另一类是随机事件,如事故、报警等。对于定时事件,系统设置时钟,保证定时处理;对于随机事件,系统设置中断,并根据故障的轻重缓急,预先分配中断级别,一旦事故发生,保证优先处理紧急故障。

4. 通用性好

计算机控制的对象千变万化,工业控制计算机的研制开发需要有一定的投资和周期。一般来说,不可能为一台装置或一个生产过程研制一台专用计算机。尽管对象多种多样,但从控制功能来分析归类,仍然有共性。比如,过程控制对象的输入、输出信号统一为 0~10 mA(DC)或 4~20 mA(DC),可以用单回路、串级、前馈等常规 PID 控制。因此,系统设计时应考虑能适应各种不同设备和各种不同控制对象,并采用积木式结构,按照控制要求灵活地构成系统。这就要求系统的通用性好,并能灵活地进行扩充。

5. 经济效益高

计算机控制应该带来较高的经济效益,系统设计时应考虑性能价格比,应有市场竞争意识。经济效益表现在两个方面:一是系统设计的性能价格比要尽可能的高;二是投入产出比要尽可能的低。

8.1.2 系统设计步骤

计算机控制系统的设计虽然随被控对象、控制方式、系统规模的变化而有所差异,但系统设计的基本内容和主要步骤大致相同,系统工程项目的研制可分为四个阶段:工程项目与控制任务的确定阶段、工程项目的设计阶段、离线仿真和调试阶段,以及在线调试和运行阶段。

1. 工程项目与控制任务的确定阶段

工程项目与控制任务的确定一般由甲、乙双方共同工作来完成。所谓甲方,就是任务的委托方,甲方有时是直接用户,有时是本单位的上级主管部门,有时也可能是中介单位。乙方是系统工程项目的承接方。国际上习惯称甲方为"买方",称乙方为"卖方"。在一个计算机控制系统工程的研制和实施中,总是存在着甲、乙双方关系。因此,能够对整个工程任务研制过程中甲、乙双方的关系及工作的内容有所了解是有益的。

1) 甲方提供任务委托书

在委托乙方承接系统工程项目前,甲方一定要提供正式的书面任务委托书。该委托书一定要有明确的系统技术性能指标要求,还要包含经费、计划进度、合作方式等内容。

2) 乙方研究任务委托书

乙方在接到任务委托书后要认真阅读,并逐条进行研究。含混不清、认识上有分歧和需补充或删节的地方要逐条标出,拟订出要进一步弄清的问题及修改意见。

3) 双方对委托书进行确认性修改

在乙方对委托书进行了认真研究之后,双方应就委托书的确认或修改事宜进行协商和讨论。为避免因行业和专业不同所带来的局限性,在讨论时应有各方面有经验的人员参加。经过确认或修改的委托书中不应有含义不清的词汇和条款,而且双方的任务和技术界面必须划分清楚。

4) 乙方初步进行系统总体方案设计

由于任务和经费没有落实,所以这时总体方案的设计只能是粗线条的。在条件允许的情况下,应多做几个方案以便比较。这些方案应在"粗线条"的前提下,尽量详细,其把握的尺度是能清楚地反映出三大关键问题:技术难点、经费概算和工期。

5) 乙方进行方案可行性论证

方案可行性论证的目的是要估计承接该项任务的把握性,并为签订合同后的设计工作打下基础。论证的主要内容有技术可行性、经费可行性和进度可行性。

6) 签订合同

合同是双方达成一致意见的结果,也是双方合作的依据和凭证。合同(或协议书)包含如下内容:经过双方修改和认可的甲方"任务委托书"的全部内容,双方的任务划分和各自应承担的责任、合作方式、付款方式、进度和计划安排、验收方式及条件,成果归属及违约的解决办法。

2. 工程项目的设计阶段

工程项目的设计阶段主要包括组建项目研制小组、系统总体方案的设计、方案论证与评审、硬件和软件的细化设计、硬件和软件的调试、系统的组装等。

1) 组建项目研制小组

在签订了合同或协议后，系统的研制进入设计阶段。为了完成系统设计，应首先把项目组确定下来。这个项目组应由懂得计算机硬件、软件和有控制经验的技术人员组成，还要明确分工和相互的协调合作关系。

2) 系统总体方案设计

系统总体方案设计包括系统结构、组成方式、硬件和软件的功能划分、控制策略和控制算法的确定等。系统总体方案设计要经过多次的协调和反复，最后才能形成合理的总体设计方案。总体方案要形成硬件和软件的方块图，并建立说明文档。

3) 方案论证与评审

方案论证与评审是对系统设计方案的把关和最终裁定。评审后确定的方案是进行具体设计和工程实施的依据，因此应邀请有关专家、主管领导及甲方代表参加。评审后应重新修改总体方案，评审过的方案设计应该作为正式文件存档，原则上不应再作大的改动。

4) 硬件和软件的细化设计

此步骤只能在总体方案评审后进行，如果进行得太早会造成资源的浪费和返工。所谓细化设计就是将方块图中的方块划到最底层，然后进行底层块内的结构细化设计。对于硬件设计来说，就是选购模板以及设计制作专用模板；对软件设计来说，就是将一个个模块编制成一条条的程序。

5) 硬件和软件的调试

实际上，硬件、软件的设计中都需边设计、边调试、边修改，往往要经过几个反复过程才能完成。

6) 系统的组装

硬件细化设计和软件细化设计后，分别进行调试，然后可进行系统的组装。组装是离线仿真和调试阶段的前提和必要条件。

3. 离线仿真和调试阶段

离线仿真和调试阶段的流程如图 8-1 所示。所谓离线仿真和调试是指在实验室而不是在工业现场进行的仿真和调试。离线仿真和调试试验后，还要进行拷机运行。拷机的目的是在连续不停机运行中暴露问题和解决问题。

4. 在线调试和运行阶段

系统离线仿真和调试后便可进行在线调试和运行。在线调试和运行就是将系统和生产过程连接在一起，进行现场调试和运行。尽管离线仿真和调试工作非常认真、仔细，现场调试和运行仍可能出现问题，因此必须认真分析加以解决。系统运行正常后，可以再试运行一段时间，即可组织验收。验收是系统项目最终完成的标志，应由甲方主持乙方参加，双方协同办理。验收完毕应形成验收文件存档。整个过程可用图 8-2 来形象地说明。

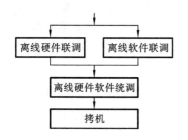

图 8-1 离线仿真和调试阶段流程图

图 8-2 在线调试运行过程

8.2 系统的工程设计与实现

一个计算机控制系统工程项目,在研制过程中应该经过哪些步骤,应该怎样有条不紊地保证研制工作顺利进行,这是需要认真考虑的。如果步骤不清,或者每一步需要做什么不明确,就有可能引起研制过程中的混乱甚至返工。本节就系统的工程设计与实现的具体问题作进一步的讨论,这些具体问题对实际工作有重要的指导意义。在进行系统设计之前,首先应该调查、分析被控对象及其工作过程,熟悉其工艺流程,并根据实际应用中存在的问题提出具体的控制要求,确定所设计的系统应该完成的任务。最后,采用工艺图、时序图、控制流程等描述控制过程和控制任务、确定系统应该达到的性能指标,从而形成设计任务说明书,并经使用方确认,作为整个控制系统设计的依据。

8.2.1 系统总体方案设计

设计一个性能优良的计算机控制系统,要注重对实际问题的调查。通过对生产过程的深入了解、分析及对工作过程和环境的熟悉,才能确定系统的控制任务,提出切实可行的系统总体设计方案来。一般设计人员在调查、分析被控对象后,已经形成系统控制的基本思路或初步方案。一旦确定了控制任务,就应依据设计任务书的技术要求和已作过的初步方案,开展系统的总体设计。总体设计包括以下内容。

1. 系统性质和结构的确定

依据合同书(或协议书)的技术要求确定系统的性质是数据采集处理系统,还是对象控制系统。如果是对象控制系统,还应根据系统性能指标要求,决定采用开环控制,还是采用闭环控制。根据控制要求、任务的复杂度、控制对象的地域分布等,确定整个系统是采用直接数字控制(DDC)、还是采用计算机监督控制(SCC),或者采用分布式控制,并划分各层次应该实现的功能,同时,综合考虑系统的实时性、整个系统的性能价格比等。

总体设计的方法是"黑箱"设计法。所谓"黑箱"设计,就是根据控制要求,将完成控制任务所需的各功能单元、模块及控制对象。采用方块图表示,从而形成系统的总体框图。在这种总体框图上只能体现各单元与模块的输入信号、输出信号、功能要求，以及它们之间的逻辑关系，而不知道"黑箱"的具体结构实现。各功能单元既可以是一个软件模块，也可以采用硬件电路实现。

2. 系统构成方式的确定

控制方案确定后，就可进一步确定系统的构成方式，即进行控制装置机型的选择。目前用于工业控制的计算机装置有多种可供选择，如单片机、可编程控制器、IPC、DCS、FCS 等。

在以模拟量为主的中小规模的过程控制环境下，一般应优先选择总线式 IPC 来构成系统的方式；在以数字量为主的中小规模的运动控制环境下，一般应优先选择 PLC 来构成系统的方式。IPC 或 PLC 具有系列化、模块化、标准化和开放式系统结构，有利于系统设计者在系统设计时根据要求任意选择，像搭积木般地组建系统。这种方式能够提高系统研制和开发速度，提高系统的技术水平和性能，增加可靠性。

当系统规模较小、控制回路较少时，可以采用单片机系列；系统规模较大，自动化水平要求高、集控制与管理于一体的系统可选用 DCS、FCS 等。

3. 现场设备的选择

现场设备的选择主要包含传感器、变送器和执行机构的选择。这些装置的选择是正确控制精度的重要因素之一。根据被控对象的特点，确定执行机构采用什么方案，比如是采用电动机驱动、液压驱动，还是其他方式驱动，应对多种方案进行比较，综合考虑工作环境、性能、价格等因素择优而用。

4. 控制策略和控制算法的确定

一般来说，在硬件系统确定后，计算机控制系统的控制效果的优劣，主要取决于采用的控制策略和控制算法是否合适。很多控制算法的选择与系统的数学模型有关，因此建立系统的数学模型是非常必要的。

所谓数学模型就是系统动态特性的数学表达式，它反映了系统输入、内部状态和输出之间的逻辑与数量关系，为系统的分析、综合或设计提供了依据。确定数学模型，既可以根据过程进行的机理和生产设备的具体结构，通过对物料平衡和能量平衡等关系的分析计算，予以推导计算，也可通过现场实验测量的方法，如飞升曲线法、临界比例度法、伪随机信号法（即统计相关法）等。系统模型确定之后，即可确定控制算法。

每个特定的控制对象均有其特定的控制要求和规律，必须选择与之相适应的控制策略和控制算法，否则就会导致系统的品质不好，甚至会出现系统不稳定、控制失败的现象。对于一般的简单生产过程采用 PI、PID 控制；对于工况复杂、工艺要求高的生产过程，可以选用比值控制、前馈控制、串级控制、自适应控制等控制策略；对于快速随动系统可以选用最少拍无差的直接设计算法；对于具有纯滞后的对象最好选用 Dahlin 算法或 Smith 纯滞后补偿算法；对于随机系统应选用随机控制算法；对于具有时变、非线性特性的控制对象及难以建立数学模型的控制对象，可以采用模糊控制、学习控制等智能控制算法。

5. 硬件、软件功能的划分

在计算机控制系统中，一些功能既能由硬件实现，也能由软件实现。因此，在系统设计时，硬件和软件功能的划分要综合考虑，以决定哪些功能由硬件实现，哪些功能由软件来完成。一般采用硬件实现时速度比较快，可以节省 CPU 的大量时间，但系统比较复杂、灵活性较差，价格也比较高；采用软件实现比较灵活、价格便宜，但要占用 CPU 更多的时间。所以，一般在 CPU 时间允许的情况下，尽量采用软件实现，如果系统控制回路较多、CPU 任务较重，或某些软件设计比较困难时，则可考虑用硬件完成。

6. 其他方面的考虑

总体方案中还应考虑人-机联系方式的问题，系统的机柜或机箱的结构设计、抗干扰等方面的问题。

7. 系统总体方案

总体设计后将形成系统的总体方案。总体方案确认后，要形成文件，建立总体方案文档。系统总体文件的内容包括以下几方面。

(1) 系统的主要功能、技术指标、原理性方框图及文字说明。

(2) 控制策略和控制算法，如 PID 控制、Dahlin 算法、Smith 补偿控制、串级控制、前馈控制、解耦控制、模糊控制、最优控制等。

(3) 系统的硬件结构及配置，主要的软件功能、结构及框图。

(4) 方案比较和选择。

(5) 保证性能指标要求的技术措施。

(6) 抗干扰和可靠性设计。

(7) 机柜或机箱的结构设计。

(8) 经费和进度计划的安排。

对所提出的总体设计方案要进行合理性、经济性、可靠性及可行性论证。论证通过后，便可形成作为系统设计依据的系统总体方案图和设计任务书，以指导具体的系统设计过程。

8.2.2 硬件的工程设计与实现

采用总线式工业控制机进行系统的硬件设计，可以解决工业控制中的众多问题。由于总线式工业控制机的高度模块化和插板结构，因此，采用组合方式能够大大简化计算机控制系统的设计。采用总线式工业控制机，只需要简单地更换几块模板，就可以很方便地变成另外一种功能的控制系统。

1. 系统总线和主机机型的选择

1) 系统总线的选择

系统采用总线结构，具有很多优点。采用总线可以简化硬件设计，用户可根据需要直接选用符合总线标准的功能模板，而不必考虑模板插件之间的匹配问题，使系统硬件设计大大简化;系统可扩展性好,仅需将按总线标准研制的新的功能模板插在总线槽中即可;系统更新性好,一旦出现新的微处理器、存储器芯片和接口电路,只要将这些新的芯片按总线标准研制成各类插件,即可取代原来的模板而升级更新系统。

(1) 内总线选择　常用的工业控制机内总线有两种,即 PC 总线和 STD 总线。根据需要选择其中一种,一般常选用 PC 总线进行系统的设计,即选用 PC 总线工业控制机。

(2) 外总线选择　根据计算机控制系统的基本类型,如果采用分级控制系统 DCS 等,必然有通信的问题。外总线就是计算机与计算机之间、计算机与智能仪器或智能外设之间进行通信的总线,它包括并行通信总线(IEEE-488)和串行通信总线(RS-232C),另外还有可用来进行远距离通信、多站点互联的通信总线 RS-422 和 RS-485。具体选择哪一种通信总线,要根据通信的速率、距离、系统拓扑结构、通信协议等要求来综合分析,才能确定。但需要说明的是 RS-422 和 RS-485 总线在工业控制机的主机中没有现成的接口装置,必须另外选择相应的通信接口板。

2) 主机机型的选择

在总线式工业控制机中,有许多机型,都因采用的 CPU 不同而不同。以 PC 总线工业控制机为例,其 CPU 有 8088、80286、80386、80486、Pentium(586)等多种型号,内存、硬盘、主频、显示卡、显示器也有多种规格。设计人员可根据要求合理地进行选型。

2. 输入/输出通道模板的选择

一个典型的计算机控制系统,除了工业控制机的主机以外,还必须有各种输入/输出通道模板,其中包括数字量 I/O(即 DI/DO)、模拟量 I/O(AI/AO)等模板。

1) 数字量(开关量)输入/输出(DI/DO)模板

PC 总线的并行 I/O 接口模板多种多样,通常可分为 TTL 电平的 DI/DO 和带光电隔离的 DI/DO。通常和工业控制机共地装置的接口可以采用 TTL 电平,而其他装置与工业控制机之间则采用光电隔离。对于大容量的 DI/DO 系统,往往选用大容量的 TTL 电平的 DI/DO 板,而将光电隔离及驱动功能安排在工业控制机总线之外的非总线模板上,如继电器板(包括固体继电器板)等。

2) 模拟量输入/输出(AI/AO)模板

AI/AO 模板包括 A/D、D/A 板及信号调理电路等。AI 模板输入可能是 $0 \sim \pm 5$ V、$1 \sim 10$ V、$0 \sim 10$ mA、$4 \sim 20$ mA 及热电偶、热电阻和各种变送器的信号。AO 模板输出可能是 $0 \sim 5$ V、$1 \sim 10$ V、$0 \sim 10$ mA、$4 \sim 20$ mA 等信号。选择 AI/AO 模板时必须注意分辨率、转换速度、量程范围等技术指标。

系统中的输入/输出模板可按需要进行组合,不管哪种类型的系统,其模板的选择与组合均由生产过程的输入参数和输出控制通道的种类和数量来确定。

3. 变送器和执行机构的选择

1) 变送器的选择

变送器是这样一种仪表,它能将被测变量(如温度、压力、物位、流量、电压、电流等)转换为可远距离传送的统一标准信号($0 \sim 10$ mA、$4 \sim 20$ mA 等),且输出信号与被测变量有一定的连续关系。在控制系统中,其输出信号被送至工业控制机进行处理、实现数据采集。

DDZ-Ⅱ型变送器输出的是 4~20 mA 信号,供电电源为 24 V(DC)且采用二线制,DDZ-Ⅲ型比 DDZ-Ⅱ型变送器性能好,使用方便。DDZ-S 系列变送器是在总结 DDZ 型变送器的基础上,吸取了国外同类变送器的先进技术,采用模拟技术与数字技术相结合的方法开发出的新一代变送器。现场总线仪表也将被推广应用。

常用的变送器有温度变送器、压力变送器、液位变送器、差压变送器、流量变送器,以及各种电量变送器等。系统设计人员可根据被测参数的种类、量程、被测对象的介质类型和环境来选择变送器的具体型号。

2) 执行机构的选择

执行机构是控制系统中必不可少的组成部分,它的作用是接受计算机发出的控制信号,并把它转换成调整机构的动作,使生产过程按预先规定的要求正常运行。

执行机构分为气动、电动、液压三种类型。气动执行机构的特点是结构简单、价格低、防火防爆;电动执行机构的特点是体积小、种类多、使用方便;液压执行机构的特点是推力大、精度高。常用的执行机构为气动和电动两种。

另外,还有各种有触点和无触点开关,也是执行机构,实现开关动作。电磁阀作为一种开关阀在工业中也得到了广泛的应用。

在系统中,选择气动调节阀、电动调节阀、电磁阀、有触点和无触点开关之中的哪一种,要根据系统的要求来确定。但要实现连续的精确的控制目的,必须选用气动或电动调节阀,对要求不高的控制系统可选用电磁阀。

8.2.3 软件的工程设计与实现

用工业控制机来组建计算机控制系统不仅能减小系统硬件设计工作量,而且还能减少系统软件设计工作量。一般工业控制机配有实时操作系统或实时监控程序,各种控制运行软件、组态软件等,可使系统设计者在最短的周期内,开发出目标系统软件。

当然,并不是所有的工业控制机都能给系统设计带来上述方便的,有些工业控制机只能提供硬件设计的方便,而应用软件需自行开发。若从选择单片机入手来研制控制系统,系统的全部硬件、软件,均需自行开发研制。自行开发控制软件时,应首先画出程序总体流程图和各功能模块流程图,再选择程序设计语言,然后编制程序。程序编制应先模块后整体,具体设计内容有以下几个方面。

1. 编程语言的选择

在软件设计前,首先应针对具体的控制要求,选择合适的编程语言。

1) 汇编语言

汇编语言是面向具体微处理器的,使用它能够具体描述控制运算和处理的过程,紧凑地使用内存,对内存和空间的分配比较清楚,能够充分发挥硬件的性能。所编软件运算速度快、实时性好,所以主要用于过程信号的检测、控制计算和控制输出的处理。与高级语言相比,汇编语言编程效率低、移植性差,一般不用于系统界面设计和系统管理功能的设计中。

2) 高级语言

采用高级语言编程的优点是编程效率高,不必了解计算机的指令系统和内存分配等问题,其计算公式与数学公式相近等;其缺点是编制的源程序经过编译后、可执行的目标代码比完成同样功能的汇编语言的目标代码长得多,一方面占用内存量增多,另一方面使得执行时间增加较多,往往难以满足实时性的要求。高级语言一般用于系统界面和管理功能的设计。针对汇编语言和高级语言各自的优缺点,可以用混合语言编程,即系统的界面和管理功能等采用高级语言编程,而实时性要求高的控制功能则采用汇编语言编程。一般汇编语言实现的控制功能模块由高级语言调用,从而兼顾了实时性和复杂的界面等实现方便性的要求。许多高级语言,如 C 语言、BASIC 语言等,均提供与汇编语言的接口。

3) 组态软件

组态软件是一种针对控制系统而设计的面向问题的高级语言,它为用户提供了众多的功能模块,包括控制算法模块(多为 PID)、运算模块(四则运算、开方、最大值/最小值选择、一阶惯性、超前滞后、工程量变换、上下限报警等数十种)、计数/计时模块、逻辑运算模块、输入模块、输出模块、打印模块、显示模块等。系统设计者根据控制要求,选择所需的模块就能生成系统控制软件,因而软件设计工作量大为减少。常用的组态软件有 Intouch、FIX、WinCC、KingView 组态王、MCGS、力控等。

2. 数据类型和数据结构规划

在系统总体方案设计中,系统的各模块之间有着各种因果关系,互相之间要进行各种信息传递。如数据处理模块和数据采集模块之间的关系,数据采集模块的输出信息就是数据处理模块的输入信息,同样,数据处理模块和显示模块、打印模块之间也有这种产销关系。各模块之间的关系体现在它们的接口条件上,即输入条件和输出结果上。为了避免产销脱节现象,就必须严格规定各个接口条件,即各接口参数的数据结构和数据类型。

从数据类型上来分类,可分为逻辑型和数值型,但通常将逻辑型数据归到软件标志中去考虑。数值型可分为定点数和浮点数。定点数有直观、编程简单、运算速度快的优点,其缺点是表示的数值动态范围小,容易溢出。浮点数则相反,数值动态范围大、相对精度稳定、不易溢出,但编程复杂,运算速度低。

如果某参数是一系列有序数据的集合,如采样信号序列,则不只有数据类型问题,还有一个数据存放格式问题,即数据结构问题。

3. 资源分配

完成数据类型和数据结构的规划后,便可开始分配系统的资源了。系统资源包括 ROM、RAM、定时器/计数器、中断源、I/O 地址等。ROM 资源用来存放程序和表格,I/O 地址、定时器/计数器、中断源在任务分析时已经分配好了。因此,资源分配的主要工作是 RAM 资源的分配，RAM 资源规划好后，应列出一张 RAM 资源的详细分配清单，作为编程依据。

4. 实时控制软件设计

1) 数据采集及数据处理程序

数据采集程序主要包括模拟量和数字量多路信号的采样、输入变换、存储等。数据处理程序主要包括数字滤波程序、线性化处理和非线性补偿、标度变换程序、超限报警程序等。

2) 控制算法程序

控制算法程序主要实现控制规律的计算，产生控制量，包括数字 PID 控制算法、Dahlin 算法、Smith 补偿控制算法、最少拍控制算法、串级控制算法、前馈控制算法、解耦控制算法、模糊控制算法、最优控制算法等。实际实现时，可选择合适的一种或几种控制算法来实现控制。

5. 控制量输出程序

控制量输出程序实现对控制量的处理（上下限和变化率处理）、控制量的变换及输出，驱动执行机构或各种电气开关。控制量也包括模拟量和开关量输出两种。模拟控制量由 D/A 转换模板输出，一般为标准的 $0\sim10$ mA(DC) 或 $4\sim20$ mA(DC) 信号，该信号驱动执行机构(如各种调节阀)，而开关量控制信号驱动各种电气开关。

6. 实时时钟和中断处理程序

实时时钟是计算机控制系统一切与时间有关过程的运行基础。时钟有两种，即绝对时钟与相对时钟。绝对时钟与当地的时间同步，有年、月、日、时、分、秒等功能。相对时钟与当地时间无关，一般只要时、分、秒就可以，在某些场合要精确到 0.1 s 甚至毫秒。

计算机控制系统中有很多任务是按时间来安排的，即有固定的作息时间。这些任务的触发和撤销由系统时钟来控制，不用操作者直接干预，这在很多无人值守的场合尤其必要。实时任务有两类：第一类是周期性的，如每天固定时间启动、固定时间撤销的任务，它的重复周期是一天；第二类是临时性任务，操作者预定好启动和撤销时间后由系统时钟来执行，但仅一次有效。作为一般情况，假设系统中有几个实时任务，每个任务都有自己的启动和撤销时刻。在系统中建立两个表格：一个是任务启动时刻表，另一个是任务撤销时刻表，表格按作业顺序编号安排。为使任务启动和撤销及时、准确，这一过程应安排在时钟中断子程序来完成。定时中断服务程序在完成时钟调整后，就开始扫描启动时刻表和撤销时刻表，当表中某项和当前时刻完全相同时，通过查表位置指针就可以决定对应作业的编号，通过编号就可以启动或撤销相应的任务。

许多实时任务如采样周期、定时显示打印、定时数据处理等都必须利用实时时钟来实现，并由实时中断服务程序去执行相应的动作或处理动作状态标志等。

另外，事故报警、掉电检测及处理、重要的事件处理等功能的实现也常常使用中断技术，以便计算机能对事件做出及时处理。事件处理用中断服务程序和相应的硬件电路来完成。

7. 数据管理程序

这部分程序用于生产管理，主要包括画面显示、变化趋势分析、报警记录、统计报表打印输出等。

8. 数据通信程序

数据通信程序主要完成计算机与计算机之间、计算机与智能设备之间的信息传递和交换。这个功能主要在分散型控制系统、分级计算机控制系统、工业网络等系统中实现。

8.2.4 系统的调试与运行

系统的调试与运行分为离线仿真与调试阶段和在线调试与运行阶段。离线仿真与调试阶段一般在实验室或非工业现场进行，在线调试与运行阶段则在生产过程工业现场进行。离线仿真与调试阶段是基础，是检查硬件和软件的整体性能，为现场投运做准备，现场投运是对全系统的实际考验与检查。系统调试的内容很丰富，碰到的问题是千变万化的，解决的方法也是多种多样的，并没有统一的模式。

1. 离线仿真和调试

1) 硬件调试

对于各种标准功能模板，按照说明书检查主要功能。比如主机板（CPU 板）上 RAM 区的读写功能、ROM 区的读出功能、复位电路、时钟电路等的正确性调试。

在调试 A/D 和 D/A 模板之前，必须准备好信号源、数字电压表、电流表等。对这两种模板首先检查信号的零点和满量程，然后再分挡检查。比如满量程的 25%、50%、75%、100%，并且上行和下行来回调试，以便检查线性度是否合乎要求，如有多路开关板，应测试各通路是否正确切换。

利用开关量输入和输出程序来检查开关量输入（DI）和开关量输出（DO）模板。测试时可往输入端加开关量信号，检查读入状态的正确性，可在输出端检查（用万用表）输出状态的正确性。

硬件调试还包括现场仪表和执行机构，如压力变送器、差压变送器、流量变送器、温度变送器以及电动或气动调节阀等。这些仪表必须在安装之前按说明书要求校验完毕。

如是分级计算机控制系统和分散型控制系统，还要调试通信功能，验证数据传输的正确性。

2) 软件调试

软件调试的顺序是子程序、功能模块和主程序。有些程序的调试比较简单，利用开发装置（或仿真器）及计算机提供的调试程序就可以进行调试。程序设计一般采用汇编语言和高级语言混合编程。对处理速度和实时性要求高的部分用汇编语音编程（如数据采集、时钟、中断、控制输出等），对速度和实时性要求不高的部分用高级语言来编程(如数据处理、变换、图形、显示、打印、统计报表等)。

一般与过程输入/输出通道无关的程序,都可用开发机(仿真器)的调试程序进行调试,不过,有时为了能调试某些程序,需要编写临时性的辅助程序。

系统控制模块的调试分为开环和闭环两种情况进行。开环调试是检查它的阶跃响应特性,闭环调试是检查它的反馈控制功能。

一旦所有的子程序和功能模块调试完毕,就可以用主程序将它们连接在一起,进行整体调试。当然有人会问,既然所有模块都能单独地工作,为什么还要检查它们连接在一起能否正常工作呢?这是因为把它们连接在一起可能会产生不同软件层之间的交叉错误,一个模块的隐含错误对自身可能无影响,却会妨碍另一个模块的正常工作。单个模块允许的误差,多个模块连起来可能放大到不可容忍的程度等,所以有必要进行整体调试。

整体调试的方法是自底向上逐步扩大。首先按分支将模块组合起来,以形成模块子集;调试完各模块子集,再将部分模块子集连接起来进行局部调试;最后进行全局调试。这样经过子集、局部和全局三步调试,完成了整体调试工作。整体调试是对模块之间连接关系的检查,有时为了配合整体调试,在调试的各阶段编制了必要的临时性辅助程序,调试完成后应删去。通过整体调试能够把设计中存在的问题和隐含的缺陷暴露出来,从而基本上消除编程上的错误,为以后的仿真调试和在线调试及运行打下良好的基础。

3) 系统仿真

在硬件和软件分别联调后,并不意味着系统的设计和离线调试已经结束,为此,必须再进行全系统的硬件、软件统调。这次的统调试验,就是通常所说的"**系统仿真**"(也称为模拟调试)。所谓系统仿真,就是应用相似原理和类比关系来研究事物,也就是用模型来代替实际生产过程(即被控对象)进行实验和研究。系统仿真有以下三种类型:全物理仿真(或称在模拟环境条件下的全实物仿真)、半物理仿真(或称硬件闭路动态试验)和数字仿真(或称计算机仿真)。

系统仿真尽量采用全物理或半物理仿真。试验条件或工作状态越接近真实,其效果也就越好。对于纯数据采集系统,一般可做到全物理仿真;而对于控制系统,要做到全物理仿真几乎是不可能的。这是因为,我们不可能将实际生产过程(被控对象)搬到自己的实验室或研究室中,因此,控制系统只能做离线半物理仿真。被控对象可用实验模型代替。不经过系统仿真和各种试验,试图在生产现场调试中一举成功的想法是不切实际的,往往会被现场联调工作的现实所否定。

在系统仿真的基础上进行长时间的运行考验(称为拷机),并根据实际运行环境的要求,进行特殊运行条件的考验。例如,高温和低温剧变运行试验、振动和抗电磁干扰试验、电源电压剧变和掉电试验等。

2. 在线调试和运行

在上述调试过程中,尽管工作很仔细、检查很严格,但仍然没有经受实践的检验。

因此，在现场进行在线调试和运行过程中，设计人员与用户要密切配合，在实际运行前制定一系列调试计划、实施方案、安全措施、分工合作细则等。现场调试与运行过程是从小到大、从易到难、从手动到自动、从简单回路到复杂回路逐步过渡的过程。为了做到有把握，现场安装及在线调试前先要进行下列检查。

(1) 检测元件、变送器、显示仪表、调节阀等必须经过校验，保证精确度要求。作为检查，可进行一些现场校验。

(2) 各种接线和导管必须经过检查，保证连接正确。例如，孔板的上下引压导管要与差压变送器的正负压输入端极性一致；热电偶的正负端与相应的补偿导线相连，并与温度变送器的正负输入端极性一致等。除了极性不得接反以外，对号位置都不能接错。

(3) 对在流量中采用隔离液的系统，要在清洗好引压导管以后，灌入隔离液(封液)。

(4) 检查调节阀能否正确工作。旁路阀及上下游截断阀关闭或打开，要确保正确。

(5) 检查系统的干扰情况和接地情况，如果不符合要求，应采取相应措施。

(6) 对安全防护措施也要检查。

经过检查并已安装正确后即可进行系统的投运和参数的整定。投运时应先切入手动，等系统运行接近于给定位时再切入自动，并进行参数的整定。

在现场调试的过程中，往往会出现错综复杂、时隐时现的奇怪现象，一时难以找到问题的根源。此时此刻，计算机控制系统设计者们要认真地共同分析，每个人不应轻易地怀疑别人所做的工作，以免掩盖问题的根源所在。

8.3 计算机控制系统可靠性设计

运行中的计算机控制系统不能保证永远不出现故障，硬件失效、软件漏洞及外部干扰都可能对计算机控制系统产生种种不良的影响。因此，在计算机控制系统设计过程中，应采取必要的措施，将系统的致命故障转变为非致命故障，将系统不可恢复故障演化成可恢复故障，增大系统的平均可靠工作时间。这也是可靠性设计的基本要求。

8.3.1 干扰的形成与分类

干扰是指任何中断、阻碍、降低或限制计算机控制系统有效性能的电磁能量。形成干扰必须同时具备以下三个因素。

(1) 干扰源　指产生干扰的元件、器件、设备、分系统、系统或自然现象。

(2) 耦合途径　指把能量从干扰源耦合到敏感设备上并且对系统产生有害作用的通道，如微机过程通道等。

(3) 敏感设备　指易对干扰产生响应的设备，如单片机系统等。

工业生产现场普遍存在着各种各样的干扰。如高压、大电流电力电线、大功率电器、空间无线电波等均可通过过程通道进入计算机控制系统产生干扰,干扰在过程通道中形成的主要是静电耦合、磁场耦合和共阻抗耦合方式进行的。

1. 静电耦合方式

如果信号通道靠近高压回路及其装置,那么在高压电场的作用下,将有电流通过电压电线和信号线间的分布电容,再经过接地电容或接地系统传到大地。这一电流会在信号线上产生附加的干扰电压 V_i。V_i 可以由如下公式计算。

$$V_i = j\omega C_m V_s Z_i$$

式中:C_m 为干扰源;Z_i 为信号回路输入阻抗;ω、V_s 分别为干扰源角频率和电压。

2. 磁场的耦合方式

在大功率变压器、交流电动机等周围,由于大幅度的电流波动会产生变化的磁场,交变磁场会在回路内产生叠加于信号电压上的感应电势,感应电势形成的干扰电压 V_i 可由下式计算。

$$V_i = j\omega C_m M I_s$$

式中:M 为干扰源与信号线间的互感系数;ω、I_s 分别为干扰的角频率、电流。

3. 共阻抗耦合方式

当两个电路的电流经过同一个公共阻抗时,一个电路在该阻抗上的电压降就会影响另一个电路,即在另一个电路中形成干扰电压信号,这时会产生共阻抗耦合。工业生产现场的用电设备绝缘不良就会产生不稳定的漏电流,利用大地作为输电线的电工接地网或闭合回路而得到干扰。

空间静电耦合、电磁耦合等辐射干扰进入系统的传输线就对系统形成传导干扰。这种干扰在系统、总线或芯片的接口间因表现形式不同,又可分为以下两种。

(1) 共模干扰　通常指接口输入端共有的电压干扰形式。

(2) 差模干扰　通常指迭加在被测信号上的电压干扰形式。

8.3.2　硬件抗干扰技术

1. 屏蔽与接地

屏蔽是对两个空间区域进行金属隔离,以控制电场、磁场和电磁波由一个区域对另一个区域的感应和辐射。屏蔽主要有电场屏蔽、磁场屏蔽和电磁场屏蔽。电场屏蔽主要能消除、减弱静电场与被屏蔽信号或设备之间的分布电容 C_m,隔断电力线的传播,抑制通过静电感应产生的干扰电压。电场屏蔽必须接地才能发挥作用。磁场屏蔽能消除、减弱干扰源与信号线或设备之间的互感系数,隔断磁力线的传播,抑制通过磁场耦合形成的干扰电压。磁场屏蔽通过选择合适的金属材料来实现,其屏蔽体不能有开口或缝隙。电磁辐射可以靠"法拉第"屏蔽层(闭合接地的铜网)来阻隔。这些屏蔽体对来自于导线、电缆、元器件、电路或系统等外部干扰电磁波和内部电磁波,均有吸收能量、反射能量和抵消能量的作用,所以屏蔽体具有减弱干扰的功能。

1) 接地的作用

接地是抑制噪声、防止干扰的主要方法之一。接地对计算机控制系统的作用主要有以下几方面。

(1) 接地可使整个电路系统中的所有单元电路都有一个公共的参考零电位,保证电路系统能稳定工作。

(2) 防止外界电磁场的干扰。机壳接地可以使得由于静电感应而积累在机壳上的大量电荷通过大地来泄放,否则这些电荷形成的高压可能引起设备内部的火花放电而造成干扰。

(3) 保证安全工作。当发生直接雷电的电磁感应时,可避免电子设备的毁坏;当高压工频电源的输入电压因绝缘不良或其他原因直接与机壳相通时,可避免操作人员的触电危险。

2) 常用接地技术

(1) 浮地—屏蔽接地。计算机测控系统中,常采用数字电子装置和模拟电子装置的工作基准地浮空,而设备外壳或机箱采用屏蔽接地。浮地方式计算机控制系统不受大地电流的影响,提高了系统的抗干扰能力。由于强电设备大都采用保护接地,浮地技术切断了强电与弱电的联系,系统运行安全可靠。而外壳或机箱屏蔽接地,无论从防止静电干扰和电磁干扰的角度,还是从人身、设备安全的角度,都是十分必要的措施。

(2) 一点接地。一点接地技术又有串联一点接地和并联一点接地两种形式,如图8-3所示。串联一点接地指各元件、设备或电路的地依次相连,最后与系统接地点相连。由于导线存在电阻(地电阻),所以会导致各接地点电位不同。并联一点接地指所有元件、设备或电路的接地点与系统的接地点连在一点。各元件、设备、电路的地电位仅与本部分的地电流和地电阻有关,避免各工作电流的地电流耦合,减少相互干扰。一般而言,低频电路($f<1\ \mathrm{MHz}$)宜用一点接地技术。

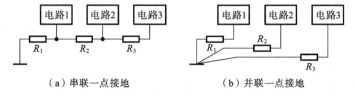

(a) 串联一点接地　　　　(b) 并联一点接地

图 8-3　一点接地的两种形式

(3) 多点接地。将地线用汇流排代替,所有的地线均接至汇流排上。这样连接时,地线长度较短,减少了地线感抗。尤其在高频电路中,地线越长,其中的感抗分量越大,而采用一点接地技术的地线长度较长,所以高频电路中,宜采用多点接地技术。

(4) 屏蔽层接地。屏蔽层接地分为低频电路电缆、高频电路电缆、系统的屏蔽层接地三种。

低频电路电缆的屏蔽层接地:电缆的屏蔽层接地应采用单点接地的方式,屏蔽层接地点应当与电路的接地点一致。对于多层屏蔽电缆,每个屏蔽层应在一点接地,但各屏蔽层应相互绝缘。

高频电路电缆的屏蔽层接地：高频电路电缆的屏蔽层接地应采用多点接地的方式。高频电路的信号在传递中会产生严重的电磁辐射，数字信号的传输会严重地衰减，如果没有良好的屏蔽，会使数字信号产生错误。一般采用以下原则：当电缆长度大于工作信号波长的0.15倍时，采用工作信号波长的0.15倍的间隔多点接地式。如果不能实现，则至少应将屏蔽层两端接地。

系统的屏蔽层接地：当整个系统需要抵抗外界电磁干扰，或需要防止系统对外界产生电磁干扰时，应将整个系统屏蔽起来，并将屏蔽体接到系统地上。例如，计算机的机箱、敏感电子仪器、某些仪表的机壳等。

(5) 设备接地。在计算机控制系统中，可能有多种接地设备或电路，比如低电平的信号电路(如高频电路、数字电路、小信号模拟电路等)、高电平的功率电路(如供电电路、继电器电路等)。这些较复杂的设备接地一般要遵循以下原则。

50 Hz电源零线应接到安全接地螺栓处，对于独立的设备，安全接地螺栓设在设备金属外壳上，并有良好电气连接；为防止机壳带电，危及人身安全，绝对不允许用电源零线作地线代替机壳地线。

为防止高电压、大电流和强功率电路(如供电电路、继电器电路)对低电压电路(如高频电路、数字电路、模拟电路等)的干扰，一定要将它们分开接地，并保证接地点之间的距离。前者为功率地(强电地)，后者为信号地(弱电地)。信号地也分为数字地和模拟地，数字地与模拟地要分开接地，最好采用单独电源供电并分别接地；信号地线应与功率地线和机壳地线相绝缘。

2. 隔离技术

干扰一旦在过程通道信号回路中形成，就应防止它进一步传导进入计算机系统，一般应在信号通道中加入隔离措施。常用的隔离措施有以下几种。

1) 变压器隔离

利用变压器可以把模拟信号电路与数字信号电路隔离开来，也就是把模拟地与数字地断开。另外，隔离前和隔离后应分别采用两组独立的电源，切断两部分的地线联系。

在图8-4中，被测信号U_s经放大后，首先通过调制解调器变换成交流信号U_{s1}，经隔离变压器B传输到副边，然后由解调器将它变换为直流信号U_{s2}，再对U_{s2}进行A/D变换。

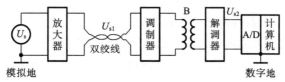

图8-4 变压器隔离示意图

2) 光电隔离

光电耦合器是由发光二极管和光敏三极管封装在一个管壳内组成的，发光二极管两端为信号输入端,光敏三极管的集电极和发射极分别作为光电耦合的输出端,它们之间的信号是靠发光二极管在信号电压的控制下发光,传给光敏三极管来完成的。

光电耦合器具有如下优点。
- 不会受到外界光的干扰。
- 各部件之间地线无联系。
- 发光二极管动态电阻非常小,因而可把干扰信号抑制得很小。
- 提供了较好的带宽,较低的失调漂移和增益温度系数。

在图 8-5 中,模拟信号 U_s 经放大后,再利用光电耦合器的线性区,直接对模拟信号进行光电耦合传送。由于光电耦合器的线性区一般只能在某一特定范围内,因此,应保证被传信号的变换范围始终在线性区内。为保证线性耦合,既要严格挑选光电耦合器,又要采取相应的非线性校正措施,否则将产生较大的误差。

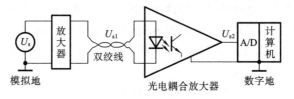

图 8-5 光电隔离示意图

光电隔离与变压器隔离相比,实现起来比较容易,成本低、体积也小。因此,光电隔离在计算机控制系统中得到了广泛应用。

3. 硬件冗余技术

采用硬件冗余是提高系统可靠性的一种有效办法。硬件冗余可以在元件级、插板级及系统级上进行。这种系统只要有一套独立的部件或装置不发生故障,系统便可继续工作。

针对故障不同,冗余设计可分为热备份和冷备份两种形式。

(1) 热备份

在热备份系统中,每个备份的元器件与正常的元器件同时工作。这种系统对于独立故障,只有待所有备份元器件失效时,系统才失效。所以在独立故障下,热备份系统能有效提高系统的可靠性。

(2) 冷备份

冷备份系统中,元器件的切换可以靠人工操作进行,也可采用自动切换器。冷备份系统的主要优点是隔离了各分系统之间相依故障的相互影响,这等效于把每个分系统中的相依故障转换成独立故障,从而有效提高了相依故障的备份冗余系统的可靠性。

8.3.3 软件抗干扰技术

软件抗干扰技术是当系统受干扰后使系统恢复正常运行或输入信号受干扰后

去伪求真的一种辅助方法。所以软件抗干扰是被动措施,而硬件抗干扰是主动措施。但由于软件设计灵活,节省硬件资源,所以软件抗干扰技术越来越引起人们的重视。在微机测控系统中,只要认真分析系统所处环境的干扰来源及传播途径,采用硬件、软件相结合的抗干扰措施,就能保证系统长期稳定可靠地运行。

软件抗干扰技术研究的内容,一是采取软件的方法抑制叠加在模拟输入信号上噪声的影响,如数字滤波技术;二是由于干扰而使运行程序发生混乱,导致程序跑飞或陷入死循环时,采取使程序纳入正规的措施,如软件冗余、软件陷阱技术等。

1. 数字滤波技术

在工业过程控制系统中,由于被控对象所处环境比较恶劣,常存在干扰,如环境温度、电场、磁场等,使采样值偏离真实值。噪音可分为两大类,即周期性的和不规则的。周期性的噪音如 50 Hz 的工频干扰,而不规则的噪音如随机信号。对于各种随机出现的干扰信号,可以通过数字滤波的方法加以削弱或滤除,从而保证系统工作的可靠性。所谓数字滤波,就是通过一定的计算程序或判断程序减少干扰在有用信号中的比重。数字滤波器与模拟滤波器相比,具有如下优点。

(1) 由于数字滤波采用程序实现,所以无须增加任何硬件设备,可以实现多个通道共享一个数字滤波程序,从而降低了成本。

(2) 由于数字滤波器不需要增加硬设备,所以系统可靠性高、稳定性好,各回路间不存在阻抗匹配问题。

(3) 可以对频率很低(如 0.01 Hz)的信号实现滤波,克服了模拟滤波器的缺陷。

(4) 可根据需要选择不同的滤波方法或改变滤波器的参数,较改变模拟滤波器的硬件电路或元件参数灵活、方便。

正因为数字滤波器具有上述优点,所以数字滤波技术受到相当的重视,并得到了广泛应用。数字滤波的方法有很多种,可以根据不同的测量参数进行选择。下面介绍几种常用的数字滤波方法。

1) 算术平均值滤波

算术平均值滤波是要寻找一个 Y 值,使该值与各采样值间误差的平方和为最小,即

$$E = \min\left[\sum_{i=1}^{N} e_i^2\right] = \min\left[\sum_{i=1}^{N}(Y-x_i)^2\right] \tag{8-1}$$

由一元函数求极值原理,得

$$Y = \frac{1}{N}\sum_{i=1}^{N} x_i \tag{8-2}$$

式中:Y 为 N 个采样值的算术平均值;x_i 为第 i 次采样值;N 为采样次数。

式(8-2)便是算术平均值数字滤波公式。由此可见,算术平均值滤波的实质即把 N 次采样值相加,然后再除以采样次数 N,得到接近于真值的采样值。

算术平均值滤波主要用于对压力、流量等周期脉动的参数采样值进行平滑加工,

这种信号的特点是有一个平均值,信号在某一数值范围附近做上下波动,在这种情况下取一个采样值作为依据显然是准确的。但算术平均值滤波对脉冲性干扰的平滑作用尚不理想,因而它不适用于脉冲性干扰比较严重的场合。采样次数 N,取决于对参数平滑度和灵敏度的要求。随着 N 值的增大,平滑度将提高,灵敏度降低;N 较小时,平滑度低,但灵敏度高。应视具体情况选取 N,以便既少占用计算时间,又达到最好效果。通常对流量参数滤波时 $N=12$,对压力参数滤波时 $N=4$。

算术平均值滤波程序实现方法一:将采样值依次保存在内存空间的单元中,将 N 个数据相加得到累加结果,累加结果除以 N,即可得到算术平均值。方法二:将第一次采样值存入内存空间,第二次采样值与第一次采样值相加保存累加结果,依次类推直至将 N 个结果累加完毕,再将累加结果除以 N 得到平均值,该方法优点是占用内存空间相对第一种方法要小。另外,在上述计算过程中,如果采样次数 N 为 2 的幂次时,可以不用除法程序,只需要对累加结果进行一定次数的右移,这样可大大节省运算时间。当采样次数为 3,5,…时,同样也可以根据式(8-3)进行累加结果的数次右移,再将右移结果相加,但同时也会引入一定的舍入误差。

$$\begin{cases} \dfrac{1}{3} = \dfrac{1}{4} + \dfrac{1}{16} + \dfrac{1}{64} + \dfrac{1}{256} + \cdots \\ \dfrac{1}{5} = \dfrac{1}{8} + \dfrac{1}{16} + \dfrac{1}{128} + \dfrac{1}{256} + \cdots \end{cases} \tag{8-3}$$

2)加权算术平均值滤波

由式(8-2)可以看出,算术平均值法对每次采样值给出相同的加权系数,即 $1/N$,但实际上有些场合各采样值对结果的贡献不同,有时为了提高滤波效果,提高系统对当前所受干扰的灵敏度,将各采样值取不同的比例,然后再相加,此方法称为加权平均值滤波法。N 次采样的加权平均公式为

$$Y = a_0 x_0 + a_1 x_1 + \cdots + a_N x_N \tag{8-4}$$

式中:a_0、a_1、a_2、$\cdots$、a_N 为各次采样值的系数,它体现了各次采样值在平均值中所占的比例,可根据具体情况决定。一般采样次数越靠后,取的比例越大,这样可增加新的采样值在平均值中的比例。这种滤波方法可以根据需要突出信号的某一部分,抑制信号的另一部分。

3)滑动平均值滤波

无论是算术平均值滤波,还是加权算术平均值滤波,都需连续采样 N 个数据,然后求取算术平均值,这种方法适合于有脉动式干扰的场合。但由于必须采样 N 次,所需要的时间较长,故检测速度慢,这对采样速度较慢而又要求快速计算结果的实时系统就无法应用。为了克服这一缺点,可采用滑动平均值滤波。

滑动平均值滤波与算术平均值滤波和加权算术平均值滤波一样,首先采样 N 个数据放在内存的连续单元中组成采样队列,计算其算术平均值或加权算术平均值作为第 1 次采样值。接下来,将采集队列向队首移动,将最早采集的那个数据丢掉,新采样的数据放在队尾,而后计算包括新采样数据在内的 N 个数据的算术平均值或加权平

均值。这样，每进行一次采样，就可计算出一个新的平均值，从而大大加快了数据处理的速度。

滑动平均值滤波程序设计的关键是，每采样一次，移动一次数据块，然后求出新一组数据之和，再求平均值。值得说明的是，在滑动平均值滤波中开始时要先把数据采样 N 次，再实现滑动滤波。

4）中值滤波

中值滤波是在三个采样周期内，连续采样三个数据 x_1, x_2, x_3，从中选择一个大小居中的数据作为采样结果，用算式表示为

若 $x_1 < x_2 < x_3$，则 x_2 为采样结果

假设 P_0 为脉冲干扰发生的概率，则出现一次干扰的概率为

$$P_1 = C_3^1 \times P_0 \times (1 - P_0)^2$$

出现两次干扰的概率为

$$P_2 = C_3^2 \times P_0^2 \times (1 - P_0)$$

出现三次干扰的概率为

$$P_3 = C_3^3 \times P_0^3$$

由上述可知，连续三次出现干扰的概率较连续两次和一次的概率小。如果三次采样中有一次发生干扰，则不管干扰发生在什么位置，都将被剔除；当三次采样中有两次发生脉冲干扰时，若两次干扰是异向作用，则同样可以滤掉这两次干扰，取得准确值；当两次干扰是同向作用时，或者三次数据全为干扰时，中值滤波便无能为力了，以致会把错误的结果当作准确值。

中值滤波对于去掉偶然因素引起的波动或传感器不稳定而造成的误差所引起的脉冲干扰比较有效。对缓慢变化的过程变量采用中值滤波效果比较好，但对快速变化的过程变量，如流量，则不宜采用。中值滤波对于采样点多于三次的情况不宜采用。

中值滤波程序设计的实质是，首先把三个采样值按从小到大或从大到小顺序进行排队，然后再取中间值。

5）程序判断滤波

经验说明，许多物理量的变化都需要一定的时间，所以在一定时间内的相邻两次采样值之间的变化应该有一定的限度。程序判断滤波方法，是根据生产经验或计算公式，确定相邻两次采样信号之间可能出现的最大偏差。若两次采样偏差绝对值超过此偏差值，则表明干扰信号对采样数据的影响不容忽视，应该进行处理。

当采样信号由于随机干扰，如大功率用电设备的启动或停止，造成电流的尖峰干扰或误检测，以及传感器不稳定而引起采样信号的失真等，可采用程序判断法进行滤波。

程序判断滤波根据滤波方法不同，可分为限幅滤波和限速滤波。

(1) 限幅滤波。

限幅滤波的作法是把两次相邻的采样值 $x(n)$ 与 $x(n-1)$ 相减，求出其变化量的绝对值，然后与两次采样允许的最大差值 e 进行比较，若小于或等于 e，则保留本次采样

值 $x(n)$；若大于 e，则取上次采样值 $x(n-1)$ 作为本次采样值，即 $x(n)=x(n-1)$。

当 $|x(n)-x(n-1)|>e$ 时，则
$$x(n)=x(n-1)$$

当 $|x(n)-x(n-1)|\leqslant e$ 时，则
$$x(n)=x(n)$$

这种程序滤波方法，主要用于变化比较缓慢的参数，如温度、物位等测量系统。使用时的关键问题是最大允许误差 e 的选取，e 太大，各种干扰信号将"乘机而入"，使系统误差增大；e 太小，又会使某些有用信号被"拒之门外"，使采样效率变低。因此，最大偏差值 e 的选取非常重要，取决于采样周期 T 及采样信号的动态响应。通常可根据经验数据获得，必要时，也可由实验得出。

如某加热控制箱的采样时间为 0.2 s，根据控制箱的加热功率及密封程度、要加热物质等实验得到两次采样的最大偏差为 2 ℃，8 次采样结果及滤波后的结果如表 8-1 所示。

表 8-1 限幅滤波实例表

次数	1	2	3	4	5	6	7	8
采样数据/℃	15	17	20	21	22	21	18	18
滤波后数据/℃	15	17	17	21	22	21	21	18

注意：第 3 次采样数据与第 2 次采样数据之差为 3 ℃，超出最大偏差，所以第 3 次采样结果去掉，保留第 2 次采样数据作为第 3 次采样数据，即 17 ℃。而第 4 次采样数据是否保留，取决于其与第 2 次采样结果之差是否在 4 ℃（间隔时间为 0.4 s）范围内；该差值为 4 ℃，所以第 4 次采样值保留。

(2) 限速滤波。

限速滤波将限幅滤波与中值滤波结合，较为折中，既照顾了采样的实时性，也照顾了采样值变化的连续性。限幅滤波是用两次采样值来决定采样结果，而限速滤波有时需用三次采样值来决定采样结果。

设顺序采样时刻 t_1、t_2、t_3 所采集的参数分别为 $x(1)$、$x(2)$、$x(3)$，那么

若 $|x(2)-x(1)|<e$ 时，则保留 $x(2)$；

若 $|x(2)-x(1)|\geqslant e$ 时，$x(2)$ 不采用，但先保留，继续采样取得 $x(3)$；

若 $|x(3)-x(2)|<e$ 时，则取 $x(3)$ 作为采样的真实信号；

若 $|x(3)-x(2)|\geqslant e$ 时，则取 $[(x(3)+x(2)]/2$ 作为真实信号。

限速滤波的缺点：首先，e 要根据现场检测、测试之后而定，对不同的过程变量，不能根据现场的情况不断更换新值；其次，不能反应采样点数 $N>3$ 时各采样数值受干扰情况。因此，其应用受到一定的限制。在实际使用中，可用 $[|x(1)-x(2)|+|x(2)-x(3)|]/2$ 取代 e，这样也可基本保持限速滤波的特性，虽增加运算量，但灵活性大为提高。

6) 复合数字滤波

为了进一步提高滤波效果，有时可以把两种或两种以上不同滤波功能的数字滤波器组合起来，组成复合数字滤波器，或称多级数字滤波器。例如，前边所述的算术平均滤波或加权平均滤波，都只能对周期性的脉动采样值进行平滑加工，但对于随机的脉冲干扰，如电网的波动、变送器的临时故障等，则无法消除。然而，中值滤波却可以解决这个问题。因此，我们可以将两者组合起来，形成多功能的复合滤波。也就是说，把采样值先按从小到大的顺序排列起来，然后将最大值和最小值去掉，再把余下的部分求和并取其平均值。这种滤波方法的原理可由下式表示。

若 $x(1) \leqslant x(2) \leqslant \cdots \leqslant x(N), 3 \leqslant N \leqslant 14$，则

$$y(k) = \frac{[x(2) + x(3) + \cdots + x(N-1)]}{N-2} = \frac{1}{N-2} \sum_{i=2}^{N-1} x(i) \qquad (8-5)$$

式(8-5)也称作防脉冲干扰平均值滤波。该方法兼容了算术平均值滤波和中值滤波的优点，当采样点数不多时，它的优点尚不够明显，但在快、慢速系统中，它却都能削弱干扰，提高控制质量。当采样点数为 3 时，则为中值滤波。

2. 指令冗余技术

微机的指令系统中，有单字节指令、双字节指令、三字节指令等，CPU 的取指过程是先取操作码，后取操作数。当 CPU 受到干扰后，程序便会脱离正常运行轨道，而出现"跑飞"现象，出现操作数数值改变及将操作数当作操作码的错误。因单字节指令中仅含有操作码，其中隐含有操作数，所以当程序跑飞到单字节指令时，便自动纳入轨道。但当跑飞到某一双字节指令时，有可能落在操作数上，从而继续出错。当程序跑飞到三字节指令时，因其有两个操作数，继续出错的机会就更大。

为了使跑飞的程序在程序区内迅速纳入正轨，应该多用单字节指令，并在关键地方人为地插入一些单字节指令如 NOP，或将有效单字节指令重复书写，称之为指令冗余。指令冗余显然会降低系统的效率，但随着科技的进步，指令的执行时间越来越短，所以一般对系统的影响可以不必考虑，因此该方法得到了广泛的应用。具体编程时，可从以下两方面考虑进行指令冗余。

在一些对程序流向起决定作用的指令和某些对工作状态起重要作用的指令之前插入两条 NOP 指令，以保证跑飞的程序能迅速纳入正常轨道。

在一些对程序流向起决定作用的指令和某些对工作状态起重要作用的指令的后面重复书写这些指令，以确保这些指令的正确执行。

由以上论述可以看出，指令冗余技术可以减少程序跑飞的次数，使其很快纳入正常程序轨道。但采用指令冗余技术使程序纳入正常轨道的条件是：跑飞的程序必须在程序运行区，并且必须能执行到冗余指令。

3. 软件陷阱技术

当跑飞程序进入非程序区(如 EPROM 未使用的空间)或表格区时，采用指令冗余技术使程序回归正常轨道的条件便不能满足，此时就不能再采用指令冗余技术，但可

以利用软件陷阱技术拦截跑飞程序。

软件陷阱技术就是一条软件引导指令,强行将捕获的程序引向一个指定的地址,在那里有一段专门对程序出错进行处理的程序。如果把出错处理程序的入口地址标记为 ERR 的话,软件陷阱即为一条无条件转移指令,为了加强其捕获效果,一般还在无条件转移指令前面加两条 NOP 指令,因此真正的软件陷阱程序如下。

```
NOP
NOP
JMP ERR
```

软件陷阱一般安排在以下五种地方:

(1) 未使用的中断向量区;

(2) 未使用的大片 ROM 区;

(3) 表格;

(4) 运行程序区;

(5) 中断服务程序区。

由于软件陷阱都安排在正常程序执行不到的地方,故不影响程序执行效率,在 EPROM 容量允许的情况下,则多多益善。

8.4 计算机控制系统设计实例

8.4.1 纸机的转速和纸长计算机控制系统

纸机是指各种纸品机械,也就是生产加工生活用纸、办公用纸的机械。对于纸机的自动控制主要体现在电气传动控制方面。具体地讲,有以下几个方面的要求:

(1) 可通过人机交互设置走纸长度,走纸长度在 0~9999 m 之间设定;

(2) 能对纸长进行检测与控制,纸长的控制精度在 ±10 cm;

(3) 对纸机运行的转速进行恒值控制,总调速范围为 1:6,可分部低速跑合速度在 90~150 m/min;

(4) 对电动机启、停具有保护功能,对断纸等现象应立即报警并停机。

1. 纸机计算机控制系统总体方案

图 8-6 所示为控制纸机运行的原理框图。图 8-6 中,转速控制采用了带有转速单闭环的直流电动机调速系统;驱动电路由晶闸管-直流电动机构成;控制电路主要包括转速给定、转速反馈、比例积分微分调节器,以及晶闸管脉冲触发电路,走纸的长度控制主要是由纸长设定和纸长脉冲反馈构成。

控制器采用单片微型计算机构成。其主要完成的功能如图中虚线所示,也就是转速的给定、纸长的设定、转速和纸长的反馈的检测,以及基于转速偏差的 PID 控制算法。

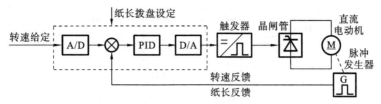

图 8-6　纸机运行原理框图

2. 系统硬件原理

系统硬件结构原理图如图 8-7 所示。转速的给定由模拟电压经 A/D 变换后设置。走纸长度的设定由拨盘设置。由于拨盘的输入值采用了 BCD 码形式,每个数字占 4 位二进制数,当走纸长度的范围在 0～9999 m 时,需用 16 条 I/O 线来读入,为此,单片机扩展一片具有综合功能的芯片 8155,除增加 22 条 I/O 线外,还利用 8155 中的 256 字节静态 RAM 和一个 14 位减法计数器,完成扩展数据存储器和定时器/计数器功能。本系统中,8155 的 PA 口、PB 口用作输入端口,输入 4 个拨盘的 BCD 码,PC 口用作输出端口,其中,PC0 和 PC1 分别提供走纸长度是否到位的显示信号。

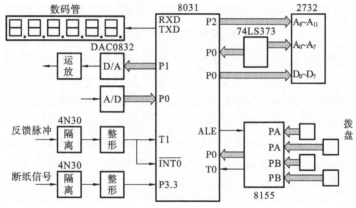

图 8-7　纸机硬件结构原理

6 位数码管分别用于显示转速和走纸长度,前 2 位为显示运行转速的 m/min 值,后 4 位显示当前剩下纸张的米数,纸长从设定值开始,每走纸 1 m 则减 1。为了简化显示电路,采用了串行口的移位寄存器方式,以接口数码管。由光电码盘送来的反馈脉冲信号,经光电隔离器 4N30 并整形后送入单片机的计数器 T1 和外部中断 $\overline{INT0}$,前者用于计量走纸长度,后者用来检测纸机的转速。单片机通过计量两个反馈脉冲间的时间或计量单位时间内出现的脉冲个数,即可得出转速反馈值的大小,反馈信号与转速设定值形成偏差后,作 PID 运算,并把结果经 D/A 变换器 DAC0832 输出,从而提供晶闸管脉冲触发电路的控制信号。

3. 各功能模块的设计

1）纸长的设定

纸长的设定由 4 位拨盘给出,为了增加 I/O 线,扩展 8155 芯片,单片机与 8155 的接口电路如图 8-8 所示。

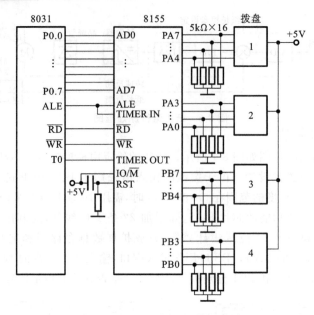

图 8-8 纸机扩展 8155 接口电路

为使 8155 的 PA 口和 PB 口为基本输入方式，PC 口为基本输出方式，并使 8155 的计数器具有 ALE 信号分频的功能，8155 控制字为 11001100＝0CCH。当 8155 的计数器取分频系数为 1000D＝03E8H，并处于具有自动重装此计数初值和方波信号输出的工作方式时，计数器初值应设置成 0100 0011 1110 1000B＝43E8H。

对于 8031 单片机与 8155 按图 8-8 所示的接口电路来说，控制字寄存器、PA 口、PB 口、PC 口和计数器的地址分别为 00H、01H、02H、03H 和 04H、05H。当要写入控制字，并把计数器设置成 1000D 分频工作状态，且使 PA、PB 端口输入、PC 口输出时，程序如下：

```
        MOV   R0,#00H       ；写控制字
        MOV   A,#0CCH
        MOV   @R0,A
        MOV   R1,#04H       ；写计数器初值与工作方式
        MOV   A,#0E8H
        MOVX  @R1,A
        INC   R1
        MOV   A,#43H
        MOVX  @R1,A
        MOV   R0,#01H       ；把 PA 口内容读入单片机 RAM 7FH
        MOV   A,@R0
        MOV   7FH,A
        INC   R0
```

```
       MOV   A,@R0        ;把 PB 口内容读入单片机 RAM 7EH
       MOV   7EH,A
       INC   R0
       MOV   A,#01H
       MOV   A,@R0        ;把 01 内容由 PC 口输出
```

2) 转速的设定

在调速过程中,要求转速能够圆滑调节,为此,系统采用模拟电压设定转速大小的方法。利用模数转换器 ADC0809 实现 A/D 变换,并把变换结果读入单片机内作为转速设定值。

3) 纸长的检测与控制

前已述及,走纸长度的设置由 4 位拨盘设定,走纸的检测信号来自线速度不变的码盘脉冲。由于两脉冲间的距离表示了一定的纸长,当反馈脉冲的引入量达到一定数量后,可使设定值不断作减 1 计数,直至为零后停车。

若系统采用脉冲当量为 1 cm/脉冲,当计纸长度单位 10 m 时,1000 个反馈脉冲可使纸长设定值减 1。这一功能可由单片机的定时器/计数器 T1 实现。由于 1000D=03E8H,T1 的计数初值应为 $(03E8H)_{补}$=FC18H。当 T1 处于工作方式 1 的计数状态时,每引入 T1 脚 1000 个脉冲后,单片机将自动进入 T1 中断服务程序,使计数值减 1 并重置计数初值。

4) 单片机 PID 调节器

单片机在获得了转速的给定值和反馈值以后,就要形成转速的偏差,并且利用调节器算法得到输出值去控制晶闸管-直流电动机系统,从而实现对整个直流传动系统的闭环控制。

传动系统的性能在很大程度上取决于调节器的形式和参数,对于要求的转速单闭环调速系统,调节器往往采用比例-积分的形式。比例项用来提高响应速度,积分项可使偏差消除。单片机要构成比例-积分调节器要采用离散差分式算法。

连续 PI 调节器算法为

$$u(t) = K_P e(t) + K_I \int e(t) dt$$

其中:$u(t)$ 为控制器的输出;$e(t)$ 为偏差信号;K_P、K_I 分别为比例、积分增益。

将上式离散化,得

$$u(k) = K_P e(k) + K_I \sum_{i=0}^{k} e(i) \Delta T$$

其中:$u(k)$ 为控制器第 k 次采样周期的输出;$e(k)$ 为第 k 次偏差信号;ΔT 为采样周期。把上式进一步写成增量形式,得

$$\Delta u(k) = u(k) - u(k-1) = \left[K_P e(k) + K_I \sum_{i=0}^{k} e(i) \Delta T \right] - \left[K_P e(k-1) + K_I \sum_{i=0}^{k-1} e(i) \Delta T \right]$$
$$= K_P [e(k) - e(k-1)] + K_I e(k)$$

由于转速偏差 e 可正可负,并且从运算精度上考虑,宜采用双字节算法,因此上面

的递推算式主要包括双字节补码数的乘法运算。

  在实际编程过程中，首先，为了扩大运算范围，需先把反馈量和给定量都缩小为原来的几分之一，形成偏差，进而算出 $\Delta u(k)$；之后再扩大相同倍数还原；然后由 $\Delta u(k)$ 算出 $u(k)$；最后取其高 8 位作为 PI 调节器的本步输出值。下面是一段比例-积分运算程序，仅供参考。

```
PPI: MOV     A, 20H
     MOV     B, #20H
     MUL     A, B
     MOV     R1, #2BH
     MOV     @R1, B
     DEC     R1
     MOV     @R1, A
     MOV     A, 21H
     MOV     B, #20H
     MUL     A, B
     MOV     R0, #59H
     MOV     @R0, B
     DEC     R0
     MOV     @R0, A
     LCALL   PSUB            ;求取 e(k)
     MOV     A, @R1          ;e(k)→R5R4
     MOV     R5, A
     DEC     R1
     MOV     A, @R1
     MOV     R4, A
     MOV     R3, 27H         ;取比例、积分增益
     MOV     R2, 26H
     LCALL   PMUL            ;求 $(K_P+K_I) \times e(k)$→57H56H
     MOV     R0, #56H
     MOV     R1, #2CH
     LCALL   PSUB
     DEC     R1
     MOV     A, @R1          ;$\Delta u(k)$ 扩大 8 倍
     MOV     B, #08H
     MUL     A, B
     MOV     @R1, A
     MOV     R7, B
     INC     R1
     MOV     A, @R1
```

```
         MOV     B, #08H
         MUL     A, B
         ADD     A, R7
         MOV     @R1, A
         MOV     R0, #24H         ;指向 u(k-1)
         DEC     R1               ;指向 u(k)
         CLR     C
         MOV     A, @R0
         ADD     A, @R1
         MOV     @R0, A
         INC     R0
         INC     R1
         MOV     @R0, A
         ADDC    A, @R1
         MOV     @R0, A
         CJNE    @R0, #F0H        ;输出是否超过限幅值
         MOV     @R0, #F0H
PA:      MOV     A, @R0           ;输出 u(k)
         MOV     DPTR, #EFFFH
         MOVX    @DPTR, A
         MOV     R2, 28H          ;取 K_P
         MOV     R3, 29H
         MOV     R4, 2AH          ;取 e(k)
         MOV     R5, 2BH
         LCALL   PMUL
         MOV     2DH, @R0
         DEC     R0
         MOV     2CH, @R0
         RET
```

上述程序中的 PMUL 为双字节补码数乘法子程序；PSUB 为双字节补码数减法子程序。

5）调速操作与保护功能

纸机启动前已把纸张安装在机器上，因此，要求启动从零平稳达到给定走纸速度，不能出现阶跃信号给定时的速度冲击。在运行过程中，调节走纸速度的上升或下降亦要求平稳完成，不能出现转速突变。此外，纸机在达到了设定运行的纸长后，机器能自动从给定线速度缓慢下降到零。纸张运行过程中，如出现断纸现象，应要求立即停机。

为了使启动和调速过程中的速度变换平稳，单片机可采用给定积分的形式，也就是启动时，从零开始，每延时一段时间后便增加一定量，直到达到给定的走纸速度为止。调速时，速度的增加或降低都采用不断延时，不断缓慢加减的方式。

纸机运行过程中，是否出现断纸现象的检测来自于光电信号，此信号经静态口引

入单片机内。为了区别是走纸出现空洞还是确实出现断纸现象,单片机根据无纸信号出现的时间长短加以判断。例如,当无纸信号持续 1 s 后消失,说明无断纸现象,则微机系统仍然正常运行;如超过此时间后,无纸信号依然存在,则判断为出现了断纸现象,单片机立即停机。实现此功能的基本程序如下。

```
PIP:        JNB   P3.3,NEXT5      ;无断纸信号则返回
            MOV   R5,#0AH         ;延时
LOOP2:      MOV   R7,#32H
LOOP1:      MOV   R6,#00H
            DJNZ  R6,$
            DJNZ  R7,LOOP1
            DJNZ  R5,LOOP2
            JNB   P3.3,NEXT5      ;再判断有无断纸信号
            AJMP  ED              ;有断纸信号则停机
NEXT5:      RET
```

8.4.2 预加水成球模糊逻辑控制系统

1. 预加水成球工艺过程

预加水成球是机立窑水泥生产中一个重要的环节,其工艺流程简图如图 8-9 所示。生料和外配煤形成的混料经提升机送至窑顶,单管绞刀将混料送入双轴搅拌机。在双轴搅拌机中,喷射雾化的水按一定比例与粉状混料混合,经螺旋绞刀搅拌,然后掉入成球盘。成球盘有一定的倾斜度,并以一定速度旋转,将含有适当水量的混料加工

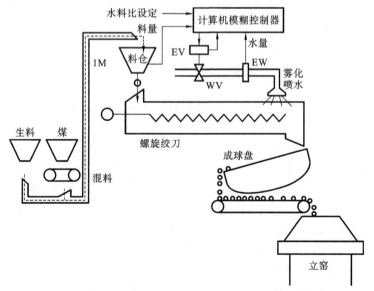

图 8-9 预加水成球工艺流程简图

成一定颗粒大小的小球。小球出成球盘后经皮带传输到立窑顶部,通过立窑中的布料机使小球均匀散布于窑中进行煅烧。

预加水成球的生产过程对成球质量,进而对水泥熟料的产量、质量,降低电耗、煤耗具有重要的影响。小球大小均匀、圆度好,会使窑中的通风良好,不易产生偏火等不正常情况;小球强度适当,使煅烧顺利进行,熟料性能好。

在成球过程中,水/料比是一个关键因素,对它应有严格的要求。水/料比过高或过低,会使料或结团,或成粉,强度不够,使立窑煅烧难以进行,直接影响熟料的质量,造成能源的浪费。因此,预加水成球控制系统要求一定精度的水/料比例控制,且水/料比能够根据不同的原料和生产情况设定。由于机立窑是一个连续生产过程,生料通过螺旋绞刀不断输送,料流量往往难以恒定。这样,该系统成为一个水料跟踪系统,如图8-10所示。在图8-10中,阀位信号起辅助作用,该部分没有画出。

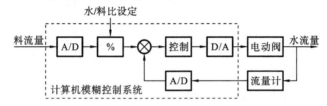

图 8-10 水料跟踪模糊控制系统

预加水成球生产对系统的主要要求可归纳为以下几方面。

(1) 对水流量进行自动控制,使水流量按给定的水/料比跟踪料量的变化,水/料比能自由设定。

(2) 且有优良的控制策略,能实现复杂的控制任务;水路管道的延迟、水压力的变化、伺服放大器的死区和非线性,都将使控制对象复杂,必须有优良的控制策略方可完成控制功能。

(3) 高可靠性:预加水成球控制系统安装在立窑窑顶,工作环境十分恶劣,温度高、湿度大、混料微粒、喷水水雾、机械振动、电气干扰、电磁干扰很大。

(4) 操作、使用、维护简便。

2. 系统硬件设计

以单片机芯片为核心加上适当的外围电路和元器件组成的单片机控制器在工业上获得了广泛应用。实践证明,经过精心设计和制造的单片机控制器,能胜任恶劣的工艺环境,具有良好的实时控制性能,其性能适中而价格便宜,对一些不太复杂的控制对象,特别是一些单变量控制系统,是首选的方案。根据前面所述的预加水成球生产对控制系统的要求,考虑到系统中需处理的信息量不是很大,故设计的控制器采用以8031单片机为核心的微机控制器,其原理框图如图8-11所示。

该控制器具有4KB EPROM、2KB RAM存储器。ADC0804完成对料、水、阀信号的A/D转换。8279实现8位8段数码显示和16键键盘的接口,用以显示料、水的实际流量和水/料比等各种信息,并实现水/料比等参数的人工设定。8253以脉冲调宽输

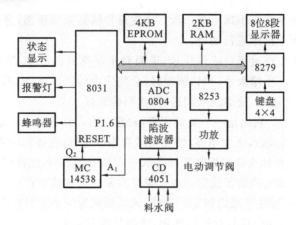

图 8-11 预加水成球控制系统硬件结构图

出方式实现 D/A 转换,经过光电隔离后滤波放大,控制电动阀的开度,以控制水流量。此外,还设计有必要的生产状态指示灯、报警灯及蜂鸣器等。

3. 系统模型的建立

预加水成球系统中各主要部件的数学模型可近似建立如下。

(1) 伺服放大器。伺服放大器中的两位置晶闸管具有继电器特性,控制信号有死区 $[-h,+h]$,供电电压 220 V 固定。如忽略晶闸管的死时及其他惯性时间常数,则将该部件近似处理成带有 $\pm h$ 和饱和值 $\pm M$ 的继电型非线性特性,有

$$Y_M = \begin{cases} M, & u_M > h \\ 0, & -h < u_M < h \\ -M, & u_M < -h \end{cases}$$

(2) 两相伺服电动机-电动执行阀。按常规对机械-电气伺服系统的处理,它们的线性化函数可表示为

$$G_P(s) = \frac{\theta(s)}{u_M(s)} = \frac{K_P}{s(T_P s+1)}$$

式中:θ 为电动执行阀位移;u_M 为伺服电动机的输入电压;T_P 为时间常数,考虑了电气和机构的等值阻力;K_P 为等值系数,考虑了电气和机构的机械惯性及等值增益。

(3) 水路管道。水流量与阀位移,阀门当前位置及水压等因素有关,故一般情况下水流量与阀位移呈线性关系;另外,水从阀门至双轴搅拌机喷头之间的流动需要时间,从而形成了死滞特性,其传递函数为

$$G_\omega(s) = \frac{Y(s)}{\theta(s)} = g(\theta) e^{-T_d s} \tag{8-6}$$

式中:$Y(s)$ 为水流量,即为系统的被控量(输出);T_d 为死滞时间;$g(\theta)$ 为非线性函数。

(4) 电动阀、流量计。此处均忽略它们的惯性。不失一般性,将它们的传递系数均视为1,以简化分析中的书写。

(5) 控制器。在本系统中,控制器的输入信号为系统的误差 $E = Y^* - Y$,输出为

u_0。对于具有继电器特性的本质非线性系统,伺服装置的输出只有三个数值,即$+M$, 0,$-M$,故控制器的输出 u 对应也只有三个状态,即$+H$,0,$-H$,其中$|H|\geqslant h$。

在初步分析中,我们先不考虑式(8-6)的非线性关系,即设 $g(\theta)=1$。由此得经简化处理的系统框图如图 8-12 所示,只是一个具有死区的非线性系统。据实测及设备的技术参数计算,$T_P=1.3$ s,$T_d=0.7$ s,$K_P=1.15$,$h=3.5$ V,$H=5$ V。实际生产中,管道水压波动较大,伺服阀的特性也随运行情况变化,故要求控制系统有较强的鲁棒性以适应这些不确定的变化因素。

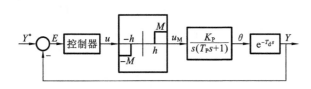

图 8-12 系统简化结构图   图 8-13 通-断控制输出

4. 用模糊逻辑设计控制器

如图 8-13 所示,在通-断控制中,控制强度的强弱取决于控制段的时间长短。由此,控制强度 σ 定义为

$$\sigma=\frac{T_\sigma}{T_s},\quad 0\leqslant\sigma\leqslant 1$$

控制段(控制输出幅值$=H>h$)的时间为

$$T_\sigma=\sigma T_s$$

保持段(控制输出$=0$)的时间为

$$T_h=(1-\sigma)T_s$$

在一般情况下,控制强度 σ 由系统的特征运动状态决定,即使对于可近似成图 8-12 的系统,在不同的生产工况和不同的工艺要求下,σ 的取值也不相同。用模糊逻辑总结生产操作的规则,用以设计控制强度 σ 是一个有效的方法。

1) 模糊化,选择模糊集

(1) 选择论域、模糊集及隶属函数。现选 E 及 $\dot{E}$ 为输入量论域,σ 为输出量论域。将连续论域转化成离散论域为

$$E\in\{-6,-5,-4,-3,-2,-1,-0,+0,+1,+2,+3,+4,+5,+6\}$$
$$\dot{E}\in\{-6,-5,-4,-3,-2,-1,0,+1,+2,+3,+4,+5,+6\}$$
$$\sigma\in\{-6,-5,-4,-3,-2,-1,0,+1,+2,+3,+4,+5,+6\}$$

E、$\dot{E}$ 及 σ 的模糊集取下述形式或其中一部分定义:{负大,负中,负小,负零,正零,正小,正中,正大}。由此得

$$\tilde{E}\in\{NL,NM,NS,NZ,PZ,PS,PM,PL\}$$
$$\tilde{\dot{E}}\in\{NL,NM,NS,Z,PS,PM,PL\}$$
$$\tilde{\sigma}\in\{NL,NM,NS,Z,PS,PM,PL\}$$

E、$\dot{E}$ 及 σ 的隶属度函数在总结实际生产情况和操作经验的基础上得到,现以赋值表的形式给出,如表 8-2 所示,表中没有标出数值的地方均为 0。

表 8-2　E 的模糊集隶属度

	-6	-5	-4	-3	-2	-1	-0	+0	+1	+2	+3	+4	+5	+6
PL													0.6	1.0
PM											0.6	1.0	0.6	
PS									0.6	1.0	0.6			
PZ								1.0	0.4					
NZ						0.4	1.0							
NS			0.6	1.0	0.6									
NM	0.6	1.0	0.6											
NL	1.0	0.6												

(2) 总结控制规则。分析预加水成球控制过程并总结实际操作经验,可归纳出控制规则如表 8-3、表 8-4 所示。其中 PL 的含义为:P 表示控制作用取正,L 表示 σ 取"大"。其余以此类推。

表 8-3　$\dot{E}$ 的模糊集隶属度

	-6	-5	-4	-3	-2	-1	0	+1	+2	+3	+4	+5	+6
PL												0.6	1.0
PM										0.6	1.0	0.6	
PS								0.6	1.0	0.6			
Z						0.4	1.0	0.4					
NS				0.6	1.0	0.6							
NM		0.6	1.0	0.6									
NL	1.0	0.6											

表 8-4　σ 模糊集隶属度

	-6	-5	-4	-3	-2	-1	0	+1	+2	+3	+4	+5	+6
PL												0.6	1.0
PM										0.6	1.0	0.6	
PS								0.6	1.0	0.6			
Z						0.4	1.0	0.4					
NS				0.6	1.0	0.6							
NM		0.6	1.0	0.6									
NL	1.0	0.6											

表 8-5 给出了 56 条规则,每条均可写成:

$$\text{if } E=\tilde{E}_i \text{ and } \dot{E}=\dot{E}_j \text{ then } \sigma=\sigma_{ij}$$

规则中,$i=1,2,\cdots,8$;$j=1,2,\cdots,7$,$\tilde{E}_i$、$\tilde{\dot{E}}_j$、$\tilde{\sigma}_{ij}$ 是定义在误差、误差变化及控制强度论域上的模糊集。

表 8-5 模糊控制规则

控制强度 σ		误差 E						
		NL	NM	NS	NZ	PZ	PS	PM	PL
误差变化 $\dot{E}$	PL	NS	Z	PS	PS	PM	PL	PL	PL
	PM	NS	NS	Z	PS	PS	PM	PL	PL
	PS	NM	NS	NS	Z	PS	PM	PM	PL
	0	NM	NM	NS	Z	Z	PS	PM	PM
	NS	NL	NM	NM	NS	Z	PS	PS	PM
	NM	NL	NL	NM	NM	NS	Z	PS	PS
	NL	NL	NL	NL	NM	NM	NS	Z	PS

2) 求模糊关系

模糊控制设计核心是求模糊关系。

(1) 求某一条控制规则的模糊关系。考虑表第 1 列、第 6 行产生的控制规则($i=1,j=6$):

$$\text{if } E=\text{NL and } \dot{E}=\text{NM then } \sigma_{16}=\text{NL}$$

它表示了一个三元模糊关系:

$$\tilde{R}_{16}=\tilde{E}_1 \times \tilde{\dot{E}}_6 \times \tilde{\sigma}_{16}$$

首先求叉积 $\tilde{E}_1 \times \tilde{\dot{E}}_6$

$$\tilde{E}_1 \times \tilde{\dot{E}}_6 = \mu_{\tilde{E}_1} \wedge \mu_{\tilde{\dot{E}}_6}$$

由于 $\tilde{E}_1=\text{NL}$ 和 $\tilde{\dot{E}}_6=\text{NM}$ 对其值进行量化,根据隶属度函数赋值表可得

$$\mu_{\tilde{E}_1}=\{1,0.6,0,0,0,0,0,0,0,0,0,0,0,0\}$$

$$\mu_{\tilde{\dot{E}}_6}=\{0,0.6,1,0.6,0,0,0,0,0,0,0,0,0\}$$

得

$$\tilde{E}_1 \times \tilde{\dot{E}}_6 = \begin{bmatrix} 0 & 0.6 & 1 & 0.6 & 0 & \cdots & 0 \\ 0 & 0.6 & 0.6 & 0.6 & 0 & \cdots & 0 \\ 0 & 0 & 0 & 0 & 0 & \cdots & 0 \\ \cdots & \cdots & \cdots & \cdots & \cdots & & \cdots \\ 0 & 0 & 0 & 0 & 0 & \cdots & 0 \end{bmatrix}_{14 \times 13}$$

可见,叉积 $\tilde{E}_1 \times \tilde{\dot{E}}_6$ 是 14×13 阶的二维矩阵。

其次,求 $\tilde{R}_{16}=\tilde{E}_1 \times \tilde{\dot{E}}_6 \times \tilde{\sigma}_{16}$。$\tilde{\sigma}_{16}=\text{NL}$,将其量化,根据隶属度赋值表可得

$$\mu_{\tilde{\sigma}_{16}}=\{1,0.6,0,0,0,0,0,0,0,0,0,0,0,0\}$$

14×13 阶的二维矩阵 $\widetilde{E}_1 \times \widetilde{E}_6$ 与 13 个元素的行向量 $\widetilde{\sigma}_{16}$ 求叉积时，应把二维矩阵 $\widetilde{E}_1 \times \widetilde{E}_6$ 每行都变成列向量，形成 $14 \times 13 = 182$ 个元素的列向量，然后再与列向量 $\widetilde{\sigma}_{16}$ 求叉积：

$$\widetilde{R}_{16} = \widetilde{E}_1 \times \widetilde{E}_6 \times \widetilde{\sigma}_{16} = \begin{bmatrix} 0 & 0 & 0 & \cdots & 0 \\ 0.6 & 0.6 & 0 & \cdots & 0 \\ 1 & 0.6 & 0 & \cdots & 0 \\ 0.6 & 0.6 & 0 & \cdots & 0 \\ 0 & 0 & 0 & \cdots & 0 \\ \cdots & \cdots & \cdots & \cdots & \cdots \\ 0 & 0 & 0 & \cdots & 0 \end{bmatrix}_{182 \times 13}$$

可见，对表中的一条控制规则，得到的模糊关系是一个 182×13 阶的矩阵。

(2) 求总的模糊关系。表 8-5 有 $8 \times 7 = 56$ 条控制规则，每条均可按上述步骤处理。这 56 条规则用 OR 连接，故全部规则可用总的模糊关系 $\widetilde{R}$ 来描述：

$$\widetilde{R} = [r_{ij}] = \bigcup_{i,j} \widetilde{R}_{ij} = \bigcup_{i,j} \widetilde{E}_i \times \widetilde{E}_j \times \widetilde{\sigma}_{ij}; \quad i = 1, 2, \cdots, 8, j = 1, 2, \cdots, 7$$

同样，$\widetilde{R}$ 也是一个 182×13 阶的矩阵。

3) 求已知输入下的控制输出值

有了模糊关系后，就可以求出在已知输入下的控制输出值。

(1) 计算给定输入量的模糊量。设给定一组输入量 E_1^* 及 $\dot{E}_1^*$。因对于误差 E，已知量化为 14 个等级，其论域如式所示，故对于一个给定的误差 E_1^*，经量化后，它必定为该论域中的某个元素。由此可知，误差 E_1^* 量化后可能也只是下列 14 个模糊量 $\widetilde{E}_1$ ($i = 1, 2, \cdots, 14$) 中的一个。

$$\widetilde{E}_1 = \frac{1}{-6} + \frac{0}{-5} + \cdots + \frac{0}{0} + \cdots + \frac{0}{5} + \frac{0}{6}$$

$$\widetilde{E}_2 = \frac{0}{-6} + \frac{1}{-5} + \cdots + \frac{0}{0} + \cdots + \frac{0}{5} + \frac{0}{6}$$

$$\vdots$$

$$\widetilde{E}_{13} = \frac{1}{-6} + \frac{0}{-5} + \cdots + \frac{0}{0} + \cdots + \frac{1}{5} + \frac{0}{6}$$

$$\widetilde{E}_{14} = \frac{0}{-6} + \frac{0}{-5} + \cdots + \frac{0}{0} + \cdots + \frac{0}{5} + \frac{1}{6}$$

同样，对于给定的误差变化 $\dot{E}_1^*$，对应的模糊量 $\widetilde{E}_j$ ($j = 1, 2, \cdots, 13$) 的形式与上式类同。

(2) 求控制输出的模糊量。把 $\widetilde{E}_i$ 和 $\widetilde{E}_j$ 的输入情况一一对应后，通过模糊关系 $\widetilde{R}$，可以求出对应的控制强度 $\widetilde{\sigma}_{ij}^*$ 为

$$\widetilde{\sigma}_{ij}^* = (\widetilde{E}_i \times \widetilde{E}_j) \circ \widetilde{R}$$

(3) 求控制输出的精确值。在求取了控制强度输出 $\widetilde{\sigma}_{ij}^*$ 之后，可采用去模糊化方法，求其精确值，这里采用最大隶属度法，即

$$\tilde{\sigma}_{ij}^* = \max(\mu_{\sigma_{ij}}^*)$$

式中：$\max(\mu_{\sigma_{ij}}^*)$ 表示对模糊量 $\tilde{\sigma}_{ij}^*$ 求隶属度最大的元素。

(4) 制作控制强度表。把 $\tilde{E}_i(i=1,2,\cdots,14)$ 和 $\tilde{\dot{E}}_j(j=1,2,\cdots,13)$ 的输入情况一一对应作为输入，全部求出相应的输出精确值，就可以得到一组组数据。这样的数据共有 $14\times13=182$ 组，利用它们就可以进行制表。制表时，以误差 E 的论域为列，以误差变化 $\dot{E}$ 的论域为行，E 的第 i 个论域和 $\dot{E}$ 的第 j 个论域元素相交处为控制强度输出的精确值 $\dot{\sigma}_{ij}^*$。所制成控制强度表如表 8-6 所示，为简化表达，控制强度 σ 的值均扩大了 10 倍，表中的 +、- 号表示了控制作用的极性。将该表存于 EPROM 中，在实际程序设计中，再通过转换，变成实际控制周期中控制段的持续时间，供实时控制使用。

表 8-6　控制强度表

强度 σ		误差 E												
		-6	-5	-4	-3	-2	-1	-0	+0	1	2	3	4	5	6
误差变化 $\dot{E}$	6	-3	-1	0	1	2	3	3	3	4	5	5	6	6	6
	5	-4	-2	-1	0	1	2	3	3	3	4	5	5	6	6
	4	-4	-3	-2	-1	0	1	2	3	3	4	4	5	6	6
	3	-4	-3	-2	-2	-1	0	1	2	2	3	4	4	5	6
	2	-5	-4	-3	-2	-1	0	0	1	2	3	3	4	5	5
	1	-5	-4	-3	-3	-2	-1	0	0	1	2	3	3	4	5
	0	-5	-5	-4	-3	-2	-1	0	0	1	2	3	3	4	5
	-1	-5	-5	-4	-4	-3	-2	-1	0	0	1	2	2	3	4
	-2	-6	-5	-5	-4	-3	-2	-1	-1	0	1	1	2	3	4
	-3	-6	-6	-5	-5	-4	-3	-2	-2	-1	0	1	1	2	3
	-4	-6	-6	-5	-5	-4	-3	-3	-2	-2	-1	0	1	2	3
	-5	-6	-6	-6	-5	-5	-4	-3	-3	-3	-2	-1	0	1	2
	-6	-6	-6	-6	-6	-5	-5	-4	-4	-3	-3	-2	-1	0	2

5. 系统软件设计

1) 主程序设计

控制系统主程序流程图如图 8-14 所示，包括下述主要部分。

(1) 系统初始化：初始化专用寄存器、外围器件，清理内部数据区。

(2) 检查内存和外存数据标志是否被破坏，若破坏则及时进行修复。

(3) 循环检查各开关状态，扫描键盘，键分析和处理。

(4) 查询各软件标志，决定系统不同工作模式，执行各功能模块。

(5) 数码管及指示灯显示。

(6) 产生看门狗周期触发脉冲。

2) 中断程序

系统中具有两个中断源,相应地设置了下述两个中断服务程序。

(1) A/D 中断。此为外部中断信号,输入至 $\overline{\text{INT1}}$(P3.3)。A/D 轮流采集料、水、阀位信号,各采集 16 次,进行去干扰算术平均滤波,作为各信号的实测值。

(2) 定时中断。此为系统内部定时中断,由定时器 T0 产生。定时时间为 20 ms,这是控制的最小单位时间。通过计数,可获得控制周期(0.3 s)和显示刷新周期(1 s)的标志信号,分别记在标志位 0DH 和 01H。在主程序中按此标志进行控制和显示。定时中断服务程序框图如图 8-15 所示。

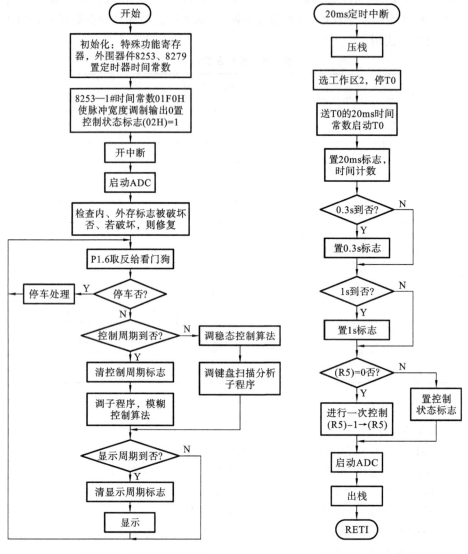

图 8-14 主程序流程图　　　　图 8-15 中断程序流程图

3) 模糊控制程序

模糊控制算法主要思想是：在每一控制周期中，首先计算水量的误差和误差的变化量 E 和 $\dot{E}$ 的大小及极性，并作限幅检查；然后将它们各自量化处理，经计算得到 EPROM 中控制表指针偏移量，从而方便地取得控制强度 σ 和控制极性；最后从脉宽调制器构成的 D/A 转换电路输出控制信号 U。由于控制算法简单，主要计算均在查表中完成，其实时性好，保证了实时控制的要求。

本章小结

本章介绍了计算机控制系统的设计原则与步骤。系统设计原则为安全可靠性高、操作维护方便、实时性强、通用性好和经济效益高。系统设计步骤包括四个阶段，分别是工程项目与控制任务的确定阶段、工程项目的设计阶段、离线仿真和调试阶段，以及在线调试和运行阶段。重点讨论了计算机控制系统的工程设计与实现，详细介绍了计算机控制系统总体方案设计、硬件工程设计、软件工程设计中所遇到的共性问题。

其次，本章讨论了计算机控制系统的可靠性设计问题。重点介绍了计算机控制系统设计中的硬件和软件抗干扰技术。硬件抗干扰技术主要包括屏蔽与接地技术、隔离技术和硬件冗余技术。软件抗干扰技术主要包括数字滤波技术、指令冗余技术和软件陷阱技术。

最后，以两个计算机控制系统设计实例详细示范了计算机控制系统的设计过程。

思考与练习

1. 计算机控制系统设计的原则是什么？
2. 计算机控制系统设计的一般步骤是什么？
3. 干扰是怎么形成的？如何分类？
4. 可以采取哪些措施来提高系统的可靠性？

附录 课程设计实例

实例 1 烘箱温度计算机控制系统设计

一、课程设计的目的和要求

1. 目的

(1) 通过本设计掌握计算机控制系统设计的基本方法。
(2) 培养和提高综合运用所学知识的能力。
(3) 巩固本课程中所讲的知识点。
(4) 为毕业设计和未来工作打下基础。

2. 要求

设计一个烘箱温度计算机控制系统硬件电路和软件程序,并撰写设计报告。

二、课程设计的基本内容及步骤

1. 任务的提出

温度控制是工业对象中主要的被控对象之一。特别是在冶金、化工、机械和食品加工等各行业中,广泛使用各种加热炉、反应炉和电烘箱等,由于炉子的种类不同,因此采用的加热方法不同,如使用天然气、煤气、油、电等。本实例中的研究对象为电热烘箱设备,一般而言,就控制系统本身的动态特性,基本都属于一阶纯滞后环节,因而在控制算法上基本相同。根据 PID 算法,对一阶纯滞后环节采用 PID 控制。因此本实例中的控制算法采用 PID 算法。控制器可以选择单片机、PLC 或工业控制计算机,硬件电路主要由温度传感器、变送电路、A/D 转换电路、接口电路、控制器、输出接口电路、D/A 转换电路和加热电路等组成,控制程序采用相应的控制器使用语言编写。

2. 相关理论简介

本设计是针对第 2 章和第 8 章内容提出的，读者在设计过程中主要参考课本中所讲的内容和方法进行课程设计，当然也可以参考其他相关的参考书。编写 PID 算法程序可按照数字 PID 算法进行编程。

3. 内容及步骤

(1) 根据设计的基本内容和要求查阅相关的资料，为设计做准备。

(2) 根据设计要求确定控制系统的整体方案。

(3) 设计烘箱温度计算机控制系统硬件电路。首先设计单元电路，然后设计整体电路。硬件电路主要由温度传感器、变送电路、A/D 转换电路、接口电路、控制器、输出接口电路、D/A 转换电路和加热电路等组成。

(4) 设计烘箱温度计算机检测与控制软件程序。

(5) 进行硬件和软件的仿真调试。

(6) 总结与分析。

(7) 撰写设计报告。

三、进度安排

进度安排如表附-1 所示。

表附-1　实例 1 进度安排

时　间	内　　容
第一天	下达设计任务书，熟悉设计任务，查阅资料
第二、三天	系统整体方案设计、答疑
第四、五天	系统硬件单元电路、整体电路设计
第六天	硬件仿真调试，答疑
第七、八天	系统控制程序设计、仿真调试，答疑
第九、十天	撰写设计报告，打印交稿

四、成品要求及考核

1. 成品要求

(1) 设计报告一份。

(2) 系统硬件设计详细电路图 1 张。

(3) 软件程序流程图及程序清单一份。

2. 考核标准

考核分 5 级制：优秀、良好、中等、及格和不及格。

优秀:设计思想新颖,有一定的独到之处,书写工整,电路设计合理,程序设计思路清晰,有较强的独立思考和一定的创新能力,独立完成。

良好:设计认真,准确,书写工整,电路设计合理,程序设计思路清晰,独立完成。

中等:设计较认真,准确,书写工整,电路设计基本合理,程序设计思路较清晰,和同学讨论后完成。

及格:设计较认真,准确,书写基本工整,电路设计基本合理,程序设计思路较清晰,和同学讨论后完成。

不及格:设计不认真,错误较多,书写不工整,不能完成设计任务。

五、参考文献

1. 杨鹏. 计算机控制系统[M]. 北京:机械工业出版社,2008.
2. 沈红卫. 单片机应用系统设计实例与分析[M]. 北京:北京航空航天大学出版社,2003.
3. 于海生,丁军航,潘松峰,等. 微型计算机控制技术[M]. 北京:清华大学出版社,2011.

六、小结

本课程设计实例体现了计算机在过程控制中的应用,读者可以很好掌握过程控制系统输入/输出通道的设计方法和计算机控制系统的建构方法,并能提高读者综合运用所学知识的能力。另外,通过实例还可以使读者体会到 PID 控制方法在工业控制中的重要性。本实例中的关键问题就是模拟量输入/输出通道的设计和 PID 算法的数字程序设计。本实例为过程控制的一个具体例子,所用到的知识具有一定局限性,比如未涉及运动控制方面的知识等,可以通过其他的课程设计来弥补。

实例 2 PID 控制算法的 MATLAB 仿真研究

一、课程设计的目的和要求

1. 目的

(1) 通过本课程设计进一步巩固 PID 算法基本理论及数字控制器实现的认识和掌握,归纳和总结 PID 控制算法在实际运用中的一些特性。

(2) 熟悉 MATLAB 语言及其在控制系统设计中的应用,提高学生设计控制系统程序的能力。

2. 要求

通过查阅资料,了解 PID 算法的研究现状和研究领域,充分理解设计内容,对 PID 算法的基本原理与运用进行归纳和总结,并独立完成设计实验和总结报告。

二、课程设计的基本内容及步骤

1. 任务的提出

采用带纯滞后的一阶惯性环节作为系统的被控对象模型,传递函数为 $G(s) = \dfrac{Ke^{-\tau_d s}}{1+T_f s}$,其中各参数分别为 $K=30$,$T_f=630$,$\tau_d=60$。对 PID 控制算法的仿真研究可从以下四个方面展开。

(1) PID 控制器调节参数 K_P、K_I、K_D 的整定。PID 参数的整定对控制系统能否得到较好的控制效果是至关重要的,PID 参数的整定方法有很多种,可采用理论整定法(如 ZN 法)或者实验确定法(如扩充临界比例度法、试凑法等),也可采用模糊自适应参数整定、遗传算法参数整定等新型的 PID 参数整定方法。选择某种方法对参数整定后,在 MATLAB 上对系统进行数字仿真,绘制系统的阶跃响应曲线,从动态和静态特性的性能指标评价系统控制效果的优劣。

(2) 改变对象模型参数,通过仿真实验讨论 PID 控制参数在被控对象模型失配情况下的控制效果。由于在实际生产过程的控制中,用模型表示被控对象时往往存在一定误差,且参数也不可能是固定不变的。在已确定控制器最优 PID 调节参数下,仿真验证对象模型的三个参数(K,T_f,τ_d)中某一个参数变化(不超过原值的±5%)时,系统出现模型失配时控制效果改变的现象并分析原因。

(3) 执行机构非线性对 PID 控制器控制效果的分析研究。在控制器输出后加入非线性环节(如饱和非线性、死区非线性等),从仿真结果分析、讨论执行机构的非线性对控制效果的影响。

(4) 待系统稳定后,给系统施加小的扰动信号,观察此时系统的响应曲线,分析对不同的扰动信号类型(如脉冲信号、阶跃)和不同的信号作用位置(如在系统的测量输出端或控制器输出的位置),系统是否仍然稳定,并与无扰动情况下的响应曲线进行比较。

2. 相关理论知识

本课程设计实例相关的理论知识有:PID 算法原理;PID 控制器调节参数的整定方法;MATLAB 中动态仿真工具箱 Simulink 的使用。

3. 内容及步骤

(1) 首先选择一种 PID 控制器调节参数的整定方法,得到最优调节参数 K_P、K_I、K_D。

(2) 打开 MATLAB,启动 SIMULINK 工具箱,创建一个如图附-1 所示仿真控制系统。观察系统阶跃响应曲线,记录动态特性指标值。

(3) 分别修改参数 K、T_f 和 τ_d 值(不超过原值的±5%),观察记录系统出现模型失配时控制效果的改变,并分析原因。

(4) 仿真验证执行机构非线性的作用。

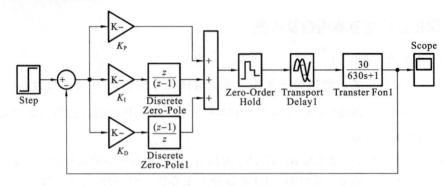

图附-1 仿真控制系统

(5) PID控制对系统扰动信号的控制效果验证分析。

三、进度安排

进度安排如表附-2所示。

表附-2 实例2进度安排

时间	内容
第一天	明确设计任务、调研与查找资料
第二天	实验方法设计、算法编程与程序调试,答疑
第三、四天	计算机仿真测试,答疑
第五天	记录整理实验数据、撰写设计报告,答疑
第六天	交报告与上机验收

四、成品要求及考核

1. 成品要求

课程设计报告一份,包含课程设计题目,课程设计具体内容及实现功能,结果分析与总结,程序清单和参考资料等。

2. 考核标准

考核分5级制:优秀、良好、中等、及格和不及格。

优秀:设计思想新颖,有一定的独到之处,书写工整,电路设计合理,程序设计思路清晰,有较强的独立思考和一定的创新能力,独立完成。

良好:设计认真,准确,书写工整,电路设计合理,程序设计思路清晰,独立完成。

中等:设计较认真,准确,书写工整,电路设计基本合理,程序设计思路较清晰,和同学讨论后完成。

及格:设计较认真,准确,书写基本工整,电路设计基本合理,程序设计思路较清晰,和同学讨论后完成。

不及格:设计不认真,错误较多,书写不工整,不能完成设计任务。

五、参考文献

1. 张宇河. 计算机控制系统[M]. 北京:北京理工大学出版社,2002.
2. 薛定宇. 反馈控制系统设计与分析——Matlab 语言应用[M]. 北京:清华大学出版社,2000.
3. 施阳. MATLAB 语言精要及动态仿真工具 SIMULINK[M]. 西安:西北工业大学出版社,1998.

六、小结

本课程设计实例体现了数字 PID 控制算法在实际控制系统中的应用。要求设计者在掌握了 PID 控制基本原理和实现方法的前提下,结合 MATLAB 仿真平台构建一个能根据不同工况而调整测试的仿真控制系统。完成这个设计后,对分析和解决有关 PID 控制的实际控制问题的综合能力会有一定提高。

实例 3 微型步进电动机控制系统设计

一、课程设计的目的和要求

1. 目的

本课程设计的目的在于加深对微机控制技术的理解,掌握微机控制系统的设计方法,掌握常用接口芯片的正确使用方法,强化应用电路的设计与分析能力,提高学生在应用方面的实践技能和科学作风,培育学生综合运用理论知识解决问题的能力,力求实现理论结合实际,学以致用。学生通过查阅资料、接口设计、程序设计、安装调试、整理资料等环节,初步掌握工程设计方法和组织实践的基本技能。主要体现在:

(1) 加强学生对各门课程的综合理解,启发学生综合分析问题、发现问题、解决问题的能力和实际动手能力;

(2) 灵活运用所学的微机控制接口技术与被控步进电动机对象技术特性,组建"控制系统",培养学生创造性的思维方式及创造能力;

(3) 锻炼学生文献检索的能力,特别是如何利用 Internet 检索需要的文献资料的能力;

(4) 培养学生在自动化领域的工程设计能力。

2. 要求

本课程设计应充分体现"教师指导下的以学生为中心"的教学模式,以学生为认知主体,充分调动学生的积极性和能动性,重视学生自学能力的培养。根据课程设计具体课题安排时间,确定课题的设计、编程和调试内容,分小组进行。根据合理的进度安排,踏踏实实地开展课程设计活动,按时完成每部分工作。课程设计集中在教室、实验室进行,每天由班干部负责考勤,指导教师抽查。在课程设计过程中,坚持独立完成,实现课题规定的各项指标,并写出设计报告。

二、课程设计的基本内容及步骤

1. 任务的提出

步进电动机是纯粹的数字控制电动机。它能受步进脉冲(数字信号)的控制一步一步地旋转。它是计算机应用项目中的主要执行元件之一,尤其在精确定位场合中得到了广泛的应用。步进电动机具有以下特点。

(1) 给步进脉冲,电动机就转;不给步进脉冲,电动机就不转。
(2) 步进脉冲频率高,步进电动机转得快;步进脉冲频率低,步进电动机转得就慢。
(3) 改变各相的通电方式(又称脉冲分配)可以改变步进电动机的运行方式。
(4) 改变通电顺序,可以控制步进电动机的正、反转。

2. 相关理论简介

二相四拍步进电动机共有 50 个齿,齿距角为 7.2°;每转一个齿距角需走四步,因而步距角为 1.8°。另外必须按照一定的次序给每相通电,才能正常完成四步一个齿距的动作。电动机的相电流为 0.2 A,相电压为 5 V。通电次序如图附-2 所示。

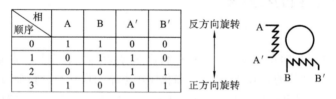

图附-2

3. 内容及步骤

1) 硬件逻辑电路图

(1) 建立各功能单元的连接,画出系统原理图,并给出必要的文字说明。
(2) 根据二相四拍步进电动机说明和驱动控制电路说明,画出步进电动机驱动电路连接图。
(3) 列出系统所用元器件的明细表。
(4) 画逻辑电路图的原则:一般把电路的输入端画在左边,输出端画在右边,重要的电路画在上部,不重要的画在下部;所有通路应尽量连接,连接线可交叉,但若相交则用一个圆点表示。如果走线拥挤,须将通路分开画,则应在断口两端做上标记;超出一张纸的逻辑电路,应使用同一坐标系(像地图一样),标出信号从一张到另一张的引出点和引入点。

2) 程序设计

（1）系统软件设计包括主程序设计、A/D采样子程序、数码显示子程序、步进电动机驱动子程序，并给出流程图。

（2）画程序框图的原则：程序框图一般由几个框图构成，通常所有的框图画在一张图纸上，所画框图不必太详细，也不能太模糊，关键是要反映程序的主要思路、逻辑顺序、输入/输出，以及控制点的设计思想；框图要能清晰地表示出控制信息和数据信息的流向，信息的流向可以是任意的，通常由左至右、自上而下；所有框图和连线必须清晰、整齐。

三、进度安排

课程设计集中在二周内（10天）进行。为保证达到预计的教学任务及目的，以小组为单位分别进行资料的收集、方案论证、电路设计、编程、调试、实验及改进。具体进度及要求安排如表附-3所示。

表附-3 实例3进度安排

时间	内容
第一天	布置课题、落实任务、确定课题及组织形式、收集课题相关的技术资料
第二天	方案论证、分析、讨论
第三、四天	电路设计、设计各模块程序框图
第五天	软件设计
第六天	软件调试
第七天	调试
第八天	调试、整理资料、撰写课程设计报告
第九天	撰写课程设计报告
第十天	递交课程设计报告、总结

四、成品要求及考核

1. 成品要求

（1）设计报告一份。

（2）系统硬件设计详细电路图。

（3）软件程序流程图及程序清单。

2. 考核标准

考核分5级制：优秀、良好、中等、及格和不及格。

优秀：设计思想新颖，有一定的独到之处，书写工整，电路设计合理，程序设计思路清晰，有较强的独立思考和一定的创新能力，独立完成。

良好：设计认真，准确，书写工整，电路设计合理，程序设计思路清晰，独立完成。

中等：设计较认真，准确，书写工整，电路设计基本合理，程序设计思路较清晰，和同学讨论后完成。

及格：设计较认真，准确，书写基本工整，电路设计基本合理，程序设计思路较清晰，和同学讨论后完成。

不及格：设计不认真，错误较多，书写不工整，不能完成设计任务。

五、参考文献

1. 杨宁，胡学军.单片机与控制技术[M].北京：北京航空航天大学出版社，2005.
2. 方建军.光机电一体化系统接口技术[M].北京：化学工业出版社，2007.
3. 李华.MCS-51系列单片机实用接口技术[M].北京：北京航空航天大学出版社，1999.
4. 顾德英，罗云林，马淑华.计算机控制技术[M].北京：北京邮电大学出版社，2010.
5. 孙建忠，白凤仙.特种电动机及其控制[M].北京：中国水利水电出版社，2006.
6. 孙鹤旭.交流步进传动系统[M].北京：机械工业出版社，1999.
7. 电子电气综合实训系统使用说明书.北京：北京精仪达盛科技有限公司，网址：www.techshine.com.

六、小结

微型步进电动机控制系统课程设计是一门综合运用单片机技术、电子技术、程序设计、微机控制技术、电动机技术等课程知识的实践环节。通过本课程设计，使读者认识到：设计一个微机自动控制系统，必须先了解控制对象特性，再综合应用相关课程知识，组建"控制与系统"，才能达到培养创造性的思维方式及创造能力。设计过程中，要求学生在教师的指导下，独立完成所设计的系统组成、软件流程及编程、强弱电路设计等内容。严禁抄袭，严禁两篇设计报告内容基本相同。课程设计从确定方案到整个系统的设计，必须在检索、阅读及分析研究大量的相关文献的基础上，经过剖析、提炼，设计出所要求的控制系统，设计报告最后给出设计中所查阅的参考文献不能少于三篇，且文中有相应引用说明。课程设计中要不断提出问题，并给出这些问题的解决方案和自己的研究体会。

实例 4　神经网络用于英文字母的特征识别

一、课程设计的目的和要求

1. 目的

（1）掌握神经网络模型的基本理论。

(2) 掌握神经网络的结构设计、算法实现。

(3) 熟悉基于 MATLAB 的神经网络实现技术平台。

(4) 了解神经网络理论的发展与前沿问题。

2. 要求

所设计的神经网络应能根据英文字母的特征有效识别出该字母,该神经网络应具有自学习、自组织、自适应能力。

二、课程设计的基本内容及步骤

1. 任务的提出

设计一个识别英文字母的系统,当输入 26 个字母中的任一个字母图像时,该系统能够识别出是哪个字母。

2. 相关理论简介

英文字母的计算机识别是利用神经网络理论及其在模式识别中的应用实现的。神经网络具有学习、记忆和联想等功能,可以解决计算机不易处理的难题,特别是图像的识别。英文中的 26 个字母差别比较大,其特征易于提取,可以用 BP 人工神经网络来实现对它们的识别。

在数字图像处理中,对于 8 位无符号整形数据的灰度图像矩阵 X,它的强度范围是 $[0,255]$,要先将其按线性变换的方式映射成色谱矩阵的行索引导,即利用函数 imagesc 显示成 Unit8 类型的灰度图像。再用 MATLAB 将待识别的字母图像转化为 16×16 的灰度矩阵,这样,便可得到 26 个向量,每个向量有 256 个元素。设数据库中有 26 个可用来训练的英文字母向量。用每个字母向量的 256 个元素作为神经网络的输入,26 个 0 或 1 作为输出,训练时必须先确定训练输出的向量。利用这些已知的输入向量和输出向量对三层 BP 神经网络进行训练,待训练收敛后,该神经网络便可对其他的英文字母进行识别。

3. 内容及步骤

1) 设计系统框图

(1) 明确设计系统的步骤、神经网络实现的条件和哪些量作为神经网络的输入和输出。

(2) 把复杂问题分解为若干模块,确定各模块要处理的内容和处理的方法,画出系统框图。

(3) 了解神经网络处理的流程,参考 6.3.2 节内容画出 BP 神经网络处理的流程图。

如图附-3 所示,图像处理后得到一个向量 X 作为网络的输入,如果网络输出向量为 $[1\ 0\ 0\ 0\ \cdots\ 0\ 0\ 0]^T$,则该图片被识别为 A。

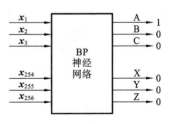

图附-3 BP 神经网络识别

2) 程序设计

利用 imread 函数将数据库中的标准字母图像读入，然后用 imresize 函数将图像变成 16×16 的数据矩阵，再用 rgb2gray 函数将图像矩阵变成强度范围为[0,255]的灰度图像数据矩阵，最后将其强度范围变为[0,1]的二值图像矩阵，并改为一个列向量。将该列向量存入一个文件，作为神经网络的输入。

★部分参考程序

```
% m=imread('图像.jpg');
% n=imresize(m,[16 16],'bilinear');
% p=rgb2gray(n);
% imzgesc(p); colormap(gray)
% i1=i;
% i1(1,:)=255;
% i1(:,1)=255;
% i1(16,:)=255;
% i1(:,16)=255;
% a=i1;
% for x=1:16
% for y=1:16
% if a(x, y)<255
% a(x, y)=0;
% end
% end
% end
% imagesc(a);
% k=a/255;
% k1=1-k;
% k2=[k1(1,:) k1(2,:) k1(3,:) k1(4,:) k1(5,:) k1(6,:) k1(7,:) k1(8,:) k1
         (9,:) k1(10,:) k1(11,:) k1(12,:) k1(13,:) k1(14,:) k1(15,:) k1(16,:)]
% bb=k2
% % save picture bb

m=imread('图像.jpg');
n=imresize(m,[16 16], 'bilinear');
p=rgb2gray(n);
BW=im2bw(p,0.5);
imshow(BW);
I=zeros(256,1);
t=1;
for i=1:16
    for j=1:16
```

```
            I(t,:)=BW(i,j);
            t=t+1;
        end
    end

    % imshow(p),colormap(gray)
    % colormap(gray)
```

再将保存的 bb 文件用于神经网络训练。创建 BP 网络可调用 newff() 函数进行创建。如

```
pr=[0 1;0 1;…;0 1;0 1] (255 个 0 1)
net=newff(pr,[100,26],{'transig','logsig'},'trainlm');
```

网络创建成后，不能立刻投入使用，必须经过训练且达到要求后，才可以作为模式识别器使用。

★部分网络训练参考代码

```
net.trainParam.show=60;        %显示训练结果的间隔步数 60
net.trainParam.lr=0.06;        %学习速度 0.06
net.trainParam.mc=0.9;         %动量常数 0.9
net.trainParam.epochs=400;     %最大训练循环次数 400 次
net.trainParam.goal=10e-6;     %训练目标误差 10e-6($10^{-6}$)
net=init(net);
net=train(net,p,t);
```

★软件设计内容

(1) 请参考以上程序，编写图片处理及神经网络构建和训练的程序。

(2) 设计适合该神经网络的学习速度和循环次数。

3) 设计报告要求

(1) 画出设计的系统框图和神经网络处理的流程图。

(2) 写出设计的程序清单并给出程序的注释。

(3) 解决设计中出现的问题并进行总结。

(4) 给出设计的结果和对设计改进的意见。

三、进度安排

进度安排如表附-4 所示。

表附-4　实例 4 进度安排

时间	内容
第一天	熟悉设计的任务和相关知识
第二天	画出系统的设计框图和神经网络处理的流程图
第三、四、五天	编写程序并完成神经网络的训练
第六天	试验设计的程序并解决设计中出现的问题
第七天	写出实验结果并撰写实验报告

四、成品要求及考核

给出依据英文字母的特征识别相应字母的三层 BP 神经网络系统(包括图片处理及神经网络构建和训练的程序),测定其作为模式识别器对英文字母识别的有效性和该神经网络系统的自学习、自组织、自适应能力。

考核分 5 级制:优秀、良好、中等、及格和不及格。

优秀:设计思想新颖,有一定的独到之处,书写工整,电路设计合理,程序设计思路清晰,有较强的独立思考和一定的创新能力,独立完成。

良好:设计认真,准确,书写工整,电路设计合理,程序设计思路清晰,独立完成。

中等:设计较认真,准确,书写工整,电路设计基本合理,程序设计思路较清晰,和同学讨论后完成。

及格:设计较认真,准确,书写基本工整,电路设计基本合理,程序设计思路较清晰,和同学讨论后完成。

不及格:设计不认真,错误较多,书写不工整,不能完成设计任务。

五、参考文献

1. 师黎,陈铁军,李晓媛,等.智能控制实验与综合设计指导[M].北京:清华大学出版社,2008.
2. 陈如云.基于 BP 神经网络的应用研究[J].微计算机信息,1997,7(3):45~48.
3. 李士勇.模糊控制・神经控制和控制论[M].哈尔滨:哈尔滨工业大学出版社,1998.

六、小结

本课程设计体现了神经网络在实际中的应用,通过该课程设计,读者可以更好地了解神经网络的基本理论知识、神经网络的设计和算法实现过程。但是,本设计由于神经网络要先学习才能用于识别,所以训练字母的选择很重要,在训练前要先筛选一下。当然,本方法对输入待识的字母图像还有较高的要求,字母不能太潦草,应该比较接近标准字母。

实例 5 遗传算法在函数优化中的应用

一、课程设计的目的和要求

1. 目的

(1) 掌握遗传算法的基本理论。

(2) 掌握用 MATLAB 实现遗传算法的编程方法。

(3) 掌握遗传算法的运算流程。

2. 要求

所设计的系统应能有效找到函数的最优点,并能通过调整遗传算法参数体现系统的不同性状,以此说明遗传算法的自适应能力和实现最优化求解的能力。

二、课程设计的基本内容及步骤

1. 任务的提出

设计一个遗传算法程序,使其实现在整数区间 $[0,31]$ 上求函数 $f(x)=x^2$ 的最大值。

2. 相关理论简介

在标准遗传算法中,要先将问题空间中的决策变量通过一定编码方法表示成遗传空间的一个个体,它是一个基因型串结构数据;同时,将目标函数值转换成适应值,用来评价个体的优劣,并作为遗传操作的依据。遗传操作包括三个算子:选择、交叉和变异。选择用来实施适者生存的原则,即把当前群体中的个体按与适应值成比例的概率复制到新的群体中,构成交配池。种群大小表示种群中所含个体的数量,种群较小时可提高运算速度,却降低了群体的多样性,可能找不出最优解。种群较大时增加了计算量,使遗传算法的运行效率降低,一般取种群数目为 20~100。交叉概率控制着交叉操作的频率,一般取 0.4~0.99。变异概率也是影响新个体产生的一个因素,变异概率小,产生新个体少,变异概率太大,又会使遗传算法变成随机搜索,一般取变异概率为 0.0001~0.1。

遗传算法的基本步骤如下。

(1) 在一定编码方案下,随机产生一个初始种群。

(2) 用相应的解码方法,将编码后的个体转换成问题空间的决策变量,并求得个体的适应值。

(3) 按照个体适应值的大小,从种群中选出适应值,较大的一些个体构成交配池。

(4) 由交叉和变异这两个遗传算子对交配池中的个体进行操作,并形成新一代的种群。

(5) 反复执行步骤(2)~(4),直至满足收敛判据为止。

3. 内容及步骤

1) 参考程序

标准遗传算法常用二进制编码方案,可用 MATLAB 中的 encoding 函数来实现编码并产生初始种群。

```
function[zq1,bits]=encoding(min_var,max_var,scale_var,popsize)
bits=ceil(log2((max_var-min_var)./scale_var));
zq1=randint(popsize,sum(bits));
```

表示随机产生了一个种群大小为 popsize 的初始种群 zq1。该种群决策变量的下界和上界分别为 min_var 和 max_var，搜索精度为 scale.var，二进制串的长度为 bits。

编码后的种群必须解码后才能计算出相应的适应值。

★参考程序

```
function[zq1,fitness]=decoding(funname,zq1,bits,min_var,max_var)
    num_var=length(bits);
    popsize=size(zq1,1);
    scale_dec=(max_var-min_var)./(2.^bits-1);
    bits=cumsum(bits);
    bits=[0 bits];
    for i=1:num_var
        bin_var{i}=bin_gen(:,bits(i)+1:bits(i+1))
        var{i}=sum(ones(popsize,1)*2.^
(size(bin_var{i},2)-1:-1:0).*bin_var{i},2).*scale_dec(i)+min_var(i);
    end
    var_gen=[var{1,:}];
    for i=1:popsize
        fitness(i)=eval([funname,'(var_gen(i,:))']);
    end
```

设由二进制得到的十进制数位为 D，则实际的决策变量 $X = D \times scale\_dec + min\_var$。

(1) 选择。

★选择的参考程序

```
function[evo_gen,best_indiv,max_fitness]=selection(old_gen,fitness)
    popsize=length(fitness);
    [max_fitness,index1]=max(fitness);[min_fitness,index2]=min(fitness);
    best_indiv=old_gen(index1,:);
    index=[1:popsize];index(index1)=0; index(index2)=0;
    index=nonzeros(index);
    evo_gen=old_gen(index,:);
    evo_fitness=fitness(index,:);
    evo_popsize=popsize-2;
    ps=evo_fitness/sum(evo_fitness);
    pscum=cumsum(ps);
    r=rand(1,evo_popsize);
    selected=sum(pscum*ones(1,evo_popsize)<ones(evo_popsize,1)*r)+1;
    evo_gen=evo_gen(selected,:);
```

(2) 交叉。

★交叉的参考程序

```
function new_gen=crossover(old_gen,pc)
    [nouse,mating]=sort(rand(size(old_gen,1),1));
    mat_gen=old_gen(mating,:);
    pairs=size(mat_gen(mating,1)/2;
    bits=size(mat_gen,2);
    cpairs=rand(pairs,1)<pc;
    cpoints=randint(pairs,1,[1,bits]);
    cpoints=cpairs.*cpoints;
    for i=1:pairs
        new_gen([2*i-1,2*i],:)=[mat_gen([2*i-1,2*i],1:cpoints(i))
mat_gen([2*i,2*i-1],cpoints(i)+1:bits)];
    end
```

(3) 变异。

★变异的参考程序

```
function new_gen=mutation(old_gen,pm)
    mpoints=find(rand(size(old_gen))<pm);
    new_gen=old_gen;
    new_gen(mpoints)=1-old_gen(mpoints);
```

2) 设计内容

请参考以上程序编写实现在整数区间$[0,31]$上求函数$f(x)=x^2$的最大值的程序。

3) 设计报告要求

(1) 画出遗传算法执行的流程图。

(2) 写出自行设计的程序清单。

(3) 如果设计中出现问题,分析原因并逐个解决。

(4) 给出设计结果。

三、进度安排

进度安排如表附-5所示。

表附-5 实例5的进度安排

时间	内容
第一天	熟悉设计的任务和相关知识
第二天	画出遗传算法执行的流程图
第三、四、五天	编写程序清单
第六天	解决设计中出现的问题
第七天	写出实验结果并撰写实验报告

四、成品要求及考核

给出基于遗传算法实现在整数区间$[0,31]$上求函数$f(x)=x^2$的最大值的程序。测定所开发的程序能否有效找到函数的最优点及能否通过调整遗传算法参数使程序体现不同性状,以此考察遗传算法的自适应能力和实现最优化求解的能力。

考核分5级制:优秀、良好、中等、及格和不及格。

优秀:设计思想新颖,有一定的独到之处,书写工整,电路设计合理,程序设计思路清晰,有较强的独立思考和一定的创新能力,独立完成。

良好:设计认真,准确,书写工整,电路设计合理,程序设计思路清晰,独立完成。

中等:设计较认真,准确,书写工整,电路设计基本合理,程序设计思路较清晰,和同学讨论后完成。

及格:设计较认真,准确,书写基本工整,电路设计基本合理,程序设计思路较清晰,和同学讨论后完成。

不及格:设计不认真,错误较多,书写不工整,不能完成设计任务。

五、参考文献

1. 金芬,陈小平.基于MATLAB遗传算法工具箱的函数优化问题的实现[J].苏州大学学报,2008,2(3):23~27.
2. 席裕庚,柴天佑,恽为民.遗传算法综述[J].控制理论与应用,1996,3(5):697~708.
3. 张宜华.精通MATLAB5[M].北京:清华大学出版社,1999.

六、小结

本课程设计实现了遗传算法的一个应用,也通过MATLAB说明了遗传算法实现的过程和方法。在遗传算法的诸多应用中,函数优化是最典型的应用。但本设计实例主要是让读者更深刻地了解遗传算法,所以要求采用标准遗传算法。其实,标准遗传算法不适于优化复杂或多参数的函数,读者可以尝试在遗传算法中采用十进制浮点数的编码方式。

参 考 文 献

[1] 孙鹤旭.交流步进传动系统[M].北京:机械工业出版社,1999.
[2] 孙建忠,白凤仙.特种电动机及其控制[M].北京:中国水利水电出版社,2005.
[3] 李华.MCS-51系列单片机实用接口技术[M].北京:北京航空航天大学出版社,1999.
[4] 施保华,杨三青,周风星.计算机控制技术[M].武汉:华中科技大学出版社,2007.
[5] 秦忆,周永鹏,邓忠华,等.现代交流伺服系统[M].武汉:华中理工大学出版社,1995.
[6] 胡寿松.自动控制原理[M].北京:科学出版社,2001.
[7] 王永章.机床的数字控制技术[M].哈尔滨:哈尔滨工业大学出版社,1999.
[8] 叶伯生,朱志红,熊清平.计算机数控系统原理、编程与操作[M].武汉:华中理工大学出版社,1999.
[9] 方建军.光机电一体化系统接口技术[M].北京:化学工业出版社,2007.
[10] 张金梅.基于模糊推理的智能控制系统的现状和展望[J].科技情况开发与经济,2004,14(1):23~27.
[11] 孙庚山.工程模糊控制[M].北京:机械工业出版社,1995.
[12] 易继锴,侯媛彬.智能控制技术[M].北京:北京工业大学出版社,1999.
[13] 张乃尧.典型模糊控制器的结构分析[J].模糊系统与数学,1997,12(4):45~47.
[14] 李清泉.智能控制系统.智能控制与智能自动化(上)[M].北京:科学出版社,1993.
[15] 张乃尧,阎平凡.神经网络与模糊控制[M].北京:清华大学出版社,1998.
[16] 陈如云.基于BP神经网络的应用研究[J].微计算机信息,1997,7(3):45~48.
[17] 袁佑新,吴瘦,常雨芳.进相器的智能控制算法研究[J].电机技术,2006,11(3):35~37.
[18] 孙增圻.智能控制理论与技术[M].北京:清华大学出版社,2007.
[19] 徐津津.双向路径规划在垂直自动泊车系统中的仿真研究[J].天津汽车,2008,13(6):230~234.
[20] 陶深.人工智能[M].重庆:重庆大学出版社,2002.
[21] 杨汝清.智能控制工程[M].上海:上海交通大学出版社,2001.
[22] 李士勇.模糊控制、神经控制和控制论[M].哈尔滨:哈尔滨工业大学出版社,1998.
[23] 程昱宁.基于模糊Smith串级复合控制的温室加热系统仿真研究[J].上海大学学报(增刊),2000,7(3):25~28.
[24] 王万良,李勤学.温室环境的模糊逻辑网络建模与智能控制[J].机电工程,2000,

13(5):114~116.

[25] 蔡自兴,徐光佑.人工智能及其应用[M].北京:清华大学出版社,1996.

[26] 张化光,吕剑虹,陈来九.模糊广义预测控制及其应用[J].自动化学报,1993,4(7):46~49.

[27] Joseph C Giarratano Gary D Riley.专家系统原理与编程[M].4版.印鉴,陈忆群,刘星成,译.北京:机械工业出版社,2000.

[28] 梅生伟,申铁龙,刘康志.现代鲁棒控制理论与应用[M].北京:清华大学出版社,2003.

[29] 俞立,陈国定.不确定离散时间系统 H_2/H_∞ 最优保性能控制[J].控制与决策,2001,13(7):45~48.

[30] Abido M A. Particle swarm optimization for multimachine power system stabilizer design[A]. Power Engineering Society Summer Meeting,2001,3:45~48.

[31] 熊钰庆,何宝鹏.量子力学导论[M].广州:广东高等教育出版社,2000.

[32] 高金源,夏洁.计算机控制系统[M].北京:清华大学出版社,2007.

[33] 姜学军.计算机控制技术[M].北京:清华大学出版社,2005.

[34] 李嗣福.计算机控制基础[M].合肥:中国科学技术大学出版社,2006.

[35] 李正军.计算机控制系统[M].北京:机械工业出版社,2005.

[36] 张宇河,董宁.计算机控制系统[M].修订版.北京:北京理工大学出版社,2002.

[37] 王慧.计算机控制系统[M].2版.北京:化学工业出版社,2005.

[38] 刘世荣,陈雪亭,黄国辉,等.计算机控制系统[M].北京:机械工业出版社,2008.

[39] 李铁桥.计算机控制理论与应用[M].哈尔滨:哈尔滨工业大学出版社,2005.

[40] 李元春.计算机控制系统[M].北京:高等教育出版社,2007.

[41] 于海生.计算机控制技术[M].北京:机械工业出版社,2007.

[42] 徐建军.计算机控制系统理论与应用[M].北京:机械工业出版社,2007.

[43] 胡建.单片机原理及接口技术实践教程[M].北京:机械工业出版社,2004.

[44] 张德江.计算机控制系统[M].北京:机械工业出版社,2007.

[45] 魏东.计算机控制系统[M].北京:机械工业出版社,2007.

[46] 朱玉玺,崔如春,邝小磊.计算机控制技术[M].北京:电子工业出版社,2006.

[47] 袁枚.计算机控制技术实用教程[M].北京:电子工业出版社,2007.

[48] 夏继强,邢春香.现场总线工业控制网络技术[M].北京:北京航空航天大学出版社,2005.

[49] 王建华,黄河清.计算机控制技术[M].北京:高等教育出版社,2003.

[50] 杨鹏.计算机控制系统[M].北京:机械工业出版社,2008.

[51] 张燕红,张建生.计算机控制技术[M].南京:东南大学出版社,2008.

[52] 张毅刚,彭喜元.单片机原理与应用设计[M].北京:电子工业出版社,2008.

[53] 孙增圻.计算机控制理论与应用[M].2版.北京:清华大学出版社,2008.

[54] 陈光东.单片微型计算机原理与接口技术[M].2版.武汉:华中科技大学出版社,

2004.

[55] 许勇.计算机控制技术[M].北京:机械工业出版社,2008.

[56] 江志红.51单片机技术与应用系统开发案例精选[M].北京:清华大学出版社,2008.

[57] 盛珣华,李润梅.计算机控制系统[M].北京:清华大学出版社,2007.

[58] 夏建全.工业控制计算机技术——原理与应用[M].北京:清华大学出版社,2006.

[59] 潘新民.微型计算机控制技术[M].北京:电子工业出版社,2006.